案例赏析

制作纸飞机动画　　　　86页
视频：视频\第4章\制作纸飞机动画.mp4

调整风景照片中的季节　222页
视频：视频\第8章\调整风景照片中的季节.mp4

制作下雨效果　318页
视频：视频\第9章\制作下雨效果.mp4

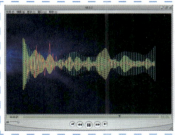 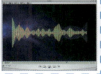

将项目文件输出为视频　357页
视频：视频\第10章\将项目文件输出为视频.mp4

制作视频文字遮罩特效　369页
视频：视频\第11章\制作视频文字遮罩特效.mp4

制作动感光线效果　227页
视频：视频\第8章\制作动感光线效果.mp4

案例赏析

制作图片翻页切换动画　　447页
视频：视频\第12章\制作图片翻页切换动画.mp4

制作元素入场动画　　71页
视频：视频\第3章\制作元素入场动画.mp4

制作鲜花绽放动画效果　　241页
视频：视频\第8章\制作鲜花绽放动画效果.mp4

制作手绘心形动画　　320页
视频：视频\第9章\制作手绘心形动画.mp4

案例赏析

制作流行人像合成　　　243 页
视频：视频\第 8 章\制作流行人像合成.mp4

制作楼盘视频广告　　　339 页
视频：视频\第 9 章\制作楼盘视频广告.mp4

制作墨迹转场视频特效　　　379 页
视频：视频\第 11 章\制作墨迹转场视频特效.mp4

制作下雪天气界面动画
459 页
视频：视频\第 12 章\制作下雪天气界面动画.mp4

制作加载进度条动画
432 页
视频：视频\第 12 章\制作加载进度条动画.mp4

制作粒子动画效果
324 页
视频：视频\第 9 章\制作粒子动画效果.mp4

案例赏析

制作动感随机动画　　184 页
视频：视频 \ 第 7 章 \ 制作动感随机动画 .mp4

制作笔刷样式图片动态特效
397 页
视频：视频 \ 第 11 章 \ 制作笔刷样式图片动态特效 .mp4

制作笔刷涂抹显示视频效果
362 页
视频：视频 \ 第 10 章 \ 制作笔刷涂抹显示视频效果 .mp4

制作视频动感标题　　406 页
视频：视频 \ 第 11 章 \ 制作视频动感标题 .mp4

制作手写文字动画　　164 页
视频：视频 \ 第 6 章 \ 制作手写文字动画 .mp4

中文版 After Effects CC 2020 完全自学一本通

李晓斌 编著

电子工业出版社
Publishing House of Electronics Industry
北京·BEIJING

内容简介

After Effects CC 2020是Adobe公司推出的视频剪辑及后期处理软件。After Effects作为一款优秀的视频特效处理软件,经过多年发展,在众多行业中已经得到广泛使用。本书通过由浅入深的讲解方法,以知识点和功能讲解为主,配合大量实战练习,全面、系统地介绍了After Effects的各种功能和具体使用方法。全书共分为12章,包括初识After Effects CC 2020、After Effects CC 2020的基本操作、After Effects中的图层和时间轴、制作关键帧动画、路径与蒙版、制作文字动画、跟踪与表达式、颜色校正与抠像特效、其他特效、渲染输出、短视频特效制作和UI交互动画制作等内容。

本书的配套资源中不但提供了所有实例的源文件和素材,还提供了所有实例的多媒体教学视频,以帮助读者熟练掌握使用After Effects进行视频动画与特效制作的精髓,让新手从零起飞,进而跨入高手行列。

本书案例丰富、讲解细致,注重激发读者的学习兴趣和培养动手能力,适合作为想要从事视频动画制作与后期处理工作的人员的参考手册,也可以作为社会培训、大中专院校相关专业的配套教材。

未经许可,不得以任何方式复制或抄袭本书之部分或全部内容。

版权所有,侵权必究。

图书在版编目(CIP)数据

中文版After Effects CC 2020完全自学一本通 / 李晓斌编著. -- 北京:电子工业出版社,2021.6
 ISBN 978-7-121-41120-5

Ⅰ.①中… Ⅱ.①李… Ⅲ.①图像处理软件 Ⅳ.①TP391.413

中国版本图书馆CIP数据核字(2021)第081757号

责任编辑:陈晓婕
印　　刷:北京市大天乐投资管理有限公司
装　　订:北京市大天乐投资管理有限公司
出版发行:电子工业出版社
　　　　　北京市海淀区万寿路173信箱　邮编:100036
开　　本:787×1092　1/16　印张:30.5　字数:878.4千字
版　　次:2021年6月第1版
印　　次:2021年6月第1次印刷
定　　价:128.00元

凡所购买电子工业出版社图书有缺损问题,请向购买书店调换。若书店售缺,请与本社发行部联系,联系及邮购电话:(010)88254888,88258888。

质量投诉请发邮件至zlts@phei.com.cn,盗版侵权举报请发邮件至dbqq@phei.com.cn。

本书咨询联系方式:(010)88254161~88254167转1897。

前言

　　After Effects CC 2020是Adobe公司推出的一款视频动画编辑及特效制作软件，其功能非常强大，应用范围也非常广泛。使用After Effects可以合成和制作电影片断、视频广告、合成字幕、栏目片头及UI动效等。After Effects保留了Adobe系列软件优秀的兼容性，在After Effects中可以便捷地导入用Photoshop、Illustrator等软件所制作的图像，并保留图层，还可以从3ds Max或Maya中导入3D对象。此外，在After Effects中还内置了上百种不同功能的特效，这些都能够帮助用户高效、精确地创建精彩的视频动画效果。

本书内容

　　本书从实用的角度出发，全面、系统地讲解了After Effects CC 2020的各项功能和使用方法，书中内容涵盖了After Effects CC 2020的全部工具和重要功能。为了避免纯理论知识的枯燥无味，书中还加入了多个精彩的实例，将理论与实践相结合，使读者更加直观地理解所学的知识，让学习更轻松。

　　本书共分为12章，各章的主要内容如下：

- 第1章　初识After Effects CC 2020，介绍了有关After Effects CC 2020的相关知识，包括After Effects CC 2020的安装与启动、After Effects CC 2020的工作界面，以及线性编辑与非线性编辑等相关知识。
- 第2章　After Effects CC 2020的基本操作，介绍了有关After Effects的相关基本操作，包括项目文件与合成的创建、不同格式素材的导入与管理，以及After Effects的辅助功能等内容。
- 第3章　After Effects中的图层和时间轴，详细介绍After Effects中的"时间轴"面板和图层的操作，使读者掌握在"时间轴"面板中对图层进行管理操作的方法和技巧，以及如何在"时间轴"面板中制作动画。
- 第4章　制作关键帧动画，详细介绍After Effects中关键帧动画的制作方法和技巧，以及图表编辑器和时间轴处理技巧，使读者能够掌握基础关键帧动画的制作。
- 第5章　路径与蒙版，详细介绍After Effects中路径的创建方法和编辑处理，以及蒙版的创建方法和使用技巧。
- 第6章　制作文字动画，详细介绍After Effects中文字的输入与设置方法，并通过案例使读者掌握文字动画的制作方法和表现技巧。
- 第7章　跟踪与表达式，详细介绍After Effects中"跟踪器"面板和"摇摆器"面板的使用方法和技巧，并且还介绍了表达式的输入与编辑操作，通过案例展示了表达式可有效地提高动画的制作效率。
- 第8章　颜色校正与抠像特效，介绍了After Effects中"颜色校正"和"抠像"效果中相关命令的应用与设置，并通过案例的制作，使读者能够快速掌握使用"颜色校正"和"抠像"效果对素材进行处理的方法和技巧。
- 第9章　其他特效，对After Effects中的内置效果组进行了简单介绍，并通过多个案例的制作，使读者掌握After Effects中各种内置效果的使用方法和技巧。
- 第10章　渲染输出，详细介绍了在After Effects中渲染输出视频动画的方法和技巧，使读者掌握将视频动画输出为不同格式文件的方法。
- 第11章　短视频特效制作，介绍了如何综合运用After Effects中的效果与关键帧动画，制作出不同风格的短视频特效。
- 第12章　UI交互动画制作，介绍了UI中常见的交互动画的制作方法，并通过案例的制作使读者掌握在After Effect中制作UI交互动画的方法和技巧。

本书特点

✦ 全书内容丰富、条理清晰，通过12章内容，为读者全面介绍了After Effects CC 2020的所有功能和知识点，采用理论知识与实战案例相结合的方法，让读者融会贯通。

✦ 语言通俗易懂、内容丰富、版式新颖，涵盖了After Effects CC 2020的所有知识点。

✦ 实用性强，采用理论知识与实战操作相结合的方式，使读者更好地理解并掌握在After Effects 2020中制作视频动画的方法和技巧。

✦ 知识点和案例的讲解过程中穿插了专家提示和操作技巧等，可以使读者更好地对知识点进行归纳吸收。

每一个案例的制作过程都配有相关视频教程和素材，步骤详细，帮助读者轻松掌握。

本书作者

本书适合正准备学习，或者正在学习After Effects的初、中级读者。本书充分考虑到了初学者可能遇到的困难，讲解全面深入，结构安排循序渐进，使读者在掌握了知识要点后能够有效总结，并通过案例的制作巩固所学知识，提高学习效率。

由于时间较为仓促，书中难免有疏漏之处，在此敬请广大读者朋友批评、指正。

编 者

读者服务

读者在阅读本书的过程中如果遇到问题，可以关注"有艺"公众号，通过公众号与我们取得联系。此外，通过关注"有艺"公众号，您还可以获取更多的新书资讯、书单推荐、优惠活动等相关信息。

资源下载方法：关注"有艺"公众号，在"有艺学堂"的"资源下载"中获取下载链接，如果遇到无法下载的情况，可以通过以下三种方式与我们取得联系。

扫一扫关注"有艺"

扫码观看全书视频

1. 关注"有艺"公众号，通过"读者反馈"功能提交相关信息；
2. 请发邮件至 art@phei.com.cn，邮件标题命名方式：资源下载+书名；
3. 读者服务热线：（010）88254161~88254167 转 1897。

投稿、团购合作：请发邮件至 art@phei.com.cn。

目录

第1章 初识After Effects CC 2020 1

1.1 了解After Effects 1
- 1.1.1 After Effects 概述 1
- 1.1.2 After Effects 的应用领域 1
- 1.1.3 After Effects 的常用术语 5
- 1.1.4 After Effects 与其他软件的结合应用 7

1.2 After Effects CC 2020的安装与启动 7
- 1.2.1 系统要求 7
- 1.2.2 安装 After Effects CC 2020 8
- 1.2.3 启动 After Effects CC 2020 9

1.3 After Effects CC 2020工作界面 9
- 1.3.1 认识 After Effects CC 2020 工作界面 10
- 1.3.2 切换工作界面 10
- 1.3.3 菜单栏 11
- 1.3.4 工具栏 13
- 1.3.5 "项目" 面板 14
- 1.3.6 "合成" 窗口 15
- 1.3.7 "时间轴" 面板 17
- 1.3.8 其他常用面板 18

1.4 After Effects CC 2020首选项 19

1.5 线性编辑与非线性编辑 23
- 1.5.1 线性编辑 23
- 1.5.2 非线性编辑 24
- 1.5.3 非线性编辑的流程 24

1.6 知识拓展：非线性编辑的优势 25

1.7 本章小结 26

第2章 After Effects CC 2020的基本操作 27

2.1 项目文件的基本操作 27
- 2.1.1 创建项目文件 27
- 2.1.2 创建合成 28
- 2.1.3 保存和关闭项目文件 29
- 2.1.4 After Effects 的基本工作流程 29

2.2 导入素材文件 30
- 2.2.1 导入单个素材 30
- 2.2.2 导入多个素材 31
- 2.2.3 导入素材序列 31
- 2.2.4 导入 PSD 格式素材 31
- 应用案例——导入 PSD 格式素材并自动创建合成 32
- 2.2.5 导入 AI 格式矢量素材 33
- 应用案例——导入 AI 格式分层素材并自动创建合成 34

2.3 素材的基本管理操作 35
- 2.3.1 添加素材 35
- 2.3.2 使用 "项目" 面板管理素材 35
- 2.3.3 素材的入点与出点 37
- 应用案例——设置素材入点与出点位置 37
- 2.3.4 合成的嵌套 39

2.4 使用辅助功能 40
- 2.4.1 网格 40
- 2.4.2 标尺 41
- 2.4.3 参考线 41
- 2.4.4 安全框 42
- 2.4.5 显示通道 43
- 2.4.6 分辨率 43
- 2.4.7 设置目标区域 44

2.5 制作图片淡入淡出效果 45
- 应用案例——制作图片淡入淡出效果 45

2.6 知识拓展：导入素材的快捷方法 47

2.7 本章小结 47

第3章 After Effects中的图层和时间轴 48

3.1 认识 "时间轴" 面板 48
- 3.1.1 "音频/视频" 选项 48
- 3.1.2 "图层基础" 选项 49
- 3.1.3 "图层开关" 选项 49
- 3.1.4 "转换控制" 选项 50
- 3.1.5 "父级和链接" 选项 50
- 3.1.6 "时间控制" 选项 50

3.2 图层的类型 51
- 3.2.1 素材图层 51
- 3.2.2 文字图层 52
- 3.2.3 纯色图层 52
- 3.2.4 灯光图层 53
- 3.2.5 摄像机图层 54
- 3.2.6 空对象图层 55
- 3.2.7 形状图层 56
- 3.2.8 调整图层 56
- 3.2.9 内容识别填充图层 57
- 应用案例——使用内容识别填充去除视频中不需要的对象 57
- 3.2.10 Adobe Photoshop 文件 59
- 3.2.11 MAXON CINEMA 4D 文件 60

3.3 图层的操作 61
- 3.3.1 图层的基本操作方法 61
- 3.3.2 图层的混合模式 62

3.4 图层的基础 "变换" 属性 62
- 3.4.1 锚点 63
- 3.4.2 位置 64
- 应用案例——制作背景图片切换动画 64
- 3.4.3 缩放 69
- 3.4.4 旋转 69
- 3.4.5 不透明度 70

3.5 制作元素入场动画 70
- 应用案例——制作元素入场动画 71

3.6 知识拓展：了解CINEMA 4D 75

3.7 本章小结 75

第4章 制作关键帧动画 76

4.1 了解关键帧 76

4.1.1 帧和关键帧的概念	76
4.1.2 关键帧的创建方法	77
4.2 关键帧的编辑操作	**77**
4.2.1 选择关键帧	78
4.2.2 移动关键帧	78
4.2.3 复制关键帧	79
4.2.4 删除关键帧	79
应用案例——制作三角形位置交错动画	80
4.3 运动路径	**84**
4.3.1 将直线运动路径调整为曲线	84
4.3.2 运动自定向	85
应用案例——制作纸飞机动画	86
4.4 图表编辑器	**90**
4.4.1 认识图表编辑器	90
4.4.2 设置对象的缓动效果	91
应用案例——制作小球弹跳变换动画	91
4.5 时间轴处理技巧	**97**
4.5.1 时间反向图层	97
4.5.2 时间重映射	98
4.5.3 时间伸缩	98
4.5.4 冻结帧	99
4.6 制作栏目片头文字动画	**100**
应用案例——制作栏目片头文字动画	100
4.7 知识拓展：图层属性操作技巧	**106**
4.8 本章小结	**107**

第5章 路径与蒙版 ……… 108

5.1 创建路径形状	**108**
5.1.1 关于路径形状	108
5.1.2 创建路径群组	109
5.1.3 设置路径形状属性	110
应用案例——制作圆环 Loading 动画	113
5.2 创建蒙版路径	**118**
5.2.1 蒙版原理	118
5.2.2 形状工具	119
5.2.3 钢笔工具	120
5.3 路径的编辑处理	**122**
5.3.1 选择路径顶点	122
5.3.2 移动路径顶点	123
5.3.3 锁定蒙版路径	124
5.3.4 变换蒙版路径	124
应用案例——创建矩形蒙版	125
5.4 蒙版属性	**126**
5.4.1 设置蒙版属性	126
5.4.2 蒙版的叠加处理	128
应用案例——制作聚光灯动画效果	130
5.5 轨道遮罩	**134**
应用案例——制作扫描指纹动画效果	134
5.6 知识拓展：蒙版的复制与粘贴操作	**138**
5.7 本章小结	**139**

第6章 制作文字动画 ……… 140

6.1 输入文字	**140**
6.1.1 输入点文字	140
6.1.2 输入段落文字	141
6.1.3 点文字与段落文字间的相互转换	142
6.2 设置文字属性	**142**
6.2.1 字符属性	142
6.2.2 段落属性	146
6.3 文字的动画属性	**148**
6.3.1 "文本"选项	148
应用案例——制作打字动画	149
6.3.2 "动画"选项	151
应用案例——制作文字随机显示动画	154
6.3.3 路径文字	156
应用案例——制作路径文字动画	157
6.4 文字的动画表现	**160**
6.4.1 文字动画的表现优势	160
6.4.2 常见的文字动画表现形式	161
应用案例——制作手写文字动画	164
6.5 知识拓展：为文字应用动画预设	**169**
6.6 本章小结	**170**

第7章 跟踪与表达式 ……… 171

7.1 "跟踪器"面板	**171**
7.1.1 认识"跟踪器"面板	171
7.1.2 跟踪范围框	173
7.1.3 位移跟踪	174
应用案例——制作位移跟踪动画	174
7.1.4 旋转跟踪	176
应用案例——制作旋转跟踪动画	176
7.1.5 透视跟踪	179
应用案例——制作透视跟踪动画	179
7.1.6 画面稳定跟踪	181
应用案例——制作画面稳定跟踪动画	181
7.2 "摇摆器"面板	**183**
7.2.1 认识"摇摆器"面板	183
7.2.2 随机动画	183
应用案例——制作动感随机动画	184
7.3 表达式	**186**
7.3.1 表达式概述	186
7.3.2 表达式的基本操作方法	187
7.3.3 表达式中的量	189
7.3.4 表达式语言菜单	190
7.3.5 制作开场文字动画	190
应用案例——制作开场文字动画	190
7.4 知识拓展：表达式操作技巧	**195**
7.5 本章小结	**195**

第8章 颜色校正与抠像特效 ……… 196

8.1 应用"颜色校正"效果的方法	**196**
8.2 "颜色校正"效果介绍	**196**
8.3 "颜色校正"效果的应用	**222**

| 目录

8.3.1 调整风景照片季节 222
应用案例——调整风景照片中的季节 222
8.3.2 制作水墨风格效果 224
应用案例——制作水墨风格效果 224
8.3.3 制作动感光线效果 227
应用案例——制作动感光线效果 227
8.4 了解"抠像"效果 231
8.5 "抠像"效果介绍 231
8.6 "抠像"效果的应用 241
8.6.1 制作鲜花绽放动画效果 241
应用案例——制作鲜花绽放动画效果 241
8.6.2 制作流行人像合成 243
应用案例——制作流行人像合成 243
8.7 知识拓展：了解"抠像"效果的应用 244
8.8 本章小结 244

第9章 其他特效 245

9.1 内置效果的使用方法 245
9.1.1 应用效果 245
9.1.2 复制效果 246
9.1.3 暂时关闭效果 246
9.1.4 保存效果 246
9.1.5 删除效果 247
9.2 了解After Effects中的效果组 247
9.2.1 "3D声道"效果组 247
9.2.2 Boris FX Mocha 效果组 249
9.2.3 CINEMA 4D 效果组 249
9.2.4 Keying 效果组 249
9.2.5 Matte 效果组 250
9.2.6 "沉浸式视频"效果组 250
9.2.7 "风格化"效果组 253
9.2.8 "过渡"效果组 261
9.2.9 "过时"效果组 266
9.2.10 "模糊和锐化"效果组 267
9.2.11 "模拟"效果组 272
9.2.12 "扭曲"效果组 278
9.2.13 "声道"效果组 290
9.2.14 "生成"效果组 294
9.2.15 "时间"效果组 303
9.2.16 "实用工具"效果组 306
9.2.17 "透视"效果组 308
9.2.18 "音频"效果组 311
9.2.19 "杂色和颗粒"效果组 313
9.2.20 "遮罩"效果组 317
9.3 After Effects中的效果应用实例 318
9.3.1 制作下雨效果 318
应用案例——制作下雨效果 318
9.3.2 制作手绘心形动画 320
应用案例——制作手绘心形动画 320
9.3.3 制作粒子动画效果 324
应用案例——制作粒子动画效果 324
9.3.4 制作动感模糊 Logo 动画 328

应用案例——制作动感模糊 Logo 动画 328
9.3.5 制作动感遮罩文字动画 332
应用案例——制作动感遮罩文字动画 332
9.3.6 制作楼盘视频广告 339
应用案例——制作楼盘视频广告 339
9.3.7 制作音频的频谱动画 343
应用案例——制作音频的频谱动画 343
9.4 知识拓展：应用效果的其他方法 348
9.5 本章小结 349

第10章 渲染输出 350

10.1 渲染工作区 350
10.1.1 手动调整渲染工作区 350
10.1.2 使用快捷键调整渲染工作区 351
10.2 渲染设置 351
10.2.1 渲染设置简介 351
10.2.2 "渲染设置"对话框 352
10.2.3 输出模块 353
10.2.4 "输出模块设置"对话框 354
10.2.5 "日志"选项 355
10.2.6 "输出到"选项 355
10.3 渲染输出操作 356
10.3.1 渲染进度 356
10.3.2 渲染队列 357
10.3.3 将项目文件输出为视频 357
应用案例——将项目文件输出为视频 357
10.3.4 结合 Photoshop 输出 GIF 文件 359
应用案例——结合 Photoshop 输出 GIF 文件 359
10.4 制作笔刷涂抹显示视频效果 362
应用案例——制作笔刷涂抹显示视频效果 362
10.5 知识拓展：了解文件打包功能 367
10.6 本章小结 368

第11章 短视频特效制作 369

11.1 制作视频文字遮罩特效 369
应用案例——制作视频文字遮罩特效 369
11.2 制作三维空间展示视频 372
应用案例——制作三维空间展示视频 373
11.3 制作墨迹转场视频特效 379
应用案例——制作墨迹转场视频特效 379
11.4 制作电影开场视频特效 387
应用案例——制作电影开场视频特效 387
11.5 制作笔刷样式图片动态特效 397
应用案例——制作笔刷样式图片动态特效 397
11.6 制作视频动感标题 405
应用案例——制作视频动感标题 406
11.7 知识拓展：动画为什么是运动的 415
11.8 本章小结 415

第12章 UI交互动画制作 ····· 416

12.1 开关按钮动画 ····· 416
12.1.1 开关按钮的功能与特点 ····· 416
12.1.2 制作开关按钮交互动画 ····· 416
应用案例——制作开关按钮交互动画 ····· 417

12.2 图标动画 ····· 420
12.2.1 图标动画的常见表现形式 ····· 420
12.2.2 制作图标变形切换动画 ····· 423
应用案例——制作图标变形切换动画 ····· 423

12.3 加载进度动画 ····· 431
12.3.1 了解加载进度动画 ····· 431
12.3.2 加载进度动画的常见表现形式 ····· 432
12.3.3 制作加载进度条动画 ····· 432
应用案例——制作加载进度条动画 ····· 432

12.4 导航菜单动画 ····· 437
12.4.1 交互导航菜单的优势 ····· 437
12.4.2 交互导航菜单的设计要点 ····· 438
12.4.3 制作侧滑交互导航菜单动画 ····· 439
应用案例——制作侧滑交互导航菜单动画 ····· 439

12.5 界面转场动画 ····· 443
12.5.1 UI界面转场动画的常见表现形式 ····· 444
12.5.2 制作图片翻页切换动画 ····· 447
应用案例——制作图片翻页切换动画 ····· 447

12.6 UI交互动画设计规范 ····· 454
12.6.1 UI交互动画的作用 ····· 454
12.6.2 UI交互动画的设计要点 ····· 457
12.6.3 制作下雪天气界面动画 ····· 459
应用案例——制作下雪天气界面动画 ····· 459
12.6.4 制作通话界面动画 ····· 465
应用案例——制作通话界面动画 ····· 466

12.7 知识拓展：了解UI交互动画 ····· 472

12.8 本章小结 ····· 472

第1章 初识After Effects CC 2020

After Effects简称AE，是Adobe公司开发的一款视频剪辑及后期处理软件，目前的最新版本是After Effects CC 2020。After Effects是制作动态影像设计不可或缺的辅助工具，是视频后期合成处理的专业非线性编辑软件，同时也能够制作出色的UI动效。在本章中将介绍有关After Effects CC 2020的相关知识，包括After Effects CC 2020的安装与启动、After Effects CC 2020的工作界面，以及有关非线性编辑的相关知识。

本章学习重点

第1页
After Effects 概述

第2页
影视动画

第6页
矢量图

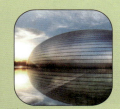

第15页
合成窗口

1.1 了解After Effects

After Effects可以帮助用户高效、精确地创建精彩的动态图形和视觉效果。After Effects在各个方面都具有优秀的性能，不仅能够广泛支持各种动画文件格式，还具有优秀的跨平台能力。After Effects作为一款优秀的视频特效处理软件，经过不断发展，在众多行业中已经得到了广泛使用。

1.1.1 After Effects概述

Adobe公司最新推出的After Effects CC 2020后期特效制作软件，受到了视频影像爱好者、广播电视从业人员及UI动效设计人员的青睐和欢迎。After Effects CC 2020软件使用行业标准工具创建动态图形和视觉效果，无论用户身处广播电视、电影行业，还是为在线移动设备处理作品，都可以帮助设计者创建出震撼的动态图形和出众的视觉效果。图1-1所示为After Effects CC 2020的启动界面。

图1-1 After Effects CC 2020启动界面

After Effects CC 2020在各个方面都具有优秀的性能，不仅能够广泛支持各种动画的文件格式，还具有优秀的跨平台能力。After Effects版本的升级不仅使其与Adobe公司的其他设计软件更加紧密地相配合，同时也增添了很多更加有利于用户创作的功能，其高度灵活的2D与3D合成，以及数百种预设的特效和动画影视制作，为后期处理增添了非富多彩的效果。

1.1.2 After Effects的应用领域

随着社会的进步和科技的发展，在人们的日常生活中，电视、计算机、网络及移动多媒体等设备的应用越来越广泛，人们每天都通过不同的媒体观看、了解多彩的新闻时事、生活资讯及趣味视频，这已经成为人们生活不可缺少的一部分。正是因为有了这些载体，影视后期处理的发展也越来越快，影视后期处理软件的应用领域也越来越广泛。

1．电影特效

自20世纪60年代以来，随着电影中逐渐运用了计算机技术，一个全新的电影世界展现在人们面前，这也是一次电影的革命。越来越多用计算机制作的图像被运用到电影作品中，其视觉效果的魅力有时已经大大超过了电影故事的本身。电影的另一特性便是作为一种视觉传媒而存在的。

在最初由部分使用计算机特效的电影作品向全部由计算机制作的电影作品转变的过程中，人们已经看到了电影特效在视觉冲击力上的不同与震撼。如今，已经很难发现在一部电影中没有任何的计算机特效元素。图1-2所示为After Effects在电影特效方面的应用。

图1-2 After Effects在电影特效方面的应用

2．影视动画

影视后期特效在影视动画中的应用是有目共睹的，没有后期特效的支持，就没有影视动画的存在。在如今靠视听特效来吸引观众眼球的动画片中，到处都存在影视后期特效的身影。可以说，每部影视动画都是一次后期特效视听盛宴。图1-3所示为After Effects在影视动画方面的应用。

图1-3 After Effects在影视动画方面的应用

● 3．电视栏目及频道片头

在信息化时代，影视广告是传播产品信息的首选，同时也是企业树立形象的重要手段。通过几十秒的时间将企业、产品、创意、艺术有机地结合在一起，可以达到图、文、声并茂的效果，传播范围广，也易被大众接受，这是平面媒体所无法取代的。包含电视栏目包装、频道包装和企业形象包装等功能的后期特效已经越来越多地为市场所接受。图1-4所示为After Effects在电视栏目及频道片头方面的应用。

图1-4 After Effects在电视栏目及频道片头方面的应用

● 4．城市形象宣传片

城市形象就是一座城市的无形资产，是一个城市综合竞争力不可或缺的要素。将影视后期特效合成应用在城市形象宣传片中，可在树立良好的城市形象、提升城市品位、激发城市可持续发展能力等方面发挥重要作用。图1-5所示为After Effects在城市形象宣传片方面的应用。

图1-5 After Effects在城市形象宣传方面的应用

● 5．产品宣传广告

产品宣传广告主要针对产品制作的动态影视特效，一般用在公众电视媒体、电视传媒、网络媒体等方面。产品宣传广告如同一张产品名片，但其图、文、声并茂，使人一目了然，无须向客户展示大段的文字说明，也避免了枯燥无味的介绍。图1-6所示为After Effects在产品宣传广告方面的应用。

图1-6 After Effects在产品宣传广告方面的应用

- **6．企业宣传片**

　　相对于静止的画面而言，人们更喜欢动态的影像作品，因而现在越来越多的企业希望自己的企业或者产品宣传"动"起来。先用数码摄像机拍摄企业宣传影像，然后使用后期软件合成，制作成光盘，或者通过网络将动态视频影像通过各种渠道传播出去，效果好且成本低。

　　将实拍视频、解说、字幕、动画等技术结合起来，具有强大的表现力和感染力。从前期策划、脚本创作、拍摄、剪辑、配音、配乐，到后期光盘压制等全方位的影像动画制作服务已成为大多数影视广告公司的制胜法宝。此类专题片制作有企业形象介绍、公司品牌推广、产品品牌宣传、纪录片等。图1-7所示为After Effects在企业宣传方面的应用。

图1-7 After Effects在企业宣传方面的应用

● 7．UI动效设计

随着交互设计的发展，交互设计的制作要求变得更高，交互效果的要求不再只是简单的图片切换。交互设计师为了满足广大用户群体的需求，逐渐由原本简单的图片切换转向使用After Effects制作UI交互动效。使用After Effects制作出的UI动效表现更加完美，更能表现出设计师的设计理念。与此同时，After Effects还可以实现许多普通动画无法实现的效果，使UI界面的视觉表现效果更加出色，有效提升产品UI的用户体验。图1-8所示为After Effects在UI动效设计方面的应用。

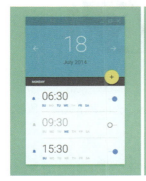

图1-8 After Effects在UI动效设计方面的应用

1.1.3 After Effects的常用术语

After Effects作为一款影视后期处理软件，最终生成的视频文件是需要放在指定的设备中进行播放的。因此，在学习After Effects之前，还需要了解After Effects中的常用术语。

● 1．位图

位图也称为点阵图，它是由像素组成的。位图图像可以表现丰富的色彩变化并产生逼真的效果，很容易在不同软件之间交换使用。但因为它在保存图像时需要记录每一个像素的色彩信息，所以占用的存储空间较大，而且在进行旋转或缩放时会产生锯齿。图1-9所示为位图放大后看到的像素效果。

图1-9 位图图像及其放大效果

● 2．矢量图

矢量又称为向量，是一种基于数学方法的绘图方式。矢量图形所占用的存储空间很小，在进行旋转、缩放等操作时，可以保持对象光滑无锯齿。图1-10所示为矢量图形及其放大效果。但矢量图不易制作色彩变化丰富的图像，并且绘制出来的图像也不是很逼真，同时也不易在不同的软件中交互使用。在After Effects中支持矢量图形。

图1-10 矢量图像及其放大效果

- 3．素材

素材是指一个视频项目或电影中的原始素材,它们可以是一幅静止的图像、一段音乐或者一段影片或剪辑。

- 4．帧

帧也可以称之为画面,是视频、影像和数字电影中的基本信息单元。在北美,标准视频剪辑是以30帧/秒的速度进行播放的。

- 5．关键帧

关键帧是指视频过程中的关键画面或者主要画面,关键帧之间的部分可以称为中间帧或过渡帧。中间帧或过渡帧是软件通过两个关键帧的不同属性设置自动计算出来的。

- 6．动画

动画是指把静止的图像按特定的顺序排列,然后使用非常快的连续镜头依次变换静态图像,就可以让静态图像看起来是运动的,也可以将动画称之为运动图像。

- 7．位深

在计算机中,位是信息存储的最基本单位。用于描述物体的位使用得越多,其要描述的细节就越多。位深表示设置的位的数值,其作用是介绍一个像素的色彩。位深越高,图像包括的色彩就越多,就可以产生更精确的色彩和质量较高的图像。例如,一幅8位色的图像可以显示256种颜色,一幅24位色的图像可以显示大约1600万种颜色。

编辑数字视频的过程中要存储、移动和计算大量的数据。许多个人计算机,特别是运算速度慢的计算机,往往不能处理大的视频文件或者没有经过压缩的数字视频文件。这就需要使用压缩方式来降低数字视频的数据速率到一个用户的计算机系统可以处理的范围。当捕捉源视频、预览编辑、播放和输出时,压缩设置非常有用。

- 8．镜头

在电影中,镜头是用于拍摄电影片段的摄像机的一个视点。在After Effects中,用户可以创建同一镜头的多个不同版本,并把所有的镜头保存在一个项目文件中,也可以称之为分镜头。

- 9．压缩

压缩是一种用于重组或者删除数据以减小剪辑文件尺寸的特殊方法。如果需要压缩影像,可以在第一次获取影像到计算机时进行或者在After Effects中进行编译时再压缩。压缩分为暂时压缩、无损压缩和有损压缩。

- 10．项目

After Effects中的项目就是一个作品文件,它包含作品中所需要的全部图像、视频和音频文件的引用。After Effects使用引用而不把图像、视频和音频文件复制到项目文件中。项目知道在哪里可以找到需要的文件，因为After Effects会自动创建每个文件的引用作为项目设置过程的一部分，这样可以节省大量的磁盘空间。

- 11．合成

合成是一个把图像、视频、动画、文本或者声音等多种原始素材合并在一起的一个过程。与Photoshop类似，After Effects使用图层来创建合成，合成可以简单到只用两个图层，也可以复杂到使用上百个图层。After Effects具有很多合成功能，可以使用Alpha通道创建复杂的遮罩。

After Effects与其他软件的结合应用

在After Effects中可以导入多种不同格式的素材文件，如位图（如从Photoshop中导入的）、矢量图（如从Illustrator中导入的）或者3D内容（如从3ds Max或Maya中导入的）。虽然用户可能不需要使用其他的应用程序，但是如果用户知道如何在这些程序中创建图形，就可以更容易地在After Effects中使用不同格式的素材文件，这一点非常重要。

如果在After Effects中处理的项目需要使用高质量的静态平面图像，可以先在Photoshop中处理好再导入到After Effects中使用。Photoshop是目前处理静态平面图像最好的工具。在After Effects项目中使用Photoshop图像可以得到很好的效果。区别这两个工具的一个原则是，Photoshop最适合编辑处理静态平面的图像，而After Effects最适合编辑处理动态的图像或视频，After Effects中使用的一些静态图像可以在Photoshop中进行编辑和处理。

在After Effects中进行合成处理的素材除了可以使用平面素材，还可以使用一些三维或者动态素材文件。在3ds Max和Maya软件中制作的三维动态素材可以直接导入After Effects中进行编辑，常见的一些电视片头等一般都是借助于这几种软件的综合应用来制作的。

1.2 After Effects CC 2020的安装与启动

After Effects CC 2020作为一款非常优秀的跨平台后期视频处理软件，很好地兼容了Windows和Mac OS两种操作系统，从而便于不同系统用户之间的协作。在讲解After Effects CC 2020软件的基本操作之前，首先需要在计算机中正确安装该软件。

系统要求

随着机算机硬件的发展与升级，为了提升软件的运行效率，After Effects CC 2020软件对系统的要求有了很大的提高。下面分别介绍After Effects CC 2020软件对Windows系统和Mac OS系统的安装及运行要求。After Effects CC 2020软件对Windows系统的安装和运行要求如表1-1所示。

表1-1 Windows操作系统要求

处理器	支持64位的多核Intel处理器
操作系统	Microsoft Windows 10（64位）版本1803及更高版本
内存	16GB内存（推荐32GB）
显卡	2GB显存。建议在使用After Effects CC 2020时，将NVIDIA驱动程序更新到430.86或更高版本，早期版本的驱动程序可能会导致软件崩溃
硬盘空间	5GB的可用硬盘空间；安装过程中另需额外空间（无法安装在可移动闪存设备上），10GB以上用于缓存的硬盘空间
显示分辨率	建议1280×1080像素或者更高的显示分辨率
软件激活	需要宽带连接并且注册认证，才能激活软件、验证订阅和访问在线服务

After Effects CC 2020软件对Mac OS系统的安装和运行要求如表1-2所示。

表1-2　Mac OS操作系统要求

处理器	支持64位的多核Intel处理器
操作系统	Mac OS 10.13及以上版本。注意，不支持Mac OS 10.12版本
内存	16GB内存（推荐32GB）
显卡	2GB显存。建议在使用After Effects CC 2020时，将NVIDIA驱动程序更新到430.86或更高版本，早期版本的驱动程序可能会导致软件崩溃
硬盘空间	6GB的可用硬盘空间，安装过程中另需额外空间（无法安装在可移动闪存设备上），10GB以上用于缓存的硬盘空间
显示分辨率	建议1440×900像素或者更高的显示分辨率
软件激活	需要宽带连接并且注册认证，才能激活软件、验证订阅和访问在线服务

安装After Effects CC 2020

了解了安装After Effects CC 2020的系统要求后，接下来开始安装软件。After Effects CC 2020的安装界面很直观，用户可以轻松地按照界面提示一步步进行操作。

首先下载并安装Adobe公司的桌面程序管理软件Adobe Creative Cloud，注册Adobe ID并成功登录。在Creative Cloud中可以看到Adobe公司的一系列软件，如图1-11所示。在左侧的"类别"列表中选择"视频和动态"选项，切换到视频和动态相关软件列表，可以看到After Effects软件，如图1-12所示。

图1-11　打开Adobe Creative Cloud

图1-12　找到After Effects软件

单击"试用"按钮，Creative Cloud会自动在线安装最新版本的After Effects软件，并显示安装进度，如图1-13所示。完成After Effects的安装后，显示"开始试用"按钮，如图1-14所示，单击该按钮即可启动After Effects软件。

图1-13　安装After Effects软件

图1-14　完成After Effects软件的安装

关闭Adobe Creative Cloud，完成最新版After Effects CC 2020的安装。

第1章 初识After Effects CC 2020

Tips

Creative Cloud 是 Adobe 的创意应用软件，可以自行决定其内部软件的部署方式和时间。用户不仅可以对本工具进行外围补充，也可以在云端存储文件，并从任何终端位置进行文件访问，应用设置也能够存于云端并在多种设备间同步。Creative Cloud 中几乎包含了 Adobe 公司的所有软件，可以方便地对 Adobe 系列软件进行安装、卸载、更新等操作。

启动After Effects CC 2020

完成After Effects CC 2020软件的安装后，在Windows系统的"开始"菜单中会自动添加After Effects CC 2020启动选项，选择该选项就可以启动After Effects CC 2020。

在"开始"菜单中选择Adobe After Effects 2020命令，如图1-15所示，打开After Effects CC 2020软件启动界面，如图1-16所示。

图1-15 选择Adobe After Effects 2020命令

图1-16 After Effects CC 2020启动界面

After Effects CC 2020软件启动完成后，将显示"主页"窗口，为用户提供了创建和打开项目文件的快捷操作选项，如图1-17所示。关闭"主页"窗口，即可进入After Effects CC 2020软件的工作界面，如图1-18所示。

图1-17 "主页"窗口

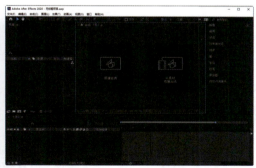
图1-18 After Effects CC 2020工作界面

如果需要退出After Effects CC 2020，可以直接单击After Effects CC 2020工作界面右上角的"关闭"图标，或者执行"文件>退出"命令，即可退出并关闭After Effects CC 2020。退出该软件时，如果有文件，则会弹出文件保存提示，保存文件或者放弃保存之后，才能退出After Effects CC 2020。

1.3 After Effects CC 2020工作界面

After Effects CC 2020是Adobe系列软件中的一员，所以其工作界面与Adobe公司旗下的其他软件，

中文版After Effects CC 2020
完全自学一本通

如Photoshop有很多相似的特点，它是一个集成、高效的工作界面，并且用户可以根据自己的喜好自定义After Effects CC 2020的工作界面。本节将带领读者全面认识After Effects CC 2020的工作界面。

 认识After Effects CC 2020工作界面

　　After Effects的工作界面非常人性化，将界面中的各个窗口和面板集合在一起，不是单独的浮动状态，这样在操作过程中就免去了拖来拖去的麻烦。启动After Effects CC 2020，可以看到全新的After Effects CC 2020工作界面，如图1-19所示。

图1-19 After Effects CC 2020工作界面

- 菜单栏：在After Effects中，根据功能和使用目的将菜单命令分为9类，每个菜单项中包含多个子菜单命令。
- 工具栏：包含了After Effects中的各种常用工具，所有工具均是针对"合成"窗口进行操作的。
- "项目"面板：用来管理项目中的所有素材和合成，在"项目"面板中可以很方便地进行导入、删除和编辑素材等操作。
- "合成"窗口：动画效果的预览区，能够直观地观察要处理的素材文件的显示效果。如果要在该窗口中显示画面，首先需要将素材添加到"时间轴"面板中，并将时间滑块移动到当前素材的有效帧内。
- "时间轴"面板：After Effects工作界面中非常重要的组成部分，它是进行素材组织的主要操作区域，主要用于管理图层的顺序和设置动画关键帧。
- 其他浮动面板：显示了After Effects CC 2020中常用的面板，用于配合动画效果的处理制作。可以通过执行"窗口"菜单中的相应命令，在工作界面中显示或者隐藏相应的面板。

1.3.2 切换工作界面

　　After Effects中有多种工作界面，包括标准、小屏幕、库、所有面板、动画、基本图形、颜色、效果、简约等。不同的界面适合不同的工作需求，使用起来更加方便快捷。

　　如果需要切换After Effects的工作界面，可以执行"窗口>工作区"命令，在打开的子菜单中选择相应的命令，如图1-20所示，即可切换到对应的工作区。或者在工具栏中的"工作区"下拉列表框中选择相应的选项，同样可以切换到对应的工作区，如图1-21所示。

图1-20 "工作区"子菜单

图1-21 "工作区"下拉列表框

在实际操作过程中经常需要调整某些窗口或者面板的大小,例如,想仔细查看"合成"窗口中的效果,就需要将"合成"窗口放大;而当"时间轴"面板中的图层较多时,将"时间轴"面板拉高放大,操作起来就更方便一些。在After Effects CC 2020中,可以通过鼠标拖动的方式改变工作界面中各区域的大小。

将光标移至工作界面中的"项目"面板与"合成"窗口之间时,光标指针会变为双向箭头,此时按住鼠标左键左右拖动,可以横向改变"项目"面板与"合成"窗口的宽度,如图1-22所示。

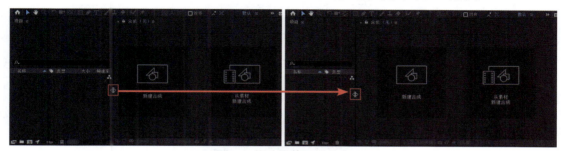

图1-22 拖动调整面板宽度

将光标移至工作界面中"合成"窗口与"时间轴"面板之间时,光标指针会变为上下双向箭头,此时按住鼠标左键上下拖动,可以纵向改变"合成"窗口与"时间轴"面板的高度,如图1-23所示。

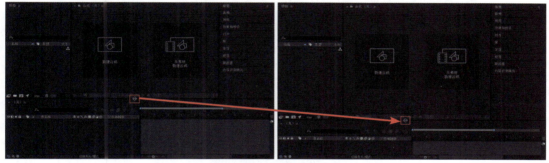

图1-23 拖动调整面板高度

将光标移至"项目"面板、"合成"窗口和"时间轴"面板3者之间时,光标指针会变成四向箭头,此时按住鼠标左键上下左右拖动,可以同时调整这3个面板的宽度和高度。

 1.3.3 菜单栏

After Effects CC 2020的菜单栏位于软件界面的最上方,如图1-24所示。包括"文件"、"编辑"、"合成"、"图层"、"效果"、"动画"、"视图"、"窗口"和"帮助"共9个菜单。下面将分别对各菜单命令进行简单介绍。

图1-24 菜单栏

- 1. "文件"菜单

在"文件"菜单中为用户提供了针对项目文件进行操作的相关命令,包括"新建"、"打开项目"、"关闭"、"保存"和"导入"等,如图1-25所示。

2. "编辑"菜单

在"编辑"菜单中为用户提供了对项目文件或者当前所选择对象的相关编辑操作命令,包括"剪切"、"复制"和"粘贴"等,如图1-26所示。

3. "合成"菜单

在"合成"菜单中为用户提供了针对合成操作的相关命令,包括"新建合成"、"合成设置"、"将合成裁剪到工作区"和"裁剪合成到目标区域"等,如图1-27所示。

图1-25 "文件"菜单   图1-26 "编辑"菜单   图1-27 "合成"菜单

4. "图层"菜单

在"图层"菜单中为用户提供了有关图层操作的相关命令,包括新建各种类型的图层"蒙版"、"蒙版和形状路径"和"3D图层"等,如图1-28所示。

5. "效果"菜单

在"效果"菜单中为用户分类提供了多种常用的效果设置命令,执行相应的命令即可为当前所选中的对象应用该效果,并且可以对所应用的效果进行设置,从而制作出各种各样的特效,如图1-29所示。

6. "动画"菜单

在"动画"菜单中为用户提供了动画制作过程中的相关操作命令,包括"添加关键帧"、"切换定格关键帧"、"关键帧插值"、"关键帧速度"和"关键帧辅助"等,如图1-30所示。

图1-28 "图层"菜单   图1-29 "效果"菜单   图1-30 "动画"菜单

7. "视图"菜单

在"视图"菜单中为用户提供了有关视图操作的相关命令,这些视图操作命令主要是针对"合成"

窗口进行操作的，包括"放大"、"缩小"、"显示标尺"和"显示参考线"等，如图1-31所示。

- 8．"窗口"菜单

在"窗口"菜单中为用户提供了针对After Effects工作界面中各个面板进行操作的命令，如图1-32所示。执行相应的命令，即可在工作界面中显示或者隐藏相应的面板。

- 9．"帮助"菜单

在"帮助"菜单中为用户提供了有关After Effects的相关帮助命令，如图1-33所示。执行相应的命令，即可在默认浏览器中打开在线帮助文件，显示相应的帮助信息。

图1-31 "视图"菜单　　图1-32 "窗口"菜单　　图1-33 "帮助"菜单

1.3.4 工具栏

执行"窗口>工具"命令，或者按【Ctrl+1】组合键，可以在工作界面中显示或隐藏工具栏。工具栏中包含了常用的编辑工具，使用这些工具可以在"合成"窗口中对素材进行编辑操作，如移动、缩放、旋转、绘制图形和输入文字等。After Effect中的工具栏如图1-34所示。

图1-34 工具栏

- "主页"　：单击该图标，可以打开"主页"窗口，在其中可以执行创建项目、打开项目等常用快捷操作。

- "选取工具"　：使用该工具，可以在"合成"窗口中选择和移动对象。

- "手形工具"　：当素材或者对象被放大超过"合成"窗口的显示范围时，可以使用该工具在"合成"窗口中拖动，以查看超出部分。

- "缩放工具"　：使用该工具，在"合成"窗口中单击可以放大显示比例，按住【Alt】键不放，在"合成"窗口中单击可以缩小显示比例。

- "旋转工具"　：使用该工具，可以在"合成"窗口中对素材进行旋转操作。

- "统一摄像机工具"　：在建立摄像机后，该按钮将被激活，可以使用该工具操作摄像机。单击该工具按钮并按住鼠标左键不放，可显示出其他3个工具，分别是"轨道摄像机工具"、"跟踪XY摄像机工具"和"跟踪Z摄像机工具"，如图1-35所示。

图1-35 摄像机工具组

- "向后平移（锚点）工具"　：使用该工具，可以调整对象的中心点位置。

- "矩形工具"：使用该工具，可以绘制矩形或者为当前所选择的对象添加矩形蒙版。单击该工具按钮并按住鼠标左键不放，可显示出其他4个工具，分别是"圆角矩形工具"、"椭圆工具"、"多边形工具"和"星形工具"，如图1-36所示。

- "钢笔工具"：使用该工具，可以绘制不规则形状图形或者为当前所选择对象添加不规则蒙版图形。单击该工具按钮并按住鼠标左键不放，可显示出其他4个工具，分别是"添加'顶点'工具"、"删除'顶点'工具"、"转换'顶点'工具"和"蒙版羽化工具"，如图1-37所示。

图1-36 几何形状工具组 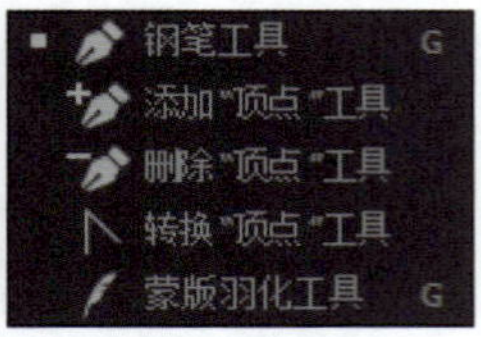　　图1-37 钢笔工具组

- "横排文字工具"：使用该工具，可以为合成图像添加文字，支持文字的特效制作，功能强大。单击该工具按钮并按住鼠标左键不放，可显示出"直排文字工具"，如图1-38所示。

图1-38 文字工具组

- "画笔工具"：使用该工具，可以对合成图像中的素材进行编辑绘制。

- "仿制图章工具"：使用该工具，可以复制素材中的像素。

- "橡皮擦工具"：使用该工具，可以擦除多余的像素。

- "Roto笔刷工具"：使用该工具，可以帮助用户在正常时间片段中独立出移动的前景元素。单击该工具按钮并按住鼠标左键不放，可显示出"调整边缘工具"，如图1-39所示。

图1-39 笔刷工具组

- "人偶位置控点工具"：使用该工具，可以用来确定人偶动画的关节点位置。单击该工具按钮并按住鼠标左键不放，可显示出其他4个工具，分别是"人偶固化控点工具"、"人偶弯曲控点工具"、"人偶高级控点工具"和"人偶重叠控点工具"，如图1-40所示。

图1-40 人偶控点工具组

1.3.5 "项目"面板

"项目"面板主要用于组织、管理当前所制作项目文件中所使用的素材。项目文件中使用的所有素材都要先导入到"项目"面板中，在该面板中可以对素材进行预览，"项目"面板如图1-41所示。

- 素材预览：此处显示的是当前所选中素材的缩略图，以及尺寸、颜色等基本信息。

- 搜索栏：当"项目"面板中包含有较多的素材、合成或文件夹时，可以通过搜索栏快速查找所需要的素材。

- 素材列表框：在该列表框中显示了当前项目文件中的所有素材。

- "解释素材"按钮：单击该按钮，可以设置所选择素材的透明通道、帧速率、上下场、

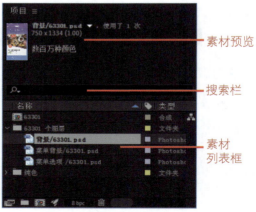

图1-41 "项目"面板

像素及循环次数。

- "新建文件夹"按钮：单击该按钮，可以在"项目"面板中新建一个文件夹。

- "新建合成"按钮：单击该按钮，可以弹

出"合成设置"对话框，对相关选项进行设置并单击"确定"按钮，即可在"项目"面板中新建一个合成。

- "项目设置"按钮：单击该按钮，可以弹出"项目设置"对话框，可以对项目的渲染选项进行设置，如图1-42所示。

- "项目颜色深度"选项 8 bpc ：单击该按钮，同样可以弹出"项目设置"对话框，并自动切换到"颜色"选项卡中，可以对项目文件的颜色深度进行设置，如图1-43所示。

- "删除所选项目项"按钮：单击该按钮，可以在"项目"面板中将当前选中的素材删除。

图1-42 "项目设置"对话框　　　图1-43 "项目颜色深度"设置选项

1.3.6 "合成"窗口

"合成"窗口是视频效果的预览区域，在进行视频后期处理时，它是最重要的窗口，在该窗口中可以预览编辑时每一帧的效果。如果要在"合成"窗口中显示画面，首先需要将素材添加到"时间轴"面板中，并将时间滑块移动到当前素材的有效帧内才可以显示。"合成"窗口如图1-44所示。

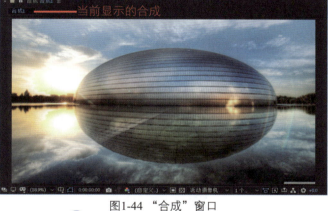

图1-44 "合成"窗口

- 当前显示的合成：如果当前项目文件中包含有多个合成，可以在该选项下拉列表框中选择需要在"合成"窗口中显示的合成，或者对合成进行关闭、锁定等操作。

- "始终预览此视图"按钮：当该按钮呈按下状态时，将会始终预览当前视图的效果。

- "主查看器"按钮：当该按钮呈按下状态时，将在"合成"窗口中预览项目中的音频和外部视频效果。

- "Adobe沉浸式环境"按钮：单击该按钮，可以在打开的菜单中选择一种预设的Adobe沉浸式环境，如图1-45所示，可以预览所创建的360°沉浸式视频效果。

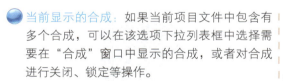

图1-45 "Adobe沉浸式环境"弹出菜单

- "放大率"选项 50% ：在该选项的下拉列表框中可以选择"合成"窗口的视图显示比例，如图1-46所示。

Tips

双击工具栏中的"手形工具"，可以将"合成"窗口中的视图缩放至能够完全在窗口中显示的比例大小。双击工具栏中的"缩放工具"，则可以将"合成"窗口的缩放比例调整至100%。

图1-46 "放大率"下拉列表框

- "选择网格和参考线选项"按钮：单击该按钮，在打开的菜单中选择相应的命令，如图1-47所示，即可在"合成"窗口中显示所选择的辅助选项。例如，选择"对称网格"命令，则在"合成"窗口中将显示辅助对称网格,如图1-48所示,辅助用户在"合成"窗口中进行操作。

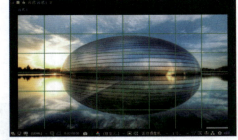

图1-47 "网格和参考线"弹出菜单　　图1-48 在"合成"窗口中显示对称网格

- "切换蒙版和形状路径可视性"按钮：单击该按钮,可以切换视图中蒙版和形状路径的可视性。默认情况下,该按钮为按下状态,即在"合成"窗口中显示蒙版和形状路径。

- "预览时间"选项：显示当前预览时间。单击该选项,弹出"转到时间"对话框,如图1-49所示,在其中可以设置当前时间指针的位置。

图1-49 "转到时间"对话框

- "创建快照"按钮：单击该按钮,可以捕捉当前"合成"窗口视图并创建快照。

- "显示快照"按钮：单击该按钮,可以在"合成"窗口中显示最后创建的快照。

- "显示通道及色彩管理设置"按钮：单击该按钮,可以在打开的菜单中选择需要查看的通道,或者进行色彩管理设置,如图1-50所示。

图1-50 "通道及色彩管理"弹出菜单

- "分辨率/向下采样系数"选项：在该选项的下拉列表框中可以选择"合成"窗口中所显示内容的分辨率,如图1-51所示。

图1-51 "分辨率"下拉列表框

- "目标区域"按钮：单击该按钮,可以在"合成"窗口中拖曳出一个矩形框,可以将该矩形区域作为"合成"窗口的目标显示区域。

- "切换透明网格"按钮：当该按钮呈按下状态时,将以透明网格的形式显示视图中的透明背景。

- "3D视图"选项：在该选项的下拉列表框中可以选择一种3D视图的视角,如图1-52所示。该选项只针对3D图层起作用,普通图层无法切换不同3D视图视角。

图1-52 "3D视图"下拉列表框

- "选择视图布局"选项：在该选项的下拉列表框中可以选择一种"合成"窗口的视图布局的方式,如图1-53所示。该选项主要针对3D图层起作用,可以在"合成"窗口中同时查看不同视图效果。

第1章 初识Affter Effects CC 2020

图1-53 "视图布局"下拉列表框

图1-54 "快速预览"弹出菜单

- "切换像素长宽比校正"按钮 📷：不同的素材可能具有不同的像素长宽比，为了使添加到"合成"窗口中的素材保持统一的像素长宽比，应该按下激活该功能，这样"合成"窗口中的素材都会自动调整像素的长宽比。默认情况下，该按钮为按下激活状态。

- "快速预览"按钮 📷：单击该按钮，可以在打开的菜单中选择一种在"合成"窗口中进行快速预览的方式，如图1-54所示。

- "时间轴"按钮 📊：单击该按钮，将自动选中当前工作界面中的"时间轴"面板。

- "合成流程视图"按钮 📊：单击该按钮，可以打开"流程图"窗口，显示当前所编辑合成的流程图。

- "调整曝光度"选项与"重置曝光度"按钮 📷：在曝光度数值上单击并左右拖动鼠标可以调整"合成"窗口中的曝光度效果；单击"重置曝光度"按钮，可以将"合成"窗口的曝光度重置为默认值。

1.3.7 "时间轴"面板

"时间轴"面板是After Effects工作界面的核心组成部分，动画与视频编辑工作的大部分操作都是在该面板中进行的，是进行素材组织和主要操作区域。当添加不同的素材后，将产生多个图层叠加的效果，然后通过图层的控制来完成动画与视频的编辑制作，如图1-55所示。

图1-55 "时间轴"面板

- "当前时间"选项 📷：显示"时间轴"面板中当前播放指示器所处的时间位置。

- "合成微型流程图"按钮 📷：单击该按钮，可以合成微型流程图。

- "草图3D"按钮 📷：当该按钮呈按下状态时，3D图层中的内容将以3D草稿的方式显示，从而加快显示时间。

- "隐藏为其设置了'消隐'开关的所有图层"按钮 📷：单击该按钮，可以同时隐藏"时间轴"面板中所有设置了"消隐"开关的所有图层。

- "为设置了'帧混合'开关的所有图层启用帧混合"按钮 📷：单击该按钮，可以同时为"时间轴"面板中设置了"帧混合"开关的所有图层启用帧混合。

- "为设置了'运动模糊'开关的所有图层启用运动模糊"按钮 📷：单击该按钮，可以同时为"时间轴"面板中设置了"运动模糊"开关的所有图层启用运动模糊。

- "图表编辑器"按钮 📷：单击该按钮，可以将"时间轴"面板切换到图层编辑器状态，可以通过图表编辑器的方式来设置时间轴动画效果。

中文版After Effects CC 2020
完全自学一本通

1.3.8 其他常用面板

在After Effects CC 2020中，除了"项目"面板、"合成"窗口和"时间轴"面板这3个非常重要的面板，还提供了许多其他功能面板。本节将简单介绍After Effects CC 2020中其他一些常用的面板。

- **1. "信息"面板**

"信息"面板主要用来显示合成的相关信息。在"信息"面板的上部分，主要显示鼠标在"合成"窗口中所在位置的RGB值、Alpha通道值和坐标位置；在"信息"面板的下部分，根据所选素材的不同，主要显示素材的名称、位置、持续时间、出点和入点等信息，如图1-56所示。执行"窗口>信息"命令，或者按【Ctrl+2】组合键，可以打开或者关闭"信息"面板。

- **2. "音频"面板**

在"音频"面板中可以对项目中的音频素材进行控制，实现对音频素材的编辑。执行"窗口>音频"命令，或者按【Ctrl+4】组合键，可以打开或者关闭"音频"面板，如图1-57所示。

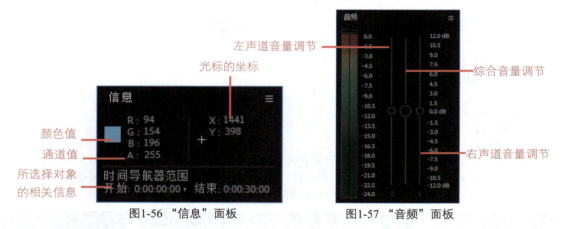

图1-56 "信息"面板　　　　图1-57 "音频"面板

- **3. "预览"面板**

"预览"面板主要用于对合成内容进行预览操作，并且可以控制素材的播放与停止，还可以进行预览的相关设置，如图1-58所示。执行"窗口>预览"命令，或者按【Ctrl+3】组合键，可以打开或关闭"预览"面板。

- **4. "效果和预设"面板**

"效果和预设"面板中包含"动画预设"、"抠像"、"模糊和锐化"、"通道"和"色彩校正"等多种特效，是进行视频编辑处理的重要部分，主要针对"时间轴"面板中的素材进行特效处理。常见的特效都可以使用"效果和预设"面板中的特效来完成的，如图1-59所示。执行"窗口>效果和预设"命令，或者按【Ctrl+5】组合键，可以打开或关闭"效果和预设"面板。

图1-58 "预览"面板　　　　图1-59 "效果和预设"面板

- 5. "对齐"面板

"对齐"面板主要用于对在"合成"窗口中所选中的单个或多个对象进行对齐或分布设置,如图1-60所示。执行"窗口>对齐"命令,可以打开或关闭"对齐"面板。

- 6. "库"面板

用户可以在Adobe系列的其他软件中将所创建的设计元素添加到Creative Cloud Libraries中,这样就可以在多个不同的软件之间通过"库"面板来共享使用这些设计元素。"库"面板如图1-61所示,执行"窗口>库"命令,可以打开或关闭"库"面板。

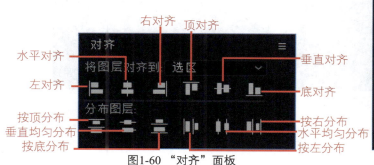

图1-60 "对齐"面板　　　图1-61 "库"面板

- 7. "字符"面板和"段落"面板

"字符"面板主要用于对在"合成"窗口中所输入的文字进行相关属性设置,包括字体、字号、颜色、描边和行距等,该面板中的设置选项与Photoshop中的"字符"面板相同,如图1-62所示。执行"窗口>字符"命令,或者按【Ctrl+6】组合键,可以打开或关闭"字符"面板。

"段落"面板主要用于对在"合成"窗口中所输入的段落文字进行相关属性设置,包括段落对齐方式、首行缩进、段前空格和段后空格等,该面板中的设置选项与Photoshop中的"段落"面板相同,如图1-63所示。执行"窗口>段落"命令,或者按【Ctrl+7】组合键,可以打开或关闭"段落"面板。

图1-62 "字符"面板　　　图1-63 "段落"面板

1.4 After Effects CC 2020首选项

After Effects CC 2020中提供了软件首选参数的设置,通过对首选参数进行设置,可以满足不同的用户需要。

- 1. "常规"选项

执行"编辑>首选项>常规"命令,弹出"首选项"对话框,并自动切换到"常规"选项卡。该选项卡中的选项主要用于对After Effects CC 2020的常规参数进行设置,如图1-64所示。

2. "预览"选项

执行"编辑>首选项>预览"命令，弹出"首选项"对话框，并自动切换到"预览"选项卡。在该选项卡中可以对After Effects中的预览项目文件进行相应的设置，包括预览的显示质量、预览时是否播放项目文件中的音频素材等，如图1-65所示。

图1-64 "常规"设置选项　　　　　图1-65 "预览"设置选项

3. "显示"选项

执行"编辑>首选项>显示"命令，弹出"首选项"对话框，并自动切换到"显示"选项卡。在该选项卡中可以对After Effects中的相关显示选项进行设置，其中在"运动路径"选项组中可以对After Effects中所创建的运动路径的默认显示效果进行设置，如图1-66所示。

4. "导入"选项

执行"编辑>首选项>显示"命令，弹出"首选项"对话框，并自动切换到"导入"选项卡。在该选项卡中可以对所导入素材的默认处理方式进行设置，如图1-67所示。

图1-66 "显示"设置选项　　　　　图1-67 "导入"设置选项

在"静止素材"选项组中可以对所导入静态素材的默认持续时长进行设置；在"序列素材"选项组中可以设置所导入序列素材的处理方式；在"视频素材"选项组中可以设置是否启用硬件加速解码功能；在"自动重新加载素材"选项组中可以设置重新加载项目文件所导入素材的方式。

5. "输出"选项

执行"编辑>首选项>输出"命令，弹出"首选项"对话框，并自动切换到"输出"选项卡。在该选项卡中可以对所制作的项目文件输出时默认的音频和视频处理方式进行设置，如图1-68所示。

6. "网格和参考线"选项

执行"编辑>首选项>网格和参考线"命令，弹出"首选项"对话框，并自动切换到"网格和参考线"选项卡。在该选项卡中可以对网格和参考线等辅助选项的默认显示效果进行设置，如图1-69所示。

第1章 初识After Effects CC 2020

图1-68 "输出"设置选项　　图1-69 "网格和参考线"设置选项

在"网格"选项组中可以对"合成"窗口中所显示网格的默认颜色、样式、网格线间隔和次分隔线进行设置；在"对称网格"选项组中可以对"合成"窗口中所显示的对称网格的水平和垂直数量进行设置；在"参考线"选项组中可以对参考线的默认颜色和样式进行设置；在"安全边距"选项组中可以对在"合成"窗口中所显示的"标题/动作安全"选项显示效果进行设置。

- 7. "标签"选项

执行"编辑>首选项>标签"命令，弹出"首选项"对话框，并自动切换到"标签"选项卡。在该选项卡中可以对After Effects中不同类型元素的标签颜色进行修改，从而方便设计人员通过标签颜色来区分当前图层中的元素类型，如图1-70所示。

- 8. "媒体和磁盘缓存"选项

执行"编辑>首选项>媒体和磁盘缓存"命令，弹出"首选项"对话框，并自动切换到"媒体和磁盘缓存"选项卡。在该选项卡中可以对After Effects软件所使用的磁盘缓存大小和缓存文件存储位置进行设置，如图1-71所示。

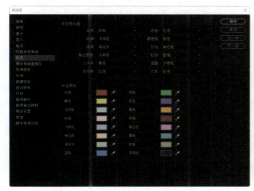 

图1-70 "标签"设置选项　　图1-71 "媒体和磁盘缓存"设置选项

- 9. "视频预览"选项

执行"编辑>首选项>视频预览"命令，弹出"首选项"对话框，并自动切换到"视频预览"选项卡。该选项卡中的选项主要用于设置视频预览输出的硬件配置及输出方式等，如图1-72所示。

- 10. "外观"选项

执行"编辑>首选项>外观"命令，弹出"首选项"对话框，并自动切换到"外观"选项卡。在该选项卡中可以对After Effects工作界面的外观颜色进行设置，并且可以设置After Effects中默认的路径、选项卡和蒙版路径等元素的颜色表现方式，如图1-73所示。

图1-72 "视频预览"设置选项

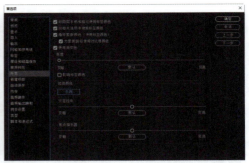

图1-73 "外观"设置选项

- **11．"新建项目"选项**

执行"编辑>首选项>新建项目"命令，弹出"首选项"对话框，并自动切换到"新建项目"选项卡。在该选项卡中可以对在After Effects中新建项目时是否自动套用指定的模板文件进行设置，默认情况下，新建项目文件不套用模板，如图1-74所示。

- **12．"自动保存"选项**

执行"编辑>首选项>自动保存"命令，弹出"首选项"对话框，并自动切换到"自动保存"选项卡。在该选项卡中可以对项目文件自动保存的相关选项进行设置，包括自动保存时间间隔、自动保存版本数量和自动保存位置等，如图1-75所示。

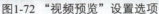

图1-74 "新建项目"设置选项

图1-75 "自动保存"设置选项

- **13．"内存"选项**

执行"编辑>首选项>内存"命令，弹出"首选项"对话框，并自动切换到"内存"选项卡。该选项卡中显示了当前计算机的内存和显存情况，以及设置是否使用多处理器进行渲染，它是由当前的存储器设置和缓存设置决定的，如图1-76所示。

- **14．"音频硬件"选项**

执行"编辑>首选项>音频硬件"命令，弹出"首选项"对话框，并自动切换到"音频硬件"选项卡。该选项卡中显示了当前算机的音频设备，并且可以设置音频的等待时间，如图1-77所示。

图1-76 "内存"设置选项

图1-77 "音频硬件"设置选项

- 15. "音频输出映射"选项

执行"编辑>首选项>音频输出映射"命令,弹出"首选项"对话框,并自动切换到"音频输出映射"选项卡。该选项卡中的选项主要用于设置是否对音频输出的左右声道进行映射,如图1-78所示。

- 16. "同步设置"选项

执行"编辑>首选项>同步设置"命令,弹出"首选项"对话框,并自动切换到"同步设置"选项卡。在该选项卡中可以设置将After Effects软件的哪些选项设置同步到Creative Cloud,当重新安装After Effects时可以直接同步相关选项设置,避免重新进行设置,如图1-79所示。

图1-78 "音频输出映射"设置选项　　　　图1-79 "同步设置"设置选项

- 17. "类型"选项

执行"编辑>首选项>类型"命令,弹出"首选项"对话框,并自动切换到"类型"选项卡。在该选项卡中可以对After Effects中的文本类型进行设置,并且可以设置字体菜单的显示方式,如图1-80所示。

- 18. "脚本和表达式"选项

执行"编辑>首选项>脚本和表达式"命令,弹出"首选项"对话框,并自动切换到"脚本和表达式"选项卡。在该选项卡中可以对After Effects中表达式代码的显示方式进行设置,包括代码颜色和换行方式、代码字体大小等,如图1-81所示。

 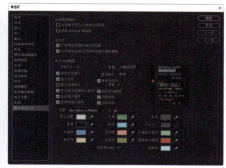

图1-80 "类型"设置选项　　　　图1-81 "脚本和表达式"设置选项

1.5 线性编辑与非线性编辑

当今社会,视频编辑已经从早期的模拟视频的线性编辑转变为数字视频的非线性编辑,这对于视频编辑工作而言是一种质的飞跃。

1.5.1 线性编辑

所谓线性编辑,是指让录像机通过机械运动使磁头模拟视频信号的顺序被记录在磁带上,编辑人员通过放像机选择一段合适的素材，然后把它记录到录像机中的磁带上，然后再寻找下一个镜头，接着进行记录工作。通过一对一或者二对一的台式编辑机（放像机和录像机）将母带上的素材剪接到第二版的完成带中，其特点是在编辑时也必须按顺序寻找所需要的视频画面。

用线性编辑方法插入与原画面时间不等的画面或者删除视频中某些不需要的片段时，由于磁带记录的画面是有顺序的，无法在已有的画面之间插入一个镜头，也无法删除一个镜头，除非把这之后的画面全部重新刻录一遍。这中间完成的如出入点设置、转场等都是模拟信号到模拟信号的转换，转换的过程就是把信号以轨迹的形式记录到磁带上，所以无法随意修改。当需要在中间插入新的素材或者改变某个镜头的长度时，整个后面的内容就需要重新制作。

从某种意义上说，传统的线性编辑效率非常低，常常由于一个小细节的失误而前功尽弃，或者以牺牲节目质量为代价省去重新编辑的麻烦，所以传统的线性编辑存在很多缺陷。目前，线性编辑的方式已经逐渐被淘汰。

非线性编辑

非线性编辑是相对于线性编辑而言的。所谓非线性编辑，是指应用计算机图像技术，在计算机中对各种原始素材进行各种编辑操作而不影响其质量，并将最终结果输出到计算机硬盘、磁带和录像机等记录设备上的一系列完整的工艺过程。

现在的非线性编辑实际上就是非线性的数字视频编辑，它是利用以计算机为载体的数字技术设备完成传统制作工艺中需要十几套机器才能完成的影视后期编辑合成及其他特效的制作。由于原始素材被数字化地存储在计算机的硬盘上，信息存储的位置是并列平行的，与原始素材输入到计算机时的先后顺序无关，这样就可以对存储在硬盘上的数字化音频素材进行随意排列组合，并可以在完成编辑后方便快捷地随意修改而不损害画面质量。

非线性编辑的原理是利用系统把输入的各种视频和音频信号进行从模拟到数字（A/D）的转换，并采用数字压缩技术把转换后的数字信息存入计算机的硬盘而不是录入磁带。这样，非线性编辑不用磁带而是利用硬盘作为存储媒介来记录视频和音频信息。由于计算机硬盘能满足任意内容的随机读取和存储并能保证信息不受损失，这样就实现了视频、音频编辑的非线性。

非线性编辑的流程

一般来说，非线性编辑的操作流程可以简单地分为导入素材、编辑处理和输出影片3部分。不同的非线性编辑软件又可以细分为更多的操作步骤。以After Effects为例，可以将非线性编辑流程大致分为6个步骤。

● 1．项目规划

在制作视频短片之前，首先需要清楚创作意图和需要表达的主题，应该有一个分镜头稿本，由此确定作品的风格。项目规划的主要内容包括素材的选取、各个片段持续的时间、片段之间的连接顺序和转换效果，以及片段需要的视频特效、抠像处理和运动处理等。

● 2．素材准备

确定了创作意图和需要表达的主题后，就可以开始着手准备各种素材，包括静态图像、动态视频、图像序列和音频等，并可以利用相关的软件对素材进行必要的处理，使其达到所需的尺寸和效果，还要注意格式的转换。还可以按照素材类别的不同分别放置在不同的文件夹中，以便查找和使用。

● 3．创建项目并导入素材

前期的准备工作完成后，接下来就可以创建并制作影片了。首先需要创建新项目，并根据需要设置符合影片的参数，如编辑模式、帧速率、视频画面的大小和音频的采样频率等。

新项目创建完成后，根据需要可以创建不同的文件夹，根据文件夹的属性导入不同的素材，如静态图像、视频和音频等，并进行前期的编辑，如设置素材的入点和出点、持续时间等。

- **4．制作影片特效**

创建项目并导入素材后，可以根据分镜头稿本将素材添加到"时间轴"面板并进行剪辑编辑，添加相关的特效进行处理，如视频特效、运动特效和视频转场等，制作出精美的影片效果。还可以添加字幕效果和音频文件，最终完成整个影片的制作。

- **5．保存和预览**

完成视频动画的制作后，可以将项目的源文件进行保存，默认的保存格式为.aep格式，保存的源文件可以同时保存After Effects当时所有面板的状态，如面板位置、大小和参数，便于以后进行修改。

保存项目源文件后，可以对视频动画的效果进行预览，从而检查视频动画的各种实际效果是否达到设计要求，以免在输出成最终文件时出现错误。

- **6．渲染输出**

预览只是在After Effects中查看效果，并不会生成最终的文件，最后还需要将视频动画渲染输出，生成一个可以单独播放的最终文件。After Effects可以输出的文件格式有很多，如BMP、GIF、TIF、TGA等静态图像格式的文件，也可以输出如Animated GIF、AVI、QuickTime等视频格式的文件，还可以输出WAV音频格式的文件。常用的是AVI格式文件，该格式的视频文件可以在多种媒体播放器中播放。

1.6 知识拓展：非线性编辑的优势

非线性编辑可以把磁带或胶片的模拟信号转换成数字信号存储在计算机硬盘上，然后通过非线性编辑软件的反复编辑后一次性输出，非常方便。非线性编辑的优势主要表现在以下几点。

- **1．成本低**

传统的线性编辑需要昂贵的专用设备才能够进行视频的编辑制作，而随着计算机软、硬件技术的快速发展，非线性编辑系统的价格正在不断下降。非线性编辑只需要一台计算机和一套非线性编辑软件，即可完成视频编辑制作，使得视频编辑处理真正实现了大众化。

- **2．处理和存储方便**

非线性编辑是对数字视频文件进行编辑和处理，与计算机处理其他文件的方式基本相同。在计算机的软件编辑环境中用户可以反复多次地进行编辑处理，而不会影响视频质量。

- **3．画面品质高**

非线性编辑系统在编辑过程中只是对编辑点和特效进行记录，因而编辑过程中任意修剪、复制或调整画面的前后顺序都不会导致画面质量下降，这样就克服了传统线性编辑的弱点。

- **4．实时预览**

目前，非线性编辑软件还可以对采集的素材文件进行实时编辑预览，在剪辑过程中可以实时查看效果，实现所见即所得。

- **5．集成度高**

非线性编辑的进步还在于它的硬件高度集成和小型化，它将传统线性编辑在电视节目后期制作系统中必备的字幕机、录像机、录音机、编辑机、切换机和调音台等外部设备集成于一台计算机中，用一台计算机就能完成这些编辑工作，并能将编辑好的视频、音频信息输出。还可以和其他非线性编辑系统甚至个人计算机实现网络资源共享，大大提高了工作效率。

1.7 本章小结

本章带领读者快速认识了全新的After Effects CC 2020应用领域并介绍了简单的入门知识，对于刚刚接触After Effects软件的读者而言，本章内容非常重要。本章重点介绍了After Effects CC 2020的工作界面，使读者能够熟悉After Effects CC 2020的工作环境，了解该软件中各部分的功能和作用，为后面的学习打下坚实的基础。

读书笔记

第2章 After Effects CC 2020的基本操作

启动After Effects软件之后，如果想要继续进行编辑操作，首先需要在After Effects中创建一个新的项目文件并且在项目文件中创建合成，这样才能够进行素材的导入及视频或者动画的编辑处理等其他操作。在本章中将介绍After Effects的相关基本操作，包括项目文件与合成的创建、不同格式素材的导入与管理，以及After Effects的基本工作流程等内容。

本章学习重点

第 32 页
导入 PSD 格式素材并自动创建合成

第 41 页
使用标尺

第 42 页
使用安全框

第 45 页
制作图片淡入淡出效果

2.1 项目文件的基本操作

启动After Effects软件后，需要新建项目文件和合成，这是After Effects最基本的操作之一。当用户完成项目文件的制作时，需要对项目进行保存和关闭。本节将详细介绍After Effects中项目文件的基本操作方法。

2.1.1 创建项目文件

创建新项目文件时，After Effects软件与其他软件有一个明显的区别，就是在使用After Effects创建新项目文件后，并不可以在项目文件中直接进行编辑操作，还需要在该项目文件中创建合成，才能够进行视频与动画的制作和编辑操作。

刚打开After Effects软件时，会在软件工作界面之前显示"主页"窗口，该窗口为用户提供了软件操作的一些快捷功能，如图2-1所示。单击"新建项目"按钮，或者关闭"主页"窗口，进入到After Effects工作界面中，如图2-2所示。默认情况下，After Effects会自动新建一个空的项目文件。

图2-1 "主页"窗口　　　　图2-2 新建项目文件

- 新建项目：在"主页"窗口左侧单击"新建项目"按钮，可以在After Effects中创建一个空白的新项目文件，并进入该项目文件的编辑状态。

- 打开项目：在"主页"窗口左侧单击"打开项目"按钮，弹出"打开"对话框，可以选择本地计算机中已保存的After Effects项目文件打开，继续进行编辑操作。

- "新建团队项目"和"打开团队项目"：这两个快捷操作选项都是针对团队协作的。使用这两个选项功能后必须登录Adobe Creative Cloud，否则无法使用团队项目。

- 最近使用项："主页"窗口的"最近使用项"列表框中显示了最近在After

中文版After Effects CC 2020
完全自学一本通

Effects软件中编辑使用过的项目文件，单击项目文件名称，可以快速在After Effects软件中打开该项目文件。

如果用户正在After Effects软件中编辑一个项目文件，现在需要创建新的项目文件，则可以执行"文件>新建>新建项目"命令，或者按【Ctrl+Alt+N】组合键，即可创建一个新的项目文件。

创建合成

完成项目文件的创建之后，接下来就需要在该项目文件中创建合成了。在"合成"窗口中为用户提供了两种创建合成的方法，如图2-3所示。一种是新建一个空白的合成，另一种是通过导入的素材文件来创建合成。

如果在"合成"窗口中单击"新建合成"按钮，则会弹出"合成设置"对话框，在该对话框中可以对合成的相关选项进行设置，如图2-4所示。

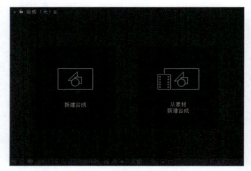

图2-3 "合成"窗口

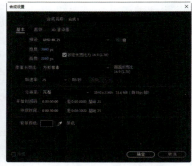

图2-4 "合成设置"对话框

在After Effects中，也可以执行"合成>新建合成"命令，或者按【Ctrl+N】组合键，弹出"合成设置"对话框。

如果在"合成"窗口中单击"从素材新建合成"按钮，则会弹出"导入文件"对话框，可以选择需要导入的素材文件，After Effects会根据用户所选择导入的素材文件自动创建相应的合成。

在"合成设置"对话框中设置合成的名称、尺寸大小、帧速率、持续时间等选项，单击"确定"按钮，即可创建一个合成。在"项目"面板中可以看到刚创建的合成，如图2-5所示。此时，"合成"窗口和"时间轴"面板都变为可操作状态，如图2-6所示。

图2-5 "项目"面板

图2-6 进入合成编辑状态

Tips

完成项目中合成的创建后,在编辑制作过程中如果需要对合成的相关设置选项进行修改,可以执行"合成>合成设置"命令,或者按【Ctrl+K】组合键,可以在弹出的"合成设置"对话框中对相关选项进行修改。

 ## 保存和关闭项目文件

用户在对项目文件进行操作的过程中,需要将项目文件随时进行保存,防止出现程序出错或者发生其他意外情况而带来不必要的麻烦。

在After Effects的"文件"菜单中提供了多个用于保存项目文件的命令,如图2-7所示。

如果是新创建的项目文件,执行"文件>保存"命令,或者按【Ctrl+S】组合键,在弹出的"另存为"对话框中进行设置,如图2-8所示,单击"保存"按钮,即可将文件保存。如果该项目文件已经被保存过一次,那么执行"保存"命令时则不会弹出"另存为"对话框,而是直接将原来的文件覆盖。

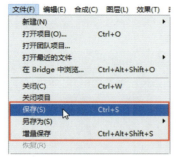 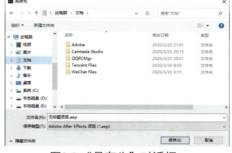

图2-7 保存文件相关命令　　　　图2-8 "另存为"对话框

如果当前"合成"窗口中有正在编辑的合成,执行"文件>关闭"命令,或者【Ctrl+W】组合键,可以关闭当前正在编辑的合成;如果当前"合成"窗口中没有打开的合成,则执行"文件>关闭"命令,可以直接关闭项目文件。

执行"文件>关闭项目"命令,无论当前"合成"窗口中是否包含正在编辑的合成,都会直接关闭项目文件。如果当前项目是已经保存过的文件,则可以直接关闭该项目文件;如果当前项目未保存或者做了某些修改而未保存,则系统将会弹出提示窗口,提示用户是否需要保存当前项目或者已做修改的项目,如图2-9所示。

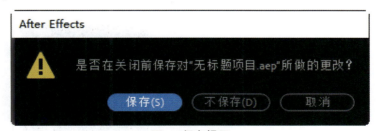

图2-9 保存提示

 ## After Effects的基本工作流程

在学习如何在After Effects中制作视频动画之前,本节将向读者介绍在After Effects中制作视频动画的一般工作流程,旨在建立一个学习的整体概念。

| 新建合成 | 在After Effects中进行视频动画编辑制作时，需要新建项目文件和合成。在启动After Effects时，会自动创建一个空的项目文件，而此时并没有合成的存在，所以在开始创建之前必须先新建合成。 |

| 导入素材 | 完成了项目文件和合成的创建后，接下来可以将相关的素材导入到所创建的项目中，以便于在After Effects中进行合成处理。 |

| 添加素材 | 在项目中导入相应的素材后，可以将素材添加到合成的"时间轴"面板中，这样就可以制作该素材的视频动画效果了。 |

| 添加文字 | 根据视频动画效果的需要，如果视频动画中包含文字，可以在合成中添加文字，并制作文字的动画效果。 |

| 渲染输出 | 在After Effects中完成视频动画的编辑处理之后，可以将项目文件进行保存，并且渲染输出所制作的视频动画为所需要的格式文件。 |

2.2 导入素材文件

在After Effects中创建了新的项目文件和合成后，需要将相关的素材导入到"项目"面板中。对于不同类型的素材，After Effects有着不同的导入设置，根据选项设置的不同，所导入的图片也不同；根据格式的不同，其导入的方法也不相同。本节将介绍在After Effects中导入不同格式素材的方法和技巧。

导入单个素材

在After Effects中，执行"文件>导入>文件"命令，或者按【Ctrl+I】组合键，在弹出的"导入文件"对话框中选择需要导入的素材，如图2-10所示。单击"导入"按钮，即可将该素材导入到"项目"面板中，如图2-11所示。

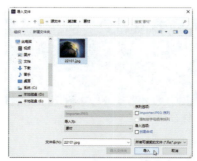 

图2-10 选择需要导入的素材文件　　图2-11 将素材导入到"项目"面板中

视频和音频素材文件的导入方法与不分层静态图片素材的导入方法完全相同，导入后同样显示在"项目"面板中。

2.2.2 导入多个素材

执行"文件>导入>文件"命令,在弹出的"导入文件"对话框中按住【Ctrl】键的同时逐个单击需要导入的素材文件,如图2-12所示。单击"导入"按钮,即可同时导入多个素材文件。在"项目"面板中可以看到导入的多个素材文件,如图2-13所示。

图2-12 选择多个需要导入的素材文件　图2-13 同时导入多个素材文件

如果执行"文件 > 导入 > 多个文件"命令,或者按【Ctrl+Alt+I】组合键,弹出"导入多个文件"对话框,选择一个或多个需要导入的素材文件,单击"导入"按钮,可以将选中的一个或者多个素材文件导入到"项目"面板中,并再次弹出"导入多个文件"对话框,便于用户再次选择需要导入的素材文件。

2.2.3 导入素材序列

序列文件是指由若干张按顺序排列的图片组成的一个图片序列,每张图片代表一个帧,用来记录运动的影像。

执行"文件>导入>文件"命令,在弹出的"导入文件"对话框中选择顺序命名的一系列素材中的第1个素材,并且选择对话框下方的"PNG序列"复选框,如图2-14所示。单击"导入"按钮,即可将图像以序列的形式导入,导入后的序列图像一般为动态文件,如图2-15所示。

图2-14 选择"PNG序列"复选框　　图2-15 导入素材序列

当在After Effects中导入图片序列时,会自动生成一个序列素材。如果将该序列素材添加到"时间轴"面板中,可以看到该序列中每一张图片占据一帧的位置,如果该序列图片中共有4张图片,则该序列素材中共有4帧。

2.2.4 导入PSD格式素材

在After Effects中,不分层的静态素材的导入方法基本相同,但是想要制作出丰富多彩的视觉效果，只有不分层的静态素材是不够的，通常都会先在专业的图像设计软件中设计效果图，再导入到After Effects中制作视频动画效果。

在After Effects中可以直接导入PSD或AI格式的分层文件，在导入过程中可以设置如何对文件中的图层进行处理，是将图层合并为单一的素材，还是保留文件中的图层。

执行"文件>导入>文件"命令，在弹出的"导入文件"对话框中选择一个需要导入的PSD格式素材文件，单击"导入"按钮，弹出设置对话框，如图2-16所示。在"导入种类"下拉列表框中可以选择将PSD文件导入为哪种类型的素材，如图2-17所示。

图2-16 设置对话框　　　　　　　　图2-17 "导入种类"下拉列表框

- 素材：如果选择"素材"选项，在该对话框中可以选择将PSD素材文件中的图层合并后再导入为静态素材，或者是选择PSD素材文件中某个指定的图层，将其导入为静态素材。
- 合成：如果选择"合成"选项，则可以将所选择的PSD素材文件导入为一个合成。PSD素材文件中的每个图层在合成中都是一个独立的图层，并且会将PSD素材文件中所有图层的尺寸大小统一为合成的尺寸大小。
- 合成-保持图层大小：如果选择"合成-保持图层大小"选项，则可以将所选择的PSD素材文件导入为一个合成。PSD文件的每一个图层都作为合成的一个单独层，并保持它们原始的尺寸不变。

应用案例　导入PSD格式素材并自动创建合成

源文件：源文件\第2章\2-2-4.aep　　　　　视频：光盘\视频\第2章\2-2-4.mp4

STEP 01 在Photoshop中打开PSD素材文件22401.psd，打开"图层"面板，可以看到该PSD文件中的相关图层，如图2-18所示。启动After Effects，执行"文件>导入>文件"命令，在弹出的"导入文件"对话框中选择该PSD素材文件，如图2-19所示。

图2-18 PSD素材文件效果　　　　　图2-19 选择需要导入的PSD素材文件

STEP 02 单击"导入"按钮，弹出设置对话框，在"导入种类"下拉列表框中选择"合成-保持图层大小"选项，如图2-20所示。单击"确定"按钮，即可将该PSD素材文件导入为合成，在"项目"面板中可以看到自动创建的合成，如图2-21所示。

第2章
Affter Effects CC 2020的基本操作

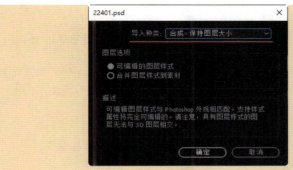

图2-20 设置对话框　　　　图2-21 导入PSD格式素材文件

 Tips

将PSD素材文件导入为合成时，After Effects将会自动创建一个与PSD素材文件名称相同的合成和一个素材文件夹，该文件夹中包含所导入PSD素材文件中每个图层中的图像素材。

STEP 03 在"项目"面板中双击自动创建的合成，可以在"合成"窗口中看到该合成的效果与PSD素材的效果完全一致，如图2-22所示。并且在"时间轴"面板中可以看到图层与PSD文件中的图层是相对应的，如图2-23所示。

图2-22 "合成"窗口效果　　　　图2-23 "时间轴"面板中的图层

STEP 04 执行"文件>保存"命令，弹出"另存为"对话框，选择文件保存位置并输入文件名称，如图2-24所示。单击"确定"按钮，保存项目文件，在保存文件位置可以看到刚刚保存的扩展名为.aep的After Effects项目文件，如图2-25所示。

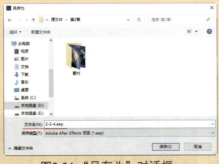

图2-24 "另存为"对话框　　　　图2-25 所保存的项目文件

2.2.5 导入AI格式矢量素材

导入AI格式矢量素材文件的方法与导入PSD格式素材文件的方法基本相同。需要注意的是，所导入的AI格式的素材文件必须是包含多个图层的AI格式文件，这样在导入时才可以将该AI格式素材文件导入为合成，如果该AI格式的素材文件中并没有分层，则导入到After Effects中将是一个静态的矢量素材。

33

中文版After Effects CC 2020
完全自学一本通

导入AI格式分层素材并自动创建合成

源文件：源文件\第2章\2-2-5.aep　　　　视频：光盘\视频\第2章\2-2-5.mp4

STEP 01 在Illustrator中打开一个AI格式素材文件22501.ai，打开"图层"面板，可以看到该AI格式素材文件中的相关图层，如图2-26所示。启动After Effects，执行"文件>导入>文件"命令，在弹出的"导入文件"对话框中选择该AI格式素材文件，如图2-27所示。

图2-26 AI格式素材文件效果　　　　图2-27 选择需要导入的AI格式素材文件

STEP 02 单击"导入"按钮，弹出设置对话框，在"导入种类"下拉列表中选择"合成"选项，如图2-28所示。单击"确定"按钮，即可将该AI格式素材文件导入为合成，在"项目"面板中可以看到自动创建的合成，如图2-29所示。

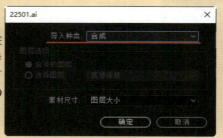

图2-28 设置对话框　　　　图2-29 导入AI格式素材文件

STEP 03 在"项目"面板中双击自动创建的合成，可以在"合成"窗口中看到该合成的效果与AI格式素材的效果完全一致，如图2-30所示。并且在"时间轴"面板中可以看到图层与AI格式素材文件中的图层是相对应的，如图2-31所示。

图2-30 "合成"窗口效果　　　　图2-31 "时间轴"面板中的图层

STEP 04 执行"文件>保存"命令，弹出"另存为"对话框，将该项目文件进行保存。

> **Tips**
> 导入 PSD 或者 AI 格式的分层素材文件最大的优势就在于能够自动创建合成,并且能够保留 PSD 或 AI 格式素材文件中的图层,这样就可以直接在"时间轴"面板中分别制作各个图层中元素的视频动画效果,非常方便。

2.3 素材的基本管理操作

完成导入素材的操作后,这些素材只是出现在"项目"面板中,如果想要对项目进行进一步编辑,就需要对这些素材进行一些基本的操作。本节将介绍如何将导入的素材添加到"时间轴"面板或者"合成"窗口中,以及在"项目"面板中对素材进行管理的方法与技巧。

2.3.1 添加素材

除了在导入PSD格式或者AI格式的分层素材文件时选择"合成"选项将其导入为合成,其他导入的素材都只会出现在"项目"面板中,而不会应用到合成中。在制作视频动画的过程中,可以将"项目"面板中的素材添加到合成中,从而制作视频动画效果。

在项目文件中新建合成后,如果需要在该合成中使用相应的素材,可以在"项目"面板中将该素材拖入到"合成"窗口,如图2-32所示。或者在"项目"面板中将该素材拖入到"时间轴"面板中的图层位置,如图2-33所示,释放鼠标即可在"合成"窗口中添加相应的素材。在"时间轴"面板中可以制作该素材的视频动画效果。

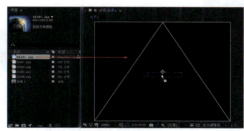

图2-32 将素材拖入到"合成"窗口　　　图2-33 将素材拖入到"时间轴"面板

2.3.2 使用"项目"面板管理素材

在使用After Effects制作项目时,通常需要大量不同类型的素材,在"项目"面板中可以很方便地对导入的素材文件进行分类和管理,从而提高项目文件的制作效率。

● 1. 使用文件夹对素材进行分类

在使用After Effects编辑处理视频动画时,往往需要大量的素材。素材分为很多种类,包括静态图像素材、声音素材、合成素材等,可以在"项目"面板中分别创建相应的文件夹来放置不同类型的素材,从而方便使用时快速查找,提高工作效率。

单击"项目"面板下方的"新建文件夹"按钮,或者执行"文件>新建>新建文件夹"命令,即可在"项目"面板中新建一个文件夹。所新建的文件夹自动进入重命名状态,可以直接输入文件夹的名称,如图2-34所示。完成文件夹的新建后,可以在"项目"面板中选中一个或者多个素材,将其拖入到文件夹中,即可移动素材,如图2-35所示。

图2-34 新建文件夹并重命名　　图2-35 将多个素材拖入文件夹中

Tips
如果需要对"项目"面板中的素材或文件夹名称进行重命名,可以在需要重命名的素材名文件夹名称上单击鼠标右键,在弹出的快捷菜单中选择"重命名"命令,即可对素材或文件夹名称进行重命名操作。

- **2．删除素材**

对于多余的素材或文件夹,应该及时进行删除。删除素材或者文件夹的方法很简单,在"项目"面板中选择需要删除的素材或者文件夹,按【Delete】键即可将其删除;也可以选择需要删除的素材或者文件夹,单击"项目"面板下方的"删除所选项目项"按钮 🗑 即可。

在"项目"面板中选择素材时,按住【Ctrl】键不放,分别单击需要选择的素材,可以同时选择多个不连续的素材,如图2-36所示;按住【Shift】键不放,分别单击所需要选择的多个素材中的第一个素材和最后一个素材,可以同时选择多个连续的素材,如图2-37所示;按【Delete】键删除素材时,会弹出提示框,询问是否确定删除所选择的素材,如图2-38所示。

图2-36 选择不连续的多个素材　　图2-37 选择连续的多个素材　　图2-38 删除提示窗口

- **3．替换素材**

在After Effects中进行视频动画编辑处理过程中,如果发现导入的素材不够精美或者效果不满意,可以通过替换素材的方式来修改。

在"项目"面板中选择需要替换的素材,执行"文件>替换素材>文件"命令,或者在当前素材上单击鼠标右键,在弹出的快捷菜单中选择"替换素材>文件"命令,如图2-39所示,弹出"替换素材文件"对话框中选择要替换的素材,如图2-40所示,单击"导入"按钮,即可完成替换素材的操作。

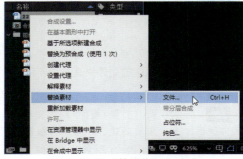 

图2-39 执行"替换素材"命令　　图2-40 "替换素材文件"对话框

● 4. 查看素材

在After Effects中，导入的素材文件都被放置在"项目"面板中。在"项目"面板的素材列表框中选中某个素材，即可在该面板的预览区域中看到该素材的缩览图和相关信息，如图2-41所示。如果想要查看素材的大图效果，可以直接双击"项目"面板中的素材，系统将根据不同类型的素材打开不同的浏览模式。双击静态素材将打开"素材"窗口，如图2-42所示；双击动态素材将打开对应的视频播放软件来预览。

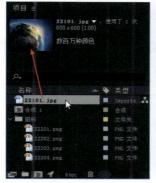 

图2-41 查看素材缩览图　　　　图2-42 在"素材"窗口中查看素材

2.3.3 素材的入点与出点

在视频动画的编辑过程中，素材一般都有不同的出场顺序，有些素材贯穿整个影片，而有些素材只显示几秒时间，因而就有了素材的入点和出点的不同设置。素材的入点是指该素材开始显示的时间位置；素材的出点是指该素材结束显示的时间位置。

设置素材入点与出点位置

源文件：源文件\第2章\2-3-3.aep　　　视频：光盘\视频\第2章\2-3-3.mp4

STEP 01 执行"文件>导入>文件"命令，弹出"导入文件"对话框，选择需要导入的视频素材23301.aiv，如图2-43所示。单击"导入"按钮，将该视频素材导入到"项目"面板中，如图2-44所示。

图2-43 选择需要导入的视频素材　　　图2-44 导入视频素材

STEP 02 在"项目"面板中将导入的视频素材拖至"时间轴"面板中的图层位置，"时间轴"面板如图2-45所示，自动创建一个与该视频素材尺寸相同的合成。在"合成"窗口中添加的素材效果如图2-46所示。

图2-45 "时间轴"面板　　　　　　　　图2-46 "合成"窗口

STEP 03 在"时间轴"面板中双击刚拖入的素材图层名称,可以在"图层"窗口中单独显示该图层中的素材,如图2-47所示。执行"视图>转到时间"命令,或者按【Alt+Shift+J】组合键,弹出"转到时间"对话框,设置时间指示器跳转到的时间位置,如图2-48所示。

图2-47 在"图层"窗口中显示素材　　　　图2-48 设置"转到时间"对话框

STEP 04 单南"确定"按钮,可以在"图层"窗口下方看到时间指示器自动跳转到了所设置的时间位置,如图2-49所示。单击"图层"窗口下方的"将入点设置为当前时间"按钮 ，即可完成素材入点的设置,如图2-50所示。

图2-49 时间指示器跳转到指定时间位置　　　　图2-50 设置入点位置

STEP 05 再次执行"视图>转到时间"命令,弹出"转到时间"对话框,设置时间指示器跳转到的时间位置,如图2-51所示。单击"确定"按钮,时间指示器自动跳转到了所设置的时间位置。单击"图层"窗口下方的"将出点设置为当前时间"按钮 ，即可完成素材出点的设置,如图2-52所示。

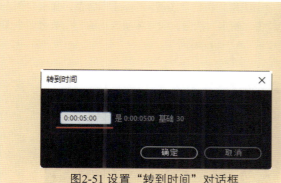

图2-51 设置"转到时间"对话框　　图2-52 设置出点位置

STEP 06 完成"图层"窗口中当前图层中素材的入点和出点设置后,在"时间轴"面板中可以看到该图层素材的持续时间效果,如图2-53所示。当播放"时间轴"面板中的视频时,该图层素材只有入点与出点之间的内容才会被播放,其他内容会被隐藏。

图2-53 "时间轴"面板

Tips

设置素材的入点和出点除了可以使用上述方法,还可以在"时间轴"面板中进行设置。将素材添加到"时间轴"面板后,将光标放置在素材时间起始或者结束位置,当光标变成双箭头时,向左或者向右拖动鼠标,即可修改该图层素材的入点或者出点位置,如图2-54 所示。但是这种拖动调整的方式,并不是特别精确。

图2-54 拖动调整素材的入点和出点

2.3.4 合成的嵌套

合成嵌套操作用于素材繁多的视频动画项目。例如,可以通过一个合成制作背景的动画效果,再使用另一个合成制作元素的动画效果,最终将元素的合成添加到背景的合成中,通过合成的嵌套,便于对不同素材进行管理与操作。创建合成嵌套有两种方法。

第1种方法:在"项目"面板中将某个合成拖曳至"时间轴"面板的图层中,将其作为素材添加到当前所制作的合成中,从而实现合成的嵌套,如图2-55所示。

图2-55 将合成拖入"时间轴"面板中

第2种方法：在"时间轴"面板中选择一个或者多个图层，执行"图层>预合成"命令，弹出"预合成"对话框，对相关选项进行设置，如图2-56所示。单击"确定"按钮，即可将所选择的一个或者多个图层创建为嵌套的合成，如图2-57所示。

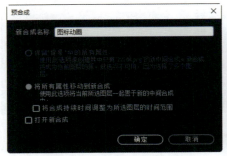

图2-56 "预合成"对话框

图2-57 创建嵌套的合成

"预合成"对话框中各选项的说明如下。

- "预合成名称"选项：该选项用于设置所创建的新合成的名称。
- "保留'背景'中的所有属性"选项：将所有的属性、动画信息及效果保留在当前的合成中，是指将所选择的图层进行简单的嵌套合成处理，也就是说所创建的合成不会应用当前合成中的所有属性设置（"背景"为当前合成的名称）。
- "将所有属性移动到新合成"选项：如果选中该单选按钮，则表示将当前合成的所有属性、动画信息及效果都应用到新建的合成中。
- "将合成持续时间调整为所选图层的时间范围"选项：选择该复选框，则当创建新合成时，会自动根据所选择的图层的时间范围来设置合成的持续时间。
- "打开新合成"选项：选择该复选框，则当创建新合成时将自动打开所创建的新合成，进入该新合成的编辑状态。

2.4 使用辅助功能

在After Effects中对导入的素材进行编辑处理时，可以使用After Effects中的辅助功能，包括网格、标尺、参考线、安全框、通道和预览区域等，从而更方便地对素材进行编辑处理。

2.4.1 网格

在进行素材编辑操作的过程中，可以借助网格功能对素材进行更精确的定位和对齐。系统默认状态下，After Effects中的网格显示为绿色。

执行"视图>显示网格"命令，即可在"合成"窗口中显示出网格，启用网格后的效果如图2-58所示。

除了可以通过执行菜单命令显示网格，还可以单击"合成"窗口下方的"选择网格和参考线选项"按钮，在打开的下拉列表框中选择"网格"选项，如图2-59所示。或者按【Ctrl+'】组合键，同样可以开启或关闭网格功能。

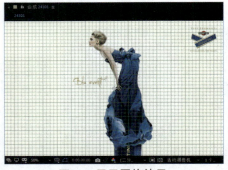

图2-58 显示网格效果

图2-59 选择"网格"选项

执行"视图>对齐到网格"命令，开启对齐网格功能，在"合成"窗口中拖动对象时，在一定距离内能够自动对齐到网格。

2.4.2 标尺

执行"视图>显示标尺"命令，或者按【Ctrl+R】组合键，即可在"合成"窗口中显示水平和垂直标尺，如图2-60所示。默认情况下，标尺的原点位于"合成"窗口的左上角，将光标移动到左上角标尺原点的位置，然后按住鼠标左键将其拖动到适当的位置，释放鼠标，即可改变标尺原点的位置，如图2-61所示。

图2-60 显示标尺

图2-61 改变标尺原点位置

将光标移至标尺左上角的原点位置，双击即可将标尺的原点恢复到默认位置。如果想要隐藏标尺，可以再次执行"视图>显示标尺"命令，或者按【Ctrl+R】组合键，即可在"合成"窗口中隐藏标尺。

2.4.3 参考线

参考线的作用和网格一样，也主要应用于素材的精确定位和对齐操作中。但是参考线相对网格来说，操作更加灵活，设置更加随意，使用起来更加便捷。

- 1．添加参考线

执行"视图>显示标尺"命令，在"合成"窗口中显示标尺。将光标移至水平或者垂直标尺的位置，当光标变成双向箭头时，向下或者向右拖动鼠标，即可拖出水平或者垂直的参考线；重复拖动，可以添加多条参考线，如图2-62所示。

图2-62 从标尺中拖动鼠标添加参考线

- 2．显示与隐藏参考线

在对素材进行编辑的过程中，有时会感觉参考线妨碍操作，但是又不希望删除参考线，执行"视图>

显示参考线"命令,即可将参考线暂时隐藏。如果需要再次显示参考线,再次执行"视图>显示参考线"命令即可。按【Ctrl+;】组合键,同样可以切换参考线的显示与隐藏状态。

- 3．对齐到参考线

执行"视图>对齐到参考线"命令,可以开启或关闭对齐到参考线功能。当开启对齐到参考线功能时,在"合成"窗口中拖动对象,可以在一定距离内自动对齐到参考线,方便对象的移动与对齐操作。

- 4．锁定参考线

在操作过程中,如果不想改变参考线的位置,可以将参考线锁定。执行"视图>锁定参考线"命令,即可锁定参考线。锁定后的参考线不能够被再次拖动改变位置,如果想修改参考线的位置,可以再次执行"视图>锁定参考线"命令,取消参考线的锁定状态,再修改参考线的位置即可。

- 5．清除参考线

如果希望删除"合成"窗口中的所有参考线,可以执行"视图>清除参考线"命令,即可将"合成"窗口中添加的所有参考线全部删除。如果只想删除其中一条或多条参考线,则可以将光标移至该条参考线上,当光标变成双箭头时,按住鼠标左键将其拖出"合成"窗口即可。

2.4.4 安全框

大多数情况下,制作出来的视频动画都是需要在屏幕上播放的,但是由于显像管的不同,造成显示范围也不同,这时就需要注意视频图像及字幕的位置。因为在不同的屏幕上播放时,经常会出现少许的边缘丢失现象,这种现象称为溢出扫描。

After Effects软件中提供了防止视频信息丢失的功能,即安全框,通过安全框来设置素材,可以避免重要视频信息的丢失。安全框是指可以被大多数用户看到的画面范围,安全框以外的部分在电视设备中将不会被显示,安全框以内的部分可以保证被完全显示出来。

单击"合成"窗口下方的"选择网格和参考线选项"按钮,在打开的下拉列表框中选择"标题/动作安全"选项,如图2-63所示,即可在"合成"面板中显示安全框,如图2-64所示。

图2-63 选择"标题/动作安全"选项　　图2-64 在"合成"窗口中显示安全框

从显示的安全框可以看出,有两个安全区域:动作安全框和标题安全框,外侧为动作安全框,内侧为标题安全框。通常来说,重要的图像应该保持在动作安全框以内,而动态的字幕及标题文字应该保持在标题安全框以内。

如果不需要在"合成"窗口中显示安全框,可以再次单击"选择网格和参考线选项"按钮,在打开的下拉列表框中取消"标题/动作安全"选项的选择即可。

显示通道

如果需要查看当前"合成"窗口在不同颜色通道中的显示效果,可以单击"合成"窗口下方的"显示通道及色彩管理设置"按钮 ,在打开的下拉列表框中可以选择"红色"、"绿色"、"蓝色"和Alpha等选项,如图2-65所示。选择不同的通道选项,将在"合成"窗口中显示不同的通道模式效果。图2-66所示为选择"绿色"通道的显示效果。

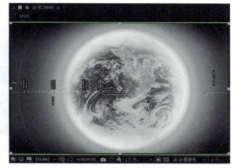

图2-65 "显示通道及色彩管理设置"下拉列表框　　　图2-66 "绿色"通道显示效果

 Tips

选择不同的通道模式,观察通道颜色的比例,有利于后期图像色彩的处理,在抠取图像时也更容易掌握。选择不同的通道时,"合成"窗口边缘将显示不同通道颜色的标识框,以区分通道显示。

在选择"红色"、"绿色"或者"蓝色"通道时,在"合成"窗口中默认显示的是灰色图像效果。如果想要显示出通道的颜色效果,可以选择"彩色化"选项。图2-67所示为选择显示"红色"通道的效果。图2-68所示为选择"彩色化"选项后的效果。

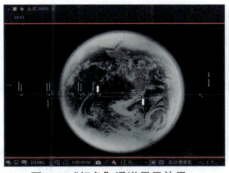
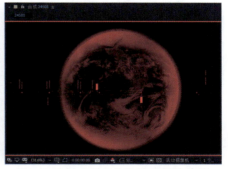

图2-67 "红色"通道显示效果　　　图2-68 选择"彩色化"选项后的效果

分辨率

在对项目进行编辑的过程中,有时只想查看一下视频动画的大概效果,而并不是最终的输出效果,这时就需要应用低分辨率来提高渲染的速度,避免不必要的时间浪费,从而提高工作效率。单击"合成"窗口下方的"分辨率/向下采样系数"按钮,可以在打开的下拉列表框中选择不同的分辨率选项,如图2-69所示。

● **自动**:默认选中该选项,After Effects会根据当前合成的大小和复杂程度自动调整"合成"窗口中的视图显示分辨率,从而达到显示速度与显示效果之间的平衡。

- 完整：选择该选项，表示在"合成"窗口中显示时，以最佳的分辨率效果来渲染显示，从而获得最佳的显示效果。
- 二分之一：选择该选项，表示在"合成"窗口中显示时只渲染视图中二分之一的像素。
- 三分之一：选择该选项，表示在"合成"窗口中显示时只渲染视图中三分之一的像素。
- 四分之一：选择该选项，表示在"合成"窗口中显示时只渲染视图中四分之一的像素。
- 自定义：选择该选项，弹出"自定义分辨率"对话框，如图2-70所示，可以设置水平和垂直每隔多少像素渲染"合成"窗口中的视图效果。

图2-69 "分辨率"下拉列表框　　　　图2-70 "自定义分辨率"对话框

分辨率的大小直接影响"合成"窗口中视图的显示效果，分辨率越大，"合成"窗口中视图的显示质量越好，如图2-71所示，但渲染的时间也会越长；相反，分辨率越低，则"合成"窗口中视图的显示质量也会较差，如图2-72所示，但渲染的时间会缩短。

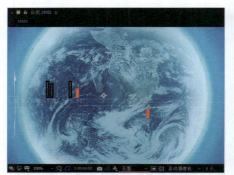 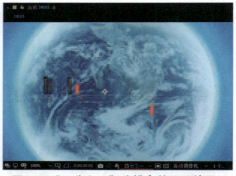

图2-71 "完整"分辨率的显示效果　　　　图2-72 "四分之一"分辨率的显示效果

 ## 设置目标区域

在"合成"窗口中预览视频动画效果时，除了可以使用降低分辨率的方法来提高渲染速度，还可以通过设置目标区域的方法，只查看某一区域的视频动画效果，从而提高渲染速度。

单击"合成"窗口下方的"目标区域"按钮 ，在"合成"窗口中拖动绘制需要查看的区域，即可在"合成"窗口中只查看该区域中的视频动画效果，如图2-73所示。再次单击"目标区域"按钮 ，可以恢复在"合成"窗口中显示所有视图内容。

图2-73 显示目标区域内容

Tips

使用降低分辨率和通过设置目标区域都能够起到提高"合成"窗口渲染速度的作用，不同之处在于，目标区域可以通过调整绘制区域的大小来预览某个局部范围，而降低分辨率不可以。

2.5 制作图片淡入淡出效果

图片淡入淡出效果涉及图片"不透明度"属性设置，在After Effects中提供了"序列图层"功能，通过该功能能够快速地制作出图层的淡入淡出切换效果。

应用案例 制作图片淡入淡出效果
源文件：源文件\第2章\2-5.aep   视频：光盘\视频\第2章\2-5.mp4

STEP 01 在After Effects中新建一个空白的项目，执行"合成>新建合成"命令，弹出"合成设置"对话框，对相关选项进行设置，如图2-74所示。单击"确定"按钮，新建合成。执行"文件>导入>文件"命令，在弹出的"导入文件"对话框中同时选择多个需要导入的素材文件，如图2-75所示。

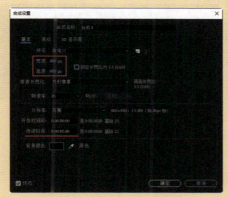
图2-74 "合成设置"对话框

图2-75 选择多个需要导入的素材

STEP 02 单击"导入"按钮，将所选中的素材导入到"项目"面板中，如图2-76所示。在"项目"面板中将素材2501.jpg拖入到"时间轴"面板中，如图2-77所示。

图2-76 导入多个素材

图2-77 添加2501.jpg素材到"时间轴"面板中

STEP 03 在"项目"面板中将素材2502.jpg拖入到"时间轴"面板中，如图2-78所示。在"项目"面板中将素材2503.jpg拖入到"时间轴"面板中，如图2-79所示。

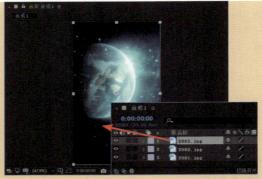

图2-78 添加2502.jpg素材到"时间轴"面板中　　图2-79 添加2503.jpg素材到"时间轴"面板中

STEP 04 按住【Ctrl】键,在"时间轴"面板中分别选择2503.jpg、2502.jpg和2501.jpg这3个图层,如图2-80所示。执行"动画>关键帧辅助>序列图层"命令,弹出"序列图层"对话框,参数设置如图2-81所示。

图2-80 同时选中多个图层　　　　　　　　　图2-81 设置"序列图层"对话框

 Tips

在"序列图层"对话框中,通过不同的参数设置可以产生不同的图层过渡效果。选择"重叠"复选框,可以启用层重叠效果;"持续时间"选项用于设置图层重叠过渡效果的持续时间;"过渡"选项用于设置图层的重叠过渡方式,在该选项的下拉列表框中包含3个选项,分别是"关"、"溶解前景图层"和"交叉溶解前景和背景图层"。

STEP 05 单击"确定"按钮,完成"序列图层"对话框的设置。在"项目"面板中的合成名称上单击鼠标右键,在弹出的快捷菜单中选择"合成设置"命令,如图2-82所示。弹出"合成设置"对话框,修改"持续时间"为9秒,如图2-83所示。

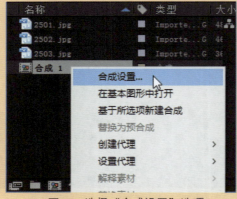
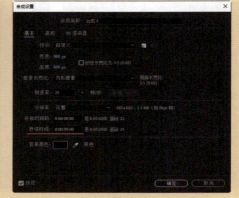

图2-82 选择"合成设置"选项　　　　　　　图2-83 修改"持续时间"选项

STEP 06 单击"确定"按钮,完成"合成设置"对话框的设置,此时的"时间轴"面板如图2-84所示。

图2-84 "时间轴"面板

STEP 07 至此，完成图片淡入淡出效果的制作。执行"文件>保存"命令，将文件保存为2-5.aep。单击"预览"面板中的"播放/停止"按钮▶，可以在"合成"窗口中预览动画效果，如图2-85所示。

图2-85 图片淡入淡出效果

2.6 知识拓展：导入素材的快捷方法

在使用After Effects制作视频动画时，素材的导入和对素材的相关操作都是必不可少的，而且是非常重要的一个环节。导入素材文件的方法除了本章前面小节中所介绍的执行菜单命令的方法，还有以下3种更加快捷的操作方法。

方法1：在"项目"面板中的列表空白处单击鼠标右键，在弹出的快捷菜单中选择"导入>文件"命令，即可弹出"导入文件"对话框，选择需要导入的素材文件即可。

方法2：在"项目"面板中的列表空白处双击，弹出"导入文件"对话框，选择需要导入的素材文件即可。

方法3：在Windows文件夹中，选择需要导入到After Effects中的素材，直接将素材文件拖入到After Effects的"项目"面板中，同样可以实现素材的导入操作。

2.7 本章小结

在After Effects中进行视频动画的编辑处理，必须熟练掌握新建项目文件与合成、素材的导入与管理等基本操作方法和技巧。另外，为了更加便捷、快速地进行操作，提高工作率，也应该了解After Effects中各种辅助功能的使用方法，这样才能够为后期的视频动画制作奠定坚实的基础。

第3章 After Effects中的图层和时间轴

After Effects中的图层类似于Photoshop中的图层,在制作视频动画的过程中所有操作都是在图层的基础上完成的,通过图层可以更好地对元素动画进行制作和管理。在After Effects中,图层是"时间轴"面板中的一部分,几乎所有的属性设置和动画效果都是通过"时间轴"面板来完成的。本章将详细介绍After Effects中的图层和"时间轴"面板的操作,使读者掌握在"时间轴"面板中对图层进行管理操作的方法和技巧,以及如何在"时间轴"面板中制作关键帧动画。

本章学习重点

第 57 页
使用内容识别填充去除视频中不需要的对象

第 64 页
制作背景图片切换动画

第71页
制作元素入场动画

第75页
了解CINEMA 4D

3.1 认识"时间轴"面板

After Effects中的"时间轴"面板中包含图层,图层只是"时间轴"面板中的一部分。"时间轴"面板是在After Effects中进行视频动画制作的主要操作面板,在"时间轴"面板中通过对各种控制选项进行设置,可以制作出不同的视频动画效果。图3-1所示为After Effects中的"时间轴"面板。

图3-1 "时间轴"面板

3.1.1 "音频/视频"选项

通过"时间轴"面板中的"音频/视频"选项,如图3-2所示,可以对合成中的每个图层进行一些基础的控制。

图3-2 "音频/视频"选项

- "视频"图标 ◉：单击该图标,可以在"合成"窗口中显示或者隐藏该图层上的内容。
- "音频"图标 ◉：如果在某个图层上添加了音频素材,则该图层上会自动添加音频图标,可以通过单击该图层的"音频"图标,显示或者隐藏该图层上的音频。
- "独奏"图标 ◉：单击某个图层上的该图标,可以在"合成"窗口中只显示该图层中的内容,而隐藏其他所有图层中的内容。
- "锁定"图标 ◉：单击某个图层上的该图标,可以锁定或者取消锁定该图层内容,被锁定的图层将不能够操作。

第3章　After Effects 中的图层和时间轴

"图层基础"选项

在"时间轴"面板中的"图层基础"选项组中包含"标签"、"编号"和"图层名称"3个选项，如图3-3所示。

- "标签"选项：在每个图层的该位置单击，可以在打开的下拉列表框中选择该图层的标签颜色，通过为不同的图层设置不同的标签颜色，可以有效区分不同的图层。
- "编号"选项：从上至下按顺序显示图层的编号，不可以修改。

图3-3 "图层基础"选项

- "图层名称"选项：该位置显示的是图层名称，图层名称默认为在该图层上所添加的素材的名称或者自动命名的名称。在图层名称上单击鼠标右键，在弹出的快捷菜单中选择"重命名"命令，可以对图层名称进行重命名。

"图层开关"选项

单击"时间轴"面板左下角的"展开或折叠'图层开关'窗格"按钮，可以在"时间轴"面板的每个图层名称右侧显示相应的"图层开关"控制选项，如图3-4所示。

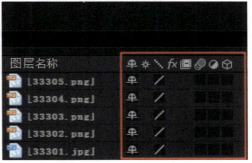

- "消隐"图标：单击某个图层的"消隐"图标，即可设置该图层为"消隐"。再单击"时间轴"面板中的"隐藏为其设置了'消隐'开关的所有图层"图标，可以将设置为"消隐"的图层隐藏。

图3-4 "图层开关"选项

- "折叠变换/连续栅格化"图标：仅当图层中的内容为嵌套合成或者矢量素材时，该按钮才可用。当图层内容为嵌套合成时，单击该按钮可以把嵌套合成看作是一个平面素材进行处理，忽略嵌套合成中的效果；当图层内容为矢量素材时，单击该按钮可以栅格化该图层，栅格化后的图层质量会提高而且渲染速度会加快。
- "质量和采样"图标：单击图层的"质量和采样"图标，可以将该图层中的内容在"低质量"和"高质量"这两种显示方式之间进行切换。
- "效果"图标：如果为图层内容应用了效果，则该图层将显示"效果"图标，单击该图标，可以显示或者隐藏为该图层所应用的效果。
- "帧混合"图标：如果为图层内容应用了帧混合效果，则该图层将显示"帧混合"图标，单击该图标，可以显示或者隐藏为该图层所应用的帧混合效果。
- "运动模糊"图标：用于设置是否开启图层的运动模糊功能，默认情况下没有开启图层的运动模糊功能。
- "调整图层"图标：单击该图标，仅显示"调整图层"上所添加的效果，从而达到调整下方图层的作用。
- "3D图层"图标：单击该图标，可以将普通的2D图层转换为 3D图层。

3.1.4 "转换控制"选项

单击"时间轴"面板左下角的"展开或折叠'转换控制'窗格"按钮 ，可以在"时间轴"面板中显示出每个图层的"转换控制"选项，如图3-5所示。

- ● **"模式"选项**：在该下拉列表框中可以设置图层的混合模式，其混合模式设置选项与Photoshop中的图层混合模式设置选项类似。
- ● **"保留基础透明度"选项**：该选项用于开启图层的"保留基础透明度"功能，该功能只有当图层为遮罩层时才会起作用，而普通图层对于该选项并没有作用。
- ● **"TrkMat（轨道遮罩）"选项**：在该下拉列表框中可以设置当前图层与其上方图层的轨道遮罩方式，共包含5个选项，如图3-6所示。

图3-5 "转换控制"选项 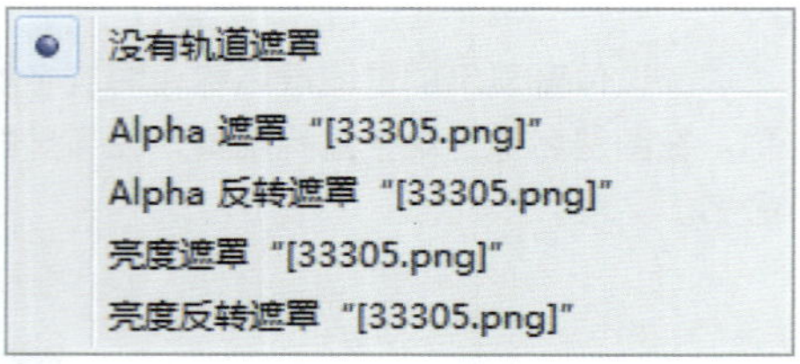　　图3-6 "TrkMat（轨道遮罩）"下拉列表框

- ● 没有轨道遮罩：该图层正常显示，不使用遮罩效果。该选项为默认选项。
- ● Alpha遮罩：利用素材的Alpha通道创建轨道遮罩。
- ● Alpha反转遮罩：反转素材的Alpha通道创建轨道遮罩。
- ● 亮度遮罩：利用素材的亮度创建轨道遮罩。
- ● 亮度反转遮罩：反转素材的亮度通道创建轨道遮罩。

3.1.5 "父级和链接"选项

父子链接是让图层与图层之间建立从属关系的一种功能，当对父对象进行操作时子对象也会执行相应的操作，但对子对象执行操作时父对象不会发生变化。

在"时间轴"面板中有两种设置父子链接的方式。一种是拖动图层的 图标到目标图层，这样目标图层为该图层的父级图层，而该图层为子图层；另一种方法是在图层的该选项下拉列表框中选择一个图层作为该图层的父级图层，如图3-7所示。

图3-7 "父级和链接"选项

3.1.6 "时间控制"选项

单击"时间轴"面板左下角的"展开或折叠'入点'/'出点'/'持续时间'/'伸缩'窗格"按钮 ，可以在"时间轴"面板中显示出每个图层的"时间控制"选项，如图3-8所示。

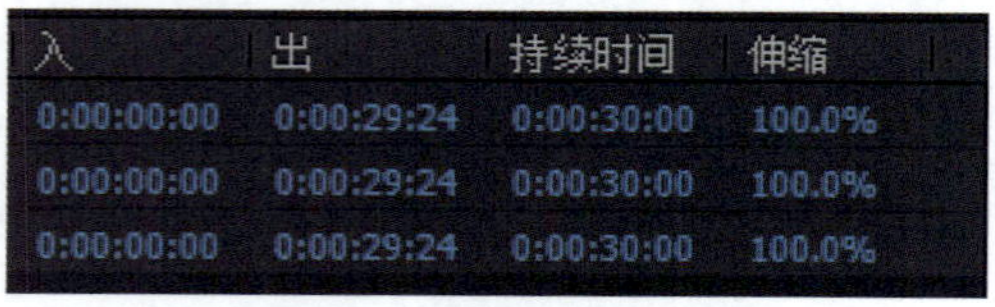

图3-8 "时间控制"选项

- "入点"选项：此处显示当前图层的入点时间。如果在此处单击，可以弹出"图层入点时间"对话框，如图3-9所示，输入要设置为入点的时间，单击"确定"按钮，即可完成该图层入点时间的设置。
- "出点"选项：此处显示当前图层的出点时间。如果在此处单击，可以弹出"图层出点时间"对话框，如图3-10所示，输入要设置为出点的时间，单击"确定"按钮，即可完成该图层出点时间的设置。

图3-9 "图层入点时间"对话框　　　　图3-10 "图层出点时间"对话框

 Tips

默认情况下，添加到"时间轴"面板中的素材都会保留与当前合成相同的时间长度，如果需要在某个时间点显示该图层中的内容，而在某个时间点隐藏该图层中的内容，则可以为该图层设置"入点"和"出点"选项。简单而言，"入点"和"出点"选项就相当于设置该图层内容在什么时间出现在合成中，什么时间在合成中隐藏该图层内容。

- "持续时间"选项：显示当前图层上从入点到出点的时间范围，也就是起点到终点之间的持续时间。如果在此处单击，可以弹出"时间伸缩"对话框，如图3-11所示，可以修改该图层中内容的持续时间。
- "伸缩"选项：用于调整图层内容的长度，控制其播放速度以达到快放或者慢放的效果。如果在此处单击，可以弹出"时间伸缩"对话框，如图3-12所示，可以修改该图层"拉伸因数"选项。该选项的默认值为100%，如果大于100%，则图层内容就会在长度不变的情况下变慢；如果小于100%，则会变快。

图3-11 "时间伸缩"对话框1　　　　图3-12 "时间伸缩"对话框2

3.2 图层的类型

After Effects中的图层共有11种，分别为素材图层、文字图层、纯色图层、灯光图层、摄像机图层、空对象图层、形状图层、调整图层、内容识别填充图层、Adobe Photoshop文件和MAXON CINEMA 4D文件。下面将对视频动画制作过程中经常使用的图层进行简单介绍。

3.2.1 素材图层

素材图层是通过将外部的图像、音频、视频导入到After Effects软件中，添加到"时间轴"面板中自动生成的图层，可以通过设置"变换"属性达到移动、缩放、透明等效果。图3-13所示为素材图层效果。

图3-13 素材图层效果

3.2.2 文字图层

After Effects中的文字图层能够在"合成"窗口中添加相应的文字，并且可以在"时间轴"面板中制作文字动画。单击工具栏中的"横排文字工具"或者"直排文字工具"按钮，在"合成"窗口中单击，输入文字，即可在"时间轴"面板中自动创建文字图层，如图3-14所示。创建文字图层后，可以在"字符"面板中对文字的大小、颜色、字体等进行设置，如图3-15所示，其设置方法与Photoshop中的"字符"面板相似。

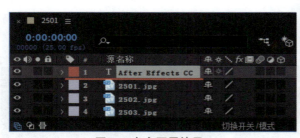
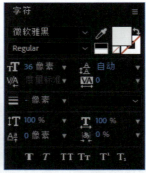

图3-14 文字图层效果　　　　图3-15 "字符"面板

3.2.3 纯色图层

纯色图层在视频动画中主要用来制作蒙版效果，同时也可以作为承载编辑的图层，在纯色图层上制作各种效果。执行"图层>新建>纯色"命令，弹出"纯色设置"对话框，如图3-16所示。在对话框中完成相关选项的设置后，单击"确定"按钮，既可以创建一个纯色图层，如图3-17所示。

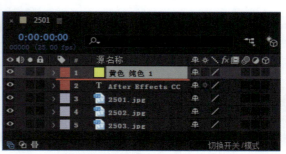

图3-16 "纯色设置"对话框　　　　图3-17 创建纯色图层

"纯色设置"对话框中各选项的说明如下。

- 名称：该选项用于设置纯色图层的名称，默认名称为所选择的颜色名称。
- 宽度和高度：用于设置所创建纯色图层的宽度和高度，默认情况下，所创建纯色图层的宽度和高度与合成的宽度和高度相同。
- 将长宽比锁定：选择该复选框，则在设置纯度图层的"宽度"或者"高度"选项时，将保持与合成大小相同的长宽比例不变。
- 单位：用于设置所创建纯色图层宽度和高度的单位，默认为像素。在该下拉列表框中提供了"像素"、"英寸"、"毫米"和"合成的%"4个选项。
- 像素长宽比：用于设置纯色图层像素长宽比的类型，从而适应不同的媒体播放需求。
- "制作合成大小"按钮：如果设置了"宽度"和"高度"选项，单击该按钮，可以快速将"宽度"和"高度"设置为合成的尺寸大小。
- 颜色：用于设置纯色图层的填充颜色。

3.2.4 灯光图层

灯光图层用于模拟不同种类的真实光源，如家用电灯、舞台灯等。灯光图层中包含4种灯光类型，分别为平行光、聚光、点光和环境光，不同的灯光类型可以营造出不同的灯光效果。

执行"图层>新建>灯光"命令，弹出"灯光设置"对话框，如图3-18所示。完成"灯光设置"对话框中相关选项的设置后，单击"确定"按钮，即可创建一个灯光图层，如图3-19所示。

图3-18 "灯光设置"对话框

图3-19 创建灯光图层

 Tips

需要注意的是，灯光图层只对其下方的3D图层产生效果，因此需要添加光照效果的图层必须开启3D图层开关。

"灯光设置"对话框中各选项的说明如下。

- 名称：用于设置所创建的灯光图层的名称。
- 灯光类型：用于选择所创建灯光层的灯光类型，在该下拉列表框中包含4种灯光类型，分别是"平行"、"聚光"、"点"和"环境"。
- 平行：选择该选项，创建平行光。平行光主要用于模仿太阳光，当太阳在地球表面投射时，以一个方向投射平行光，光线亮度均匀，没有明显的明暗交界线。平行光具有一定的方向性，还具有投射阴影的效果。设置"灯光类型"为"平行"，可以看到一条连接灯光和目标点的直线，通过移动目标点来改变灯光照射的方向，如图3-20所示。

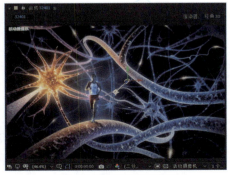

图3-20 添加平行光效果

- 聚光：选择该选项，创建聚光。聚光也称为目标聚光灯，是像探照灯一样可以投射聚焦的光束。可以在"合成"窗口中拖动聚光灯和目标点来改变聚光的位置和照射效果，如图3-21所示。

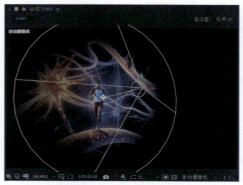

图3-21 添加聚光效果

- 点：选择该选项，创建点光。点光是以单个光源向各个方向投射的光线。点光没有方向性，但具有投射阴影的能力，光线的强弱与物体距离远近有关，如图3-22所示。

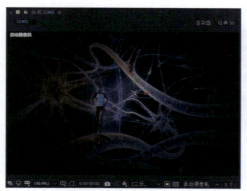

图3-22 添加点光效果

- 环境：选择该选项，创建环境光。环境光与平行光非常相似，但环境光没有光源可以调节，它直接照亮所有对象，不具有方向性，也不能投影，一般只用来加亮场景，可与其他灯光混合使用，如图3-23所示。

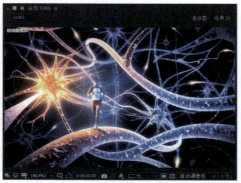

图3-23 添加环境光效果

- 颜色：用于设置灯光的颜色。
- 强度：用于设置灯光的强度，默认值为100%。
- 锥形角度：只有设置"灯光类型"为"聚光"时，该选项才可用，用于设置聚光灯的锥形角度，默认值为90°。
- 锥形羽化：只有设置"灯光类型"为"聚光"时，该选项才可用，用于设置聚光灯边缘柔和度，默认值为50%。
- 衰减：该选项用于设置灯光的衰减程度，在下拉列表框中包含"无"、"平滑"和"反向平方限制"3个选项。当设置"衰减"选项为"平滑"时，可以对下方的"半径"和"衰减距离"选项进行设置；当设置"衰减"选项为"反向平方限制"时，只可以对下方的"半径"选项进行设置。
- 投影：除了设置"灯光类型"为"环镜"，其他灯光类型都可以添加灯光投影效果。选择"投影"复选框，可以对下方的"阴影深度"和"阴影扩散"选项进行设置，从而得到灯光投影效果。

3.2.5 摄像机图层

摄像机图层用于控制合成最后的显示角度，也可以通过对摄像机图层创建动画来完成一些特殊的效果。想要通过摄像机图层制作特殊效果就需要3D图层的配合，因此必须将图层上的3D开关打开。

执行"图层>新建>摄像机"命令，弹出"摄像机设置"对话框，如图3-24所示。完成"摄像机设置"对话框中相关选项的设置后，单击"确定"按钮，即可创建一个摄像机图层，如图3-25所示。

第3章
After Effects 中的图层和时间轴

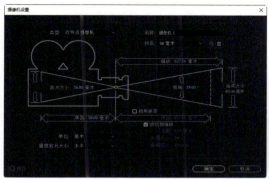

图3-24 "摄像机设置"对话框

图3-25 创建摄像机图层

"摄像机设置"对话框中各选项的说明如下。

- 类型：在该下拉列表框中可以选择所添加的摄像机类型，包含"单节点摄像"和"双节点摄像机"两个选项，默认为"双节点摄像机"。
- 名称：该选项用于设置所创建的摄像机层的名称。
- 预设：可以在该下拉列表框中选择摄像机的镜头焦距类型。
- 缩放：该选项用于对摄像机的可视范围进行设置。
- 胶片大小：该选项用于设置摄像机镜头所能看到的胶片大小。
- 视角：该选项用于设置摄像机的视角范围。
- 焦距：该选项用于设置摄像机的焦距长度。

3.2.6 空对象图层

空对象图层是没有任何特殊效果的图层，主要用于辅助视频动画的制作。通过新建空对象图层并以该图层建立父子对象，从而控制多个图层的运动或者移动，也可以通过修改空对象图层上的参数来同时修改多个子对象参数，从而控制子对象的合成效果。

执行"图层>新建>空对象"命令，即可新建空对象图层，如图3-26所示。空对象图层在"合成"窗口中显示为一个与该图层标签颜色相同的透明边框，如图3-27所示，但在输出空对象图层时是没有任何内容的。

图3-26 创建空对象层

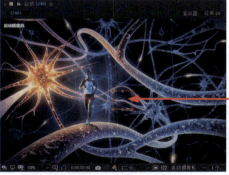

空对象图层在"合成"窗口中的显示效果

图3-27 空对象图层显示效果

 Tips

如果需要在图层中创建父子元素链接，可以通过单击父层上的"父子链接"按钮 ◎ 并将链接线指向父对象，或者在子对象的链接按钮 ◎ 后的下拉列表框中选择父层的图层名称。

55

3.2.7 形状图层

形状图层是指使用After Effects中的各种矢量绘图工具绘制图形所得到的图层。想要创建形状图层，可以执行"图层>新建>形状"命令，创建一个空白的形状图层。直接单击工具栏中的矩形、圆形、钢笔工具等绘图工具，在"合成"窗口中绘制形状图形，同样可以得到形状图层，如图3-28所示。

图3-28 创建形状图层

3.2.8 调整图层

调整图层是用于调节下方图层中的色彩或者特效的图层，在该图层上制作效果可对该图层下方的所有图层应用该效果，因此调整图层对控制视频动画的整体色调具有很重要的作用。

执行"图层>新建>调整图层"命令，即可新建一个调整图层，如图3-29所示。例如，执行"效果>颜色校正>色相/饱和度"命令，为该调整图层添加"色相/饱和度"效果，并对色相进行相应的设置，如图3-30所示。

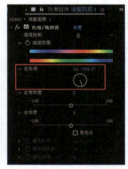

图3-29 创建调整图层　　　　　图3-30 设置"色相/饱和度"效果

对调整图层添加效果前后的"合成"窗口中的显示效果对比如图3-31所示。

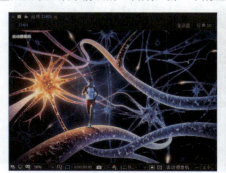
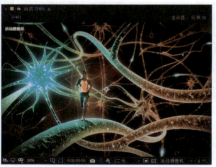

图3-31 为调整图层添加效果前后的"合成"窗口效果对比

第3章
After Effects 中的图层和时间轴

3.2.9 内容识别填充图层

内容识别填充是从After Effects CC 2019中加入的新功能，该功能与Photoshop中的内容识别填充功能相似，但After Effect中的内容识别填充功能效果更加强大，使用该功能不仅可以快速去除素材中不需要的物体，还可以去除视频中不需要的对象。

执行"图层>新建>内容识别填充图层"命令，可以打开"内容识别填充"面板，如图3-32所示。在该面板中可以对当前素材中的内容识别填充效果进行相应的设置，从而去除素材中不需要的对象。

图3-32 "内容识别填充"面板

- **阿尔法扩展**：在素材中创建了需要进行内容识别填充的区域之后，通过该选项可以调整待填充区域的大小。
- **填充方法**：在该下拉列表框中可以选择内容识别填充的方法，包含"对象"、"表面"和"边缘混合"3个选项。
- **对象**：设置"填充方法"为"对象"，常用于移除动态视频素材中的对象，通常选取的对象是画面中移动的对象，如道路上行驶的汽车等。
- **表面**：设置"填充方法"为"表面"，常用于静态素材中的对象，如静态素材中的标志或者其他不需要的内容等。
- **边缘混合**：设置"填充方法"为"边缘混合"，表示对移除对象的边缘像素进行混合处理，一般用于移除没有纹理的表面上的静态对象，如纸张上的文字。
- **范围**：该选项用于设置需要渲染的时间范围，在下拉列表框中包含"整体持续时间"和"工作区"两个选项。
- **"创建参照帧"按钮**：如果素材画面内容比较复杂，直接使用内容识别功能无法获得理想的对象去除效果，可以单击该按钮，创建单个填充图层帧，将会使用Photoshop打开所创建的单个填充图层帧画面素材，在该素材中可以使用Photoshop中的"仿制图章工具"等对画面进行修补处理，从而为After Effects中的内容识别功能提供参考。
- **"生成填充图层"按钮**：完成"内容识别填充"面板中相关选项的设置之后，单击该按钮，即可开始渲染填充图层，去除素材中不需要的对象。

使用内容识别填充去除视频中不需要的对象

源文件：源文件\第3章\3-2-9.aep 视频：光盘\视频\第3章\3-2-9.mp4

STEP 01 在After Effects中新建一个空白的项目，执行"文件>导入>文件"命令，在弹出的"导入文件"对话框中选择需要导入的素材"源文件\第3章\素材\32901.avi"，如图3-33所示。单击"导入"按钮，将该视频素材导入到"项目"面板中，如图3-34所示。

图3-33 选择需要导入的视频素材

图3-34 将视频素材导入"项目"面板

中文版After Effects CC 2020
完全自学一本通

STEP 02 在"项目"面板中将导入的视频素材32901.avi拖入到"时间轴"面板中，自动创建合成，效果如图3-35所示。这里需要将视频中的小船去除，选中32901.avi图层，使用"钢笔工具"在"合成"窗口中沿着小船绘制蒙版路径，如图3-36所示。

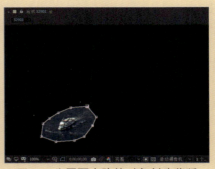

图3-35 "合成"窗口　　　　　　　　　图3-36 为需要去除的对象创建蒙版

STEP 03 展开32901.avi图层下方的"蒙版"选项，设置"蒙版1"的"蒙版模式"为"相减"，如图3-37所示。在"合成"窗口中可以看到模式为"相减"的效果，如图3-38所示。

图3-37 设置"蒙版模式"选项　　　　　　图3-38 "合成"窗口效果

 Tips

在After Effects中使用"钢笔工具"和各种形状绘图工具，不仅可以绘制形状图形，还可以为对象绘制蒙版路径，关于蒙版的创建及蒙版属性的设置方法将在后面的章节中进行详细介绍。

STEP 04 选择32901.avi图层下方的"蒙版1"选项，打开"跟踪器"面板，单击"向前跟踪所选蒙版"按钮，如图3-39所示。After Effects会自动播放该视频素材并在相应位置生成蒙版路径关键帧，如图3-40所示。

图3-39 "跟踪器"面板　　　　　　　　图3-40 自动生成蒙版路径关键帧

STEP 05 可以拖动"时间指示器"，查看蒙版路径在整个视频的不同时间是否能够完整遮盖住需要去除的对象，如果没有完整遮盖则需要手动对该时间位置的蒙版路径进行适当调整。

STEP 06 执行"图层>新建>内容识别填充"命令，打开"内容识别填充"面板，如图3-41所示。使用默认设置，单击"生成填充图层"按钮，如果当前文档是一个未保存的文档，则会弹出"另存为"对话框，需要先保存文档，如图3-42所示。

 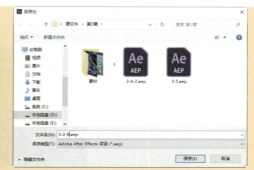

图3-41 "内容识别填充"面板　　　　图3-42 "另存为"对话框

STEP 07 开始进行内容识别填充处理，并且在面板下方显示处理进度，如图3-43所示。完成填充渲染之后，在"时间轴"面板中可以看到自动生成的填充图层，如图3-44所示。

图3-43 显示渲染进度　　　　　　　图3-44 自动生成填充图层

STEP 08 单击"预览"面板中的"播放/停止"按钮 ▶，可以在"合成"窗口中看到视频素材中的小船已经被去除，效果如图3-45所示。

图3-45 预览处理后的视频效果

 3.2.10 Adobe Photoshop文件

After Effects与Photoshop的结合非常紧密，在After Effects中不仅可以导入分层的PSD格式素材文件，还可以通过After Effects创建PSD素材文件。

执行"图层>新建>Adobe Photoshop文件"命令，即可新建一个Photoshop文件，弹出"另存为"对话框，需要保存所创建的Adobe Photoshop文件，如图3-46所示。单击"保存"按钮，即可保存所创建的Adobe Photoshop文件，并将该PSD素材文件应用到当前合成的"时间轴"面板中，如图3-47所示。

图3-46 "另存为"对话框　　　　　　　　图3-47 "时间轴"面板

在Adobe Photoshop文件保存文件夹中可以看到刚刚在After Effects中所创建的Adobe Photoshop文件，如图3-48所示。在Photoshop中打开所创建的Adobe Photoshop文件，可以看到该文件是一个空白的透明背景文件，如图3-49所示。用户可以在该文件中进行素材的设计，设计完成后保存该PSD素材文件，After Effects中所引用的该PSD素材文件就会自动更新。

图3-48 创建的Adobe Photoshop文件　　　　图3-49 在Photoshop中打开所创建的文件

 MAXON CINEMA 4D文件

与Photoshop相似，After Effects可以与MAXON CINEMA 4D软件结合使用。执行"图层>新建>MAXON CINEMA 4D文件"命令，即可新建一个MAXON CINEMA 4D文件，弹出"新建MAXON CINEMA 4D文件"对话框，需要保存所创建的MAXON CINEMA 4D文件，如图3-50所示。单击"保存"按钮，即可保存所创建的MAXON CINEMA 4D文件，并将该MAXON CINEMA 4D文件应用到当前合成的"时间轴"面板中，如图3-51所示。

图3-50 "新建MAXON CINEMA 4D文件"对话框　　　　图3-51 "时间轴"面板

第3章 After Effects 中的图层和时间轴

3.3 图层的操作

图层在After Effects中有着重要作用，它能够有效地组织和管理合成的元素，通过对图层中的内容进行操作，才能完成视频动画的制作。

3.3.1 图层的基本操作方法

After Effects中图层的操作方法与Photoshop中图层的操作方法相似，本节将简单介绍After Effects中图层的基本操作方法。

- 1．选择图层

在对某个图层进行操作之前，首先需要选中该图层。选择图层的方法非常简单，只需单击图层名称的位置，即可选中需要操作的图层。如果希望同时选择多个图层，则可以结合键盘上的按键进行操作。按住【Ctrl】键不放，分别单击多个图层名称，可以同时选中多个不连续的图层，如图3-52所示；按住【Shift】键不放，分别单击需要同时选中的多个连续图层中的第一个图层和最后一个图层名称，即可同时选中多个连续的图层，如图3-53所示。

图3-52 同时选中多个不连续的图层

图3-53 同时选中多个连续的图层

Tips

执行"编辑>全选"命令，或者按【Ctrl+A】组合键，可以同时选中"时间轴"面板中的所有图层。

- 2．删除图层

如果要删除某个图层，只需选中要删除的图层，执行"编辑>清除"命令，或者按【Delete】键，即可删除选中的图层。

- 3．调整图层叠放顺序

如果要调整图层的叠放顺序，只需在图层名称上单击并拖动该图层到合适的位置后释放鼠标，即可完成图层叠放顺序的调整，如图3-54所示。

图3-54 拖动调整图层叠放顺序

调整图层叠放顺序，也可以通过快捷键来完成。按【Ctrl+Shift+]】组合键，可以使选中的图层移到最上方；按【Ctrl+]】组合键，可以使选中的图层上移一层；按【Ctrl+[】组合键，可以使选中的图层下移一层；按【Ctrl+Shift+[】组合键，可以使选中的图层移到最下方。

中文版After Effects CC 2020
完全自学一本通

- **4．复制和粘贴图层**

选择需要复制的图层，执行"编辑>复制"命令或者按【Ctrl +C】组合键，复制图层。选择合适的位置，执行"编辑>粘贴"命令或者按【Ctrl+V】组合键，即可将复制的图层粘贴到所选图层的上方。

还有一个在当前位置快速复制并粘贴图层的方法，选中需要复制的图层，执行"编辑 > 重复"命令或者按【Ctrl+D】组合键，即可快速复制并粘贴当前选中的图层。

- **5．替换图层**

在"时间轴"面板中选择需要替换的图层，按住【Alt】键在"项目"面板中拖动素材至需要替换的图层上，即可完成图层的替换，如图3-55所示。

图3-55 替换图层操作

3.3.2 图层的混合模式

在After Effects中进行合成处理的过程中，图层之间可以通过混合模式来实现一些特殊的融合效果。当某一图层使用混合模式时，会根据所使用的混合模式与下方图层中的图像进行相应的融合而产生特殊的合成效果。

在"时间轴"面板中单击"展开或折叠'转换控制'窗格"按钮，在"时间轴"面板中显示出"模式"控制选项，如图3-56所示。在"模式"下拉列表框中可以设置图层的混合模式，如图3-57所示。

图3-56 显示"模式"控制选项　　　　　　图3-57 "模式"下拉列表框

"模式"下拉列表框中的选项较多，许多混合模式选项与Photoshop中图层的混合模式选项相同，选择不同的混合模式选项，会使当前图层与其下方的图层产生不同的混合效果，默认的图层混合模式为"正常"。

3.4 图层的基础"变换"属性

在图层左侧的小三角图标上单击，可以展开该图层的相关属性。素材图层默认包含"变换"属性，单击"变换"选项左侧的三角图标,可以看到包含了5个基础变换属性,分别是"锚点"、"位置"、"缩放"、"旋转"和"不透明度",如图3-58所示。

图3-58 显示图层的"变换"属性

 锚点

"锚点"属性主要用来设置素材的中心点位置。素材的锚点位置不同,则当对素材进行缩放、旋转等操作时,所产生的效果也会不同。

默认情况下,素材的锚点位于素材图层的中心位置,如图3-59所示。选择某个图层,按【A】键,可以直接在该图层下方显示出"锚点"属性。如果需要修改锚点,只需修改"锚点"属性后的坐标参数即可,如图3-60所示。

图3-59 默认锚点位置　　　　　　图3-60 在图层下方显示"锚点"属性

除了可以直接修改"锚点"属性值来调整锚点位置,还可以使用"向后平移(锚点)工具"在"合成"窗口中拖动调整元素锚点的位置,如图3-61所示。另外,也可以使用"选取工具",在"合成"窗口中双击素材,进入"图层"窗口,直接使用"选取工具"拖动调整锚点位置,如图3-62所示。调整完成后关闭"图层"窗口,返回"合成"窗口即可。

图3-61 使用"向后平移(锚点)工具"调整锚点　　图3-62 使用"选取工具"调整锚点

中文版After Effects CC 2020
完全自学一本通

3.4.2 位置

"位置"属性用来控制元素在"合成"窗口中的相对位置,也可以通过该属性结合关键帧制作出元素移动的动画效果。

选择相应的图层,按【P】键,可以直接在所选择图层下方显示出"位置"属性,如图3-63所示。当修改"位置"属性后的坐标参数或者在"合成"窗口中直接使用"选取工具"移动位置时,都以元素锚点为基准进行移动,如图3-64所示。

图3-63 在图层下方显示"位置"属性

图3-64 移动元素位置

应用案例 制作背景图片切换动画

源文件:源文件\第3章\3-4-2.aep　　　　视频:光盘\视频\第3章\3-4-2.mp4

STEP 01 在After Effects中新建一个空白的项目,执行"文件>导入>文件"命令,在弹出的"导入文件"对话框中选择需要导入的素材"源文件\第3章\素材\34201.psd",如图3-65所示。弹出设置对话框,参数设置如图3-66所示。

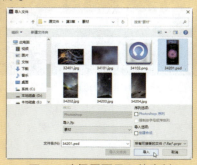
图3-65 选择需要导入的素材

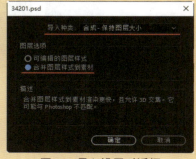
图3-66 导入设置对话框

STEP 02 单击"确定"按钮,导入PSD素材并自动生成合成,如图3-67所示。执行"文件>导入>文件"命令,在弹出的"导入文件"对话框中选择多个需要导入的素材图像,如图3-68所示。

图3-67 导入素材文件

图3-68 选择需要导入的素材

STEP 03 单击"导入"按钮,将选中的多个素材同时导入到"项目"面板中,如图3-69所示。双击"项目"面板中自动生成的合成,在"合成"窗口中打开该合成,如图3-70所示。

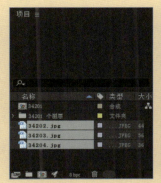

图3-69 导入多个素材　　　　　　图3-70 打开合成

STEP 04 在"时间轴"面板中可以看到该合成中相应的图层,如图3-71所示。展开"背景"图层的"变换"属性,如图3-72所示。

图3-71 合成中相应的图层　　　　　　图3-72 展开"变换"属性

STEP 05 将"时间指示器"移至2秒位置,单击"位置"属性前的"秒表"图标 ,插入该属性关键帧,如图3-73所示。将"时间指示器"移至3秒位置,在"合成"窗口中将该图层中的图像向右移至合适的位置,如图3-74所示。

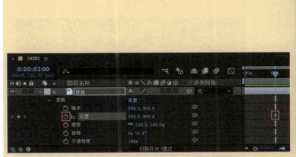 

图3-73 插入"位置"属性关键帧　　　　　　图3-74 移动素材位置

Tips

在"时间轴"面板中可以直接拖动"时间指示器"来调整时间的位置,但这种方法很难精确调整时间位置。如果需要精确调整时间位置,可以通过"时间轴"面板中的"当前时间"选项或者"合成"窗口中的"预览时间"选项,输入精确的时间,即可在"时间轴"面板中跳转到所输入的时间位置。

STEP 06 在"时间轴"面板中的3秒位置自动插入"位置"属性关键帧,如图3-75所示。在"项目"面板中将34202.jpg素材拖入到"时间轴"面板中"背景"图层上方,在"合成"窗口中将该素材调整至合适的位置,如图3-76所示。

图3-75 自动添加"位置"属性关键帧

图3-76 拖入素材并调整至合适位置

STEP 07 展开34202.jpg图层的"变换"属性,将"时间指示器"移至2秒位置,单击"位置"属性前的"秒表"图标,插入该属性关键帧,如图3-77所示。将"时间指示器"移至3秒位置,在"合成"窗口中将该图层中的图像向右移至合适的位置,如图3-78所示。

图3-77 插入"位置"属性关键帧

图3-78 移动素材位置

STEP 08 将"时间指示器"移至5秒位置,在"时间轴"面板中单击"位置"属性前的"在当前位置添加或移除关键帧"图标,在该时间位置添加"位置"属性关键帧,如图3-79所示。将"时间指示器"移至6秒位置,在"合成"窗口中将该图层中的图像向右移至合适的位置,如图3-80所示。

图3-79 添加"位置"属性关键帧

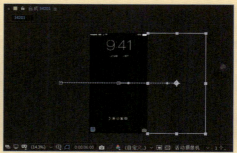

图3-80 移动素材位置

STEP 09 在"时间轴"面板中的6秒位置自动插入"位置"属性关键帧,如图3-81所示。在"项目"面板中将34203.jpg素材拖入到"时间轴"面板中34202.jpg图层上方,在"合成"窗口中将该素材调整至合适的位置,如图3-82所示。

图3-81 自动添加"位置"属性关键帧　　　　图3-82 拖入素材并调整至合适位置

STEP 10 展开34203.jpg图层的"变换"属性，将"时间指示器"移至5秒位置，单击"位置"属性前的"秒表"图标，插入该属性关键帧，如图3-83所示。将"时间指示器"移至6秒位置，在"合成"窗口中将该图层中的图像向右移至合适的位置，如图3-84所示。

图3-83 插入"位置"属性关键帧　　　　图3-84 移动素材位置

STEP 11 将"时间指示器"移至8秒位置，在"时间轴"面板中单击"位置"属性前的"在当前位置添加或移除关键帧"图标◇，在该时间位置添加"位置"属性关键帧，如图3-85所示。将"时间指示器"移至9秒位置，在"合成"窗口中将该图层中的图像向右移至合适的位置，如图3-86所示。

 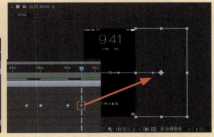

图3-85 添加"位置"属性关键帧　　　　图3-86 移动素材位置

STEP 12 在"项目"面板中将34204.jpg素材拖入到"时间轴"面板中34203.jpg图层上方，根据34203.jpg图层动画的制作方法，完成34204.jpg图层动画的制作。此时的"合成"窗口如图3-87所示，"时间轴"面板如图3-88所示。

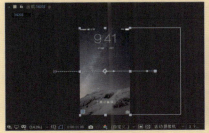 

图3-87 "合成"窗口效果　　　　图3-88 "时间轴"面板

> **Tips**
>
> 34204.jpg 图层中同样是位置移动的动画效果，在8秒至9秒从左侧移入到场景中，9秒至11秒为在场景中静止不动，11秒至12秒从场景中向右移出场景。

STEP 13 在"项目"面板中将"34201个图层"文件夹中的"背景"素材拖入到"时间轴"面板中34204.jpg图层上方，在"合成"窗口中将该素材调整至合适的位置，如图3-89所示。展开该图层的"变换"属性，将"时间指示器"移至11秒位置，单击"位置"属性前的"秒表"图标，插入该属性关键帧，如图3-90所示。

图3-89 拖入素材并调整至合适位置

图3-90 插入"位置"属性关键帧

STEP 14 将"时间指示器"移至12秒位置，在"合成"窗口中将该图层中的图像向右移至合适的位置，如图3-91所示。在"项目"面板中的34201合成上单击鼠标右键，在弹出的快捷菜单中选择"合成设置"命令，在弹出的"合成设置"对话框中设置"持续时间"为12秒，如图3-92所示。

图3-91 移动素材位置

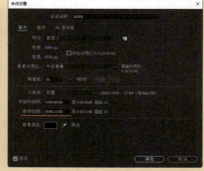

图3-92 修改"持续时间"选项

> **Tips**
>
> 因为时间轴动画默认是循环播放的，所以这里在动画的最后制作第一张背景图片从左侧入场的动画效果，这样当播放完12秒位置的动画时就会跳转到0秒位置继续播放，从而使动画形成一个连贯的循环。

STEP 15 单击"确定"按钮，完成"合成设置"对话框的设置。在"时间轴"面板中不要选中任何图层，按【P】键，显示所有图层的"位置"属性，可以看到相应图层的"位置"属性关键帧效果，如图3-93所示。

图3-93 "时间轴"面板

第3章
After Effects 中的图层和时间轴

STEP 16 完成背景图片切换动画的制作后，执行"文件>保存"命令，将文件保存为3-4-2.aep。单击"预览"面板中的"播放/停止"按钮 ，可以在"合成"窗口中预览动画效果，如图3-94所示。

图3-94 预览背景图片切换动画效果

3.4.3 缩放

"缩放"属性可以设置元素的尺寸大小，通过该属性结合关键帧可以制作出元素缩放的动画效果。

选择相应的图层，按【S】键，可以在该图层下方显示出"缩放"属性。元素的缩放同样是以锚点的位置为基准，可以直接通过修改"缩放"属性中的参数修改元素的缩放比例，如图3-95所示。也可以在"合成"窗口中直接使用"选取工具"拖动元素四周的控制点来调整元素的缩放比例，如图3-96所示。

图3-95 在图层下方显示"缩放"属性　　　　　图3-96 拖动控制点对元素进行缩放

Tips
在"缩放"属性值左侧有一个"约束比例"图标 ，默认情况下，修改元素的"缩放"属性值时，将会等比例进行缩放。如果单击该图标，则可以分别对"水平缩放"和"垂直缩放"属性值进行不同的设置。

Tips
使用"选取工具"在"合成"窗口中通过拖动控制点的方法对元素进行缩放操作时，按住【Shift】键的同时拖动元素4个角点位置，可以进行等比例缩放操作。

3.4.4 旋转

"旋转"属性可以用来设置元素的旋转角度，通过该属性结合关键帧可以制作出元素旋转的动画效果。

选择相应的图层，按【R】键，可以直接在该图层下方显示出"旋转"属性，如图3-97所示。元素的旋转同样以锚点位置为基准，可以直接修改"旋转"属性中的参数，也可以在"合成"窗口中选中需要旋转的元素，使用"旋转工具" 在元素上拖动鼠标进行旋转操作，如图3-98所示。

图3-97 在图层下方显示"旋转"属性

图3-98 使用"旋转工具"进行旋转操作

Tips

"旋转"属性包含两个参数，第1个参数用于设置元素旋转的圈数。如果设置为正值，则表示顺时针旋转指定的圈数，如1x表示顺时针旋转1圈；如果设置为负值，则表示逆时针旋转指定的圈数。第2个参数用于设置旋转的角度，取值范围在0°～360°或者−360°～0°之间。

3.4.5 不透明度

"不透明度"属性可以用来设置图层的不透明度，当不透明度值为0%时，图层中的对象完全透明；当不透明度值为100%时，图层中的对象完全不透明。通过该属性结合关键帧可以制作出元素淡入淡出的动画效果。

选择相应的图层，按【T】键，可以直接在该图层下方显示出"不透明度"属性，如图3-99所示。修改"不透明度"参数即可调整该图层的不透明度，效果如图3-100所示。

图3-99 在图层下方显示"不透明度"属性

图3-100 设置"不透明度"属性的效果

Tips

可以在"时间轴"面板中同时选中多个图层，分别按【A】【P】【S】【R】【T】键，可以在所选择的多个图层下方同时显示出相应的属性。如果只是选择"时间轴"面板，而没有选择具体的某个或某几个图层，分别按【A】【P】【S】【R】【T】键，可以在所有图层的下方显示出相应的属性。

3.5 制作元素入场动画

上一节介绍了图层中的5种基础变换属性，通过这5种基础变换属性能够制作出元素的基础变换效果，将这5种基础变换属性结合使用，可以使动画的表现效果更加丰富。本节将通过一个元素入场动画的制作，使读者掌握图层的这5种基础变换属性的使用方法。

制作元素入场动画

源文件：源文件\第3章\3-5.aep　　视频：光盘\视频\第3章\3-5.mp4

STEP 01 在After Effects中新建一个空白的项目，执行"文件>导入>文件"命令，在弹出的"导入文件"对话框中选择"源文件\第3章\素材\3501.psd"，如图3-101所示。单击"导入"按钮，弹出设置对话框，参数设置如图3-102所示。

图3-101 选择需要导入的素材

图3-102 "导入设置"对话框

STEP 02 单击"确定"按钮，导入PSD素材并自动生成合成，如图3-103所示。双击"项目"面板中自动生成的合成，在"合成"窗口中打开该合成，如图3-104所示。

图3-103 导入素材文件

图3-104 "合成"窗口

STEP 03 在"时间轴"面板中可以看到该合成中相应的图层，如图3-105所示。将"背景"图层锁定，选择"海底大冒险"图层，展开该图层的"变换"属性，确认"时间指示器"位于0秒位置，在"时间轴"面板中分别单击"缩放"和"不透明度"这两个属性前的"秒表"图标，为这两个属性插入关键帧，如图3-106所示。

图3-105 相应的图层

图3-106 插入"缩放"和"不透明度"属性关键帧

STEP 04 设置"缩放"属性为0%，"不透明度"属性为0%，在"合成"窗口中可以看到该图层中对象的效果，如图3-107所示。将"时间指示器"移至1秒20帧位置，在"时间轴"面板中设置"缩放"属性为110%，"不透明度"属性为100%，效果如图3-108所示。

图3-107 元素效果

图3-108 元素效果

STEP 05 将"时间指示器"移至2秒位置，在"时间轴"面板中设置"缩放"属性为100%，效果如图3-109所示，"时间轴"面板如图3-110所示。

图3-109 元素效果

图3-110 "时间轴"面板

STEP 06 选择"按钮1"图层，将光标移至该图层内容入点位置，当光标呈现左右双向箭头时拖动调整该图层入点位置到2秒，如图3-111所示。确认"时间指示器"位于2秒位置，展开"按钮1"图层的"变换"属性，分别为"旋转"和"不透明度"属性插入关键帧，并设置"不透明度"属性值为0%，如图3-112所示。

图3-111 调整图层内容入点位置

图3-112 插入"旋转"和"不透明度"属性关键帧

STEP 07 在"合成"窗口中可以看到该图层元素的效果，如图3-113所示。将"时间指示器"移至3秒位置，设置"旋转"属性值为1x，"不透明度"为100%，效果如图3-114所示。

图3-113 元素效果

图3-114 元素效果

第3章
After Effects 中的图层和时间轴

STEP 08 选择"按钮2"图层,将光标移至该图层内容入点位置,拖动调整该图层入点位置到3秒,如图3-115所示。采用与"按钮1"图层相同的制作方法,完成该图层中动画效果的制作,如图3-116所示。

图3-115 调整图层内容入点位置　　图3-116 "时间轴"面板效果

STEP 09 选择"按钮3"图层,将光标移至该图层内容入点位置,拖动调整该图层入点位置到4秒,如图3-117所示。采用与"按钮1"图层相同的制作方法,完成该图层中动画效果的制作,如图3-118所示。

图3-117 调整图层内容入点位置　　图3-118 "时间轴"面板效果

STEP 10 将"时间指示器"移至5秒位置,选择"潜艇"图层,分别为"缩放"和"位置"属性插入关键帧,如图3-119所示。将"时间指示器"移至3秒位置,设置"缩放"属性值为50%,在"合成"窗口中将该图层元素移至合适的位置,如图3-120所示。

图3-119 插入"位置"和"缩放"属性关键帧　　图3-120 调整元素位置

STEP 11 自动在3秒位置添加"位置"和"缩放"属性关键帧,如图3-121所示。将"时间指示器"移至5秒位置,选择"设置按钮"图层,展开该图层下方的"变换"选项,为"缩放"和"不透明度"属性插入关键帧,如图3-122所示。

图3-121 自动添加属性关键帧　　图3-122 插入"缩放"和"不透明度"属性关键帧

STEP 12 设置"缩放"属性值为0%,"不透明度"属性值为0%,效果如图3-123所示。将"时间指示器"移至6秒位置,设置"缩放"属性值为100%,"不透明度"属性值为100%,自动添加相关属性关键帧,如图3-124所示。

图3-123 元素效果

图3-124 自动添加属性关键帧

STEP 13 采用与"设置按钮"图层相同的制作方法，完成"帮助按钮"图层中动画效果的制作，"时间轴"面板如图3-125所示。在"项目"面板中的3501合成上单击鼠标右键，在弹出的快捷菜单中选择"合成设置"命令，在弹出的"合成设置"对话框中设置"持续时间"为8秒，如图3-126所示。单击"确定"按钮，完成"合成设置"对话框的设置。

图3-125 "时间轴"面板效果

图3-126 修改"持续时间"选项

STEP 14 完成元素入场动效的制作后，单击"预览"面板中的"播放/停止"按钮，可以在"合成"窗口中预览动画效果，如图3-127所示。

图3-127 动画预览效果

3.6 知识拓展：了解CINEMA 4D

CINEMA 4D是近几年比较著名的一款三维动画制作软件，其特点是拥有极高的运算速度和强大的渲染插件。与其他3D软件一样（如Maya、3D Max等），CINEMA 4D同样具备高端3D动画软件的所有功能。不同的是，在研发过程中，CINEMA 4D的工程师更加注重工作流程的流畅性、舒适性、合理性、易用性和高效性。因此，使用CINEMA 4D会让设计师在创作设计时感到非常轻松愉快，赏心悦目，在使用过程中更加得心应手，能够更多的精力投入到创作之中，即使是新用户，也会感觉到CINEMA 4D非常容易上手。图3-128所示为CINEMA 4D软件的启动界面。

图3-128 CINEMA 4D软件启动界面

使用CINEMA 4D能够制作出许多具有三维立体感的酷炫动画效果，如图3-129所示。

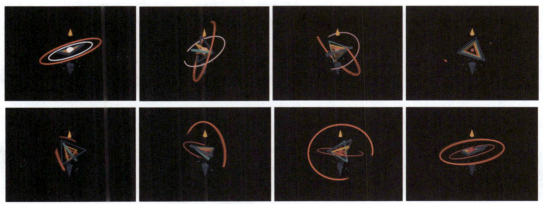

图3-129 CINEMA 4D软件制作的动画效果

3.7 本章小结

本章主要介绍了After Effects中的"时间轴"面板，重点对"时间轴"面板中的图层功能进行了详细讲解，包括图层的类型及操作方法等，并通过简单动画案例制作，使读者能够快速掌握图层基础"变换"属性的应用方法。

第4章　制作关键帧动画

创建动画是After Effects软件主要的功能之一，通过在"时间轴"面板中为图层属性添加属性关键帧，可以制作出各种效果不同的动画效果。在本章中将向读者详细介绍After Effects中关键帧动画的制作方法和技巧，以及图表编辑器和时间轴处理技巧使读者能够掌握基础关键帧动画的制作。

本章学习重点

第80页
制作三角形位置交错动画

第86页
制作纸飞机动画

第91页
制作小球弹跳变换动画

第100页
制作栏目片头文字动画

[4.1　了解关键帧]

使用After Effects制作动画的过程中，首先需要制作能够表现出主要意图的关键动作，这些关键动作所在的帧就称为动画关键帧。理解和正确操作关键帧是使用After Effects制作动画的关键。

4.1.1　帧和关键帧的概念

关键帧的概念来源于传统的动画片制作。人们看到的视频画面，其实是一幅幅图像快速播放而产生的"视觉欺骗"，在早期的动画制作中，这些图像中的每一张都需要动画师绘制出来。图4-1所示为恐龙飞行动画中的每一帧画面效果。

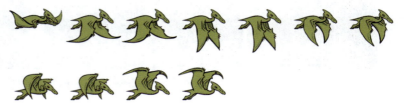

图4-1 传统动画中的每一帧图像

所谓关键帧动画，就是给需要动画效果的属性准备一组与时间相关的值，这些值都是从动画序列中比较关键的帧中提取出来的，而其他时间帧中的值可以使用这些关键值采用特定的插值方式计算得到，从而获得比较流畅的动画效果。

动画是基于时间的变化，如果图层的某个属性在不同时间发生不同的参数变化，并且被正确地记录下来，那么可以称这个动画为"关键帧动画"。

关键帧是组成动画的基本元素，关键帧的应用是制作动画的基础和关键。在After Effects的关键帧动画中，至少要通过两个关键帧才能产生作用，第1个关键帧表示动画的初始状态，第2个关键帧表示动画的结束状态，而中间的动态则由计算机通过插值计算得出。例如，可以在0秒位置设置图层的"不透明度"属性为0%，然后在1秒位置设置该图层的"不透明度"属性为100%，如果这个变化被正确地记录下来，那么图层就产生了"不透明度"属性在0～1秒从0%～100%的变化。

一个关键帧通常包括以下信息内容。
- 属性：图层中的哪个属性发生变化。
- 时间：指在哪个时间点确定的关键帧。
- 参数值：指当前时间点参数的数值是多少。
- 关键帧类型：关键帧之间是线性还是曲线。
- 关键帧速率：关键帧之间是什么样的变化速率。

4.1.2 关键帧的创建方法

在After Effects中，基本上每一个特效或者属性都有一个对应的"时间变化秒表"图标 ，可以通过单击属性名称左侧的"秒表"图标 ，来激活关键帧功能。

在"时间轴"面板中选择需要添加关键帧的图层，展开该图层的"属性"列表，如图4-2所示。如果需要为某个属性添加关键帧，只需要单击该属性前的"秒表"图标 ，即可激活该属性关键帧功能，并在当前时间位置插入一个该属性关键帧，如图4-3所示。

图4-2 展开图层属性列表　　　　　　图4-3 插入属性关键帧

当激活该属性的关键帧后，在该属性的最左侧会出现3个图标，分别是"转到上一个关键帧" 、"添加或移除关键帧" 和"转到下一个关键帧" 。在"时间轴"面板中将"时间指示器"移至需要添加下一个关键帧的位置，单击"添加或移除关键帧"图标 ，即可在当前时间位置插入该属性的第2个关键帧，如图4-4所示。

如果再次单击该属性名称前的"秒表"图标 ，可以取消该属性关键帧的激活状态，该属性所添加的所有关键帧也会被同时删除，如图4-5所示。

图4-4 添加属性关键帧　　　　　　图4-5 清除属性关键帧

Tips
为某个属性在不同的时间位置插入关键帧后，可以在属性名称的右侧修改所添加关键帧位置的属性参数值。为不同的关键帧设置不同的属性参数值，就能够形成关键帧之间的动画过渡效果。

【4.2】 关键帧的编辑操作

在使用After Effects制作动画的过程中，通常需要对关键帧进行一系列的编辑操作。下面将详细介绍关键帧的选择、移动、复制和删除操作的方法和技巧。

中文版After Effects CC 2020
完全自学一本通

4.2.1 选择关键帧

创建关键帧后，有时还需要对关键帧进行修改和设置，这时就需要选中需要编辑的关键帧。选择关键帧的方式有多种，下面分别进行介绍。

- 在"时间轴"面板中直接单击某个关键帧图标，被选中的关键帧显示为蓝色，表示已经选中关键帧，如图4-6所示。
- 在"时间轴"面板中的空白位置单击并拖动出一个矩形框，在矩形框内的多个关键帧都将被同时选中，如图4-7所示。

图4-6 选择单个关键帧　　　　　图4-7 框选多个关键帧

- 对于存在关键帧的某个属性，单击该属性名称，即可将该属性的所有关键帧全部选中，如图4-8所示。
- 配合【Shift】键可以同时选择多个关键帧，即按住【Shift】键不放，在多个关键帧上单击，可以同时选择多个关键帧，如图4-9所示。而对于已选择的关键帧，按住【Shift】键不放再次单击，则可以取消选择。

图4-8 选择某一属性的全部关键帧　　　　图4-9 配合【Shift】键同时选中多个关键帧

4.2.2 移动关键帧

在After Effects中，为了更好地控制动画效果，关键帧的位置是可以随意移动的，既可以单独移动一个关键帧，也可以同时移动多个关键帧。

如果想要移动单个关键帧，可以选中需要移动的关键帧，按住鼠标左键拖动关键帧到需要的位置，即可移动关键帧，如图4-10所示。

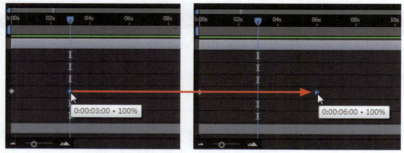

图4-10 拖动移动关键帧位置

 Tips

如果想要同时移动多个关键帧,可以按住【Shift】键,分别单击选中需要移动的多个关键帧,然后将其拖动至目标位置即可。

第4章
制作关键帧动画

4.2.3 复制关键帧

在After Effects中制作动画时,经常会需要重复设置关键帧参数,因此需要对关键帧进行复制和粘贴操作,这样可以大大提高创作效率,避免一些重复性的操作。

如果需要进行关键帧的复制操作,首先需要在"时间轴"面板中选中一个或者多个需要复制的关键帧,如图4-11所示。执行"编辑>复制"命令,即可复制所选中的关键帧,将"时间指示器"移至需要粘贴关键帧的位置,执行"编辑>粘贴"命令,即可将所复制的关键帧粘贴到当前时间为开始的位置,如图4-12所示。

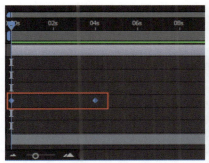
图4-11 选择需要复制的关键帧

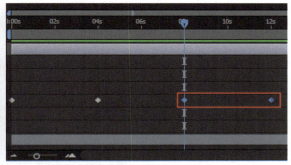
图4-12 粘贴所复制的关键帧

当然也可以将复制的关键帧粘贴到其他的图层中,例如,选中"时间轴"面板中需要粘贴关键帧的图层,展开该图层属性,将"时间指示器"移至需要粘贴关键帧的位置,执行"编辑>粘贴"命令,即可将所复制的关键帧粘贴到当前所选择的图层中,如图4-13所示。

图4-13 将所复制的关键帧粘贴到其他图层

Tips

如果复制的是相同属性的关键帧,只需要选择目标图层就可以粘贴关键帧;如果复制的是不同属性的关键帧,需要选择目标图层的目标属性才能够粘贴关键帧。需要特别注意的是,如果粘贴的关键帧与目标图层上的关键帧在同一时间位置,将会覆盖目标图层上的关键帧。

4.2.4 删除关键帧

在制作动画的过程中,有时需要将多余的或者不需要的关键帧删除。删除关键帧的方法很简单,选中需要删除的单个或者多个关键帧,执行"编辑>清除"命令,即可将选中的关键帧删除。

也可以选中多余的关键帧,直接按键盘上的【Delete】键,即可将所选中的关键帧删除;还可以在

"时间轴"面板中将"时间指示器"移至需要删除的关键帧位置,单击该属性左侧的"添加或移除关键帧"图标◇,即可将当前时间的关键帧删除,使用这种方法一次只能删除一个关键帧。

应用案例 制作三角形位置交错动画

源文件:源文件\第4章\4-2-4.aep   视频:光盘\视频\第4章\4-2-4.mp4

STEP 01 在Illustrator中打开设计好的素材文件"源文件\第4章\素材\42401.ai",打开"图层"面板,可以看到该AI文件中的相关图层,如图4-14所示。启动After Effects,执行"文件>导入>文件"命令,在弹出的"导入文件"对话框中选择该AI素材文件,并且设置"导入为"选项为"合成-保持图层大小",如图4-15所示。

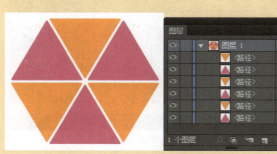

图4-14 素材效果及相关图层

图4-15 选择需要导入的矢量素材

STEP 02 单击"导入"按钮,即可将所选择的AI素材文件导入为合成,如图4-16所示。双击"项目"面板中的自动生成的合成,在"合成"窗口中显示该合成,效果如图4-17所示。

图4-16 导入素材文件

图4-17 "合成"窗口

STEP 03 在"时间轴"面板中的42401.ai图层上单击鼠标右键,在弹出的快捷菜单中选择"创建>从矢量图层创建形状"命令,如图4-18所示。得到相应的形状图层,将42401.ai图层删除,如图4-19所示。

图4-18 执行菜单命令

图4-19 创建形状图层

第4章 制作关键帧动画

STEP 04 选中刚创建的形状图层，使用"向后平移（锚点）工具"，调整该图层锚点的位置，如图4-20所示。打开"对齐"面板，分别单击"水平居中对齐"和"垂直居中对齐"按钮，将该图层中的形状图形对齐到合成的中心位置，如图4-21所示。

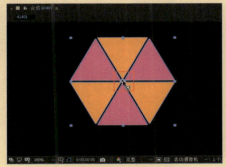

图4-20 调整锚点位置　　　　　　　　图4-21 将图形对齐到合成中心

STEP 05 展开"42401轮廓"图层的"内容"选项，可以看到"组1"至"组6"分别表示每个小三角形，如图4-22所示。为"组1"至"组6"的"变换"选项中的"位置"属性插入关键帧，如图4-23所示。

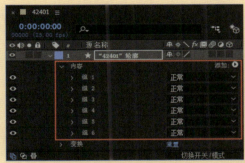 

图4-22 展开"内容"选项　　　　　　图4-23 为每个三角形插入"位置"属性关键帧

STEP 06 选中该图层，按【U】键，只显示"组1"至"组6"的"变换"选项中的"位置"属性，如图4-24所示。选中"组5"的关键帧，按【Ctrl+C】组合键，将"时间指示器"移至1秒位置，选择"组1"，按【Ctrl+V】组合键，粘贴关键帧，如图4-25所示。

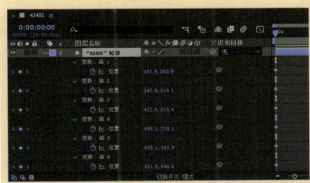 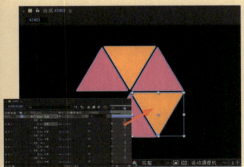

图4-24 只显示添加了关键帧的属性　　　图4-25 复制并粘贴关键帧

STEP 07 选中"组2"的关键帧，按【Ctrl+C】组合键，将"时间指示器"移至1秒位置，选择"组4"，按【Ctrl+V】组合键，粘贴关键帧，如图4-26所示。选中"组3"的关键帧，按【Ctrl+C】组合键，将"时间指示器"移至2秒位置，选择"组1"，按【Ctrl+V】组合键，粘贴关键帧，如图4-27所示。

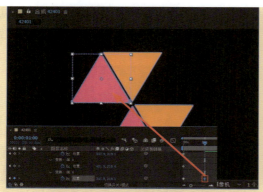
图4-26 复制并粘贴关键帧

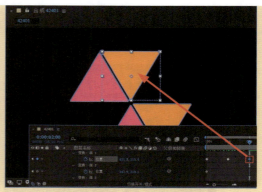
图4-27 复制并粘贴关键帧

STEP 08 选中"组6"的关键帧，按【Ctrl+C】组合键，将"时间指示器"移至2秒位置，选择"组4"，按【Ctrl+V】组合键，粘贴关键帧，如图4-28所示。将该图层中的"组2"、"组3"、"组5"和"组6"删除，只保留"组1"和"组4"，如图4-29所示。

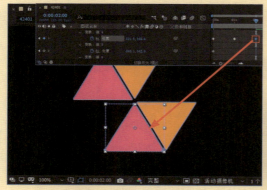
图4-28 复制并粘贴关键帧

图4-29 删除不需要的图形

STEP 09 此时，"合成"窗口中的效果如图4-30所示。同时选中初始帧的两个"位置"属性关键帧，按【Ctrl+C】组合键，如图4-31所示。

图4-30 "合成"窗口

图4-31 同时选中两个关键帧

STEP 10 将"时间指示器"移至3秒位置，按【Ctrl+V】组合键，粘贴关键帧，如图4-32所示，从而使两个三角形位置交错的动画形成一个循环。拖动鼠标选中所有的关键帧，在关键帧上单击鼠标右键，在弹出的快捷菜单中选择"关键帧辅助>缓动"命令，如图4-33所示。

第4章
制作关键帧动画

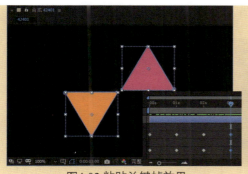

图4-32 粘贴关键帧效果

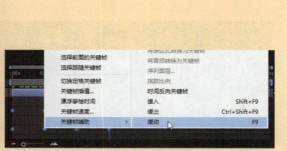

图4-33 执行"缓动"命令

STEP 11 为选中的这几个关键帧添加"缓动"效果。完成"缓动"效果的添加后,可以看到关键帧图标发生了变化,如图4-34所示。将"时间指示器"移至初始位置,展开该图层的整体"变换"选项,为"旋转"属性添加关键帧,如图4-35所示。

图4-34 应用"缓动"效果后关键帧效果

图4-35 插入"旋转"属性关键帧

STEP 12 将"时间指示器"移至3秒钟位置,设置"旋转"属性值为-1,如图4-36所示,表示该图层中的图形逆时针旋转一圈。执行"图层>新建>纯色"命令,弹出"纯色设置"对话框,设置"颜色"为#031D38,如图4-37所示。

图4-36 设置"旋转"属性值

图4-37 "纯色设置"对话框

STEP 13 单击"确定"按钮,新建纯色图层,将该纯色调整至底层,效果如图4-38所示。在"项目"面板中的合成上单击鼠标右键,在弹出的快捷菜单中选择"合成设置"命令,弹出"合成设置"对话框,修改"持续时间"为3秒,如图4-39所示。

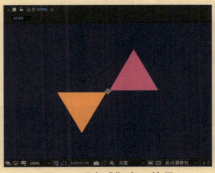

图4-38 "合成"窗口效果

图4-39 修改"持续时间"选项

STEP 14 单击"确定"按钮,完成"合成设置"对话框的设置,此时的"时间轴"面板如图4-40所示。

图4-40 "时间轴"面板

STEP 15 至此,完成该三角形位置交错动画的制作,单击"预览"面板中的"播放/停止"按钮 ▶,可以在"合成"窗口中预览动画效果,如图4-41所示。

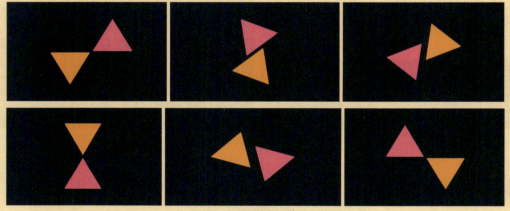

图4-41 预览动画效果

【4.3 运动路径】

运动路径通常是指对象位置变化的轨迹。路径动画是一种常见的动画类型,很多动画制作软件都使用曲线来控制动画的运动路径,After Effects也是如此。图层属性中的各种关键帧动画,除了"不透明度"属性的动画,其他属性动画都可以通过父级关系,实现不同图层中的对象执行相同的动画播放。

将直线运动路径调整为曲线

在After Effects中制作元素位置移动的关键帧动画,默认情况下位置移动的运动轨迹为直线,如图4-42所示。

图4-42 位置移动的默认运动轨迹为直线

如果需要将默认的直线运动路径调整为曲线运动路径，只需要使用"选取工具"，在"合成"窗口中拖动调整"位置"属性锚点的方向线，如图4-43所示。即可将直线运动路径修改为曲线运动路径，如图4-44所示。

图4-43 拖动方向线　　　　　　　　图4-44 将直线运动路径调整为曲线

如果希望获得更为复杂的曲线运动路径，还可以使用"添加'顶点'工具"在运动路径上合适的位置单击，添加锚点，如图4-45所示。再使用"选取工具"，对运动路径上的锚点和方向线进行调整，从而获得更为复杂的曲线运动路径，如图4-46所示。

图4-45 添加锚点　　　　　　　　图4-46 调整运动曲线

完成运动路径的调整后，单击"预览"面板中的"播放/停止"按钮，查看元素的运动轨迹，可以发现元素沿着设置好的曲线运动路径进行移动，如图4-47所示。

图4-47 沿曲线运动路径进行移动

4.3.2 运动自定向

在进行曲线运动时可以发现，虽然对象沿着调整好的曲线路径开始移动，但是对象的方向并没有随着曲线运动路径而改变，这是因为"自动方向"对话框中的"自动方向"选项默认为关闭状态。

执行"图层>变换>自动定向"命令,弹出"自动方向"对话框,设置"自动方向"选项为"沿路径定向",如图4-48所示。单击"确定"按钮,完成"自动方向"对话框的设置。使用"旋转工具",将对象旋转至与运动路径的方向相同,如图4-49所示。

图4-48 "自动方向"对话框

图4-49 调整对象的方向与运动路径一致

再次播放动画,可以看到对象在沿着曲线路径运动的过程中,其自身的方向也会随着路径的方向发生改变,如图4-50所示。

图4-50 对象沿曲线运动路径移动并自动调整自身方向

应用案例：制作纸飞机动画

源文件：源文件\第4章\4-3-2.aep　　　视频：光盘\视频\第4章\4-3-2.mp4

STEP 01 在After Effects中新建一个空白的项目,执行"合成>新建合成"命令,弹出"合成设置"对话框,对相关选项进行设置,如图4-51所示,单击"确定"按钮,新建合成。执行"文件>导入>文件"命令,导入素材43201.jpg和43202.png,"项目"面板如图4-52所示。

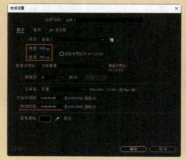
图4-51 "合成设置"对话框

图4-52 导入素材图像

STEP 02 在"项目"面板中将43201.jpg素材拖入到"时间轴"面板中,并将该图层锁定,效果如图4-53所示。在"项目"面板中将43202.png素材拖入到"时间轴"面板中,在"合成"窗口中将其调整到合适的位置,如图4-54所示。

第4章
制作关键帧动画

图4-53 拖入素材图像

图4-54 拖入素材图像并调整位置

STEP 03 选择43202.png图层，确认"时间指示器"位于0秒的位置，展开该图层下方的"变换"属性，为"位置"属性插入关键帧，如图4-55所示。按【U】键，在该图层下方只显示添加了关键帧的属性，如图4-56所示。

图4-55 插入"位置"属性关键帧

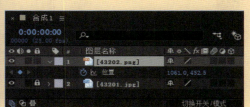
图4-56 只显示添加了关键帧的属性

 Tips

图层下方默认的属性及可添加的属性非常多，如果只是为其中的某几个属性插入了关键帧，并需要制作这几个属性的关键帧动画，那么把图层中的属性全部展开将非常麻烦。按【U】键，可以在所选择图层下方只显示添加了关键帧的属性，非常方便。

STEP 04 将"时间指示器"移至1秒位置，在"合成"窗口中将该图层元素移至合适的位置，自动生成直线运动路径，如图4-57所示。将"时间指示器"移至1秒20帧位置，在"合成"窗口中将该图层元素移至合适的位置，如图4-58所示。

图4-57 移动元素位置并自动生成路径

图4-58 移动元素位置

STEP 05 将"时间指示器"移至2秒10帧位置，在"合成"窗口中将该图层元素移至合适的位置，如图4-59所示。将"时间指示器"移至3秒位置，在"合成"窗口中将该图层元素移至合适的位置，如图4-60所示。

中文版After Effects CC 2020
完全自学一本通

图4-59 移动元素位置　　　　　　　　图4-60 移动元素位置

STEP 06 将"时间指示器"移至4秒位置，在"合成"窗口中将该图层元素移至合适的位置，如图4-61所示。这样就完成了该元素位置移动动画的制作，"时间轴"面板如图4-62所示。

图4-61 移动元素位置　　　　　　　　图4-62 "时间轴"面板

STEP 07 使用"转换'顶点'工具"，在元素运动路径的锚点上单击并拖动鼠标，可以显示出锚点的方向线，如图4-63所示。拖动方向线，调整运动路径为合适的曲线运动路径效果，如图4-64所示。

Tips

在运动路径的调整过程中，除了可以使用"转换'顶点'工具"拖出锚点的方向线，还可以结合使用"选取工具"拖动调整锚点的位置，从而使运动路径曲线更加平滑。

图4-63 拖动锚点显示方向线　　　　　图4-64 调整运动曲线路径

STEP 08 在"时间轴"面板中拖动鼠标同时选中"位置"属性中间的所有关键帧，如图4-65所示。单击鼠标右键，在弹出的快捷菜单中选择"漂浮穿梭时间"命令，如图4-66所示。

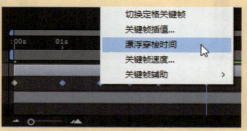

图4-65 同时选中所有属性关键帧　　　图4-66 选择"漂浮穿梭时间"命令

第4章
制作关键帧动画

Tips

"漂浮穿梭时间"的作用是根据所选择的关键帧最近的前后两个关键帧的位置，自动调整所选择关键帧在时间上的位置，从而使所选中的关键帧之间获得非常平滑的位置变化速率。简单而言，就是在制作位置移动动画的过程中，只需要确定起始关键帧和结束关键帧，而起始关键帧与结束关键帧之间的关键帧时间位置并不需要太在意，只需为其应用"漂浮穿梭时间"，即可获得平滑的位置变化速率。

STEP 09 选择"漂浮穿梭时间"命令后，可以看到相应的关键帧变成了实心圆形的效果，如图4-67所示。选择43202.png图层，执行"图层>变换>自动定向"命令，弹出"自动方向"对话框，设置"自动方向"选项为"沿路径定向"，如图4-68所示。

图4-67 关键帧显示效果　　图4-68 "自动方向"对话框

STEP 10 单击"确定"按钮，完成"自动方向"对话框的设置。此时，拖动"时间指示器"可以看到元素沿曲线路径运动的效果，如图4-69所示。如果元素的方向不合适，可以使用"旋转工具"对元素进行旋转，调整元素的角度以适合曲线运动的方向，如图4-70所示。

图4-69 查看元素沿曲线运动效果　　图4-70 旋转元素角度与曲线角度一致

STEP 11 至此，完成纸飞机动画的制作，单击"预览"面板中的"播放/停止"按钮▶，可以在"合成"窗口中预览动画效果，如图4-71所示。

图4-71 预览纸飞机动画效果

4.4 图表编辑器

图表编辑器是After Effects在整合了以往版本的"速率图表"功能基础上,提供的更强大、更丰富的动画控制功能模块。使用该功能,可以更方便地查看和操作属性值、关键帧、关键帧插值和速率等。

 认识图表编辑器

单击"时间轴"面板中的"图表编辑器"按钮,即可将"时间轴"面板右侧的关键帧编辑区域切换为图表编辑器的显示状态,如图4-72所示。

图4-72 图表编辑器显示状态

图表编辑器界面主要以曲线图的形式显示所使用的效果和动画的改变情况。曲线的显示包括两方面的信息,一方面是数值图形,显示的是当前属性的数值;另一方面是速度图形,显示的是当前属性数值速度变化的情况。

- "选择具体显示在图表编辑器中的属性"按钮:单击该按钮,可以在打开的下拉列表框中选择需要在图表编辑器中查看的属性选项,如图4-73所示。

- "选择图表类型和选项"按钮:单击该按钮,可以在打开的下拉列表框中选择图表编辑器中所显示的图表类型,以及需要在图表编辑器中显示的相关选项,如图4-74所示。

- "选择多个关键帧时,显示'变换'框"按钮:该按钮默认为激活状态,在图表编辑器中同时选中多个关键帧,将会显示变换框,可以对所选中的多个关键帧进行变换操作,如图4-75所示。

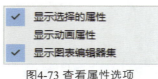

图4-73 查看属性选项

图4-74 图表类型和选项

图4-75 显示变换框

- "对齐"按钮:该按钮默认为激活状态,表示在图表编辑器中进行关键帧的相关操作时会进行自动吸附对齐操作。

- "自动缩放图表高度"按钮:该按钮默认为激活状态,表示将以曲线高度为基准自动缩放图表编辑器视图。

- "使选择适于查看"按钮:单击该按钮,可以将被选中的关键帧自动调整到适合的视图范围,便于查看和编辑。

- "使所有图表适于查看"按钮:单击该按钮,可以自动调整视图,将图表编辑器中的所有图表都显示在视图范围内。

第4章 制作关键帧动画

- "单独尺寸"按钮：单击该按钮，可以在图表编辑器中分别单独显示属性的不同控制选项。
- "编辑选定的关键帧"按钮：单击该按钮，显示出关键帧编辑选项，与在关键帧上单击鼠标右键所弹出的快捷菜单中的命令相同，如图4-76所示。

图4-76 关键帧编辑选项

- "将选定的关键帧转换为定格"按钮：单击该按钮，可以将当前选择的关键帧保持现有的动画曲线。
- "将选定的关键帧转换为线性"按钮：单击该按钮，可以将当前选择的关键帧前后控制手柄变成直线。
- "将选定的关键帧转换为自动贝赛尔曲线"按钮：单击该按钮，可以将当前选择的关键帧前后控制手柄变成自动的贝塞尔曲线。
- "缓动"按钮：单击该按钮，可以为当前选择的关键帧添加默认的缓动效果。
- "缓入"按钮：单击该按钮，可以为当前选择的关键帧添加默认的缓入动画效果。
- "缓出"按钮：单击该按钮，可以为当前选择的关键帧添加默认的缓出动画效果。

4.4.2 设置对象的缓动效果

优秀的动画设计应该反映真实的物理现象，如果动画想要表现的对象是一个沉甸甸的物体，那么它的起始动画响应的变化会比较慢。反之，如果想要表现的对象是轻巧的，那么其起始动画响应的变化会比较快。图4-77所示为元素缓动效果示意图。

图4-77 元素缓动效果示意图

当需要制作对象位置移动的动画时，为了使动画效果看起来更加真实，通常需要为相应的关键帧应用缓动效果，从而使动画的表现更加真实。同时，还可以进入到图表编辑器状态中，编辑该对象位置移动的速度曲线，从而实现由快到慢或者由慢到快的运动速率，使位移动画表现更加真实。本节将通过一个圆球的弹跳缓动动画来向读者介绍如何设置缓动效果，以及如何使用图表编辑器编辑对象的运动速度曲线。

应用案例 制作小球弹跳变换动画

源文件：源文件\第4章\4-4-2.aep　　　视频：光盘\视频\第4章\4-4-2.mp4

STEP 01 在After Effects中新建一个空白的项目，执行"合成>新建合成"命令，弹出"合成设置"对话框，对相关选项进行设置，如图4-78所示。单击"确定"按钮，新建合成。执行"文件>导入>文件"命令，导入素材44201.jpg和44202.png，"项目"面板如图4-79所示。

图4-78 "合成设置"对话框　　图4-79 导入素材图像

STEP 02 在"项目"面板中将44201.jpg素材拖入到"时间轴"面板中，将该图层锁定，如图4-80所示。使用"矩形工具"，在工具栏中设置"填充"为#FFC000，"描边"为无，在"合成"窗口中按住【Shift】键拖动鼠标，绘制一个正方形，如图4-81所示。

图4-80 拖入素材图像并锁定　　　　图4-81 绘制正方形

STEP 03 使用"向后平移（锚点）工具"，调整刚刚所绘制的正方形的锚点位置，如图4-82所示。按【Ctrl+R】组合键，在"合成"窗口中显示出标尺，从标尺中拖出参考线，定位图形降落的位置，如图4-83所示。

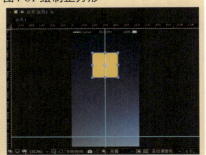

图4-82 调整锚点位置　　　　图4-83 定位图形降落位置

🔖 **Tips**

调整所绘制图形的锚点位置为图形的中心，因为后面需要对图形进行缩放等操作，图形的缩放、旋转等变换操作都是以锚点为中心进行的。拖入参考线主要是为了在后面制作动画的过程中方便确定图形下落的位置。

STEP 04 在"时间轴"面板中展开"形状图层1"的属性选项，单击"内容"选项右侧的"添加"按钮，在打开的下拉列表框中选择"圆角"选项，如图4-84所示。为该图形添加"圆角"属性，展开"圆角1"选项，设置"半径"为150，可以看到正方形变成了正圆形，如图4-85所示。

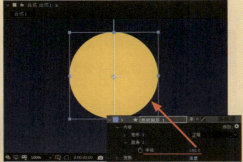

图4-84 选择"圆角"选项　　　　图4-85 制作正圆形

🔖 **Tips**

此处为该形状图层添加"圆角"属性，是后面在动画制作过程中从圆形转变为圆角矩形的关键所在。在调整圆角的半径值时，根据所绘制的正方形大小不同，所需设置的"半径"值也会有所不同，也可以直接在"半径"属性值上拖动鼠标设置一个较大的值，因为变成圆以后即使再大的半径值也还是正圆形。

第4章
制作关键帧动画

STEP 05 单击"半径"属性前的"秒表"图标◯,插入该属性关键帧,如图4-86所示。展开"内容"选项中"矩形1"选项的"矩形路径1"选项,单击"大小"属性前的"秒表"图标◯,插入该属性关键帧,如图4-87所示。

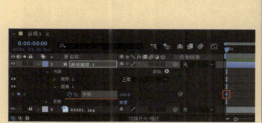

图4-86 插入"半径"属性关键帧

图4-87 插入"大小"属性关键帧

STEP 06 展开"变换"选项,单击"位置"属性前的"秒表"图标◯,插入该属性关键帧,如图4-88所示。选中"形状图层1",按【U】键,在该图层下方只显示添加了关键帧的属性,如图4-89所示。

图4-88 插入"位置"属性关键帧

图4-89 只显示添加了关键帧的属性

> **Tips**
> 在该图层的动画中,主要制作的就是图形的"大小"、"位置"和"圆角半径"这3个属性的动画效果,所以这里事先为相关的属性插入关键帧。按【U】键,可以在该图层下方只显示添加了关键帧的属性,非常方便,否则每个图层下方都包含很多属性,操作起来非常不方便。

STEP 07 首先制作圆球下落的动画效果。将图形垂直向上移出场景中,如图4-90所示。将"时间指示器"移至0秒13帧位置,在"合成"窗口中将图形向下移至合适的位置,如图4-91所示。

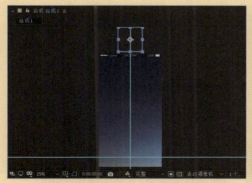

图4-90 垂直向上移动图形位置

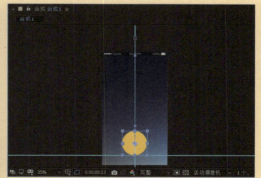

图4-91 垂直向下移动图形位置

STEP 08 将"时间指示器"移至1秒位置,在"合成"窗口中将图形向上移至合适的位置,如图4-92所示。完成该图形下落弹起的动画,在"时间轴"面板中同时选中"位置"属性的3个关键帧,如图4-93所示。

93

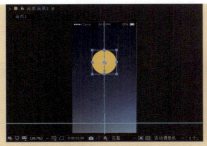
图4-92 垂直向上移动图形位置

图4-93 同时选中3个关键帧

STEP 09 在关键帧上单击鼠标右键,在弹出的快捷菜单中选择"关键帧辅助>缓动"命令,或者按【F9】键,如图4-94所示。为选中的这3个关键帧添加"缓动"效果,完成"缓动"效果的添加后,可以看到关键帧图标发生了变化,如图4-95所示。

图4-94 执行"缓动"命令

图4-95 关键帧图标发生变化

Tips

普通的位置移动动画所表现出来的效果显得过于生硬,为相应的关键帧添加"缓动"效果后,可以使位置移动的动画表现得更加自然、真实。普通的关键帧在"时间轴"面板中显示为菱形图标效果,而添加了"缓动"效果的关键帧图标显示为两个对立的三角形。

STEP 10 接下来需要在"图表编辑器"中调整图形落下的缓动效果。单击"时间轴"面板中的"图表编辑器"按钮,切换到图表编辑器的显示状态,如图4-96所示。单击"选择图表类型和选项"按钮,在打开的下拉列表框中选择"编辑速度图表"选项,再单击"使所有图表适于查看"按钮,使该部分图表充满整个面板,如图4-97所示。

图4-96 切换到图表编辑器显示状态

图4-97 设置图表编辑器显示效果

STEP 11 根据运动规律,对速度曲线进行调整,选中曲线锚点,显示黄色的方向线,拖动即可调整速度曲线,如图4-98所示。再次单击"图表编辑器"按钮,返回到"时间轴"状态,接下来制作图形下落过程中变形的动画效果。将"时间指示器"移至0秒11帧位置,通过调整该图形的"大小"属性,改变图形形状,如图4-99所示。

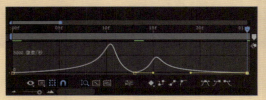
图4-98 调整运动速度曲线

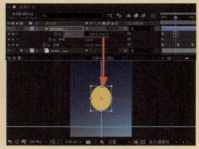
图4-99 调整图形大小

第4章 制作关键帧动画

STEP 12 将"时间指示器"移至0秒13帧位置,通过调整该图形的"大小"属性,改变图形形状,并将其调整至合适的位置,如图4-100所示。选择"大小"属性起始位置的关键帧,按【Ctrl+C】组合键进行复制,将"时间指示器"移至1秒位置,按【Ctrl+V】组合键,粘贴关键帧,效果如图4-101所示。

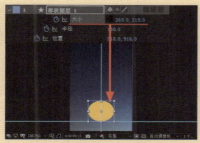 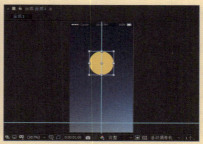

图4-100 调整图形大小并移动位置　　图4-101 复制并粘贴关键帧效果

STEP 13 在"时间轴"面板中同时选中"大小"属性的4个关键帧,如图4-102所示。按【F9】键,为这4个关键帧应用"缓动"效果,关键帧如图4-103所示。

图4-102 同时选中4个关键帧　　图4-103 应用"缓动"效果

STEP 14 将"时间指示器"移至1秒位置,在"项目"面板中将44202.png素材拖入到"时间轴"面板中,并将其调整到与圆形差不多的大小和位置,如图4-104所示。选中44202.png图层,按【T】键,显示该图层的"不透明度"属性,降低该图层的不透明度,如图4-105所示。

 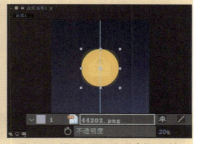

图4-104 拖入素材图像并调整　　图4-105 设置"不透明度"属性

STEP 15 将"时间指示器"移至0秒19帧位置,选择"形状图层1"下方的"半径"属性,单击该属性左侧的"添加关键帧"按钮 ◇,在当前位置插入该属性关键帧,如图4-106所示。将"时间指示器"移至1秒位置,修改"形状图层1"下方的"半径"属性值,使图形的圆角效果与44202.png这个图标的圆角效果类似,如图4-107所示。

 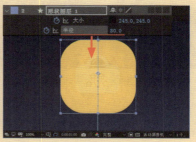

图4-106 添加属性关键帧　　图4-107 设置"半径"属性值

STEP 16 选择"形状图层1"图层，按【R】键，在该图层下方显示"旋转"属性，将"时间指示器"移至0秒19帧位置，为"旋转"属性插入关键帧，如图4-108所示。将"时间指示器"移至1秒位置，设置"旋转"属性值为180度，如图4-109所示。

图4-108 插入"旋转"属性关键帧　　　　　图4-109 设置"旋转"属性值

STEP 17 选择44202.png图层，将"时间指示器"移至1秒位置，设置其"不透明度"属性为0%，并为该属性插入关键帧，如图4-110所示。将"时间指示器"移至1秒14帧位置，设置其"不透明度"属性为100%，如图4-111所示。

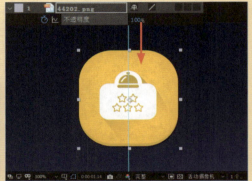

图4-110 插入"不透明度"属性关键帧　　　　图4-111 设置"不透明度"属性值

STEP 18 在"项目"面板中的合成上单击鼠标右键，在弹出的快捷菜单中选择"合成设置"命令，弹出"合成设置"对话框，修改"持续时间"为3秒，如图4-112所示。单击"确定"按钮，完成"合成设置"对话框的设置，"时间轴"面板如图4-113所示。

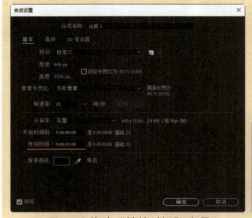

图4-112 修改"持续时间"选项　　　　　图4-113 "时间轴"面板

STEP 19 至此，完成小球弹跳变换动画的制作，单击"预览"面板中的"播放/停止"按钮▶，可以在"合成"窗口中预览动画效果，如图4-114所示。

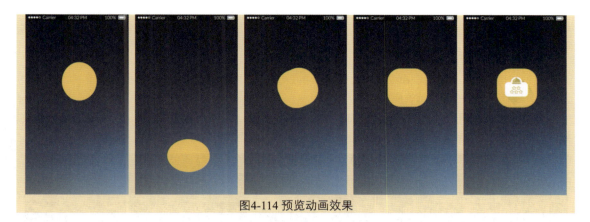

图4-114 预览动画效果

4.5 时间轴处理技巧

After Effects中所有的动画都要基于"时间轴"面板来完成,无论是视频动画的制作还是特效的生成,都是空间与时间结合的艺术。通过时间轴能够实现许多特殊的视觉效果,如时光倒流、快放和慢放等。一段简单的视频动画经过时间轴特效的处理后,往往能够产生非常生动有趣的效果。

时间反向图层

在影视作品中常常看到画面倒退播放的效果,这种效果在After Effects中也能够轻松实现。通过这种方法还可以实现许多其他效果,如粒子汇聚成图像、影片重复播放等。

将一段视频素材添加到"时间轴"面板中,默认情况下,"时间轴"面板中的视频素材会正序进行播放,效果如图4-115所示。

图4-115 预览视频素材默认播放效果

选择该视频素材图像,执行"图层>时间>时间反向图层"命令,即可实现该图层中素材的时间反向,再次预览视频素材就可以看到所实现的倒退播放的效果,如图4-116所示。

图4-116 视频素材倒退播放效果

需要注意的是,"时间反向图层"命令只针对该图层为动态视频素材或者是已为该图层中的静态素材制作了动画效果的情况,它们都能够实现该图层中动画效果的反向播放。但是,如果该图层为没有任何动画效果的静态素材图层,则执行该命令后将不会产生任何效果。

4.5.2 时间重映射

通过使用"时间重映射"命令可以改变图层中视频动画的播放速度,在不影响图层内容的情况下加快或者减慢该图层中视频动画的播放速度。

将一段视频素材添加到"时间轴"面板中,选择视频素材图层,执行"图层>时间>启用时间重映射"命令,将自动在该素材图层的入点和出点位置添加"时间重映射"属性关键帧,如图4-117所示。

图4-117 自动添加"时间重映射"属性关键帧

选择出点位置的"时间重映射"属性关键帧,将其向左移动调整至10秒位置,如图4-118所示。这样就可以把时长原来为30秒的视频素材调整为时长为10秒的视频素材,视频素材的播放速度被加快。

图4-118 移动出点位置的属性关键帧位置

单击"预览"面板中的"播放/停止"按钮 ▶,可以在"合成"窗口中预览视频效果,如图4-119所示。可以看到视频的播放速度加快了,通过控制关键帧的位置可以调整视频的播放速度。

图4-119 预览视频素材效果

4.5.3 时间伸缩

在视频中有时为了展现某一个动作特写镜头,往往会通过延长时间的方式让动作变得缓慢;或者视频的节奏太慢,想要加快视频的播放速度,这类效果都可以使用"时间伸缩"功能来实现。

将一段视频素材添加到"时间轴"面板中,可以看到该视频素材的持续时间为29秒,选择视频素材图层,如图4-120所示。

图4-120 选择视频素材图层

执行"图层>时间>时间伸缩"命令,弹出"时间伸缩"对话框,如图4-121所示。设置"拉伸因数"选项为50%,如图4-122所示。

图4-121 "时间伸缩"对话框　　　　图4-122 设置"拉伸因数"选项

Tips

默认的"拉伸因数"为100%,即视频素材的默认播放速度。如果希望视频慢放,则可以设置该选项值为大于100%的值;如果希望视频快放,则可以设置该选项值为小于100%的值。

单击"确定"按钮,完成"时间伸缩"对话框的设置,在"时间轴"面板中可以看到该图层中视频素材的时间被缩短了,如图4-123所示。

图4-123 图层持续时间缩短

单击"预览"面板中的"播放/停止"按钮 ,可以在"合成"窗口中预览视频效果,如图4-124所示,可以看到视频的播放速度加快了。

图4-124 预览视频播放效果

4.5.4 冻结帧

在视频动画的制作过程中,有时需要从视频动画中截取想要的画面,通过使用After Effects中的"冻结帧"功能可以轻松达到这一目的。

将一段视频素材添加到"时间轴"面板中，将"时间指示器"移至需要截取画面的时间位置，如图4-125所示。在"合成"窗口中可以看到当前时间位置的效果，如图4-126所示。

图4-125 调整"时间指示器"位置

图4-126 "合成"窗口

选择素材图层，执行"图层>时间>冻结帧"命令，自动在当前"时间指示器"位置插入"时间重映射"属性关键帧，如图4-127所示。在"时间轴"面板中预览该图层中的视频素材效果时，将只显示冻结帧的静态画面效果，如图4-128所示。

图4-127 自动插入属性关键帧

图4-128 只显示冻结帧的静态画面

【4.6 制作栏目片头文字动画】

本案例将制作一个栏目片头文字动画，在该动画的制作过程中主要是为文字应用"CC Pixel Polly"效果，从而实现片头标题文字的粒子消散效果。通过将标题文字粒子消散动画进行倒退播放，从而实现粒子集合成标题文字的效果，再结合其他的效果和摄像机图层的应用，实现栏目片头文字动画效果。

应用案例　制作栏目片头文字动画

源文件：源文件\第4章\4-6.aep　　　视频：光盘\视频\第4章\4-6.mp4

STEP 01 在After Effects中新建一个空白的项目，执行"合成>新建合成"命令，弹出"合成设置"对话框，对相关选项进行设置，如图4-129所示。单击"确定"按钮，新建合成。执行"图层>新建>纯色"命令，弹出"纯色设置"对话框，参数设置如图4-130所示。

第4章 制作关键帧动画

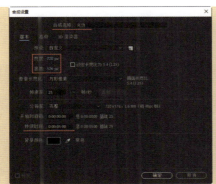

图4-129 "合成设置"对话框

图4-130 "纯色设置"对话框

STEP 02 单击"确定"按钮,新建一个名为"光效"的纯色图层。使用"横排文字工具",在"合成"窗口中单击并输入文字,在"字符"面板中对文字的相关属性进行设置,效果如图4-131所示。使用"向后平移(锚点)工具",调整文字的锚点到文字中心位置,分别单击"对齐"面板中的"水平居中"和"垂直居中"按钮,效果如图4-132所示。

图4-131 输入文字

图4-132 调整锚点位置并对齐文字

STEP 03 选择文字图层,执行"效果>透视>斜面Alpha"命令,应用"斜面Alpha"效果,在"效果控件"面板中对相关选项进行设置,如图4-133所示。在"合成"窗口中可以看到文字的效果,如图4-134所示。

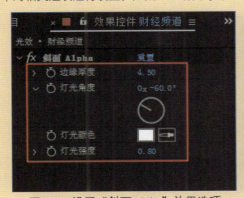

图4-133 设置"斜面Alpha"效果选项

图4-134 文字效果

STEP 04 执行"合成>新建合成"命令,弹出"合成设置"对话框,对相关选项进行设置,如图4-135所示。单击"确定"按钮,新建一个名为"破碎"的合成,并进入该合成编辑状态。在"项目"面板中将"光效"合成拖入到"时间轴"面板中,如图4-136所示。

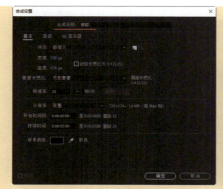

图4-135 "合成设置"对话框

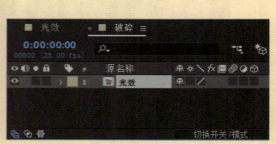

图4-136 拖入"光效"合成

STEP 05 执行"效果>模拟>CC Pixel Polly"命令，应用"CC Pixel Polly"效果，在"效果控件"面板中对该效果的相关选项进行设置，如图4-137所示。将"时间指示器"移至1秒13帧位置之后，可以看到"CC Pixel Polly"效果所实现的效果，如图4-138所示。

图4-137 设置效果相关选项

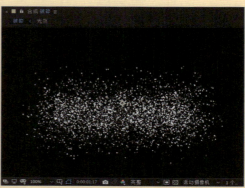

图4-138 "合成"窗口效果

STEP 06 执行"效果>风格化>发光"命令，应用"发光"效果，在"效果控制"面板中对"发光"效果选项进行设置，如图4-139所示。在"合成"窗口中可以看到应用"发光"效果后的效果，如图4-140所示。

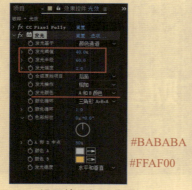

图4-139 设置效果相关选项

图4-140 "合成"窗口效果

STEP 07 执行"合成>新建合成"命令，弹出"合成设置"对话框，对相关选项进行设置，如图4-141所示。单击"确定"按钮，新建一个名为"倒放"的合成，并进入该合成编辑状态。在"项目"面板中将"破碎"合成拖入到"时间轴"面板中，如图4-142所示。

第4章 制作关键帧动画

图4-141 "合成设置"对话框

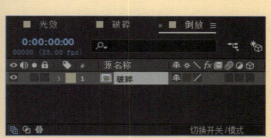

图4-142 拖入"破碎"合成

STEP 08 执行"图层>时间>时间反向图层"命令，将"时间轴"面板中的"破碎"图层进行时间反向处理，在"合成"窗口中预览时间轴动画，可以看到粒子慢慢汇聚成文字的动画效果，如图4-143所示。

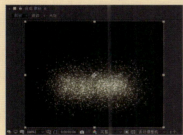 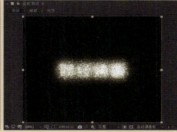 

图4-143 预览文字动画效果

STEP 09 执行"合成>新建合成"命令，弹出"合成设置"对话框，对相关选项进行设置，如图4-144所示。单击"确定"按钮，新建一个名为"光晕"的合成，并进入该合成编辑状态。执行"图层>新建>纯色"命令，弹出"纯色设置"对话框，参数设置如图4-145所示。

图4-144 "合成设置"对话框　　　　图4-145 "纯色设置"对话框

STEP 10 单击"确定"按钮，新建一个名为"光晕"的纯色图层。执行"效果>生成>镜头光晕"命令，在"合成"窗口中可以看到生成的镜头光晕效果，如图4-146所示。将"时间指示器"移至3秒位置，在"效果控件"面板中为"光晕中心"属性插入关键帧，并对其他选项进行设置，如图4-147所示。

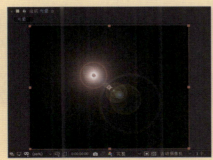 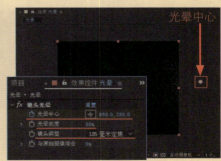

图4-146 默认"镜头光晕"效果　　　　图4-147 设置"镜头光晕"选项

STEP 11　在"时间轴"面板中选择"光晕"图层，按【U】键，可以在该图层下方只显示插入了关键帧的属性，如图4-148所示。将"时间指示器"移至4秒24帧位置，对"光晕中心"的位置进行调整，效果如图4-149所示。

图4-148 只显示添加了关键帧的属性

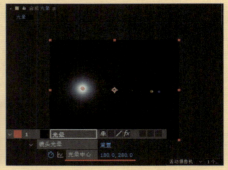
图4-149 调整"光晕中心"的位置

STEP 12　执行"合成>新建合成"命令，弹出"合成设置"对话框，对相关选项进行设置，如图4-150所示。单击"确定"按钮，新建一个名为"片头"的合成，并进入该合成编辑状态。执行"文件>导入>文件"命令，弹出"导入文件"对话框，选中需要导入的视频素材，如图4-151所示。单击"导入"按钮，完成素材的导入。

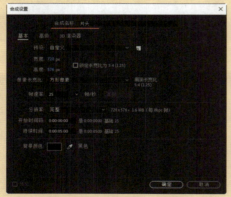
图4-150 "合成设置"对话框

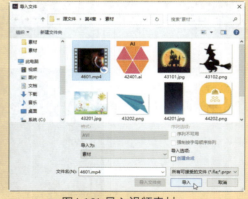
图4-151 导入视频素材

STEP 13　在"项目"面板中依次将4601.mp4、"倒放"和"光晕"合成拖入到"时间轴"面板中，如图4-152所示。单击"展开或折叠'转换控制'窗格"按钮，在"时间轴"面板中显示"转换控制"选项，设置"倒放"和"光晕"两个图层的"模式"均为"相加"，如图4-153所示。

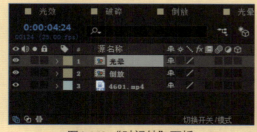
图4-152 "时间轴"面板

图4-153 设置"模式"选项

STEP 14　拖动"时间指示器"，在"合成"窗口中可以看到相应的效果，如图4-154所示。

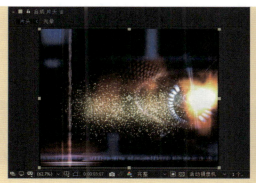
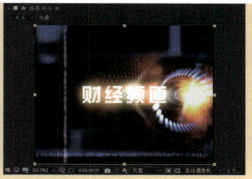

图4-154 "合成"窗口中的效果

STEP 15 执行"图层>新建>摄像机"命令，弹出"摄像机设置"对话框，参数设置如图4-155所示。单击"确定"按钮，新建摄像机图层，并开启"倒放"图层的3D图层功能，如图4-156所示。

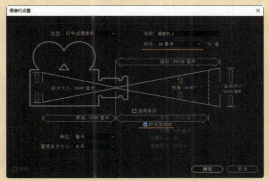

图4-155 "摄像机设置"对话框　　　　图4-156 开启3D图层功能

STEP 16 选择"摄像机1"图层，按【P】键，显示该图层的"位置"属性，将"时间指示器"移至4秒位置，为"位置"属性插入关键帧，如图4-157所示。将"时间指示器"移至3秒12帧位置，设置"位置"属性值，如图4-158所示。

图4-157 插入"位置"属性关键帧

图4-158 设置"位置"属性值

STEP 17 此时"合成"窗口中的效果如图4-159所示。至此，完成该动画的制作，"时间轴"面板如图4-160所示。

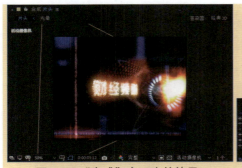

图4-159 "合成"窗口中的效果　　　　　　　图4-160 "时间轴"面板

STEP 18 单击"预览"面板中的"播放/停止"按钮▶，可以在"合成"窗口中预览动画效果，如图4-161所示。

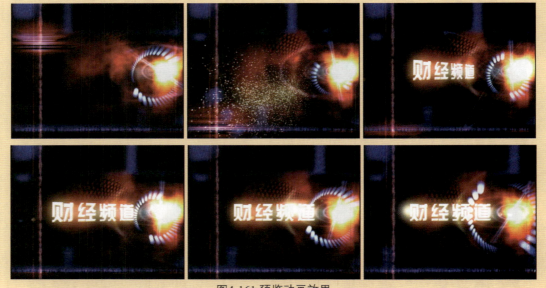

图4-161 预览动画效果

4.7 知识拓展：图层属性操作技巧

在After Effects中主要是通过关键帧来控制动画的，通过对图层变换属性参数进行设置，可以制作出许多精美的动画效果。After Effects中提供了许多显示图层变换属性的快捷方法，掌握这些操作技巧，能够大大提高工作效率。

● 1. 单个图层显示属性的操作技巧

前面已经介绍了图层中各种变换属性的快捷显示方法，即只要选中图层，按下相应的快捷键即可在该图层下方显示相应的属性，那么，如果需要同时显示图层中的多个变换属性，应该怎样操作呢？

如果需要在同一个图层下方同时显示多个变换属性，可以使用快捷键配合【Shift】键实现在同一个图层下方同时显示两个或两个以上的变换属性。

例如，选择某个图层，按【P】键，可以在该图层下方显示"位置"属性，如果再按【S】键，则在该图层下方只会显示出"缩放"属性，而原来显示的"位置"属性就会被隐藏。而如果按住【Shift】键不放再按【S】键，即可在该图层下方同时显示"位置"和"缩放"两个变换属性，如图4-162所示。

图4-162 使用【Shift】键结合快捷键实现同时显示两个或多个变换属性

● 2．多个图层显示属性的操作技巧

显示图层属性的操作技巧，不仅对单个图层有效，对选中的多个图层同样有效。无论是显示变换属性的快捷键，还是配合【Shift】键增加属性显示的操作技巧，或者是配合【Alt+Shift】组合键可以同时显示相应的属性并自动添加关键帧的操作技巧。

例如，同时选中多个图层，按【P】键，再按住【Shift】键不放按【R】键，即可在所选中的多个图层下方同时显示"位置"和"旋转"属性，如图4-163所示。按住【Alt+Shift】组合键不放，按【S】键，可以同时在多个选中的图层下方显示"缩放"属性，并在当前时间位置为"缩放"属性添加关键帧，如图4-164所示。

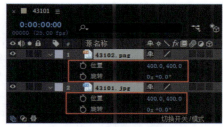

图4-163 同时显示多个属性　　　图4-164 多个图层同时显示属性并自动插入关键帧

【4.8　本章小结】

本章向读者详细介绍了After Effects中关键帧、运动路径及图表编辑器的相关知识，并通过动画的制作使读者能够快速掌握关键帧动画的制作方法和技巧。关键帧是视频动画制作的基础，而基础的变换属性则是各种复杂动效的基础，所以读者需要熟练掌握本章中所讲解的相关知识，并能够制作出基础的关键帧动画。

读书
笔记

第5章 路径与蒙版

蒙版是实现许多特殊效果的一种处理方式，在After Effects中通过设置蒙版与蒙版属性，能够制作出许多出色的蒙版动画效果。在本章中将向读者详细介绍After Effects中路径的创建方法和编辑处理以及蒙版的创建方法和使用技巧。

本章学习重点

第113页
制作圆环Loading动画

第125页
创建矩形蒙版

第130页
制作聚光灯动画效果

第134页
制作扫描指纹动画效果

5.1 创建路径形状

在After Effects中使用形状工具可以很容易地绘制出矢量图形，并且可以为这些形状图形制作动画效果。形状工具为动画制作提供了无限的可能，尤其是路径形状中的颜色和变形属性，本节中将向读者介绍路径形状的创建方法与属性设置。

5.1.1 关于路径形状

形状工具可以处理矢量图形、位图和路径等，如果绘制的路径是封闭的，可以将封闭的路径作为蒙版使用。因此，在After Effects中，形状工具常用于绘制路径和蒙版。

在After Effects中使用形状工具所绘制的形状和路径，以及使用文字工具输入的文字，都是矢量图形，将这些图形放大N倍，仍然可以清楚地观察到图形的边缘是光滑平整的。

After Effects中的形状和遮罩都是基于路径的概念。一条路径是由点和线构成的，线可以是直线也可以是曲线，曲线用来连接点，而点则定义了线的起点和终点。

在After Effects中，可以使用形状工具绘制标准的几何路径形状，也可以使用"钢笔工具"绘制复杂的路径形状，通过调整路径上的点或者调整点的控制手柄，可以改变路径的形状，如图5-1所示。

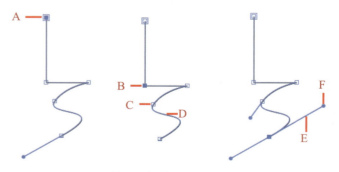

图5-1 使用"钢笔工具"绘制的路径

其中，A为选中的顶点，B为选中的顶点，C为未选中的顶点，D为曲线路径，E为方向线，F为方向手柄。

路径有两种顶点：平滑点和边角点。在平滑点上，路径段被连接成一条光滑的曲线，平滑点两侧的方向线在同一直线上。在边角点上，路径突然更改方向，边角点两侧的方向线在不同的直线上。用户可以使用平滑点和边角点的任意组合绘制路径，如果绘制了错误种类的平滑点或者边角点，还可以使用"转换'顶点'工具"对其进行修改。

当移动平滑点的方向线时，点两侧的曲线会同时进行调整，如图5-2所示。相反，当移动边角点的方向线时，只会调整与方向线在该点的相同边的曲线，如图5-3所示。

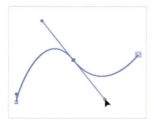 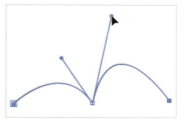

图5-2 调整平滑点方向线　　图5-3 调整边角点方向线

创建路径群组

在After Effects中，每条路径都是一个形状，而每个形状都具有"填充"和"描边"属性，这些属性都包含在形状图层的"内容"选项组中，如图5-4所示。

图5-4 形状图层的"内容"选项组

在实际工作中，有时需要绘制比较复杂的路径图形，至少需要绘制多条路径才能够完成操作，而一般制作图形动画都是针对整个形状图形进行的。因此，如果需要为单独的路径制作动画，就会比较困难，这时就需要用到路径形状的"群组"功能。

如果需要为路径创建群组，可以同时选择多条需要创建群组的路径。执行"图层>组合形状"命令，或者按【Ctrl+G】组合键，即可将选中的多条路径进行群组操作。

完成路径的群组操作后，群组的路径就会被归入到相应的组中，此外，还会增加一个"变换：组1"属性，如图5-5所示。

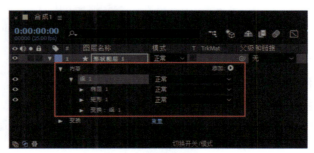

图5-5 路径群组

如果需要解散路径群组，可以选中群组的路径，执行"图层>取消组合形状"命令，或者按【Ctrl+Shift+G】组合键，即可解散路径群组。

设置路径形状属性

在"合成"窗口中绘制一个路径形状后，可以在该形状图层下方的"内容"选项右侧的"添加"选项位置单击"添加"图标 ⊙，在打开的下拉列表框中可以选择为该形状或者形状组添加属性设置，如图5-6所示。

图5-6 添加路径形状属性

- **路径属性**：选择"矩形"、"椭圆"或"多边星形"选项，即可在当前路径形状中添加一个相应的子路径；如果选择"路径"选项，将切换到"钢笔工具"状态，可以在当前路径形状中绘制一个不规则的子路径。

- **路径颜色属性**：包含"填充"、"描边"、"渐变填充"和"渐变描边"4种，其中"填充"属性用来设置路径形状内部的填充颜色；"描边"属性用来设置路径描边颜色；"渐变填充"属性用来设置路径形状内部的渐变填充颜色；"渐变描边"属性用来为路径设置渐变描边颜色，效果如图5-7所示。

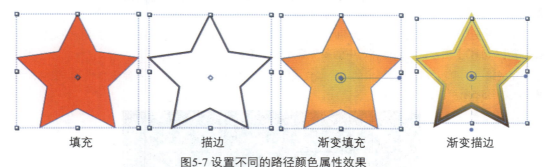

图5-7 设置不同的路径颜色属性效果

- **路径变形属性**：路径变形属性可以对当前所选择的路径或者路径组中的所有路径起作用。另外，还可以对路径变形属性进行复制、剪切和粘贴等操作。

  ● **合并路径**。该属性主要针对群组路径，为一个群组路径添加该属性后，可以运用特定的运算方法将群组中的路径合并起来。为群组路径添加"合并路径"属性后，可以为群组路径设置4种不同的模式，效果如图5-8所示。

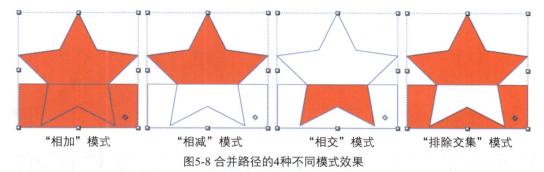

图5-8 合并路径的4种不同模式效果

- 位移路径。使用该属性可以对原始路径进行位移操作。当位移值为正值时，将会使路径向外扩展；当位移值为负值时，将会使路径向内收缩，效果如图5-9所示。

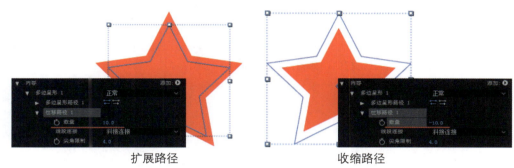

图5-9 位移路径效果

- 收缩和膨胀。使用该属性可以使原路径形状中向外凸起的部分向内塌陷，向内凹陷的部分往外凸起，效果如图5-10所示。

图5-10 路径形状的收缩和膨胀效果

- 中继器。使用该属性可以复制一个路径形状，然后为每个复制得到的对象应用指定的变换属性，效果如图5-11所示。

- 圆角。使用该属性可以对路径形状中尖锐的拐角点进行圆滑处理，效果如图5-12所示。

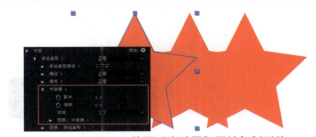

图5-11 使用"中继器"属性复制形状

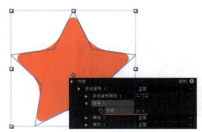

图5-12 路径形状圆角处理效果

111

- 修剪路径。为路径形状添加该属性，并设置属性值，可以制作出路径形状的修剪动效，如图5-13所示。

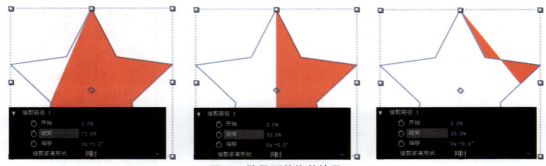

图5-13 路径形状修剪效果

- 扭转。使用该属性可以以路径形状的中心为圆心对路径形状进行扭曲操作。当设置"角度"属性值为正值时，可以使路径形状按照顺时针方向进行扭曲，如图5-14所示；当设置"角度"属性值为负值时，可以使路径形状按逆时针方向进行扭曲，如图5-15所示。

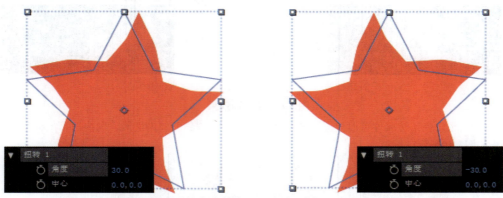

图5-14 路径形状按顺时针方向扭曲　　图5-15 路径形状按逆时针方向扭曲

- 摆动路径。该属性可以将路径形状变成各种效果的锯齿形状路径，并且还会自动记录下动画，效果如图5-16所示。
- Z字形。该属性可以将路径形状变成具有统一规律的锯齿状形状图形，效果如图5-17所示。

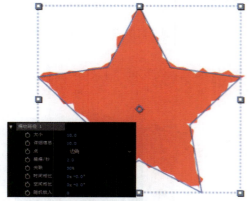
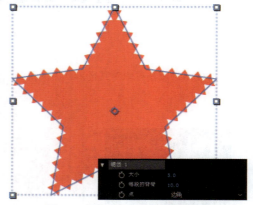

图5-16 摆动路径效果　　图5-17 应用"Z字形"属性效果

第5章 路径与蒙版

制作圆环Loading动画

源文件：源文件\第5章\5-1-3.aep　　　　　视频：光盘\视频\第5章\5-1-3.mp4

STEP 01 在After Effects中新建一个空白项目，执行"合成>新建合成"命令，弹出"合成设置"对话框，参数设置如图5-18所示。单击"确定"按钮，创建合成。执行"文件>导入>文件"命令，导入素材文件"源文件\第5章\素材\51301.jpg"，如图5-19所示。

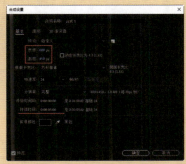
图5-18 "合成设置"对话框

图5-19 导入素材图像

STEP 02 在"项目"面板中将51301.jpg素材拖入到"时间轴"面板中，并将该图层锁定，如图5-20所示。使用"椭圆工具"，在工具栏中设置"填充"为无，"描边"为"线性渐变"，"描边宽度"为26像素，在"合成"窗口中按住【Shift】键拖动鼠标绘制正圆形，如图5-21所示。

图5-20 拖入素材图像并锁定

图5-21 绘制正圆形

STEP 03 在"时间轴"面板中展开"形状图层1"图层下方"椭圆1"选项下的"椭圆路径1"选项，设置"大小"属性，如图5-22所示。使用"向后平移（锚点）工具"调整刚绘制的正圆形的锚点，使其位于图形中心位置，如图5-23所示。

图5-22 设置"大小"属性

图5-23 调整锚点位置

STEP 04 使用"选取工具"选择该正圆形，打开"对齐"面板，单击"水平对齐"和"垂直对齐"按钮，将其对齐到合成的中间位置，如图5-24所示。单击"椭圆1"选项的"渐变描边1"选项中"颜色"属性右侧的"编辑渐变"文字，弹出"渐变编辑器"对话框，设置渐变颜色，如图5-25所示。

图5-24 将图形对齐到合成中心

图5-25 设置渐变颜色

STEP 05 单击"确定"按钮，完成渐变颜色的设置，效果如图5-26所示。对"渐变描边1"选项下方的"结束点"选项进行设置，调整线性渐变填充的效果，如图5-27所示。

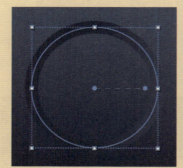
图5-26 渐变填充默认效果

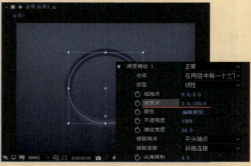
图5-27 设置渐变填充结束位置

 Tips

除了可以在"渐变描边1"选项下方通过"起始点"和"结束点"选项来精确控制渐变填充的起始和结束位置，还可以在图形上通过拖动渐变起始和结束点的方式来调整渐变填充效果。在图形上渐变的起始点和结束点表现为实心小圆点，并且中间以虚线相连。

STEP 06 选择"形状图层1"，按【Ctrl+D】组合键，原位复制该图层得到"形状图层2"，将"形状图层1"锁定，如图5-28所示。展开"形状图层2"下方"椭圆1"选项中的"渐变描边1"选项，设置"描边宽度"为18，如图5-29所示。

图5-28 原位复制图层并锁定

图5-29 设置"描边宽度"属性

STEP 07 单击"颜色"选项右侧的"编辑渐变"文字,在弹出的"渐变编辑器"对话框中设置渐变颜色,如图5-30所示。单击"确定"按钮,完成渐变颜色的设置,调整渐变填充的起始点和结束点,效果如图5-31所示。

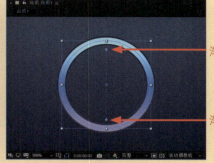

图5-30 设置渐变颜色　　　　图5-31 调整渐变填充效果

STEP 08 选择"形状图层2",执行"图层>图层样式>内发光"命令,添加"内发光"图层样式,对相关选项进行设置,如图5-32所示。在"合成"窗口中可以看到该圆环图形的效果,如图5-33所示。

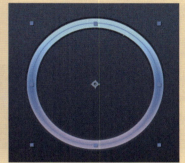

图5-32 设置"内发光"图层样式　　　　图5-33 "内发光"图层样式效果

STEP 09 选择"形状图层2",单击该图层下方"内容"选项右侧"添加"选项后的三角形图标,在打开的下拉列表框中选择"修剪路径"选项,添加"修剪路径"属性,如图5-34所示。将"时间指示器"移至0秒位置,设置"修剪路径"选项中的"偏移"属性为180°,"结束"属性为0%,并为"结束"属性插入关键帧,如图5-35所示。

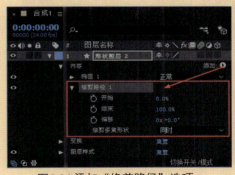
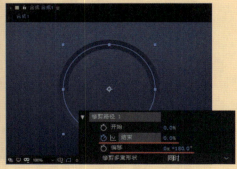

图5-34 添加"修剪路径"选项　　　　图5-35 插入"结束"属性关键帧

STEP 10 将"时间指示器"移至4秒位置,设置"修剪路径"选项中的"结束"属性为100%,效果如图5-36所示。将"时间指示器"移至0至4秒之间的任意位置,可以看到路径的端点表现为平角的效果,如图5-37所示。

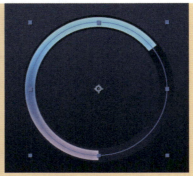

图5-36 "合成"窗口效果　　　　图5-37 路径端点默认为平角

STEP 11 展开该图层下方"椭圆1"选项中的"渐变描边1"选项，设置"线段端点"属性为"圆头端点"，将路径端点设置为圆头端点，如图5-38所示。将"时间指示器"移至起始位置，添加一个空文本图层，执行"效果>文本>编号"命令，弹出"编号"对话框，参数设置如图5-39所示。

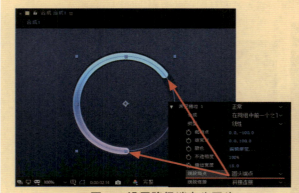

图5-38 设置路径端点为圆头　　　　图5-39 设置"编号"对话框

STEP 12 单击"确定"按钮，为该图层应用"编号"效果，在"效果控件"面板中对相关选项进行设置，如图5-40所示。在"合成"窗口中将编号数字调整至合适的位置，效果如图5-41所示。

图5-40 设置"编号"效果选项　　　　图5-41 调整编号数字的位置

STEP 13 选择该文字图层，执行"图层>图层样式>渐变叠加"命令，为其添加"渐变叠加"图层样式，并为其设置与圆环图形相同的渐变颜色，效果如图5-42所示。利用相同的制作方法，还可以为该文字图层添加"投影"和"内发光"图层样式，效果如图5-43所示。

图5-42 添加"渐变叠加"图层样式　　图5-43 添加其他图层样式

> **Tips**
> 在 After Effects 中同样可以为图层添加各种图层样式，其设置方法及表现效果与在 Photoshop 中设置各种图层样式的方法基本相同。

STEP 14 选择"空文本图层"，展开"效果"选项下"编号"选项中的"格式"选项，为"数值/位移/随机最大"属性插入关键帧，如图5-44所示。将"时间指示器"移至4秒位置，设置"数值/位移/随机最大"属性值为100，如图5-45所示。

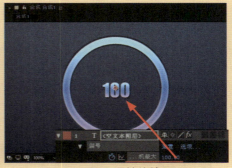

图5-44 添加属性关键帧　　图5-45 设置属性值效果

STEP 15 使用"横排文字工具"，在"合成"窗口中单击并输入文字，如图5-46所示。选择"空文本图层"下方的"图层样式"选项，按【Ctrl+C】组合键进行复制，选择该文本图层，按【Ctrl+V】组合键进行粘贴，为该文本图层应用相同的图层样式设置，如图5-47所示。

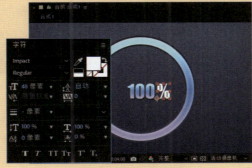

图5-46 输入文字　　图5-47 复制并粘贴图层样式

STEP 16 至此，完成圆环Loading动画的制作，单击"预览"面板中的"播放/停止"按钮▶，可以在"合成"窗口中预览动画，效果如图5-48所示。

图5-48 预览圆环Loading动画

5.2 创建蒙版路径

蒙版主要用来制作背景的镂空透明和图像之间的平滑过渡等。蒙版有多种形状,在After Effects的工具栏中,可以利用相关的路径形状工具来创建,如矩形、椭圆形和自由形状等蒙版工具。本节将详细介绍蒙版路径的创建方法。

5.2.1 蒙版原理

蒙版就是通过蒙版图层中的图形或者轮廓对象,透出下面图层中的内容。通俗来讲,蒙版就像是上面挖了一个洞的一张纸,而蒙版图像就是透过蒙版图层上面的洞所观察到的事物。就像一个人拿着一个望远镜向远处眺望,在这里,望远镜就可以看成是蒙版图层,而看到的事物就是蒙版图层下方的图像。

一般来说,蒙版需要两个图层,而在After Effects软件中,可以在一个素材图层上绘制形状轮廓来制作蒙版,看上去像是一个图层,但读者可以将其理解为两个图层:一个为形状轮廓层,即蒙版图层;另一个是被蒙版层,即蒙版下面的素材图层。

蒙版图层的轮廓形状决定了所看到的图像形状,而被蒙版图层决定了所看到的内容。当为某个对象创建了蒙版后,位于蒙版范围内的区域是可以被显示的,而位于蒙版范围以外的区域将不被显示,因此,蒙版的轮廓形状和范围决定了所看到的图像的形状和范围,如图5-49所示。

图5-49 添加圆形蒙版前后的显示效果

Tips

After Effects 中的蒙版是由线段和控制点构成的,线段是连接两个控制点的直线或者曲线,控制点定义了每条线段的开始点和结束点。路径可以是开放的也可以是闭合的,开放路径有着不同的开始点和结束点,如直线或者曲线;而闭合路径是连续的,没有开始点和结束点。

蒙版动效可以理解为一个人拿着望远镜眺望远方,在眺望时不停地移动望远镜,看到的内容就会有不同的变化,这样就形成了蒙版动效。也可以理解为望远镜静止不动,而看到的画面在不停地移动,即被蒙版图层不停地运动,以此来产生蒙版动效。

形状工具

在After Effects中，使用形状工具既可以创建形状图层，也可以创建形状遮罩。形状工具包括"矩形工具"、"圆角矩形工具"、"椭圆工具"、"多边形工具"和"星形工具"，如图5-50所示。

如果当前选择的是形状图层，则在工具栏中选择一个形状工具后，在"工具栏"的右侧会出现创建形状或者遮罩的选择图标，分别是"工具创建形状"按钮 ★ 和"工具创建蒙版"按钮 ▨，如图5-51所示。

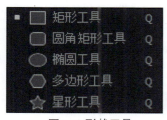

图5-50 形状工具　　　　　图5-51 创建形状或者遮罩的选择按钮

例如，当前在"时间轴"面板中选中的是一个形状图层，如图5-52所示。使用"星形工具"，在工具栏中单击"工具创建形状"按钮 ★ ，在"合成"窗口中拖动鼠标可以在当前所选中的形状图层中添加所绘制的星形路径图形，如图5-53所示。

 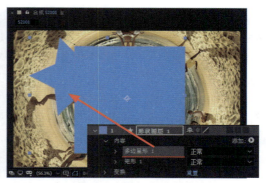

图5-52 选择形状图层　　　　图5-53 在形状图层中添加所绘制的路径图形

选择一个形状图层，使用"星形工具"，在工具栏中单击"工具创建蒙版"按钮 ▨，在"合成"窗口中拖动鼠标可以在当前所选中的形状图层中绘制星形路径蒙版，"时间轴"面板如图5-54所示。在"合成"窗口中可以看到添加蒙版后的效果，如图5-55所示。

图5-54 在形状图层中添加蒙版路径　　　图5-55 添加蒙版后的效果

注意，在没有选择任何图层的情况下，使用形状工具在"合成"窗口中进行绘制，可以绘制出形状图形并得到相应的形状图层，而不是蒙版；如果选择的图层是形状图层，那么可以使用形状工具创建图形或者是为当前所选择的形状图层创建蒙版；如果选择的图层是素材图层或者是纯色图层，那么使用形状工具绘制时只能为当前所选择的图层创建蒙版。

钢笔工具

使用"钢笔工具"可以在"合成"窗口中绘制出各种不规则的路径，它包含4个辅助工具，分别是"添加'顶点'工具"、"删除'顶点'工具"、"转换'顶点'工具"和"蒙版羽化工具"，如图5-56所示。

在工具栏中选择"钢笔工具"后，在"工具栏"的右侧会出现一个RotoBezier复选框，如图5-57所示。

图5-56 钢笔及相关辅助工具　　　　　　　　图5-57 RotoBezier复选框

默认情况下RotoBezier复选框处于未选中状态，这时使用"钢笔工具"绘制的贝塞尔曲线的顶点包含有控制手柄，可以通过调整控制手柄的位置来调整贝塞尔曲线的形状。如果选择RotoBezier复选框，那么绘制出来的贝塞尔曲线将不包含控制手柄，曲线的顶点曲率是由After Effects软件自动计算得出的。

 Tips

如果当前选中的是形状图层，则使用"钢笔工具"时，在"工具栏"的右侧同样会出现"工具创建形状"按钮 ★ 和"工具创建蒙版"按钮 ▓，单击不同的按钮，可以在当前所选择的形状图层中绘制形状图形或者添加形状蒙版。

● "钢笔工具"　：如果当前没有选择任何图层，则使用"钢笔工具"在"合成"窗口中可以绘制出不规则形状图形，并得到新的形状图层，如图5-58所示。如果当前选择的是素材图层或者纯色图层，则使用"钢笔工具"在"合成"窗口中可以为当前所选择的图层添加不规则蒙版，如图5-59所示。

图5-58 绘制不规则形状图形　　　　　　图5-59 绘制不规则蒙版

● "添加'顶点'工具"　：使用"添加'顶点'工具"，在当前所绘制的形状图形或者蒙版路径上单击，即可添加新的顶点，如图5-60所示。完成路径上顶点的添加操作后，可以使用"选取工具"拖动顶点来调整路径的形状。

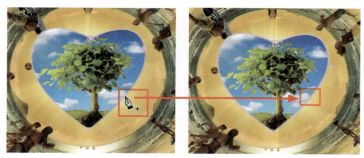

图5-60 在蒙版路径上添加顶点

- "删除'顶点'工具" ✏️：使用"删除'顶点'工具"，将光标移至形状图形或者蒙版路径中需要删除的顶点上并单击，即可将该顶点删除，如图5-61所示。

图5-61 在蒙版路径上删除顶点

- "转换'顶点'工具" ⌃：使用"转换'顶点'工具"，在形状图形或者蒙版路径所选中的平滑点上单击，可以将平滑点转换为边角点，如图5-62所示。在形状图形或者蒙版路径所选中的边角点上单击，可以将边角点转换为平滑点，如图5-63所示。

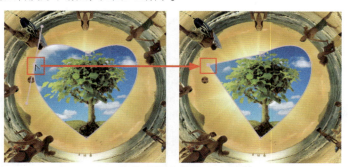

图5-62 将平滑点转换为边角点

图5-63 将边角点转换为平滑点

Tips

边角点的两侧线条都是直线,没有弯曲角度;平滑点的两侧有两个方向线,可以控制曲线的弯曲程度,通过使用"选取工具",可以手动调节平滑点两侧的方向线,从而修改路径的形状。

● "蒙版羽化工具" ：使用"蒙版羽化工具",在形状图形或者蒙版路径的边缘位置单击并拖动鼠标,可以为所绘制的形状图形或者蒙版路径添加羽化效果,如图5-64所示。

图5-64 为蒙版路径添加羽化效果

5.3 路径的编辑处理

完成路径形状或者蒙版的绘制之后,如果对所绘制的路径并不是很满意,可以对所绘制的路径进行修改,从而得到更加精确的路径效果。

 选择路径顶点

在After Effects中,无论是使用形状工具还是钢笔工具创建的路径,都是由路径和顶点构成的。想要修改路径的轮廓,需要对这些顶点进行操作。

将素材图像添加到"时间轴"面板中,如图5-65所示。选中素材图层,使用"钢笔工具"在该素材图像中绘制蒙版路径,效果如图5-66所示。

图5-65 拖入素材图像

图5-66 绘制蒙版路径

如果需要选择路径上的顶点,只需使用"选取工具"在路径顶点上单击,即可选中一个路径顶点,被选中的路径顶点呈实心方形效果,而没有被选中的顶点将呈空心的方形效果,如图5-67所示。如果想要选择多个顶点,可以按住【Shift】键不放,分别单击需要选择的顶点即可,如图5-68所示。

图5-67 选择一个顶点　　　　　图5-68 选择多个顶点

还可以通过框选的方式同时选中多个路径顶点，使用"选取工具"，在"合成"窗口中的空白位置单击并拖动鼠标，将出现一个矩形选框，如图5-69所示。被矩形选框选中的路径顶点都会被同时选中，如图5-70所示。

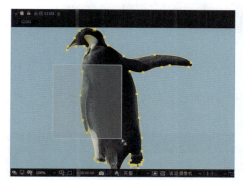

图5-69 拖动绘制一个矩形选框　　　　　图5-70 矩形选框中的锚点都会被选中

5.3.2 移动路径顶点

选中路径上的顶点后，可以使用"选取工具"拖动顶点来移动其位置，如图5-71所示，从而改变路径形状。也可以在选中顶点的状态下，使用键盘上的方向键微调所选中顶点的位置。

按住【Alt】键不放，使用"选取工具"单击路径上的任意一个顶点，可以快速选择整个路径中所有的顶点。使用"选取工具"拖动可以调整整个路径的位置，如图5-72所示。

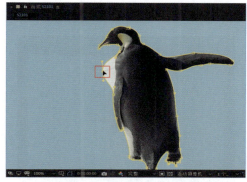

图5-71 移动所选中的顶点　　　　　图5-72 移动整个路径

5.3.3 锁定蒙版路径

在视频动画的制作过程中，为了避免操作失误，After Effects提供了锁定蒙版路径的功能，锁定后的蒙版路径不能够进行任何编辑操作。

锁定蒙版路径的方法非常简单，在"时间轴"面板中展开图层下方的"蒙版"选项，显示在该图层中所添加的一个或者多个蒙版路径，单击某个蒙版选项左侧的"锁定"图标，即可将该蒙版路径锁定，如图5-73所示。

图5-73 锁定蒙版路径

5.3.4 变换蒙版路径

展开图层下方的"蒙版"选项，单击需要选择的蒙版路径，即可选中整个蒙版路径，如图5-74所示。在所选中的蒙版路径上双击，会显示一个路径变换框，如图5-75所示。

图5-74 选中蒙版路径　　　　　　图5-75 显示路径变换框

将光标移动至变换框周围的任意位置，出现旋转光标↻，拖动鼠标即可对整个蒙版路径进行旋转操作，如图5-76所示。将光标放置在变换框的任意一个节点上，出现双向箭头光标↗，拖动鼠标即可对蒙版路径进行缩放操作，如图5-77所示。

图5-76 旋转蒙版路径　　　　　　图5-77 缩放蒙版路径

第5章
路径与蒙版

应用案例　创建矩形蒙版

源文件：源文件\第5章\5-3-4.aep　　　　视频：光盘\视频\第5章\5-3-4.mp4

STEP 01 在After Effects中新建一个空白的项目，执行"合成>新建合成"命令，弹出"合成设置"对话框，对相关选项进行设置，如图5-78所示。单击"确定"按钮，新建合成。执行"文件>导入>文件"命令，在弹出的"导入文件"对话框中同时选中多个需要导入的素材文件，如图5-79所示。

图5-78 "合成设置"对话框

图5-79 选择需要导入的素材图像

STEP 02 单击"导入"按钮，将所选中的素材导入到"项目"面板中，如图5-80所示。在"项目"面板中将素材53401.jpg拖入到"时间轴"面板中，如图5-81所示。

图5-80 导入素材图像

图5-81 拖入素材图像

STEP 03 在"项目"面板中将素材53402.jpg拖入到"时间轴"面板中，如图5-82所示。在"时间轴"面板中选中需要添加蒙版的图层，这里选择53402.jpg图层，使用"矩形工具"在"合成"窗口中合适的位置绘制一个矩形，即可为该图层创建矩形蒙版，如图5-83所示。

图5-82 拖入素材图像

图5-83 绘制矩形蒙版路径

STEP 04 在"时间轴"面板中可以看到在53402.jpg图层下方自动出现蒙版选项,选择"蒙版1"选项后的"反转"复选框,如图5-84所示,可以反转蒙版的效果,此时"合成"窗口中的效果如图5-85所示。

图5-84 选择"反转"复选框

图5-85 反转蒙版后的效果

> **Tips**
> 在After Effect中创建蒙版时,首先选中要创建蒙版的图层,然后再绘制蒙版路径,即可为选中的图层创建蒙版。如果在创建蒙版时没有选中任何图层,则在"合成"窗口中将直接绘制出形状图形,在"时间轴"面板中也会新增该图形的形状图层,而不会创建任何蒙版。

STEP 05 选择53401.jpg图层,使用"选取工具"在"合成"窗口中调整该图层中素材图像的位置,如图5-86所示。选择53402.jpg图层下方的"蒙版1"选项,使用"选取工具"对蒙版路径进行调整,效果如图5-87所示。

图5-86 调整素材图像位置

图5-87 调整蒙版路径

> **Tips**
> 选择需要创建蒙版的图层后,双击工具栏中的"矩形工具"按钮,可以快速创建一个与所选择图层像素大小相同的矩形蒙版;如果在绘制矩形蒙版时按住【Shift】键,可以创建一个正方形蒙版;如果按住【Ctrl】键,则可以从中心开始向外绘制蒙版。

5.4 蒙版属性

在一个图层中可以添加多个蒙版,多个蒙版之间可以设置不同的叠加处理方式。除了可以对蒙版的路径进行编辑处理,还可以对蒙版的属性进行设置,从而实现特殊蒙版效果。

5.4.1 设置蒙版属性

完成图层蒙版的添加后,在"时间轴"面板中展开该图层下方的蒙版选项,可以看到蒙版的各种属性,如图5-88所示。通过这些属性可以对该图层的蒙版效果进行设置,并且还可以通过为蒙版属性添加关键帧,制作出相应的蒙版动效。

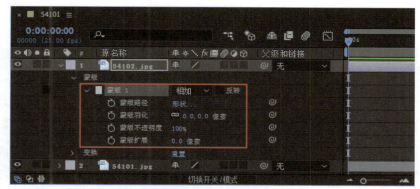

图5-88 蒙版属性列表

● 反转。选择"反转"复选框,可以反转当前蒙版的路径范围和形状,如图5-89所示。

图5-89 反转蒙版效果

● 蒙版路径。该选项用于设置蒙版的路径范围,也可以为蒙版节点制作关键帧动画。单击该属性右侧的"形状…"文字,弹出"蒙版形状"对话框,在该对话框中可以对蒙版的定界框和形状进行设置,如图5-90所示。

在"定界框"选项组中,通过修改"顶部"、"左侧"、"右侧"和"底部"选项的参数,可以修改当前蒙版的大小;在"形状"选项组中,可以将当前的蒙版形状快速修改为矩形或者椭圆形,如图5-91所示。

图5-90 "蒙版形状"对话框　　图5-91 修改蒙版形状为矩形

● 蒙版羽化。该选项用于设置蒙版羽化的效果,可以通过羽化蒙版得到更自然的融合效果,并且在水平和垂直方向上可以设置不同的羽化值,单击该选项后的"约束比例"按钮,可以锁定或者解除水平和垂直方向的约束比例。图5-92所示为设置"蒙版羽化"的效果。

- 蒙版不透明度。该选项用于设置蒙版的不透明度。图5-93所示为设置"蒙版不透明度"为40%的效果。

图5-92 蒙版羽化效果

图5-93 蒙版不透明度效果

- 蒙版扩展。该选项可以设置蒙版图形的扩展程度，如果设置"蒙版扩展"属性值为正值，则扩展蒙版区域，如图5-94所示；如果设置"蒙版扩展"属性值为负值，则收缩蒙版区域，如图5-95所示。

图5-94 扩展蒙版区域

图5-95 收缩蒙版区

5.4.2 蒙版的叠加处理

当一个图层中同时包含多个蒙版时，可以通过设置蒙版的"混合模式"选项，使蒙版与蒙版之间产生叠加效果，如图5-96所示。

图5-96 蒙版的"混合模式"选项

◉ 无：选择该选项，当前路径不起到蒙版作用，只作为路径存在，可以为路径制作描边、光线动画或者路径动画等辅助动画效果。

◉ 相加：默认情况下，蒙版使用的是"相加"模式，如果绘制的蒙版中有两个或两个以上的路径形状，可以清楚地看到两个蒙版以相加的形式显示的效果，如图5-97所示。

◉ 相减：如果选择"相减"模式，蒙版的显示将变成镂空的效果，这与选择该蒙版名称右侧的"反转"复选框所实现的效果相同，如图5-98所示。

图5-97 蒙版的"相加"模式

图5-98 蒙版的"相减"模式

◉ 交集：如果选择"交集"选项，则只显示当前蒙版路径与上面所有蒙版的组合结果相交的部分，如图5-99所示。

◉ 变亮："变亮"模式与"相加"模式相同，对于蒙版重叠部分的不透明度采用不透明度较高的值，如图5-100所示。

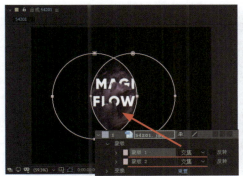

图5-99 蒙版的"交集"模式

图5-100 蒙版的"变亮"模式

◉ 变暗："变暗"模式对于可视范围区域来说，与"交集"模式相同，但是对于蒙版重叠部分的不透明度则采用不透明度较低的值，如图5-101所示。

◉ 差值："差值"模式采取并集减去交集的方式，也就是说，先将所有蒙版的组合进行并集运算，然后再将所有蒙版组合的相交部分进行相减运算，如图5-102所示。

图5-101 蒙版的"变暗"模式

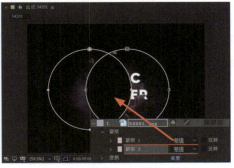

图5-102 蒙版的"差值"模式

制作聚光灯动画效果

源文件：源文件\第5章\5-4-2.aep   视频：光盘\视频\第5章\5-4-2.mp4

STEP 01 在After Effects中新建一个空白的项目，执行"合成>新建合成"命令，弹出"合成设置"对话框，对相关选项进行设置，如图5-103所示。单击"确定"按钮，新建合成，在"合成"窗口中可以看到合成背景的效果，如图5-104所示。

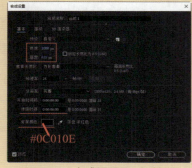
图5-103 "合成设置"对话框

图5-104 "合成"窗口

STEP 02 执行"文件>导入>文件"命令，导入素材文件"源文件\第5章\素材\54202.jpg"，如图5-105所示。在"项目"面板中将素材54202.jpg拖入到"时间轴"面板中，如图5-106所示。

图5-105 导入素材图像

图5-106 拖入素材图像

STEP 03 在"合成"窗口中选中该素材图像，使用"椭圆工具"，在"合成"窗口中合适的位置按住【Shift】键并拖动鼠标绘制一个正圆形，即可为该图层创建圆形蒙版，如图5-107所示。在"时间轴"面板中可以看到所选择图层下方自动出现蒙版选项，如图5-108所示。

图5-107 绘制正圆形蒙版路径

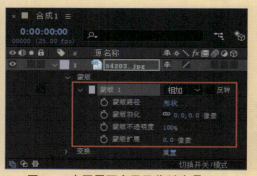
图5-108 在图层下方显示蒙版选项

130

STEP 04 在"时间轴"面板中设置"蒙版羽化"属性为100像素,效果如图5-109所示。确认"时间指示器"位于0秒位置,分别为"蒙版路径"属性和"蒙版不透明度"属性插入关键帧,如图5-110所示。

图5-109 设置"蒙版羽化"属性效果　　　　　图5-110 插入属性关键帧

STEP 05 将"时间指示器"移至0秒20帧位置,分别单击"蒙版路径"和"蒙版不透明度"属性前的"添加或移除关键帧"图标◇,在当前位置添加这两个属性关键帧,如图5-111所示。将"时间指示器"移至0秒位置,在"合成"窗口中的蒙版路径形状上双击,则会显示一个路径变换框,如图5-112所示。

图5-111 添加属性关键帧　　　　　图5-112 显示路径变换框

STEP 06 将光标放置在路径变换框的任意一个节点上,光标变成双向箭头,按住【Shift】键并拖动鼠标,将其等比例缩小,如图5-113所示。在"合成"窗口中拖动该蒙版路径,将其调整到合适的位置,双击确认对蒙版路径的变换操作,如图5-114所示。在"时间轴"面板中将"蒙版不透明度"属性值设置为0%。

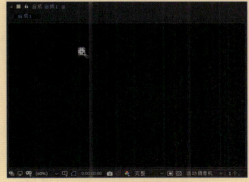 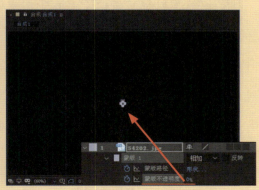

图5-113 等比例缩小路径　　　　　图5-114 调整路径位置并设置不透明度

STEP 07 将"时间指示器"移至1秒16帧位置,在"合成"窗口中使用"选取工具"单击并拖动蒙版路径至合适的位置,如图5-115所示。自动在当前位置为"蒙版路径"属性添加关键帧,如图5-116所示。

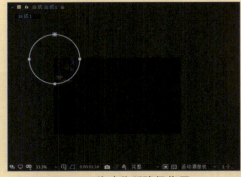

图5-115 移动蒙版路径位置　　　　　图5-116 自动添加属性关键帧

STEP 08 将"时间指示器"移至2秒05帧的位置,在"合成"窗口中移动蒙版路径至合适的位置,如图5-117所示。将"时间指示器"移至3秒05帧位置,在"合成"窗口中移动蒙版路径至合适的位置,如图5-118所示。

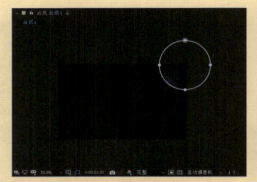 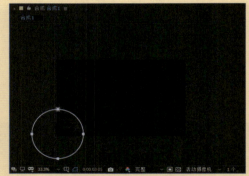

图5-117 移动蒙版路径位置　　　　　图5-118 移动蒙版路径位置

STEP 09 将"时间指示器"移至3秒18帧位置,在"合成"窗口中移动蒙版路径至合适的位置,如图5-119所示。将"时间指示器"移至4秒12帧位置,在"合成"窗口中移动蒙版路径至合适的位置,如图5-120所示。

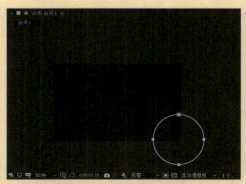 

图5-119 移动蒙版路径位置　　　　　图5-120 移动蒙版路径位置

STEP 10 此时的"时间轴"面板如图5-121所示。将"时间指示器"移至5秒12帧位置,在"合成"窗口中将蒙版路径等比例放大,如图5-122所示。

第5章
路径与蒙版

图5-121 "时间轴"面板　　　　　　　图5-122 等比例放大蒙版路径

STEP 11 在"时间轴"面板中拖动鼠标同时选中"蒙版路径"属性的所有关键帧,如图5-123所示。在关键帧上单击鼠标右键,在弹出的快捷菜单中选择"关键帧辅助>缓动"命令,为选中的这些关键帧应用"缓动"效果,如图5-124所示。

图5-123 选中"蒙版路径"属性的所有关键帧

图5-124 应用"缓动"效果

STEP 12 至此,完成聚光灯动画效果的制作,单击"预览"面板中的"播放/停止"按钮 ▶ ,可以在"合成"窗口中预览动画效果,如图5-125所示。

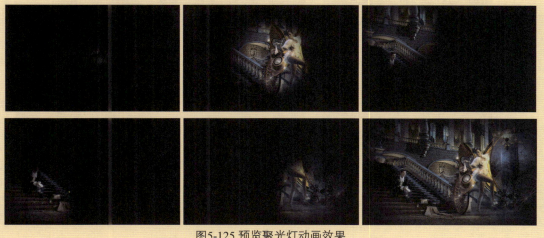

图5-125 预览聚光灯动画效果

133

5.5 轨道遮罩

在前面的章节中已经向读者介绍了After Effects中的形状工具和钢笔工具的使用方法，通过使用形状工具和钢笔工具可以在当前所选择的图层中直接绘制蒙版路径，这是最直接的创建蒙版的方式。除此之外，还可以在"时间轴"面板中设置图层的"TrkMat（轨道遮罩）"选项，从而指定当前图层与其上方图层的轨道遮罩方式，创建出遮罩效果。

应用案例　制作扫描指纹动画效果

源文件：源文件\第5章\5-5.aep　　　　　视频：光盘\视频\第5章\5-5.mp4

STEP 01 在After Effects中新建一个空白的项目，执行"合成>新建合成"命令，弹出"合成设置"对话框，对相关选项进行设置，如图5-126所示。单击"确定"按钮，新建合成。执行"文件>导入>文件"命令，在弹出的"导入文件"对话框中同时选中多个需要导入的素材文件，如图5-127所示。

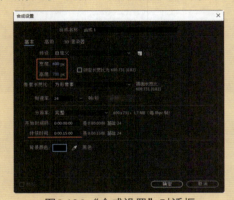
图5-126 "合成设置"对话框

图5-127 选择需要导入的素材

STEP 02 单击"导入"按钮，将所选中的素材导入到"项目"面板中，如图5-128所示。在"项目"面板中将素材5501.jpg和5502.ai分别拖入到"时间轴"面板中，效果如图5-129所示。

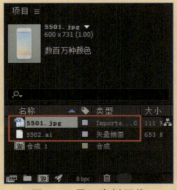
图5-128 导入素材图像

图5-129 将素材拖入到"时间轴"面板中

STEP 03 在5502.ai图层上单击鼠标右键，在弹出的快捷菜单中选择"创建>从矢量图层创建形状"命令，得到相应的形状图层，将5502.ai图层删除，此时的"时间轴"面板如图5-130所示。在"合成"窗口将该形状图形调整到合适的大小和位置，如图5-131所示。

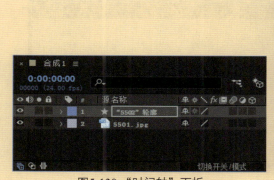
图5-130 "时间轴"面板

图5-131 调整图形的大小和位置

STEP 04 不要选中任何对象,使用"矩形工具",在"工具栏"中设置"填充"为无,"描边"为黑色,"描边粗细"为2px,在"合成"窗口中按住【Shift】键绘制一个正方形,如图5-132所示。使用"向后平移(锚点)工具",将锚点调整至该正方形的中心位置,如图5-133所示。

图5-132 绘制正方形

图5-133 调整锚点位置

STEP 05 使用"矩形工具",在工具栏中单击"工具创建蒙版"按钮,为"形状图层1"添加一个矩形蒙版,效果如图5-134所示。设置"形状图层1"下方"蒙版1"选项的"混合模式"为"相减",蒙版效果如图5-135所示。

图5-134 绘制矩形蒙版

图5-135 蒙版效果

STEP 06 选择"形状图层1",使用"矩形工具"在"合成"窗口中再绘制一个矩形蒙版,设置"形状图层1"下方"蒙版2"选项的"混合模式"为"相减",如图5-136所示。在"合成"窗口中可以看到蒙版的效果,如图5-137所示。

图5-136 设置蒙版的混合模式

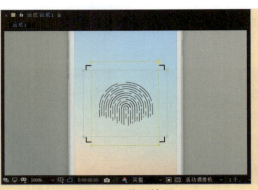
图5-137 蒙版效果

STEP 07 不要选择任何对象，使用"矩形工具"，在"工具栏"中设置"填充"为任意颜色，"描边"为无，在"合成"窗口中绘制一个矩形，如图5-138所示。选择"形状图层2"，按【Ctrl+D】组合键，原位复制该图层得到"形状图层3"，如图5-139所示。

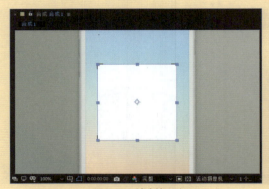
图5-138 绘制矩形

图5-139 原位复制图层

STEP 08 将"形状图层3"图层隐藏，选择"形状图层2"图层，在"工具栏"中单击"填充"文字，在弹出的"填充选项"对话框中选择"线性渐变"选项，如图5-140所示。单击"确定"按钮，展开"形状图层2"的"内容"选项中的"渐变填充1"选项，如图5-141所示。

图5-140 选择"线性渐变"选项

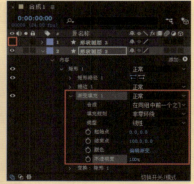
图5-141 展开"渐变填充1"选项

STEP 09 单击"渐变填充1"选项中"颜色"选项后的"编辑渐变"按钮，弹出"渐变编辑器"对话框，设置渐变颜色，如图5-142所示。单击"确定"按钮，完成渐变颜色的设置。使用"选取工具"，在"合成"窗口中调整渐变颜色的起始点和结束点位置，从而调整渐变填充的效果，如图5-143所示。

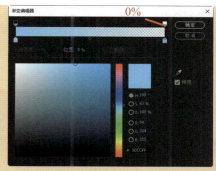
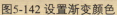

图5-142 设置渐变颜色

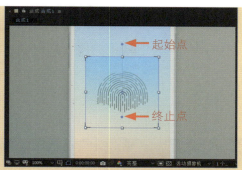

图5-143 调整渐变填充效果

STEP 10 选择"形状图层2",在"合成"窗口中将该矩形缩小,如图5-144所示。单击"时间轴"面板左下角的"展开或折叠'转换控制'窗格"按钮,显示"转换控制"相关选项,设置"形状图层2"的"TrkMat(轨道遮罩)"选项为"Alpha遮罩'形状图层3'",如图5-145所示。

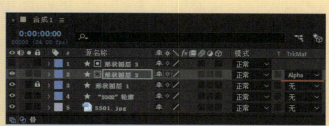

图5-144 缩小矩形　　　　　图5-145 设置"TrkMat(轨道遮罩)"选项

STEP 11 在"合成"窗口中将渐变矩形向上移至合适的位置,按【P】键,显示"位置"属性,为该属性插入关键帧,如图5-146所示。将"时间指示器"移至2秒位置,在"合成"窗口中将渐变矩形向下移至合适的位置,如图5-147所示。

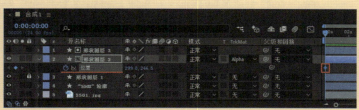

图5-146 调整矩形位置并插入"位置"属性关键帧

图5-147 调整渐变矩形的位置

STEP 12 同时选中刚刚创建的两个位置关键帧,在关键帧上单击鼠标右键,在弹出的快捷菜单中选择"关键帧辅助>缓动"命令,为选中的两个关键帧应用"缓动"效果,如图5-148所示。在"项目"面板的合成上单击鼠标右键,在弹出的快捷菜单中选择"合成设置"命令,弹出"合成设置"对话框,修改"持续时间"为4秒,如图5-149所示。

图5-148 为关键帧应用"缓动"效果　　　　　图5-149 修改"持续时间"选项

STEP 13 至此,完成指纹扫描动画的制作,单击"预览"面板中的"播放/停止"按钮 ▶ ,可以在"合成"窗口中预览动画效果,如图5-150所示。

图5-150 预览指纹扫描动画效果

5.6 知识拓展:蒙版的复制与粘贴操作

在After Effects中,蒙版是非常强大和实用的功能,使用形状工具和钢笔工具都可以创建蒙版。通过对蒙版属性进行设置,还能够制作出丰富的动画效果。

在图层中所添加的蒙版路径可以在同一个图层或者不同图层之间进行复制和粘贴。如果需要在同一个图层之间进行蒙版路径的复制,只需要选中图层下方需要复制的蒙版路径选项,按【Ctrl+D】组合键,即可复制并粘贴当前所选择的蒙版路径,默认的蒙版路径命名为"蒙版1""蒙版2""蒙版3"……如图5-151所示。

图5-151 在同一个图层中复制蒙版路径

如果需要在不同图层之间复制蒙版，则首先选择源图层下方的蒙版路径选项，按【Ctrl+C】组合键，复制蒙版路径，然后选择目标图层，按【Ctrl+V】组合键，即可将所复制的蒙版路径粘贴到目标图层中，如图5-152所示。

 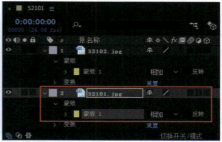

图5-152 在不同图层之间复制蒙版路径

5.7 本章小结

本章向读者详细介绍了After Effects中形状图形与蒙版的创建和属性设置方法，并通过动画的制作使读者快速掌握蒙版动画的制作方法和技巧。完成本章内容的学习后，读者需要能够掌握形状图形与蒙版的创建方法，并且能够通过设置蒙版路径属性制作出蒙版动画效果。

第6章　制作文字动画

在每个设计领域中，图像并不是唯一的元素，文字也是至关重要的一种元素，它是最直接的信息表达方式。在After Effects中，文字的功能十分强大，它不仅具有说明、信息传达的基本功能，还可以通过文字属性的变化制作出文字动画效果，从而增强主题的表现力。本章将详细介绍After Effects中文字的输入与设置方法，并通过动画案例的制作使读者掌握文字动画的制作方法和表现技巧。

本章学习重点

第 149 页
制作打字动画效果

第 154 页
制作文字随机显示动画

第157页
制作路径文字动画

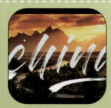
第164页
制作手写文字动画

【6.1　输入文字】

After Effects为用户提供了非常灵活且功能强大的文字工具，用户可以在After Effects中方便、快捷地添加文字，通过相关面板对文字的字体、风格、颜色及大小等属性进行快速、灵活的更改，还可以对单个文本和段落文本进行对齐、调整和文字变形等处理。

6.1.1　输入点文字

文字的每一行都是独立的，在进行文字编辑时，长度会随着文本的长度随时变长或者缩短，但是不会出现与下一行文字重叠的情况。

在After Effects中输入点文字有两种方法。一种方法是执行"图层>新建>文本"命令，创建一个空文本图层，并且在"合成"窗口的中心位置显示文本输入光标，如图6-1所示，可以直接输入相应的文字内容。输入完成后，可以使用"选取工具"将文字调整至合适的位置，如图6-2所示。

图6-1 在中心位置显示输入光标　　　图6-2 输入点文字并调整位置

另一种方法是使用文字工具，在After Effects中为用户提供了"横排文字工具"和"直排文字工具"两种工具，如图6-3所示。例如，选择"直排文字工具"，在"合成"窗口中需要输入文字的位置单击并输入文字，即可完成点文字的输入，并自动创建文字图层，如图6-4所示。

Tips
在 After Effects 中按【Ctrl+T】组合键，可以选择文字工具，反复按该组合键，可以在"横排文字工具"和"直排文字工具"之间切换。

第6章 制作文字动画

图6-3 文字工具　　　　　　　　图6-4 输入点文字

 Tips

这两种输入点文字的方法的区别在于，通过新建文字图层输入文字，默认情况下所输入的文字位于"合成"窗口的中心位置，如果想改变其位置，则需要使用"选取工具"移动文字位置；而使用文字工具则可以随意在需要输入文字的位置单击，即可在单击位置输入文字。

6.1.2 输入段落文字

段落文字的输入方法与点文字的输入方法基本相同，唯一不同在于输入段落文字时需要使用文字工具在"合成"窗口中绘制一个文本框，在文本框中输入段落文字内容。

使用"横排文字工具"，在"合成"窗口中合适的位置单击并拖动鼠标绘制一个文本框，如图6-5所示。在文本框中输入段落文字内容，并在"字符"面板中对文字的相关属性进行设置，效果如图6-6所示。

图6-5 拖动鼠标绘制文本框　　　　　　图6-6 输入段落文字并设置属性

完成段落文字的输入后，将光标移至文本框的调节点上，当光标呈现为双向箭头时，拖动鼠标可以调整文本框的大小。当文本框的大小发生变化时，文本框中的段落文字会自动进行换行排列，如图6-7所示。

图6-7 调整文本框大小

中文版After Effects CC 2020
完全自学一本通

6.1.3 点文字与段落文字间的相互转换

在After Effects中所输入的点文字与段落文字是可以相互转换的，点文字可以转换为段落文字，段落文字同样也可以转换为点文字。

例如，在"合成"窗口中输入点文字，选择所输入的点文字，使用"横排文字工具"，在需要转换的点文字上单击鼠标右键，在弹出的快捷菜单中选择"转换为段落文本"命令，如图6-8所示。即可将点文字转换为段落文字，效果如图6-9所示。

图6-8 选择"转换为段落文本"命令　　　图6-9 将点文字转换为段落文字

6.2 设置文字属性

在After Effects中输入的文字，用户在后期的制作过程中可以进行修改和编辑。After Effects提供了和Photoshop相似的文本编辑与属性设置功能，甚至还可以为文本添加特效，文字处理功能非常强大。

6.2.1 字符属性

执行"窗口>字符"命令，在After Effects工作界面中显示"字符"面板，如图6-10所示。在"字符"面板中，可以对文字的字体、字体样式、字体大小及颜色等属性进行设置，从而得到满意的文字表现效果。

- **字体**：在该下拉列表框中可以选择字体系列。用户只需单击该选项，即可在其下拉列表框中选择需要使用的字体。
- **字体样式**：不同的字体包含不同的字体样式，选择合适的字体后，可以在下拉列表框中选择字体样式。
- **字体颜色**：该选项用于设置文字的颜色，实心色块表示填充颜色，空心色块表示描边颜色。单击相应的色块，弹出"文本颜色"对话框，可以选择所需的文字填充颜色或描边颜色，如图6-11所示。

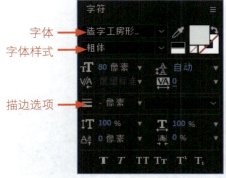

图6-10 "字符"面板　　　图6-11 "文本颜色"对话框

Tips

单击"吸管"图标 ![], 可以在 After Effects 工作界面中吸取任意一种颜色作为文字的填充或者描边颜色; 单击"没有颜色"图标 ![], 可以将文字的填充或者描边颜色设置为无; 单击"黑白"图标 ![], 可以将填充或者描边颜色快速设置为黑色或白色。

- 字体大小: 该选项用于设置字体的大小, 用户可以直接在该选项后的文本框中输入数值, 也可以在下拉列表框中选择预设的字体大小值。
- 行距: 该选项用于设置文本行与行之间的间距, 数值越大, 则文本行距就越大, 如图6-12所示; 如果数值较小, 则文本行与行之间将重叠在一起, 如图6-13所示。

图6-12 行距较大的效果

图6-13 行距较小的效果

- 字偶间距: 该选项用于设置两个字符之间的字偶间距, 该下拉列表框如图6-14所示, 取值范围为 -1000 ~ 1000。如果需要使用字体默认的字偶间距设置, 可以选择"度量标准"选项; 如果需要根据所选择字符的形式自动调整它们之间的字偶间距, 可以选择"视觉"选项; 如果需要手动调整, 可以选择相应的数值选项或者在文本框中输入数值。例如, 使用文字工具在文字中单击定位需要设置字偶间距的位置, 设置"字偶间距"选项为200, 效果如图6-15所示。

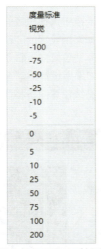

图6-14 "字偶间距"下拉列表框

图6-15 设置"字偶间距"选项的效果

- 字符间距: 该选项用于设置所选择文字之间的字符间距。数值越大, 文字间距就越大, 如图6-16所示; 数值越小, 文字间距就越小, 如图6-17所示。

图6-16 设置"字符间距"较大时的效果　　图6-17 设置"字符间距"较小时的效果

- **描边选项**：如果为文字设置了"描边"颜色，则可以通过该选项对文字描边效果进行设置。"描边宽度"选项用于设置描边效果的宽度，可以在下拉列表框中选择预设值，也可以手动输入数值；"描边形式"选项用于选择文字描边的表现形式，在下拉列表框中包含4种形式可供选择，如图6-18所示。例如，为文字设置描边颜色并对描边效果进行设置，效果如图6-19所示。

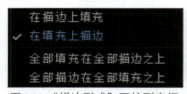

图6-18 "描边形式"下拉列表框　　图6-19 为文字设置描边后的效果

- **垂直缩放**：该选项用于设置文字的垂直缩放，用户可以在下拉列表框中选择相应的选项，也可以手动输入数值。
- **水平缩放**：该选项用于设置文本的水平缩放，用户可以在下拉列表框中选择相应的选项，也可以手动输入数值。
- **基线偏移**：该选项用于设置文本的基线偏移，用户可以在下拉列表框中选择相应的选项，也可以手动输入数值。如果所设置的"基线偏移"值为正值，则文字沿基线位置向上移动指定的数值，如图6-20所示；如果所设置的"基线偏移"值为负值，则文字沿基线位置向下移动指定的数值，如图6-21所示。

图6-20 设置"基线偏值"为正值效果　　图6-21 设置"基线偏值"为负值效果

- 比例间距：该选项用于设置所选择字符间的比例间距，在下拉列表框中可以选择预设的比例间距值，也可以在文本框中输入数值。设置的数值越大，则所选择字符的比例间距越小。
- "仿粗体"按钮 **T**：单击该按钮，可以使所选择的文字表现为粗体字效果。
- "偏斜体"按钮 *T*：单击该按钮，可以使所选择的文字表现为斜体字效果。
- "全部大写字母"图标 **TT**：单击该按钮，可以使所选择的英文字母全部变为大写字母，并且忽略键盘锁定。图6-22所示为输入的英文默认显示效果，单击"全部大写字母"按钮 **TT**，可以看到所有英文字母都显示为大写字母，如图6-23所示。

图6-22 默认英文字母显示效果

图6-23 单击"全部大写字母"按钮后的效果

- "小型大写字母"按钮 **Tt**：单击该按钮，可以使所选择的英文字母中的大写字母仍然显示为大写，而英文小写字母则变为小尺寸的英文大写字母。图6-24所示为输入的英文默认显示效果，单击"小型大写字母"按钮 **Tt**，可以看到英文字母的显示效果如图6-25所示。

图6-24 默认英文字母显示效果

图6-25 单击"小型大写字母"按钮后的效果

- "上标"按钮 **T¹**：单击该按钮，可以将所选择的文字显示为上标文字效果，如图6-26所示。
- "下标"按钮 **T₁**：单击该按钮，可以将所选择的文字显示为下标文字效果，如图6-27所示。

图6-26 为文字设置上标效果

图6-27 为文字设置下标效果

6.2.2 段落属性

对于点文字而言，也许一行就是一个单独的段落，而对于段落文字而言，一段可能有多行。在After Effects中执行"窗口>段落"命令，打开"段落"面板，如图6-28所示，通过"段落"面板可以对段落文字的对齐方式、缩进等属性进行设置。

- "左对齐文本"按钮：单击该按钮，可以使所选中的文本内容实现左侧对齐，这也是系统默认的文本对齐方式，如图6-29所示。

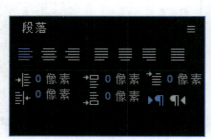

图6-28 "段落"面板

图6-29 文字左对齐效果

- "居中对齐文本"按钮：单击该按钮，可以使所选中的文本内容实现居中对齐效果，如图6-30所示。

- "右对齐文本"按钮：单击该按钮，可以使所选中的文本内容实现右侧对齐效果，如图6-31所示。

图6-30 文字居中对齐效果

图6-31 文字右对齐效果

- "最后一行左对齐"按钮：单击该按钮，可以使所选中的段落文字的最后一行文字内容实现左对齐效果，段落中的其他文字行左右两端强制对齐，效果如图6-32所示。

- "最后一行居中对齐"按钮：单击该按钮，可以使所选中的段落文字的最后一行文字内容实现居中对齐效果，段落中的其他文字行左右两端强制对齐，效果如图6-33所示。

图6-32 最后一行左对齐效果

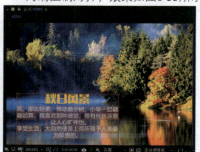

图6-33 最后一行居中对齐效果

- "最后一行右对齐"按钮■：单击该按钮，可以使所选中的段落文字的最后一行文字内容实现右对齐效果，段落中的其他文字行左右两端强制对齐，效果如图6-34所示。

- "两端对齐"按钮■：单击该按钮，可以使所选中的段落文字中每一行文字左右两端强制对齐，效果如图6-35所示。

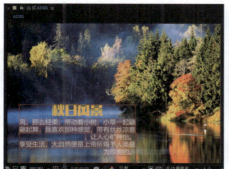

图6-34 最后一行右对齐效果

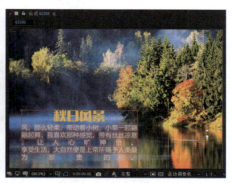

图6-35 两端对齐效果

- 缩进左边距：该选项用于设置所选中段落文字的左侧整体缩进值。横排文字从段落的左侧边缘缩进，直排文字从段落的顶部边缘开始缩进。例如，设置"缩进左边距"选项值为30像素，效果如图6-36所示。

- 缩进右边距：该选项用于设置所选中段落文字的右侧整体缩进值。横排文字从段落的右侧边缘缩进，直排文字从段落的底部边缘开始缩进。例如，设置"缩进右边距"选项值为30像素，效果如图6-37所示。

图6-36 设置"缩进左边距"后的效果

图6-37 设置"缩进右边距"后的效果

- 添加段前空格：该选项用于设置在所选中段落文字之前所添加的段前间距数值。例如，设置"添加段前空格"为20像素，效果如图6-38所示。

- 添加段后空格：该选项用于设置在所选中段落文字之后所添加的段后间距数值。例如，设置"添加段后空格"为20像素，效果如图6-39所示。

图6-38 设置"添加段前空格"后的效果

图6-39 设置"添加段后空格"后的效果

- 首行缩进：该选项主要用于设置段落文字的首行缩进值。例如，设置"首行缩进"为60像素，效果如图6-40所示。
- "从左到右的文本方向"按钮：默认情况下，该按钮为按下状态，也就是默认情况下段落文字的阅读方向为从左到右的阅读方向，这也是现代文字排版的默认阅读方向。
- "从右到左的文本方向"按钮：个别国家的文字阅读方向是从右到左的阅读方式，如果需要设置段落文字的阅读方式为从右到左，可以单击该按钮，效果如图6-41所示。

图6-40 设置"首行缩进"后的效果　　图6-41 单击"从右到左的文本方向"按钮后的效果

6.3 文字的动画属性

完成文字的添加后，在"时间轴"面板中会自动添加文字图层。文字图层除了包含图层基础的变换属性，还包含文字的相关属性，通过对文字属性的设置可以轻松地制作出文字动画效果。

6.3.1 "文本"选项

在"时间轴"面板中展开文字图层下方的"文本"选项，将显示文字的相关属性，如图6-42所示。

图6-42 展开"文本"选项

- 源文本：使用该属性可以制作出文字内容变化的动画效果。
- 路径：如果在当前文字图层中绘制了蒙版路径，在该下拉列表框中可以选择相应的蒙版路径选项，从而使文字内容沿着所选择的蒙版路径进行排列。
- 锚点分组：在该下拉列表框中可以选择该文字图层中文字内容的锚点分组方式，包含"字符"、"词"、"行"和"全部"4个选项，如图6-43所示。
- 分组对齐：该选项用于设置文字内容分组对齐的位置。

- 填充和锚边：该选项用于设置文字填充和描边的处理方式，包含"每字符调板"、"全部填充在全部描边之上"和"全部描边在全部填充之上"3个选项，如图6-44所示。

- 字符间混合：如果文字之间存在相互重叠的情况，可以通过该选项设置文字重叠部分的混合方式，如图6-45所示。

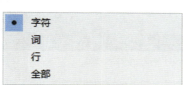
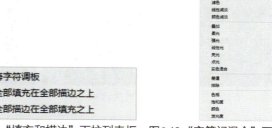

图6-43 "锚点分组"下拉列表框　　图6-44 "填充和描边"下拉列表框　　图6-45 "字符间混合"下拉列表框

应用案例 制作打字动画

源文件：源文件\第6章\6-3-1.aep　　视频：光盘\视频\第6章\6-3-1.mp4

STEP 01 在After Effects中新建一个空白的项目，执行"合成>新建合成"命令，弹出"合成设置"对话框，对相关选项进行设置，如图6-46所示。单击"确定"按钮，新建合成。执行"文件>导入>文件"命令，导入素材"源文件\第6章\素材\63101.jpg"，"项目"面板如图6-47所示。

图6-46 "合成设置"对话框　　图6-47 导入素材图像

STEP 02 在"项目"面板中将63101.jpg素材拖入到"时间轴"面板中，将该图层锁定，如图6-48所示。使用"横排文字工具"，在"合成"窗口中单击并输入相应的文字，在"字符"面板中对文字的相关属性进行设置，如图6-49所示。

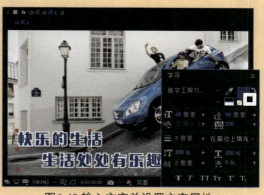

图6-48 拖入素材图像并锁定　　图6-49 输入文字并设置文字属性

STEP 03 将"时间指示器"移至0秒位置,展开文字图层下方的"文本"选项,为"源文本"属性插入关键帧,如图6-50所示。在"合成"窗口中将文字内容全部删除,如图6-51所示。

图6-50 插入"源文本"属性关键帧　　　　　　图6-51 删除文字内容

STEP 04 将"时间指示器"移至0秒4帧位置,在该文字图层中输入第1个文字,如图6-52所示。自动在当前时间位置添加"源文本"属性关键帧,如图6-53所示。

图6-52 输入第1个文字　　　　　　图6-53 自动添加属性关键帧

STEP 05 将"时间指示器"移至0秒8帧位置,在该文字图层中输入第2个文字,如图6-54所示。将"时间指示器"移至0秒12帧位置,在该文字图层中输入第3个文字,如图6-55所示。

图6-54 输入第2个文字　　　　　　图6-55 输入第3个文字

STEP 06 使用相同的制作方法,每隔4帧依次出现一个文字,直至所有文字都显示出来,效果如图6-56所示,"时间轴"面板如图6-57所示。

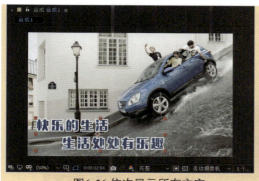
图6-56 依次显示所有文字

图6-57 "时间轴"面板

STEP 07 至此,完成简单的打字动画的制作,单击"预览"面板中的"播放/停止"按钮▶,可以在"合成"窗口中预览动画,效果如图6-58所示。

图6-58 预览打字动画效果

6.3.2 "动画"选项

单击文字图层下方"文本"选项右侧的"动画"三角形图标▶,可以在打开的下拉列表框中选择需要添加的文字动画属性,如图6-59所示。选择某个选项之后,即可将所选择的文字属性添加到"文本"选项中。通过该"动画"选项可以制作出非常丰富的文字动画效果。

● **启用逐字3D化**:选择该选项,将为当前文字图层开启3D文字的功能,会在文字图层的下方新增"材质选项",可以对3D文字的材质属性进行设置,如图6-60所示。并且该文字图层下方的"变换"选项也会显示3D变换属性,如图6-61所示。

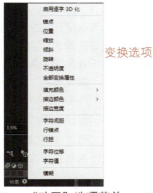
图6-59 "动画"选项菜单

图6-60 "材质选项"列表框

图6-61 "变换"选项列表框

- 变换选项：变换选项中所包含的属性与文字图层下方的"变换"选项中所包含的属性大致相同，只是多了一个"倾斜"属性。如果只选中该文字图层中的部分文字，可以通过在"动画"下拉列表框中选择相应的变换选项，从而添加相应的变换属性，添加的变换属性只针对所选中的部分文字起作用；如果没有选中部分文字，则添加的变换属性对整个文字图层起作用。

例如，使用"横排文字工具"，在"合成"窗口中选择该文字图层中的部分文字，如图6-62所示。单击文字图层下方"文本"选项右侧的"动画"三角形图标 ，在打开的下拉列表框中选择"全部变换属性"选项，将在该文字图层下方添加所有变换属性，如图6-63所示。而且所添加的这些变换属性只针对所选中的"城楼"文字起作用，而不会对未选中的文字起作用，这样可以方便地制作出文字图层中部分文字的动画效果。

图6-62 选择部分文字

图6-63 添加全部变换属性

- 填充颜色：通过该选项可以制作出文字填充颜色变化的动画效果，在该选项的下级菜单中包含对填充颜色进行设置的相关属性，如图6-64所示。

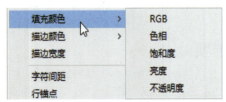
图6-64 "填充颜色"相关属性

- RGB：选择该选项，在文字图层下方添加"填充颜色"属性，可以修改文字的填充颜色，并且可以制作出文字填充颜色变化的动画。
- 色相：选择该选项，在文字图层下方添加"填充色相"属性，可以修改文字填充的色相，并且可以制作出文字色相变化的动画。
- 饱和度：选择该选项，在文字图层下方添加"填充饱和度"属性，可以修改文字填充颜色的饱和度，并且可以制作出文字填充颜色饱和度变化的动画。
- 亮度：选择该选项，在文字图层下方添加"填充亮度"属性，可以修改文字填充颜色的亮度，并且可以制作出文字填充颜色亮度变化的动画。
- 不透明度：选择该选项，在文字图层下方添加"填充不透明度"属性，可以修改文字填充颜色的不透明度，并且可以制作出文字填充颜色不透明度变化的动画。
- 描边颜色：通过该选项可以制作出文字描边颜色变化的动画效果，在该菜单选项的下级菜单中包含对描边颜色进行设置的相关属性。"描边颜色"的相关属性与"填充颜色"的相关属性相同，只不过是针对文字描边颜色的。
- 描边宽度：选择该选项，可以在文字图层下方添加"描边宽度"属性，通过该属性可以设置文字描边的宽度，并且可以制作出文字描边宽度变化的动画效果。
- 字符间距：选择该选项，可以在文字图层下方添加"字符间距类型"和"字符间距大小"属性，可以设置文字的字符间距大小，并且可以制作出字符间距变化的动画效果。

- 行锚点：该属性主要针对段落文本，选择该选项，可以在文字图层下方添加"行锚点"属性，可以制作出行锚点位置变化的动画效果。
- 行距：该属性主要针对段落文本，选择该选项，可以在文字图层下方添加"行距"属性，可以制作出行距变化的动画效果。
- 字符位移：选择该选项，可以在文字图层下方添加"字符对齐方式"、"字符范围"和"字符位移"属性，可以制作出字符位移变化的动画效果。图6-65所示为默认的英文内容，添加"字符位移"属性，并设置"字符位移"属性值为1，则在26个英文字母中向后位移一位显示，效果如图6-66所示。

图6-65 默认的英文内容

图6-66 设置"字符位移"属性后显示的文字内容

- 字符值：选择该选项，可以在文字图层下方添加"字符对齐方式"、"字符范围"和"字符值"属性，可以制作出字符值变化的动画效果。图6-67所示为默认文字内容，添加"字符值"属性，例如设置"字符值"为60，将使用字符表中的"<"字符替换文字显示，如图6-68所示。

图6-67 默认的文字内容

图6-68 设置"字符值"属性后显示的文字内容

- 模糊：选择该选项，可以在文字图层下方添加"模糊"属性，可以设置文字的模糊效果，并且可以制作出文字模糊变化的动画效果。图6-69所示为设置不同"模糊"属性值的效果。

图6-69 不同"模糊"属性值的文字效果

应用案例：制作文字随机显示动画

源文件：源文件\第6章\6-3-2.aep　　　　视频：光盘\视频\第6章\6-3-2.mp4

STEP 01 在After Effects中新建一个空白的项目，执行"合成>新建合成"命令，弹出"合成设置"对话框，对相关选项进行设置，如图6-70所示。单击"确定"按钮，新建合成。执行"文件>导入>文件"命令，导入素材"源文件\第6章\素材\63202.jpg"，"项目"面板如图6-71所示。

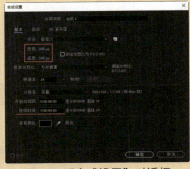　

图6-70 "合成设置"对话框　　　图6-71 导入素材图像

STEP 02 在"项目"面板中将63202.jpg素材拖入到"时间轴"面板中，将该图层锁定，如图6-72所示。使用"横排文字工具"，在"合成"窗口中单击并输入相应的文字，在"字符"面板中对文字的相关属性进行设置，如图6-73所示。

图6-72 拖入素材图像并锁定图层　　　图6-73 输入文字并设置文字属性

STEP 03 单击文字图层下方"文本"选项右侧"动画"选项的三角形图标，在打开的下拉列表框中选择"不透明度"选项，添加"不透明度"属性，如图6-74所示。将"时间指示器"移至0秒位置，设置"不透明度"属性值为0%，展开"范围选择器1"选项，为"起始"属性插入关键帧，如图6-75所示。

图6-74 添加"不透明度"属性　　　图6-75 插入"起始"属性关键帧

STEP 04 选择文字图层，按【U】键，在该图层下方只显示添加了关键帧的属性。将"时间指示器"移至3秒23帧位置，设置"起始"属性值为100%，自动在当前位置插入关键帧，如图6-76所示。

图6-76 "时间轴"面板

STEP 05 单击"预览"面板中的"播放/停止"按钮▶,可以在"合成"窗口中预览动画,可以看到当前文字是逐个显示的效果,如图6-77所示。

图6-77 预览文字动画效果

STEP 06 展开文字图层下方"范围选择器1"选项下方的"高级"选项,设置"随机排序"属性为"开",如图6-78所示。

图6-78 设置"随机排序"属性

STEP 07 至此,完成文字随机显示动画的制作,单击"预览"面板中的"播放/停止"按钮▶,可以在"合成"窗口中预览动画,效果如图6-79所示。

图6-79 预览文字随机显示动画效果

6.3.3 路径文字

在After Effects中同样可以创建路径文字效果,并且还可以制作出路径文字动画。

在"合成"窗口中输入文字,得到文字图层,如图6-80所示。选中文字图层,使用"钢笔工具",在"合成"窗口中绘制蒙版路径,如图6-81所示。

图6-80 输入文字

图6-81 绘制蒙版路径

展开文字图层下方"文本"选项中的"路径选项"属性,设置"路径"为"蒙版1"选项,即可将该图层中的文字依附到刚绘制的蒙版路径上,如图6-82所示。使用"选取工具",在"合成"窗口中将光标移至路径文字起始位置,拖动鼠标可以调整路径文字的起始位置,如图6-83所示。

图6-82 设置"路径"属性

图6-83 调整路径文字起始位置

如果希望移动路径文字的整体位置,可以选择该文字图层,在"合成"窗口中拖动调整路径文字位置即可,如图6-84所示。创建路径文字之后,在文字图层下方的"路径选项"中包含多个路径文字属性,可以进行相应的设置,如图6-85所示。

图6-84 调整路径文字起始位置

图6-85 设置"路径"属性

- 反转路径：该属性用于将路径上的文字进行反转，单击该属性后的"关"文字，即可开启反转路径功能，将文字沿路径进行水平和垂直翻转，效果如图6-86所示。

- 垂直于路径：该属性用于控制文字与路径的垂直关系。默认情况下，该属性为激活状态，文字垂直于路径显示。单击该选项后的"开"文字，即可关闭文字垂直于路径功能，路径文字效果如图6-87所示。

图6-86 开启"反转路径"属性效果

图6-87 关闭"垂直于路径"属性效果

- 强制对齐：该属性用于强制将文字与路径两端对齐。该属性默认为关闭状态，单击该属性后的"关"文字，激活该属性，可以看到路径文字的效果，如图6-88所示。

- 首字边距：该属性用于设置文字在路径上的起始位置。如果属性值为正值，则文字起始位置沿路径向右移动；如果属性值为负值，则文字起始位置沿路径向左移动，如图6-89所示。

图6-88 开启"强制对齐"属性效果

图6-89 设置"首字边距"属性效果

- 末字边距：该属性用于设置文字在路径上的结束位置。如果属性值为正值，则文字结束位置沿路径向右移动；如果属性值为负值，则文字结束位置沿路径向左移动。

应用案例：制作路径文字动画

源文件：源文件\第6章\6-3-3.aep　　　视频：光盘\视频\第6章\6-3-3.mp4

STEP 01 在After Effects中新建一个空白的项目，执行"合成>新建合成"命令，弹出"合成设置"对话框，对相关选项进行设置，如图6-90所示。单击"确定"按钮，新建合成。执行"文件>导入>文件"命令，导入素材"源文件\第6章\素材\63302.jpg"，"项目"面板如图6-91所示。

图6-90 "合成设置"对话框

图6-91 导入素材图像

STEP 02 在"项目"面板中将63302.jpg素材拖入到"时间轴"面板中,将该图层锁定,如图6-92所示。使用"横排文字工具",在"合成"窗口中单击并输入相应的文字,在"字符"面板中对文字的相关属性进行设置,如图6-93所示。

图6-92 拖入素材图像并锁定图层

图6-93 输入文字并设置文字属性

STEP 03 选择文字图层,使用"钢笔工具"在"合成"窗口中绘制曲线路径,如图6-94所示。展开文字图层下方的"路径选项"属性,设置"路径"为刚绘制的"蒙版1",将文字沿刚绘制的路径排列,效果如图6-95所示。

图6-94 绘制曲线路径

图6-95 设置文字沿路径排列

STEP 04 将"时间指示器"移至0秒位置,向左拖动"首字边距"选项后的数值,调整路径文字移出画面左侧,如图6-96所示。为"首字边距"属性插入关键帧,展开"变换"选项,设置"不透明度"属性值为0%,并为该属性插入关键帧,按【U】键,在文字图层下方只显示添加了关键帧的属性,如图6-97所示。

图6-96 设置"首字边距"属性效果

图6-97 插入属性关键帧

STEP 05 将"时间指示器"移至0秒12帧位置,设置"首字边距"属性值和"不透明度"属性值,效果如图6-98所示。将"时间指示器"移至2秒12帧位置,设置"首字边距"属性值,并为"不透明度"属性添加关键帧,效果如图6-99所示。

图6-98 调整文字在路径中的位置　　　　图6-99 调整文字在路径中的位置

STEP 06 将"时间指示器"移至3秒位置,设置"首字边距"属性值和"不透明度"属性值,效果如图6-100所示。在"时间轴"面板中拖动鼠标同时选中"首字边距"属性的4个属性关键帧,如图6-101所示。

图6-100 调整文字在路径中的位置　　　　图6-101 同时选中多个属性关键帧

STEP 07 按【F9】键,为选中的关键帧应用"缓动"效果,此时的"时间轴"面板如图6-102所示。

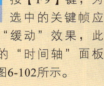

图6-102 "时间轴"面板

STEP 08 至此,完成路径文字动画的制作,单击"预览"面板中的"播放/停止"按钮▶,可以在"合成"窗口中预览动画,效果如图6-103所示。

图6-103 预览路径文字动画效果

6.4 文字的动画表现

文字是设计作品中的重要元素之一,随着设计的互通共融,设计的边界也越来越模糊。以往静态的主题文字设计遇上今天时尚的动画设计,使原本安静的文字设计更具活力。

6.4.1 文字动画的表现优势

文字在以往的设计作品中经常提及的是字体范式,重在其形。文字动画很少被人提及,一是由于技术限制,二是由于设计理念。然而随着流行趋势的发展,特别是在UI界面中,如果能够让文字在界面中"动"起来,即使是简单的图文界面也会立即"活"起来,带给用户一种别样的视觉体验感。图6-104所示为出色的文字动画效果。

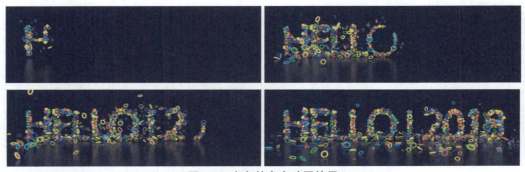

图6-104 出色的文字动画效果

文字动画在UI界面设计中的表现优势主要表现在以下几个方面。

- 采用动画效果的文字除了看起来漂亮和取悦用户,也解决了很多界面上的实际性问题。动画起到了一个"传播者"的作用,比起静态文字描述,动画文字能使内容表达得更加彻底、简洁,更具冲击力。

- 运动的物体可吸引人的注意力。让界面中的主题文字动起来,是一个很好的突出表现主题的方式,且不会让用户感觉突兀。

- 文字动画能够在一定程度上丰富界面的表现力,提升界面的设计感,使界面充满活力。

图6-105所示为一个遮罩文字动画,其中主题文字部分主要通过遮罩的方式使文字内容逐渐显示出来,在文字遮罩显示的过程中加入了白色与红色的曲线状图形动画效果,使得该文字动画的表现动感十足。

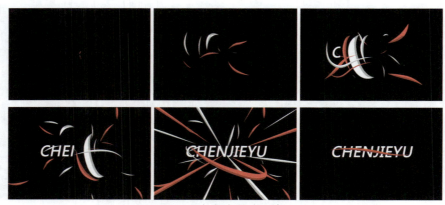

图6-105 文字遮罩动画效果

6.4.2 常见的文字动画表现形式

文字动画的制作和表现方法与其他元素动画的表现方法类似，大多数都是通过对文字的基础属性来实现的。此外，还可以通过对文字添加蒙版或者添加效果来实现各种特殊的文字动画效果。下面向读者介绍几种常见的文字动画表现效果。

● 1.基础文字动画

基础文字动画效果是最简单的动画，基于"文字"的位置、旋转、缩放、透明度、填充和描边等基础属性来制作关键帧动画。可以逐字逐词制作动画，也可以针对一句完整的文本内容制作动画，灵活运用基础属性还可以表现出丰富的动画效果。

图6-106所示为基础文字动画效果，两部分文字分别从左侧和底部模糊入场，通过文字的"撞击"，使上面颠倒的文字翻转为正常的表现效果，从而构成完整的文字表现内容。

图6-106 基础文字动画效果

● 2.文字遮罩动画

遮罩是动画中常见的一种表现形式，在文字动画中也不例外。文字遮罩动画的表现形式非常多，但需要注意的是，在设计文字动画时，形式勿大于内容。

图6-107所示为一个文字运动遮罩动画，通过一个矩形图形在界面中左右移动，每移动一次都会通过遮罩的形式表现出新的主题文字内容，最后使用遮罩的形式使主题文字内容消失，从而实现动效的循环。在动画的处理过程中，适当地为元素加入缓动和模糊效果，可使动画的表现效果更加自然。

图6-107 文字运动遮罩动画

● 3.与手势结合的文字动画

随着智能设备的兴起，"手势动画"也随之大热。这里所说的与手势相结合的文字动画是指真正的手势，即让手势参与到文字动画的表现中来。简单理解，就是在文字动画的基础上加上"手"这个元素。

图6-108所示为一个与手势相结合的文字动画，通过人物的手势将主题文字放置在场景中，并且通过手指的滑动遮罩显示相应的文字内容，最后通过人物的抓取手势，制作出主题文字整体遮罩消失的效果。将文字动画与人物操作手势相结合，给人一种非常新奇的表现效果。

图6-108 与手势相结合的文字动画

● 4.粒子消散动画

将文字内容与粒子动效相结合可以制作出文字的粒子消散动画,能够给人很强的视觉冲击力。尤其是在After Effects中,利用各种粒子插件,如Trapcode Particular、Trapcode Form等,可以表现出多种炫酷的粒子动效。

图6-109所示为一个文字粒子消散动画,主题文字转变为细小的粒子并逐渐扩散,从而实现转场,转场后的大量粒子逐渐聚集形成新的主题文字内容。使用粒子动效的方式来表现文字效果,可以给人一种炫酷的视觉效果。

图6-109 文字粒子消散动画

● 5.光效文字动画

在文字动画的表现过程中加入光晕光线的效果,通过光晕或者光线的变换来表现主题文字,使得文字效果的表现更加富有视觉冲击力。

图6-110所示为一个光效文字动画,通过光晕动效与文字的3D翻转相结合来表现主题文字,视觉效果表现强烈,能够给人带来较强的视觉冲击力。

图6-110 光效文字动画

● 6.路径生成动画

这里所说的路径不是为文字制作路径动画，而是使用其他元素（如线条或者粒子）制作路径动画，最后以"生成"的形式表现出主题文字内容。这种基于路径来表现的文字动画，可以使文字动画的表现更加绚丽。

图6-111所示为一个路径生成文字动画，通过两条对比色彩的线条围绕圆形路径进行运动，并逐渐缩小圆形路径范围，最终形成强光点，然后采用遮罩的形式从中心位置向四周逐渐扩散表现出主题文字内容。在整个动画过程中还加入了粒子效果，使文字动画的表现更加绚丽多彩。

图6-111 路径生成文字动画

● 7.动态文字云

在文字排版过程中，"文字云"的形式越来越受到大家的喜欢。在After Effects中，同样可以使用文字云的形式来表现文字动画，既能够表现文字内容，也能够通过文字所组合而成的形状表现其主题。

图6-112所示为一个文字云动画，主题文字与其相关的各种关键词内容从各个方向飞入组成汽车形状图形，非常生动且富有个性。

图6-112 文字云动画

 Tips

除了以上介绍的几种常见文字动画表现形式，还有许多其他文字动画表现效果，但是仔细分析可以发现，这些文字动画基本上都是通过基础变换动画结合遮罩或者一些特效表现出来的，这就要求读者在文字动画的制作过程中能够灵活运用各种基础变换动画表现形式。

制作手写文字动画

源文件：源文件\第6章\6-4-2.aep　　　视频：光盘\视频\第6章\6-4-2.mp4

STEP 01 在After Effects中新建一个空白的项目，执行"合成>新建合成"命令，弹出"合成设置"对话框，对相关选项进行设置，如图6-113所示。单击"确定"按钮，新建合成。执行"文件>导入>文件"命令，导入素材"源文件\第6章\素材\64201.jpg"，"项目"面板如图6-114所示。

图6-113 "合成设置"对话框　　　图6-114 导入素材图像

STEP 02 在"项目"面板中将64201.jpg素材拖入到"时间轴"面板中，将该图层锁定，如图6-115所示。使用"横排文字工具"，在"合成"窗口中单击并输入相应的文字，在"字符"面板中对文字的相关属性进行设置，如图6-116所示。

图6-115 拖入素材图像并锁定图层　　　图6-116 输入文字并设置属性

STEP 03 在"合成"窗口中选中文字，打开"对齐"面板，单击"水平居中对齐"和"垂直居中对齐"按钮，对齐文字，如图6-117所示。选择文字图层，使用"钢笔工具"，在"合成"窗口中沿着文字笔画绘制蒙版路径，如图6-118所示。

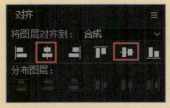
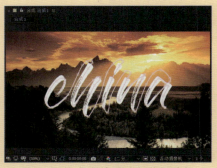

图6-117 将文字对齐到合成的中心位置　　　图6-118 沿文字笔画绘制蒙版路径

Tips

使用"钢笔工具"沿文字笔画绘制路径时,需要注意尽可能地按照文字的正确书写笔画来绘制路径,并且尽量将路径绘制在文字笔画的中间位置,而且要保持所绘制的路径为一条完整的路径。

STEP 04 执行"效果>生成>描边"命令,为文字图层应用"描边"效果。在"效果控件"面板中设置"画笔大小"选项,设置"绘画样式"选项为"显示原始图像",如图6-119所示。在"合成"窗口中可以看到当前文字的效果,如图6-120所示。

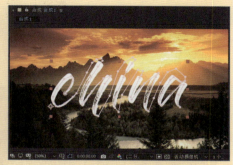

图6-119 设置"描边"效果选项　　　图6-120 "合成"窗口效果

Tips

在"效果控件"面板中设置"画笔大小"选项时,注意观察"合成"窗口中的描边效果,要求描边能够完全覆盖文字的笔画粗细即可。而将"绘画样式"选项设置为"显示原始图像",是因为需要通过该效果来制作原始文字的手写动画效果,而这里所设置的描边只相当于文字笔画的遮罩。

STEP 05 将"时间指示器"移至起始位置,展开文字图层中"效果"选项的"描边"选项,设置"结束"属性为0%,并为该属性插入关键帧,如图6-121所示。在"合成"窗口中可以看到文字被完全隐藏,只显示刚绘制的笔画路径,如图6-122所示。

图6-121 插入"结束"属性关键帧　　　图6-122 "合成"窗口效果

STEP 06 选择文字图层,按【U】键,在其下方只显示添加了关键帧的属性。将"时间指示器"移至2秒10帧位置,设置"结束"属性值为100%,如图6-123所示。在"合成"窗口中可以看到文字完全显示,如图6-124所示。

图6-123 设置"结束"属性值　　　图6-124 "合成"窗口效果

STEP 07 同时选中该图层的两个关键帧,按【F9】键,为选中的关键帧应用"缓动"效果,如图6-125所示。
导入素材图像"源文件\第6章\素材\64202.png",将素材拖入到"时间轴"面板中,在"合成"窗口中将该素材图像调整到合适的大小和位置,如图6-126所示。

图6-125 应用"缓动"效果　　　　　图6-126 调整素材图像的大小和位置

STEP 08 选中该素材图像,使用"钢笔工具",在"合成"窗口中沿着素材笔画绘制路径,如图6-127所示。
执行"效果>生成>描边"命令,为该素材图层应用"描边"效果。在"效果控件"面板中设置"画笔大小"选项,设置"绘画样式"选项为"显示原始图像",如图6-128所示。

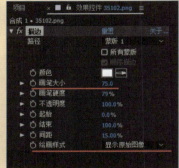

图6-127 绘制蒙版路径　　　　　图6-128 设置"描边"效果选项

STEP 09 将"时间指示器"移至2秒2帧位置,展开该素材图层中"效果"选项的"描边"选项,设置"结束"属性为0%,并为该属性插入关键帧,按【U】键,在其下方只显示添加了关键帧的属性,如图6-129所示。在"合成"窗口中可以看到素材图像被完全隐藏,只显示刚绘制的路径,如图6-130所示。

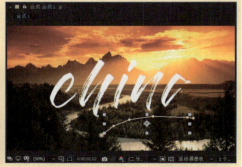

图6-129 插入"结束"属性关键帧　　　　　图6-130 "合成"窗口效果

STEP 10 将"时间指示器"移至3秒位置,设置"结束"属性值为100%,如图6-131所示。同时选中该图层的两个关键帧,按【F9】键,为选中的关键帧应用"缓动"效果,如图6-132所示。

图6-131 设置"结束"属性值

图6-132 为关键帧应用"缓动"效果

STEP 11 执行"文件>导入>文件"命令,导入视频素材"源文件\第6章\素材\64203.mov",如图6-133所示。在"项目"面板中将刚导入的视频素材拖入到"时间轴"面板中,在"合成"窗口中将该视频素材调整至合适的大小和位置,效果如图6-134所示。

图6-133 导入视频素材

图6-134 拖入视频素材并调整和位置大小

STEP 12 在"时间轴"面板中同时选中文字图层、素材图像图层和视频素材图层,如图6-135所示。执行"图层>预合成"命令,弹出"预合成"对话框,参数设置如图6-136所示。

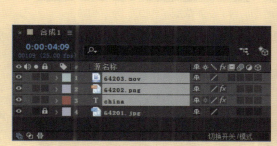
图6-135 同时选中多个图层
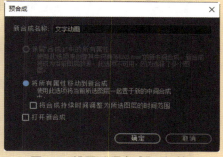
图6-136 设置"预合成"对话框

STEP 13 单击"确定"按钮,将同时选中的图层创建为一个名为"文字动画"的预合成,开启该图导的3D功能,如图6-137所示。按【P】键,显示该图层的"位置"属性,按住【Alt】键并单击"位置"属性前的"秒表"图标,显示表达式输入窗口,输入表达式,如图6-138所示。

图6-137 开启3D图层功能

图6-138 输入表达式

> **Tips**
> 此处为"位置"属性添加的是一个抖动表达式,使文字产生抖动的效果。抖动表达式的语法格式为 wiggle(x,y),抖动频率为每秒摇摆 x 次,每次 y 像素。

STEP 14 执行"图层>新建>纯色"命令,弹出"纯色设置"对话框,参数设置如图6-139所示。单击"确定"按钮,新建一个纯色图层,如图6-140所示。

图6-139 "纯色设置"对话框

图6-140 新建纯色图层

STEP 15 选择刚添加的纯色图层,使用"矩形工具"在该图层中绘制一个矩形蒙版,如图6-141所示。在"时间轴"面板中设置所添加蒙版的"模式"为"相减",效果如图6-142所示。

图6-141 绘制矩形蒙版

图6-142 设置蒙版"模式"为"相减"

STEP 16 至此,完成手写文字动画的制作,单击"预览"面板中的"播放/停止"按钮,可以在"合成"窗口中预览动画,效果如图6-143所示。

图6-143 预览手写文字动画效果

6.5 知识拓展：为文字应用动画预设

After Effects中提供了许多效果出色的文字动画预设，用户可以直接为文字图层应用相应的动画预设，即可实现丰富出色的文字动画效果。

在"合成"窗口中选择需要应用动画预设的文字，如图6-144所示。打开"效果和预设"面板，展开"动画预设"选项，在该选项中包含了针对多种不同元素的动画预设，如图6-145所示。

图6-144 选择需要应用动画预设的文字　　图6-145 展开"动画预设"选项

因为这里需要为文字应用动画预设，所以展开Text文件夹，在该文件夹中根据文字动画效果对动画预设进行分类，如图6-146所示。展开其中一种效果文件夹，可以看到该文件夹中所包含的多种动画预设，如图6-147所示。

图6-146 展开Text文件夹　　图6-147 选择动画预设

在需要应用的动画预设名称上双击，例如，这里应用"多雾"动画预设，在该文字图层下方会自动添加相应的动画属性，并且可以对动画效果进行编辑，如图6-148所示。

图6-148 应用动画预设

单击"预览"面板中的"播放/停止"按钮▶，可以在"合成"窗口中预览所应用的文字动画预设的效果，如图6-149所示。

图6-149 预览动画预设效果

6.6 本章小结

本章主要对After Effects中的文字动画进行了详细介绍，分别介绍了输入文字的不同方法，以及对文字属性的设置，并且还介绍了文字的动画属性，通过文字的动画属性可以轻松地制作出文字动画效果。完成本章内容的学习后，读者需要掌握在After Effects中输入并设置文字的方法，并且能够制作出常见的文字动画效果。

读书笔记

第7章 跟踪与表达式

在视频动画的制作过程中，跟踪与表达式都是不可或缺的重要组成部分，熟练掌握这些功能能够有效提升动画制作速度和技巧。跟踪主要是对动画画面进行调整，在动画制作过程中能够帮助用户把握好运动与跟踪之间的紧密关系；表达式则是动画制作的一种辅助手段，通过表达式能够快速实现一些特殊的动画效果，有效提高动画制作效率。

本章学习重点

第 174 页
制作位移跟踪动画

第 179 页
制作透视跟踪动画

第 184 页
制作动感随机动画

第 190 页
制作开场文字动画

7.1 "跟踪器"面板

在视频拍摄过程中难免会出现画面抖动等现象，为了使画面协调美观，就必须对画面进行调整。在After Effects中，可以通过对视频应用跟踪或者稳定的方式使画面效果稳定，熟练掌握跟踪与稳定的应用，对视频动画处理会有很大帮助。

7.1.1 认识"跟踪器"面板

After Effects中通过对"跟踪器"面板进行设置，可以实现对视频动画的运动跟踪。

执行"窗口>跟踪器"命令，打开"跟踪器"面板，如图7-1所示。在"跟踪器"面板中单击"跟踪摄像机"、"变形稳定器"、"跟踪运动"或者"稳定运动"按钮中的任意一个按钮，即可创建相应类型的跟踪器，此时在"跟踪器"面板中可以对所创建的跟踪器进行相应的设置，如图7-2所示。

图7-1 "跟踪器"面板

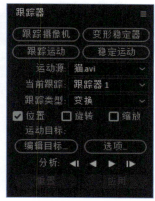
图7-2 设置相关选项

● "跟踪摄像机"按钮：单击该按钮，可以对当前合成进行分析，自动获取视频素材中摄像机的运动数据，并在"效果控件"面板中显示"摄像机跟踪器"的相关设置选项，如图7-3所示。完成"效果控件"面板中相应的选项设置后，单击"创建摄像机"按钮，可以创建一个"3D跟踪器摄像机"图层，如图7-4所示。

图7-3 "摄像机跟踪器"设置选项

图7-4 创建"3D跟踪器摄像机"图层

- **"变形稳定器"按钮**：单击该按钮，可以对当前合成进行分析，自动消除因拍摄时摄像机的晃动而出现的画面抖动，并且在"效果控件"面板中显示"变形稳定器"的相关设置选项，如图7-5所示，可以为当前合成的画面进行相应的变形稳定设置。

- **"跟踪运动"按钮**：这是最常用的跟踪工具，可以选定视频素材中的运动元素，添加跟踪点，获取其运动路径数据，将运动数据赋予其他的元素。单击该按钮，可以在当前合成中添加一个运动跟踪器，并且"跟踪器"面板中的"当前跟踪"将自动选择刚创建的跟踪器，"跟踪类型"为"变换"，如图7-6所示。

- **"稳定运动"按钮**：其原理与跟踪运动相同，只是获取数据后将数据反向用于素材本身，从而实现自身运动的稳定。单击该按钮，可以在当前合成中添加一个稳定跟踪器，并且"跟踪器"面板中的"当前跟踪"将自动选择刚创建的跟踪器，"跟踪类型"为"稳定"，如图7-7所示。

图7-5 "变形稳定器"设置选项

图7-6 创建运动跟踪器

图7-7 创建稳定跟踪器

- **运动源**：在合成中添加运动跟踪器或者稳定跟踪器之后，在下拉列表框中可以选择需要进行跟踪处理的图层。

- **当前跟踪**：当在指定的图层中添加了多个跟踪器时，可以在该下拉列表框中选择需要进行设置的跟踪器。

- **跟踪类型**：在下拉列表框中可以选择跟踪器的类型，包括"稳定"、"变换"、"平行边角定位"、"透视边角定位"和"原始"5个选项，如图7-8所示。

图7-8 "跟踪类型"下拉列表框

- 稳定：选择该选项，可以对画面进行稳定跟踪。
- 变换：选择该选项，可以对画面进行运动跟踪。
- 平行边角定位：选择该选项，可以对画面中的旋转、倾斜进行跟踪，但无法跟踪透视。
- 透视边角定位：选择该选项，可以对画面进行透视跟踪。
- 原始：选择该选项，可以对位移进行跟踪，但是其跟踪计算结果只能保存在素材属性中，在表达式中可以调用这些跟踪数据。

- 位置、旋转、缩放：选择"位置"复选框，则跟踪动画为位移跟踪动画；选择"旋转"复选框，则跟踪动画为旋转跟踪动画；选择"缩放"复选框，则跟踪动画为缩放跟踪动画。
- "编辑目标"按钮：单击该按钮，弹出"运动目标"对话框，可以指定跟踪传递的目标，如图7-9所示。
- "选项"按钮：单击该按钮，弹出"运态跟踪器选项"对话框，可以对跟踪器进行更详细的设置，如图7-10所示。

图7-9 "运动目标"对话框

图7-10 "动态跟踪器选项"对话框

- 分析：通过单击该选项后的4个按钮，可以分别对当前视频进行相应的分析跟踪。包括"向后分析1个帧"、"向后分析"、"向前分析"和"向前分析1个帧"4个按钮。
- "重置"按钮：单击该按钮，可以将当前应用的跟踪删除并还原为初始状态。
- "应用"按钮：单击该按钮，可以将当前添加的跟踪结果应用到视频中。

7.1.2 跟踪范围框

当对视频素材应用跟踪命令后，将会自动打开该视频素材的图层窗口，在素材图层窗口中会出现一个十字形标记和两个方框构成的跟踪对象，这就是跟踪范围框，如图7-11所示。其中外框为搜索框，显示的是跟踪对象的搜索范围；内框为特征框，用于锁定跟踪对象的具体特征；十字形标记为跟踪点。

图7-11 跟踪范围框

- **搜索区域**：定义下一帧的跟踪范围。搜索区域的大小与要跟踪目标的运动速度有关，跟踪目标的运动速度越快，搜索区域就应该越大。
- **特征区域**：定义跟踪目标的特征范围。After Effects软件会先通过记录特征区域内的色相、亮度和形状等特征，在后续关键帧中再以这些记录的特征进行匹配跟踪。一般情况下，在前期拍摄的过程中就会注意跟踪点的位置。
- **跟踪点**：视频素材中的十字形标记就是跟踪点。跟踪点是关键帧生成点，是跟踪范围框与其他图层之间的链接点。

使用"选取工具"可以对跟踪范围进行调整，将光标放置在跟踪范围框内不同的位置，光标会变换成不同的效果，拖动光标可以实现相应的调整。

当光标变为 ▷ 形状时，表示可以移动跟踪点的位置；当光标变为 ✥ 形状时，表示可以移动整个跟踪范围框；当光标变为 ↔ 形状时，表示可以移动特征区域和搜索区域；当光标变为 ▷ 形状时，表示可以移动搜索区域；当光标变为 ▷ 形状时，表示可以拖动调整方框的大小或者形状。

7.1.3 位移跟踪

位移跟踪动画就是通过将视频中明显区别于其他位置的地方作为跟踪对象，让其他对象跟随视频素材中该位置进行运动的动画。在视频制作过程中经常会用到位移跟踪动画，如新闻中某些内容会有动态马赛克、物体运动跟踪的动画等，掌握位移跟踪动画对于视频动画制作而言非常重要。

应用案例　制作位移跟踪动画

源文件：源文件\第7章\7-1-3.aep　　　　　视频：光盘\视频\第7章\7-1-3.mp4

STEP 01 在After Effects中新建一个空白的项目，执行"文件>导入>文件"命令，在弹出的"导入文件"对话框中同时选中需要导入的素材文件，如图7-12所示。单击"导入"按钮，将选中的两个素材导入到"项目"面板中，如图7-13所示。

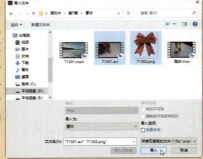

图7-12 选择需要导入的素材

图7-13 导入素材文件

STEP 02 在"项目"面板中将视频素材71301.avi拖入到"时间轴"面板中，如图7-14所示。打开"跟踪器"面板，单击"跟踪运动"按钮，在图层窗口中显示视频素材并自动创建一个跟踪点，如图7-15所示。

图7-14 拖入视频素材

图7-15 自动创建跟踪点

STEP 03 使用"选取工具"调整跟踪范围框的位置和大小,使"跟踪点"位于猫的项圈黑色部分上,如图7-16所示。在"项目"面板中将素材71302.png拖入到"合成"窗口中,将素材等比例缩小并调整至合适的位置,如图7-17所示。

图7-16 调整跟踪点和跟踪范围框　　图7-17 拖入素材图像并调整大小和位置

STEP 04 切换到"图层71301.avi"窗口,在"跟踪器"面板中设置"运动源"为71301.avi,如图7-18所示。单击"编辑目标"按钮,弹出"运动目标"对话框,选择需要跟随跟踪点运动的图层,这里选择71302.png图层,如图7-19所示。单击"确定"按钮,完成跟踪目标的设置。

图7-18 设置"运动源"选项　　图7-19 "运动目标"对话框

STEP 05 将"时间指示器"移至0秒位置,单击"跟踪器"面板中的"向前分析"图标 ▶ ,对视频素材进行播放分析,如图7-20所示。分析完成后,单击"跟踪器"面板中的"应用"按钮,弹出"动态跟踪器应用选项"对话框,参数设置如图7-21所示。

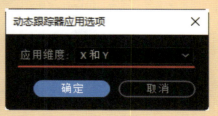

图7-20 对视频素材进行运动跟踪　　图7-21 "动态跟踪器应用选项"对话框

STEP 06 单击"确定"按钮,完成运动跟踪动画的制作,自动返回到"合成"窗口。单击"预览"面板中的"播放/停止"按钮 ▶ ,在"合成"窗口中预览视频,可以看到蝴蝶结素材会跟随视频中的猫进行运动,效果如图7-22所示。

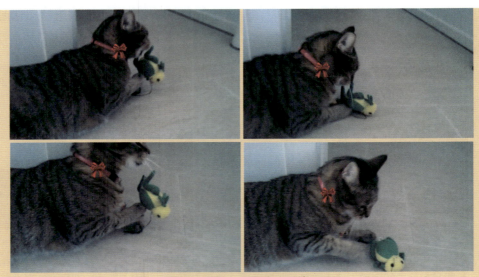

图7-22 预览位移跟踪动画效果

7.1.4 旋转跟踪

旋转跟踪动画通过两个跟踪控制点锁定对象位置，在一个对象旋转的情况下，另一个对象做跟随旋转的动画。在制作时需要选择好合适的跟踪点，并对跟踪的对象位置做出相应的调整，才能制作出想要的效果。

应用案例　制作旋转跟踪动画

源文件：源文件\第7章\7-1-4.aep　　　　　视频：光盘\视频\第7章\7-1-4.mp4

STEP 01 在After Effects中新建一个空白的项目，执行"文件>导入>文件"命令，在弹出的"导入文件"对话框中同时选中需要导入的素材文件，如图7-23所示。单击"导入"按钮，将选中的两个素材导入到"项目"面板中，如图7-24所示。

图7-23 选择需要导入的素材

图7-24 导入素材文件

STEP 02 在"项目"面板中将视频素材71401.avi拖入到"时间轴"面板中，如图7-25所示。打开"跟踪器"面板，单击"跟踪运动"按钮，在图层窗口中显示视频素材并自动创建一个跟踪点，如图7-26所示。

第7章 跟踪与表达式

图7-25 拖入视频素材

图7-26 自动创建跟踪点

STEP 03 在"跟踪器"面板中选择"旋转"复选框，如图7-27所示。在图层窗口中可以看到在视频素材中自动添加第2个跟踪点，如图7-28所示。

图7-27 选择"旋转"复选框

图7-28 自动添加第2个跟踪点

STEP 04 将"时间指示器"移至0秒位置，在图层窗口中调整"跟踪点1"的位置和跟踪范围，如图7-29所示。在图层窗口中调整"跟踪点2"的位置和跟踪范围，如图7-30所示。

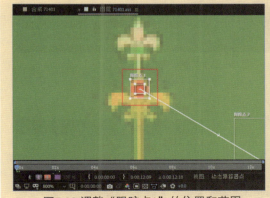

图7-29 调整"跟踪点1"的位置和范围

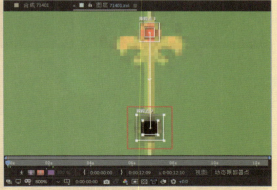

图7-30 调整"跟踪点2"的位置和范围

STEP 05 单击"跟踪器"面板中的"向前分析"图标▶，对视频素材进行播放分析，如图7-31所示。切换到"合成"窗口中，在"项目"面板中将素材71402.png拖入到"合成"窗口中，将素材等比例缩小并调整到合适的位置，如图7-32所示。

图7-31 对视频素材进行运动跟踪

图7-32 拖入素材图像并调整大小和位置

STEP 06 选择71401.avi图层，切换到图层窗口中，在"跟踪器"面板中单击"编辑目标"按钮，弹出"运动目标"对话框，选择需要跟随跟踪点运动的图层，这里选择71402.png图层，如图7-33所示。单击"确定"按钮，完成跟踪目标的设置。单击"跟踪器"面板中的"应用"按钮，弹出"动态跟踪器应用选项"对话框，参数设置如图7-34所示。

图7-33 "运动目标"对话框

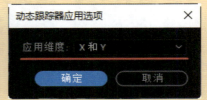
图7-34 "动态跟踪器应用选项"对话框

STEP 07 单击"确定"按钮，完成运动跟踪动画的制作，在"合成"窗口中可以看到跟踪对象的效果，如图7-35所示。在"时间轴"面板中可以看到自动生成的属性关键帧，如图7-36所示。

图7-35 "合成"窗口效果

图7-36 "时间轴"面板

STEP 08 单击71402.png图层下方的"旋转"属性名称，可以同时选中该属性的所有关键帧，如图7-37所示。使用"旋转工具"在"合成"窗口中对该素材对象进行旋转调整，效果如图7-38所示。

图7-37 选中"旋转"属性的所有关键帧

图7-38 对素材进行旋转调整

STEP 09　至此，完成旋转跟踪动画的制作，单击"预览"面板中的"播放/停止"按钮▶，在"合成"窗口中预览视频，可以看到心形素材会跟随视频中的时钟指针进行旋转运动，效果如图7-39所示。

图7-39 预览旋转跟踪动画效果

7.1.5 透视跟踪

在影视制作中通过制作透视跟踪动画，可以轻松地替换掉合成中某一块区域的图片或者视频，这样既不影响合成整体的效果，又能够轻松地达到目的。透视跟踪动画通过4个跟踪范围框来锁定对象位置，因此在制作过程中需要特别注意跟踪范围框的位置和大小。

制作透视跟踪动画

源文件：源文件\第7章\7-1-5.aep　　　　视频：光盘\视频\第7章\7-1-5.mp4

STEP 01　在After Effects中新建一个空白的项目，执行"文件>导入>文件"命令，在弹出的"导入文件"对话框中同时选中需要导入的素材文件，如图7-40所示。单击"导入"按钮，将选中的两个素材导入到"项目"面板中，如图7-41所示。

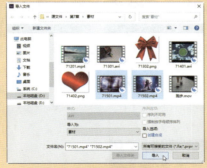 

图7-40 选择需要导入的素材　　　　图7-41 导入素材文件

STEP 02　在"项目"面板中将视频素材71501.mp4拖入到"时间轴"面板中，如图7-42所示。打开"跟踪器"面板，单击"跟踪运动"按钮，在图层窗口中显示视频素材并自动创建一个跟踪点，如图7-43所示。

图7-42 拖入视频素材　　　　图7-43 自动创建跟踪点

STEP 03 在"跟踪器"面板中设置"跟踪类型"选项为"透视边角定位",如图7-44所示。在图层窗口中自动显示4个跟踪点,如图7-45所示。

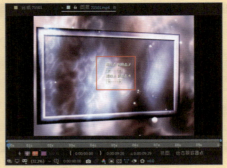

图7-44 设置"跟踪类型"选项　　　图7-45 自动显示4个跟踪点

STEP 04 在图层窗口中分别调整4个跟踪点至视频中合适的位置,并分别调整4个跟踪点的跟踪范围,如图7-46所示。单击"跟踪器"面板中的"向前分析"图标▶,对视频素材进行播放分析,如图7-47所示。

图7-46 调整跟踪点的位置和范围　　　图7-47 对视频素材进行运动跟踪

STEP 05 切换到"合成"窗口中,将"项目"面板中的视频素材71502.mp4拖入到"时间轴"面板中,效果如图7-48所示。选择71501.mp4图层,切换到图层窗口中,在"跟踪器"面板中单击"编辑目标"按钮,弹出"运动目标"对话框,选择需要跟随跟踪点运动的图层,这里选择71502.mp4图层,如图7-49所示。

图7-48 拖入视频素材　　　图7-49 "运动目标"对话框

STEP 06 单击"确定"按钮,完成跟踪目标的设置。单击"跟踪器"面板中的"应用"按钮,完成透视跟踪动画的制作。单击"预览"面板中的"播放/停止"按钮▶,在"合成"窗口中预览视频,可以看到视频素材透视跟踪的效果,如图7-50所示。

图7-50 预览透视跟踪动画效果

7.1.6 画面稳定跟踪

在视频拍摄过程中，由于各种状况会导致拍摄的视频出现晃动，因此需要对所拍摄的视频进行处理。对出现晃动的视频制作稳定跟踪动画能够改变这种状况，再通过缩放移动等操作就可以制作出画面稳定的视频。

制作画面稳定跟踪动画
源文件：源文件\第7章\7-1-6.aep　　　视频：光盘\视频\第7章\7-1-6.mp4

STEP 01 在After Effects中新建一个空白的项目，执行"文件>导入>文件"命令，在弹出的"导入文件"对话框中选择需要导入的视频素材，如图7-51所示。单击"导入"按钮，将选中的视频素材导入到"项目"面板中，如图7-52所示。

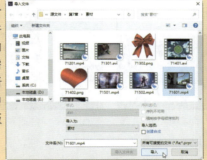

图7-51 选择需要导入的素材　　图7-52 导入素材文件

STEP 02 在"项目"面板中将视频素材71601.mp4拖入到"时间轴"面板中，如图7-53所示。打开"跟踪器"面板，单击"稳定运动"按钮，在图层窗口中显示视频素材并自动创建一个跟踪点，如图7-54所示。

图7-53 拖入视频素材　　图7-54 自动创建跟踪点

STEP 03 将"时间指示器"移至0秒位置,在视频画面中选取某处作为参考点并将跟踪点移至该处,调整跟踪范围框的大小,如图7-55所示。单击"跟踪器"面板中的"向前分析"图标▶,对视频素材进行播放分析,如图7-56所示。

图7-55 调整跟踪点的位置和范围　　　　　　图7-56 对视频素材进行稳定跟踪

STEP 04 单击"跟踪器"面板中的"应用"按钮,弹出"动态跟踪器应用选项"对话框,参数设置如图7-57所示。单击"确定"按钮,完成跟踪处理,在"合成"窗口中可以看到稳定运动最后一帧的效果,如图7-58所示。

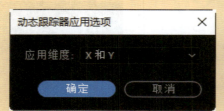 

图7-57 "动态跟踪器应用选项"对话框　　　　图7-58 "合成"窗口中最后一帧的效果

STEP 05 选择71601.mp4图层,按【S】键,显示该图层的"缩放"属性,设置该属性值为190%,效果如图7-59所示。按【P】键,显示该图层的"位置"属性,在"合成"窗口中将视频画面水平向右移至合适的位置,如图7-60所示。

图7-59 设置视频"缩放"属性　　　　　　图7-60 设置视频"位置"属性

STEP 06 至此,完成视频稳定跟踪的处理,单击"预览"面板中的"播放/停止"按钮▶,在"合成"窗口中预览视频,可以看到视频稳定跟踪处理后的效果,如图7-61所示。

图7-61 预览视频稳定跟踪动画效果

7.2 "摇摆器"面板

"摇摆器"通常用于制作随机动画，通过在现有的关键帧的基础上自动创建随机关键帧，并产生随机的差值，使图层的属性产生偏差以达到制作随机动画的目的。

认识"摇摆器"面板

执行"窗口>摇摆器"命令，打开"摇摆器"面板，如图7-62所示。

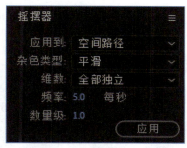

图7-62 "摇摆器"面板

- 应用到：在该下拉列表框中包括"时间图表"和"空间路径"两个选项。选择"时间图表"选项，表示随机生成关键帧随时间变化的曲线动画；选择"空间路径"选项，表示随机生成关键帧随空间变化的曲线动画。
- 杂色类型：在该下拉列表框中包括"平滑"和"成锯齿状"两个选项。如果选择"平滑"选项，则关键帧动画过程将变得平缓；如果选择"成锯齿状"选项，则关键帧动画产生过程的变化会较大。
- 维数：在该下拉列表框中包括X、Y、"所有相同"和"全部独立"4个选项。选择X选项，表示动画产生在水平方向，即X轴上；选择Y选项，表示动画产生在垂直方向，即Y轴上；选择"所有相同"选项，表示动画在X和Y轴上都产生相同的变化；选择"全部独立"选项，表示动画在X和Y轴上产生不同的变化。
- 频率：表示系统每秒添加的关键帧数量，该值越大，产生的关键帧越多，动画的变化也越大。
- 数量级：表示动画变化幅度的大小，该值越大，变化幅度越大。

随机动画

随机动画是通过"摇摆器"面板生成的，当对动画添加帧时，在"摇摆器"面板中设置相应的参数即可实现。随机动画可以模仿现实中的随机运动，因此在制作某些动画时会经常用到。

制作动感随机动画

源文件： 源文件\第7章\7-2-2.aep　　　　　**视频：** 光盘\视频\第7章\7-2-2.mp4

STEP 01 在After Effects中新建一个空白的项目，执行"合成>新建合成"命令，弹出"合成设置"对话框，参数设置如图7-63所示。单击"确定"按钮，新建合成。执行"文件>导入>文件"命令，导入素材图像"源文件\第7章\素材\72201.jpg"，如图7-64所示。

图7-63 "合成设置"对话框　　　图7-64 导入素材图像

STEP 02 在"项目"面板中将素材72201.jpg拖入到"时间轴"面板中，效果如图7-65所示。执行"图层>新建>纯色"命令，弹出"纯色设置"对话框，参数设置如图7-66所示。

图7-65 拖入素材图像　　　图7-66 "纯色设置"对话框

STEP 03 单击"确定"按钮，新建纯色图层，单击"时间轴"面板左下角的"展开或折叠'转换控制'窗格"按钮，显示"转换控制"选项，设置纯色图层的"模式"为"叠加"，如图7-67所示，此时的"合成"窗口效果如图7-68所示。

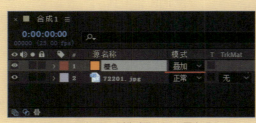

图7-67 设置"模式"为"叠加"　　　图7-68 "合成"窗口效果

STEP 04 选择"纯色"图层,使用"椭圆工具",在"合成"窗口中按住【Shift】键拖动鼠标绘制一个正圆形蒙版路径,如图7-69所示。展开该图层下方的"蒙版1"选项,设置"蒙版羽化"属性值为80,如图7-70所示。

图7-69 绘制正圆形蒙版路径　　　　　　图7-70 设置"蒙版羽化"属性

STEP 05 在"合成"窗口中可以看到设置了"蒙版羽化"属性的效果,如图7-71所示。将"时间指示器"移至0秒位置,选择"橙色"图层,按【P】键,显示该图层的"位置"属性,插入该属性关键帧,如图7-72所示。

图7-71 "合成"窗口效果　　　　　　图7-72 插入"位置"属性关键帧

STEP 06 将"时间指示器"移至4秒位置,单击"位置"属性前的"添加或删除关键帧"按钮,在当前位置添加该属性关键帧,如图7-73所示。同时选中这两个属性关键帧,选择"窗口>摇摆器"命令,打开"摇摆器"面板,对相关选项进行设置,如图7-74所示。

图7-73 添加属性关键帧　　　　　　图7-74 "摇摆器"面板

STEP 07 单击"应用"按钮,在所选中的两个关键帧之间自动生成相应的关键帧,生成随机运动路径,此时的"时间轴"面板如图7-75所示,"合成"窗口如图7-76所示。

图7-75 "时间轴"面板　　　　　　图7-76 "合成"窗口效果

STEP 08 确认"时间指示器"位于4秒位置,展开"橙色"图层下方的"蒙版1"选项,插入"蒙版路径"属性关键帧,如图7-77所示。将"时间指示器"移至最后一帧位置,在"合成"窗口中将蒙版路径等比例放大至覆盖整个合成画面,如图7-78所示。

图7-77 插入"蒙版路径"属性关键帧　　　　图7-78 将蒙版路径等比例放大

STEP 09 至此,完成该动感随机动画的制作,单击"预览"面板中的"播放/停止"按钮▶,可以在"合成"窗口中预览动画效果,如图7-79所示。

图7-79 预览动感随机动画效果

【7.3 表达式】

在After Effects中用户可以用表达式把一个属性的值应用到另一个属性中,产生交互性的影响。只要遵守表达式的基本规律,就可以创建复杂的表达式动画。

7.3.1 表达式概述

表达式是一种通过编程的方式来实现一些重复性的动画操作,能够有效减少动画的制作量,同时使用表达式还能够实现一些特殊的动画效果。使用表达式,可以创建一个图层与另一个图层的关联应用,或者属性与属性之间的关联。例如,可以用表达式关联时钟的时针、分针和秒针,在制作动画时只要设置其中一项的动画,其余两项可以使用表达式关联来产生动画。

可以在"时间轴"面板中创建表达式,可以使用表达式关联器为不同图层的属性创建关联表达式,可以在表达式输入框中输入和编辑表达式,如图7-80所示。

图7-80 在"时间轴"面板中显示表达式输入框

- "启用表达式"按钮 ≡：用于激活或者关闭表达式功能。当为某个属性添加表达式时，默认为按下状态，表过启用表达式功能。
- "显示表达式图表"按钮 ：用于控制是否在曲线编辑模式下显示表达式动画曲线，默认为未激活状态。
- "表达式关联器"按钮 ：用于关联表达式，可以拖动该按钮至需要关联的表达式上，从而实现与相关表达式的关联。
- "表达式语言菜单"按钮 ▶：单击该按钮会打开表达式语言菜单，可以执行常用的表达式命令。

7.3.2 表达式的基本操作方法

表达式用起来十分方便，很多看起来比较复杂的动画通过表达式的运用就可以轻松实现。本节将向读者介绍表达式的基本操作方法。

- **1．添加表达式**

添加表达式的方法有以下两种。

第1种方法：展开图层下方的属性，按住【Alt】键不放，单击需要添加表达式的属性前的"秒表"图标，即可在该属性下方显示相应的表达式选项和表达式输入框，如图7-81所示。

图7-81 显示表达式输入框

第2种方法：展开图层下方的属性，选择需要添加表达式的属性，执行"动画>添加表达式"命令，即可在所选择属性的下方显示相应的表达式选项和表达式输入框，如图7-82所示。

图7-82 显示表达式输入框

在After Effects中，可以在表达式输入框中手动输入表达式，也可以使用表达式语言菜单自动输入表达式，还可以使用"表达式关联器"图标 ，关联其他图层中所添加的表达式。

单击表达式选项中的"表达式语言菜单"按钮 ▶，可以打开表达式语言菜单选项，如图7-83所示。这对于正确书写表达式的参数变量及语法很有帮助。在After Effects表达式菜单中选择任何的目标、属性或者方法，会自动在表达式输入框中插入表达式命令，用户只需根据自己的需要修改命令中的参数和变量即可。

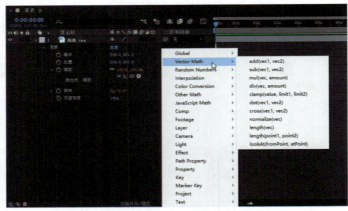

图7-83 表达式语言菜单

● 2．编辑表达式

为图层中的某个属性添加表达式，显示表达式输入框，可以直接在表达式输入框中输入相应的表达式代码，如图7-84所示。完成表达式代码的输入后，只需在"时间轴"面板中的任意位置单击，即可完成表达式的输入，隐藏表达式输入框，但依然会在该属性下方显示所添加的表达式代码，如图7-85所示。

图7-84 输入表达式代码　　　　　图7-85 完成表达式代码的输入

如果需要对已添加的表达式代码进行编辑修改，可以直接在表达式代码位置单击，即可显示表达式输入框，可以直接对表达式代码进行编辑修改。

在After Effects软件中，表达式的写法类似于Java语言，一条基本的表达式可以由以下几部分组成。

例如，如下的表达式：

thisComp.layer（"black Solid 1"）.transform.opacity=transform.opacity+time*10

其中，thisComp为全局属性，用来指明表达式所应用的最高层级，layer（"black Solid 1"）指明是哪一个图层，transform.opacity为当前图层的哪一个属性，transform.opacity+time*10为属性的表达式值。

也可以直接使用相对层级的写法，省略全局属性，上面的表达式也可以写为：

Transform.opacity=transform.opacity+time*10

或者更加简洁地写成下面的形式：

Transform.opacity+time*10

● 3．删除表达式

如果需要删除为某个属性所添加的表达式，可以在"时间轴"面板中选择需要删除表达式的属性，执行"动画>移除表达式"命令，或者按住【Alt】键不放，单击属性名称前的"秒表"图标 ，即可删除该属性所添加的表达式。

● 4．保存和调用表达式

在After Effects中可以将含有表达式的动画保存为一个"动画预设"，以方便在其他项目文件中调用这些动画预设。选中需要保存动画预设的属性，执行"动画>保存动画预设"命令，如图7-86所示。弹出"动画预设另存为"对话框，如图7-87所示。单击"保存"按钮，即可完成动画预设的保存。

图7-86 执行"保存动画预设"命令

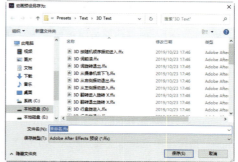

图7-87 "动画预设另存为"对话框

如果在保存的动画预设中，动画属性仅含有表达式而没有任何关键帧，那么动画预设中就会只保存表达式的信息。如果动画属性中包含一个或者多个关键帧，那么动画预设中将同时保存关键帧和表达式的信息。

● 5．为表达式添加注释

因为表达式是基于JavaScript语言的，所以和其他编程语言一样，可以用"//"或"*/"符号为表达式添加注释，具体用法如下。

如果只需添加单行注释内容，可以使用"//"，例如：

//这里是注释说明内容

如果需要同时添加多行注释内容，可以使用"/*"和"*/"包含多行注释内容，例如：

/*这里是注释说明内容

这里是注释说明内容*/

7.3.3 表达式中的量

在After Effects软件中，会经常用到常量和变量的数据类型就是数组，如果能够熟练掌握JavaScript语言中的数组，对于书写表达式会很有帮助。

- 数组常量：在JavaSsript中，一个数组常量包含几个数，并且用中括号括起来。例如：[32, 55]，其中32为第0号元素，55为第1号元素。
- 数组变量：对于数组变量，可以将一个指针指派给它。例如，myArray=[19, 23]表示一个名称为myArray的数组变量，在该数组变量中包含两个元素。
- 访问数组变量：可以用"[ ]"中的元素序号访问数组中的某一个元素。例如，要访问myArray数组中的第一个元素32，可以输入myArray[0]。
- 把一个数组指针赋给变量：在After Effects的表达式语言中，很多属性和方法要用数组赋值或者返回值。例如，在二维图层或者三维图层中，thisLayer.Position是一个二维或者三维的数组。
- 数组的维度：在After Effects中，不同的属性有不同的维度，一般分为一元、二元、三元、四元。例如，用来表达"不透明度"属性，只需一个值就足够了，所以它是一元属性；position用来表示空间属性，需要X、Y、Z这3个数值，所以它是三元属性。下面列举一些常见的属性维度。
- 一元：Rotation、Opacity。
- 二元：Scale[x, y]。
- 三元：Position[x, y, z]。
- 四元：Color[r, g, b, a]。

7.3.4 表达式语言菜单

由于表达式属于一种脚本式的语言，因此After Effects软件本身提供了一个表达式语言菜单，可以在里面查找自己想要的表达式。单击"表达式语言菜单"按钮 ▶，打开表达式语言菜单，如图7-88所示。

- **Global**：该菜单中的命令主要用于指定表达式的全局对象的设置。
- **Vector Math**：该菜单中的命令主要是矢量数学运算的数学函数。
- **Random Numbers**：该菜单中的命令主要是生成随机数的函数。
- **Interpolation**：该菜单中的命令主要是利用插值的方法来制作表达式的函数。
- **Color Conversion**：该菜单中的命令主要是RGBA和HSLA的色彩空间转换。
- **Other Math**：该菜单中的命令主要是包括度和弧度的相互转换。
- **JavaScript Math**：该菜单中的命令主要是JavaScript中的运算函数。
- **Comp**：该菜单中的命令主要是利用合成的属性制作表达式。
- **Footage**：该菜单中的命令主要是利用脚本属性和方法来制作表达式。
- **Layer**：该菜单中的命令主要是图层的各种类型，其子菜单中包括Sub-object（层的子对象类）、General（层的一般属性类）、Properties（层的特殊属性类）、3D（三维层类）和Space Transforms（层的空间转换类）。
- **Camera**：该菜单中的命令主要是利用摄像机的属性制作表达式。
- **Light**：该菜单中的命令主要是利用灯光的属性制作表达式。
- **Effect**：该菜单中的命令主要是利用效果的参数制作表达式。
- **Mask**：该菜单中的命令主要是利用蒙版的属性制作表达式。
- **Property**：该菜单中的命令主要是利用各种属性制作表达式。
- **Key**：该菜单中的命令主要是利用关键帧、时间和指数制作表达式。
- **MarkerKey**：该菜单中的命令主要是利用标记点关键帧的方法制作表达式。

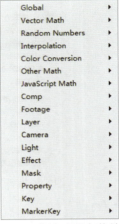

图7-88 表达式语言菜单

7.3.5 制作开场文字动画

表达式能够为动画提供快速、高效的处理方法，本案例通过利用简单的表达式制作动画，向大家展示表达式的便捷性。

应用案例 制作开场文字动画
源文件：源文件\第7章\7-3-5.aep　　　视频：光盘\视频\第7章\7-3-5.mp4

STEP 01 在After Effects中新建一个空白的项目，执行"合成>新建合成"命令，弹出"合成设置"对话框，参数设置如图7-89所示。单击"确定"按钮，新建合成。执行"文件>导入>文件"命令，导入视频素材"源文件\第7章\素材\73501.mov"，如图7-90所示。

图7-89 "合成设置"对话框

图7-90 导入视频素材

STEP 02 在"项目"面板中将视频素材73501.mov拖入到"时间轴"面板中,效果如图7-91所示。使用"横排文字工具"在画布中单击并输入文字,在"字符"面板中对文字的相关属性进行设置,效果如图7-92所示。

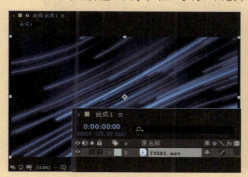

图7-91 拖入视频素材　　　　　　　　图7-92 输入文字并设置属性

STEP 03 使用"向后平移(锚点)工具",调整文字图层的锚点位于文字的中心位置,单击"对齐"面板中的"水平对齐"和"垂直对齐"图标,将文字对齐至合成中心位置,如图7-93所示。执行"效果>生成>梯度渐变"命令,为文字图层应用"梯度渐变"效果。在"效果控件"面板中对"梯度渐变"效果的相关选项进行设置,如图7-94所示。

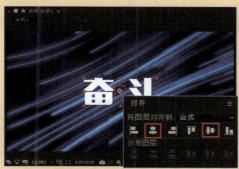 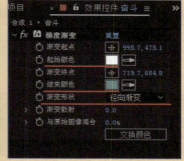

图7-93 将文字对齐到合成中心　　　　图7-94 设置"梯度渐变"效果选项

STEP 04 在"合成"窗口中调整"梯度渐变"效果的渐变起点和渐变终点位置,效果如图7-95所示。执行"效果>模糊和锐化>快速方框模糊"命令,应用"快速方框模糊"效果。在"效果控件"面板中设置"模糊半径"为80,并插入该属性关键帧,如图7-96所示。

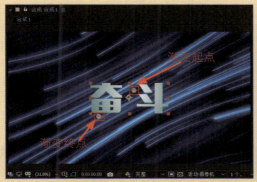 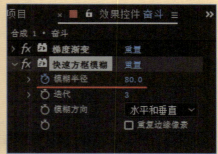

图7-95 调整渐变起点和渐变终点位置　　图7-96 设置"快速方框模糊"效果选项

STEP 05 在"合成"窗口中可以看到应用"快速方框模糊"的效果,如图7-97所示。将"时间指示器"移至0秒13帧位置,设置"模糊半径"属性值为0,效果如图7-98所示。

191

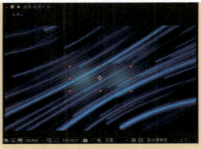

图7-97 "合成"窗口效果　　　　图7-98 设置"模糊半径"属性效果

STEP 06 在"时间轴"面板中为"奋斗"图层开启"运动模糊"和"3D图层"功能，如图7-99所示。将"时间指示器"移至0秒位置，按【P】键，显示该图层的"位置"属性，设置"位置"属性值为（955.5，530.2，-800），并插入该属性关键帧，如图7-100所示。

图7-99 开启相应的图层功能　　　　图7-100 设置"位置"属性值并插入关键帧

STEP 07 将"时间指示器"移至0秒13帧位置，设置"位置"属性值为（955.5，530.2，0），效果如图7-101所示。将"时间指示器"移至1秒1位置，设置"位置"属性值为（955.5，530.2，100），效果如图7-102所示。

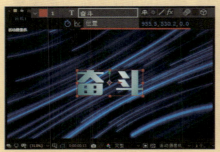

图7-101 设置"位置"属性效果　　　　图7-102 设置"位置"属性效果

STEP 08 将"时间指示器"移至1秒13帧位置，设置"位置"属性值为（955.5，530.2，1000），效果如图7-103所示。将"时间指示器"移至1秒位置，按住【Shift+T】组合键，在该图层下方显示"不透明度"属性，插入该属性关键帧，如图7-104所示。

图7-103 设置"位置"属性效果　　　　图7-104 插入关键帧

STEP 09 将"时间指示器"移至1秒13帧位置,设置"不透明度"属性值为0%。选择"奋斗"图层,按【Alt+]】组合键,将该图层的出点位置调整至当前时间位置,如图7-105所示。

图7-105 调整图层出点位置

STEP 10 选择"奋斗"图层,按【Ctrl+D】组合键复制该图层。在"合成"窗口中将复制得到的文字修改为"创造",在"时间轴"面板中将该图层内容整体向右移至从1秒位置开始,如图7-106所示,"合成"窗口效果如图7-107所示。

图7-106 复制图层并调整图层起始时间　　　　图7-107 "合成"窗口效果

STEP 11 选择"创造"图层,按【Ctrl+D】组合键复制该图层。在"合成"窗口中将复制得到的文字修改为"未来",在"时间轴"面板中将该图层内容整体向右移至从2秒位置开始,如图7-108所示,"合成"窗口效果如图7-109所示。

图7-108 复制图层并调整图层起始时间　　　　图7-109 "合成"窗口效果

STEP 12 执行"图层>新建>摄像机"命令,弹出"摄像机设置"对话框,参数设置如图7-110所示。单击"确定"按钮,新建摄像机图层。展开摄像机图层下方的"变换"选项,设置"位置"属性值为(360,300,-1000),如图7-111所示。

图7-110 "摄像机设置"对话框

图7-111 设置"位置"属性值

STEP 13 执行"图层>新建>空对象"命令,新建一个空对象图层,如图7-112所示。按【P】键,显示空对象图层的"位置"属性,按住【Alt】键不放单击"位置"属性左侧的"秒表"图标,显示该属性的表达式输入框,输入表达式wiggle(8,20),如图7-113所示。

图7-112 新建空对象图层

图7-113 为"位置"属性添加表达式

STEP 14 选择"摄像机1"图层,设置该图层的"父级和链接"选项为"空1",此时的"时间轴"面板如图7-114所示。

图7-114 "时间轴"面板

STEP 15 至此,完成开场文字动画的制作,单击"预览"面板中的"播放/停止"按钮,可以在"合成"窗口中预览动画效果,如图7-115所示。

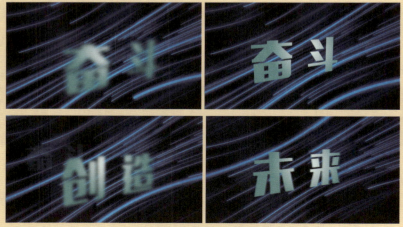

图7-115 预览开场文字动画效果

7.4 知识拓展：表达式操作技巧

有时在某处使用的表达式，在其他图层中也会用到，重新输入的话比较麻烦。这时就可以选中需要复制表达式的属性，按【Ctrl+C】组合键进行复制，如图7-116所示。选中需要输入表达式的图层，按【Ctrl+V】组合键进行粘贴，如图7-117所示。被粘贴的图层只会增加表达式，并不会对其他参数产生影响。

图7-116 复制表达式　　　　　　图7-117 粘贴表达式

对于添加了表达式的属性，如果需要修改某时间段的数值或者需要增加其运算速度，可以通过执行"动画>关键帧助手>将表达式转换为关键帧"命令，将表达式的运算结果进行逐帧分析，并将其转换为关键帧的形式，如图7-118所示。将表达式转化为关键帧是不可逆的操作，因此转换为关键帧后的图层会自动关闭表达式功能，但可以通过重新打开表达式功能开关，继续应用原表达式。

图7-118 将表达式转换为关键帧

7.5 本章小结

在本章中主要讲解了"跟踪器"面板、"摇摆器"面板，以及表达式的使用方法和技巧，并通过案例的制作，使读者能够掌握"跟踪器"、"摇摆器"和表达式的具体使用方法。读者要在视频动画制作的过程中不断地学习和实践，摸索出更加实用、有效的应用方法，为以后的工作打下更加坚定的基础。

第8章 颜色校正与抠像特效

在After Effects的"效果"菜单中为用户提供了"颜色校正"和"抠像"命令，通过使用"颜色校正"效果组中的命令，可以对图像或者视频素材的色调进行调整，从而达到改善素材画面色彩的目的。通过使用"抠像"效果组中的命令，可以实现图像或视频素材的快速抠图处理，使用这些特效能够帮助用户在视频动画的处理过程中更方便、快捷地处理素材。本章将介绍After Effects的"颜色校正"和"抠像"效果组中相关命令的应用与设置，并通过案例的制作，使读者能够快速掌握使用"颜色校正"和"抠像"效果对素材进行处理的方法和技巧。

本章学习重点

第 222 页
调整风景照片季节

第 227 页
制作动感光线效果

第241页
制作鲜花绽放动画效果

第243页
制作流行人像合成

8.1 应用"颜色校正"效果的方法

在After Effects中想要使用"颜色校正"效果对素材进行色彩的调整和处理，首先需要了解应用"颜色校正"效果的基本操作方法。

1. 在"时间轴"面板中选择需要应用"颜色校正"效果的素材图层。
2. 执行"效果>颜色校正"命令，在子菜单中选择需要应用的效果，或者打开"效果和预设"面板，如图8-1所示，在"效果和预设"面板中展开"颜色校正"选项组，在该组中双击需要应用的颜色校正效果选项，如图8-2所示。

图8-1 "效果和预设"面板　　图8-2 "颜色校正"效果组中所包含的效果

3. 为素材图像应用某种"颜色校正"效果后，会在"效果控件"面板中显示该效果的相关设置选项，在其中可以对所应用的效果进行设置。

8.2 "颜色校正"效果介绍

在视频动画的制作过程中经常需要对图像或者视频素材的颜色进行处理，如调整素材的色调、亮度、对比度等。After Effects为用户提供了"颜色校正"效果组，在该效果组中提供了35种对素材颜色进行处理的效果，本节将详细介绍"颜色校正"效果组中各种效果的作用及设置方法。

● 1. 三色调

"三色调"效果可以分别将素材中的高光、中间调和阴影区域的颜色替换成指定的颜色。图8-3所示为应用"三色调"效果前后的素材效果对比。

第8章
颜色校正与抠像特效

图8-3 应用"三色调"效果前后对比

为素材图层添加"三色调"效果后，可以在"效果控件"面板中对"三色调"效果的相关选项进行设置，如图8-4所示。

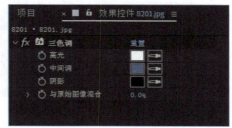

- 高光：该选项用于设置素材中高光的颜色。
- 中间调：该选项用于设置素材中的中间调的颜色。
- 阴影：该选项用于设置素材中阴影的颜色。
- 与原始图像混合：该选项用于设置与原始素材的混合程度。

图8-4 "三色调"效果选项

● 2．通道混合器

"通道混合器"效果可以使用当前颜色通道的混合值修改指定的某一个色彩通道，可以获得灰阶图或者其他色调的图像来交换和复制通道。图8-5所示为应用"通道混合器"效果前后的素材效果对比。

图8-5 应用"通道混合器"效果前后对比

为素材图层添加"通道混合器"效果后，可以在"效果控件"面板中对"通道混合器"效果的相关选项进行设置，如图8-6所示。

- 红色/绿色/蓝色 - 红色/绿色/蓝色：前面为输出通道，后面为输入通道，该数值以百分比显示，输入通道的百分比值会添加到输出通道的百分比值。例如，将"红色 – 绿色"选项设置为50%，表示以绿色通道为蒙版调亮红色通道50的亮度。
- 红色/绿色/蓝色 - 恒量：前面为输出通道，将对比度添加到输出通道的百分比值。例如，将"红色 – 恒量"选项设置为100，表示红色通道的每个像素增加100%的亮度。
- 单色：选择该复选框，可以将该素材进行去色处理，变成黑白单色效果。

图8-6 "通道混合器"效果选项

3．阴影/高光

"阴影/高光"效果可以通过自动曝光补偿方式修正素材，单独处理阴影区域或者高光区域，经常用来处理逆光画面背光部分的细节丢失或者强光下亮部细节丢失的问题。图8-7所示为应用"阴影/高光"效果前后的素材效果对比。

图8-7 应用"阴影/高光"效果前后对比

为素材图层添加"阴影/高光"效果后，可以在"效果控件"面板中对"阴影/高光"效果的相关选项进行设置，如图8-8所示。

图8-8 "阴影/高光"效果选项

- 自动数量：选择该复选框，After Effects会通过分析当前画面的阴影与高光自动调整素材的明暗关系。
- 阴影数量：用于设置素材的阴影数量，值越大，阴影部分越亮。当选择"自动数量"复选框时，该选项不可用。
- 高光数量：用于设置素材的高光数量，值越大，高光部分也就越暗。当选择"自动数量"复选框时，该选项不可用。
- 瞬时平滑（秒）：只有选择"自动数量"复选框后，该选项才可用，用于设置阴影与高光的平滑过渡。
- 场景检测：设置"瞬时平滑"选项后，可以选择该复选框，用于检测场景中阴影与高光的平滑过渡。
- 更多选项：在该选项组中可以对阴影和高光的宽度、半径、颜色校正、修剪等进行更加细致的设置。
- 与原始图像混合：用于设置与原始图像的混合程度。

 Tips

在强光照环境中所拍摄的画面，可能会造成大面积逆光，如果使用其他调色命令对暗部进行调整，则很可能会把画面已经很亮的地方调得更亮。使用"阴影/高光"效果则可以很好地保护这些不需要调整的区域，而只针对阴影和高光区域进行调整。

4．CC Color Neutralizer

CC Color Neutralizer效果可以分别对素材中的阴影、高光和中间调设置相应的颜色，从而达到调和画面颜色的效果。图8-9所示为应用CC Color Neutralizer效果前后的素材效果对比。

图8-9 应用CC Color Neutralizer效果前后对比

为素材图层添加CC Color Neutralizer效果后,可以在"效果控件"面板中对CC Color Neutralizer效果的相关选项进行设置,如图8-10所示。

图8-10 CC Color Neutralizer效果选项

- Shadows Unbalance:该选项用于设置素材中的阴影颜色,可以单击右侧的色块,在弹出的"拾色器"对话框中选择相应的颜色,或者使用"吸管工具"吸取相应的颜色。
- Shadows:在该选项组中可以分别设置素材阴影部分的红、绿、蓝3个颜色通道。该选项组中的调整与Shadows Unbalance选项中的设置是统一的。
- Midtones Unbalance:该选项用于设置素材中的中间调颜色,可以使用该选项右侧的"拾色器"对话框或者"吸管工具"进行设置。
- Midtones:在该选项组中可以分别设置素材中间调部分的红、绿、蓝3个颜色通道。该选项组中的调整与Midtones Unbalance选项中的设置是统一的。
- Highlights Unbalance:该选项用于设置素材中的高光颜色,可以使用该选项右侧的"拾色器"对话框或者"吸管工具"进行设置。
- Highlights:在该选项组中可以分别设置素材高光部分的红、绿、蓝3个颜色通道。该选项组中的调整与Highlights Unbalance选项中的设置是统一的。
- Blend w.Original:该选项用于设置与原始素材的混合。
- Special:在该选项组中可以对素材的视图方式、黑点和白点进行设置。在View下拉列表框中可以选择观察素材的方式;Black Point选项用于设置素材中最暗部分的数值;White Point选项用于设置素材中最亮部分的数值。

● 5．CC Color Offset

CC Color Offset效果可以分别对素材中的R(红)、G(绿)、B(蓝)色相进行调整。图8-11所示为应用CC Color Offset效果前后的素材效果对比。

图8-11 应用CC Color Offset效果前后对比

为素材图层添加CC Color Offset效果后，可以在"效果控件"面板中对CC Color Offset效果的相关选项进行设置，如图8-12所示。

- Red Phase：该选项用于设置素材中红色相在色相环中的位置。
- Green Phase：该选项用于设置素材中绿色相在色相环中的位置。
- Blue Phase：该选项用于设置素材中蓝色相在色相环中的位置。
- Overflow：该选项用于设置色相溢出的处理方式，在后面的下拉列表框中包括Warp、Solarize和Polarize 共3个选项。

图8-12 CC Color Offset效果选项

● 6．CC Kernel

CC Kernel效果用于调整素材中的高光部分，可以调整素材颜色的高光颗粒效果。图8-13所示为应用CC Kernel效果前后的素材效果对比。

图8-13 应用CC Kernel效果前后对比

为素材图层添加CC Kernel效果之后，可以在"效果控件"面板中对CC Kernel效果的相关选项进行设置，如图8-14所示。

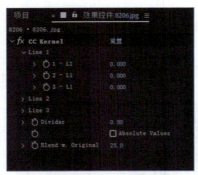

- Line1：用于对图像高光颗粒效果进行精细设置，在该选项组中包含3个选项，可以分别进行设置。
- Divider：该选项用于设置素材中高光部分的颗粒效果，最小取值为0.01。
- Absolute Values：选择该复选框，则使用绝对值的方式对素材中的高光进行调整。
- Blend w.Original：该选项用于设置与原始素材的混合程度。

图8-14 CC Kernel效果选项

● 7．CC Toner

CC Toner效果用于改变素材的颜色，在该效果中可以通过对素材的高光颜色、中间色调和阴影颜色分别进行调整来改变素材颜色。图8-15所示为应用CC Toner效果前后的素材效果对比。

图8-15 应用CC Toner效果前后对比

为素材图层添加CC Toner效果后,可以在"效果控件"面板中对CC Toner效果的相关选项进行设置,如图8-16所示。

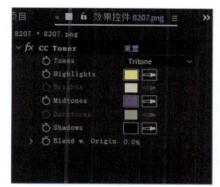

图8-16 CC Toner效果选项

在下拉列表框中包括"Duotone(双色调)"、"Tritone(单色调)"、"Pentone(全色调)"和"Solid(固态)"4个选项。

- Highlights:该选项用于设置素材中高光的颜色。
- Brights:该选项用于设置素材中亮色的颜色。
- Midtones:该选项用于设置素材中的中间调的颜色。
- Darktones:该选项用于设置素材中暗色的颜色。
- Shadows:该选项用于设置素材中阴影的颜色。
- Blend w.Origin:该选项用于设置与原始素材的混合程度。

- Tones:该选项用于设置改变素材色调的方式。

8. 照片滤镜

"照片滤镜"效果的作用是通过为素材添加合适的照片滤镜来快速调整素材的色调。拍摄素材时,如果需要特定的光线感觉,往往需要为摄像器材的镜头加上适当的滤光镜或者偏正镜。如果在拍摄素材时没有合适的滤镜,使用"照片滤镜"效果可以在后期对这个过程进行补偿。图8-17所示为应用"照片滤镜"效果前后的素材效果对比。

图8-17 应用"照片滤镜"效果前后对比

为素材图层添加"照片滤镜"效果后，可以在"效果控件"面板中对"照片滤镜"效果的相关选项进行设置，如图8-18所示。

● 滤镜：在该下拉列表框中可以选择预设的颜色滤镜，在After Effects中为用户提供了20种滤镜选项，如图8-19所示。

图8-18 "照片滤镜"效果选项　　图8-19 "滤镜"下拉列表框

● 颜色：如果在"滤镜"下拉列表框中选择"自定义"选项，则可以通过该选项选择一种自定义的滤镜色。

● 密度：该选项用于设置着色的密度，数值越大，滤色效果越明显。

● 保持发光度：选择该复选框，可以在滤色的同时保持原来素材的亮度。

Tips

通过使用"照片滤镜"效果，可以快速矫正素材拍摄时由于白平衡问题而出现的偏色现象。

● 9．Lumetri颜色

"Lumetri颜色"效果是一个功能强大的综合调色工具，通过对"Lumetri颜色"效果的相关选项进行设置，可以对素材的颜色进行各种形式的调整。图8-20所示为应用"Lumetri颜色"效果前后的素材效果对比。

图8-20 应用"Lumetri颜色"效果前后对比

为素材图层添加"Lumetri颜色"效果后，可以在"效果控件"面板中对"Lumetri颜色"效果的相关选项进行设置，如图8-21所示。

● 基本校正：在该选项组中可以对素材的白平衡、曝光度和对比度等基础色调选项进行设置，如图8-22所示。

● 创意：展开"创意"选项组，通过选项的设置可以对素材进行创意性的色调调整，在Look选项的下拉列表框中可以选择预设的效果，可以快速对素材进行调整，还可以通过"调整"选项组中的选项对素材进行手动调整，如图8-23所示。

图8-21 "Lumetri颜色"效果选项　　图8-22 "基本校正"选项组　　图8-23 "创意"选项组

- 曲线：在该选项组中可以分别对RGB曲线和"色相与饱和度"曲线进行调整，如图8-24所示。
- 色轮：在该选项组中可以分别对素材中的阴影、中间调和高光的色轮进行调整，从而调整素材的色调，如图8-25所示。

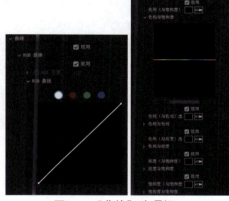 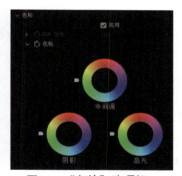

图8-24 "曲线"选项组　　　　　　图8-25 "色轮"选项组

- HSL次要：在该选项组中包含"键"、"优化"和"更正"3个选项组，可以通过HSL的方式对素材的饱和度、锐化、对比度和色温等进行调整，如图8-26所示。
- 晕影：可以通过对该选项组中的选项进行设置，为素材添加晕影效果，如图8-27所示。

图8-26 "HSL次要"选项组　　　图8-27 "晕影"选项组

10．PS任意映射

"PS任意映射"效果用于调整素材色调的亮度级别，可以加载外部的Photoshop映射文件对当前的素材进行调整。图8-28所示为应用"PS任意映射"效果前后的素材效果对比。

图8-28 应用"PS任意映射"效果前后对比

为素材图层添加"PS任意映射"效果后，可以在"效果控件"面板中对"PS任意映射"效果的相关选项进行设置，如图8-29所示。

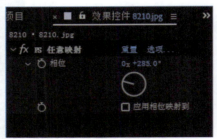

- 选项：单击该文字链接将弹出"加载PS任意映射"对话框，可以选择需要加载的PS映射文件。
- 相位：该选项用于调整素材的整体色相。
- 应用相位映射到：选择该复选框，可以将设置的相位映射到素材的Alpha通道中。

图8-29 "PS任意映射"效果选项

11．灰度系数/基值/增益

"灰度系数/基值/增益"效果用于调整素材的每个RGB独立通道的还原曲线值，这样可以分别对某种颜色进行输出曲线控制。对于"基值"和"增益"，设置为0表示完全关闭，设置为1表示完全打开。图8-30所示为应用"灰度系数/基值/增益"效果前后的素材效果对比。

图8-30 应用"灰度系数/基值/增益"效果前后对比

为素材图层添加"灰度系数/基值/增益"效果后，可以在"效果控件"面板中对"灰度系数/基值/增益"效果的相关选项进行设置，如图8-31所示。

第8章
颜色校正与抠像特效

- 🔵 黑色伸缩：该选项主要用来设置素材中所有通道的低像素值。
- 🔵 红色/绿色/蓝色灰度系数：分别用于设置素材中红色、绿色、蓝色通道的灰度系数值。
- 🔵 红色/绿色/蓝色基值：分别用于设置素材中红色、绿色、蓝色通道的最低输出值。
- 🔵 红色/绿色/蓝色增益：分别用于设置素材中红色、绿色、蓝色通道的最大输出值。

图8-31 "灰度系数/基值/增益"效果选项

● 12．色调

"色调"效果用于调整素材中包含的颜色信息，在素材的最亮和最暗之间确定融合度。素材的黑色和白色像素分别被映射到指定的颜色，介于两者之间的颜色被赋予对应的中间值。图8-32所示为应用"色调"效果前后的素材效果对比。

图8-32 应用"色调"效果前后对比

为素材图层添加"色调"效果后，可以在"效果控件"面板中对"色调"效果的相关选项进行设置，如图8-33所示。

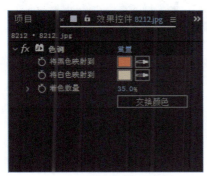

- 🔵 将黑色映射到：该选项用于设置映射黑色到某种颜色，图像中的暗色像素被映射为该选项所设置的颜色。
- 🔵 将白色映射到：该选项用于设置映射白色到某种颜色，素材中的亮色像素被映射为该选项所设置的颜色。
- 🔵 着色数量：该选项用于设置色调映射的百分比程度。
- 🔵 "交换颜色"按钮：单击该按钮，可以交换所设置的黑色与白色的映射颜色。

图8-33 "色调"效果选项

● 13．色调均化

"色调均化"效果可以实现颜色均衡的效果。"色调均化"效果自动以白色取代素材中最亮的像素；以黑色取代素材中最暗的像素；平均分配白色与黑色间的像素取代最亮与最暗之间的像素。图8-34所示为应用"色调均化"效果前后的素材效果对比。

中文版After Effects CC 2020
完全自学一本通

图8-34 应用"色调均化"效果前后对比

为素材图层添加"色调均化"效果后，可以在"效果控件"面板中对"色调均化"效果的相关选项进行设置，如图8-35所示。

- 色调均化：该选项用于设置色调均化的处理方式，在该下拉列表框中包括"RGB"、"亮度"和"Photoshop样式"3个选项。

图8-35 "色调均化"效果选项

- 色调均化量：该选项用于设置重新分布亮度值的程度。

- 14．色阶

"色阶"效果用于将输入的颜色范围重新映射到输出的颜色范围，还可以改变灰度系数校正曲线，主要用于基本的影像质量调整。图8-36所示为应用"色阶"效果前后的素材效果对比。

图8-36 应用"色阶"效果前后对比

为素材图层添加"色阶"效果后，可以在"效果控件"面板中对"色阶"效果的相关选项进行设置，如图8-37所示。

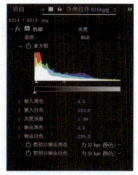

- 通道：在该下拉列表框中可以选择需要调整的通道，包括RGB、红色、蓝色、绿色和Alpha通道。
- 直方图：可以通过直方图掌握像素值在素材中的分布情况，水平方向表示亮度值，垂直方向表示该亮度值的像素量。直方图下方的三角滑块分别对应下方的5个属性控制选项。
- 输入黑色：该选项用于设置输入素材暗部区域的阈值数量，输入的数值将应用到素材的暗部区域。

图8-37 "色阶"效果选项

- 输入白色：该选项用于设置输入素材亮部区域的阈值数量，输入的数值将应用到素材的亮部区域。
- 灰度系数：该选项用于设置输出的中间色调，对应直方图下方的右侧滑块。
- 输出黑色：该选项用于设置输出的暗部区域。
- 输出白色：该选项用于设置输出的亮部区域。
- 剪切以输出黑色：该选项用于修剪暗部区域输出。
- 剪切以输出白色：该选项用于修剪亮部区域输出。

● 15．色阶（单独控件）

"色阶（单独控件）"效果与"色阶"效果的使用方法相同，只是在控制素材的亮度、对比度和灰度系数时，可以分别对素材的不同颜色通道进行单独控制，更细化了控制的效果。图8-38所示为应用"色阶（单独控件）"效果前后的素材效果对比。

为素材图层添加"色阶（单独控件）"效果后，可以在"效果控件"面板中对"色阶（单独控件）"效果的相关选项进行设置，如图8-39所示。

图8-38 应用"色阶（单独控件）"效果前后对比　　图8-39 "色阶（单独控件）"效果选项

"色阶（单独控件）"效果的各设置选项与"色阶"效果的各设置选项基本相同，只不过在"色阶（单独控件）"效果中可以分别对不同的通道进行单独设置。

● 16．色光

"色光"效果可以将色彩以自身为基准，按色环颜色变化的方式周期变化，产生梦幻彩色光的填充效果，如彩虹、霓虹灯效果等。图8-40所示为应用"色光"效果前后的素材效果对比。

图8-40 应用"色光"效果前后对比

为素材图层添加"色光"效果后，可以在"效果控件"面板中对"色光"效果的相关选项进行设置，如图8-41所示。

● "输入相位"选项组：该选项组用于设置着色效果基于原始素材的某个通道产生，以及对该通道的运算及变化。展开"输入相位"选项组，可以看到其中所包含的选项，如图8-42所示。

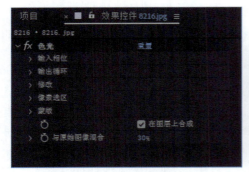

图8-41 "色光"效果选项

图8-42 "输入相位"选项组

● 获取相位，自：该选项用于设置着色效果基于原始素材的某个通道产生。

● 添加相位：该选项用于设置以哪个通道的数值来产生彩色部分。如果不指定该选项，则原始素材提取的通道不进行任何计算。

● 添加相位，自：该选项用于设置需要添加色彩的通道类型，如果"添加相位"选择"无"选项，则该选项将不产生效果。

● 添加模式：该选项用于设置色彩的计算方式。

● 相移：该选项用于设置结果色彩的亮度偏移，并直接对着色效果产生色彩偏移影响。

● "输出循环"选项组：用于设置色彩输出的样式，通过"输出色相"色轮可以更细致地调节色彩区域的颜色变化。展开"输出循环"选项组，可以看到其中所包含的选项，如图8-43所示。

纯黑位置，整个色环为从纯黑到纯白的亮度过渡。色环上的小三角滑块用于定义在不同亮度的着色，两个三角滑块之间的色彩可以进行自由过渡，色环共可以定义1～64种不同的着色三角。

● 循环重复次数：默认情况下，色环对应素材提取通道的整个亮度。调整该选项可以设置整个亮度对应多个色环循环，即产生更丰富的色彩变化。

● 插值调板：选择该复选框，可以使两个着色三角之间的色彩过渡平滑。

● "修改"选项组：用于针对各个通道调整色彩，该选项组可以控制影响色彩的通道。展开"修改"选项组，可以看到其中所包含的选项，如图8-44所示。

图8-44 "修改"选项组

● 修改：用于选择需要修改的色彩属性，可以在该下拉列表框中进行选择。

● 修改Alpha：选择该复选框，着色效果将会影响原素材的Alpha通道。

● 更改空像素：选择该复选框，着色效果将影响原素材中完全透明的区域。

● "像素选区"选项组：在该选项组中可以设置色彩在当前素材图层中影响的像素范围。展开"像素选择"选项组，可以看到其中所包含的选项，如图8-45所示。

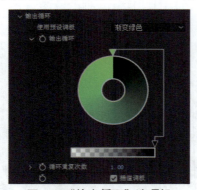

图8-43 "输出循环"选项组

● 使用预设调板：输出循环的预设，在下拉列表框中可以选择提供的色彩预设方案。

● 输出循环：通过色环自定义着色方式。色环左上方映射贴图的纯白位置，右上方映射贴图的

图8-45 "像素选区"选项组

- 匹配颜色：用于设置匹配的颜色。
- 匹配容差：用于设置所匹配颜色的像素容差度。
- 匹配柔和度：用于设置所创建像素选区的边缘柔和度，使受影响的区域与未受影响的像素产生柔和过渡。
- 匹配模式：用于设置一种颜色匹配模式。选择"关"选项，系统会忽略像素匹配而影响素材整体。
- "蒙版"选项组：在该选项组中可以指定一个图层作为着色效果的蒙版，该图层可以控制着色效果显示在某些特定范围内。展开"蒙版"选项组，可以看到其中所包含的选项，如图8-46所示。

图8-46 "蒙版"选项组

- 蒙版图层：在该下拉列表框中可以选择需要作为蒙版的图层。
- 蒙版模式：在该下拉列表框中可以选择蒙版图层的作用模式。
- 在图层上合成：选择该复选框，将着色后的效果与原始素材图层之间合成。
- 与原始图像混合：该选项用于设置着色后的效果与原始素材之间的透明度混合混合。

17．色相/饱和度

"色相/饱和度"效果用于调整素材的色相和饱和度，可以专门针对素材的色相、饱和度及亮度等进行细微的调整。图8-47所示为应用"色相/饱和度"效果前后的素材效果对比。

图8-47 应用"色相/饱和度"效果前后对比

为素材图层添加"色相/饱和度"效果后，可以在"效果控件"面板中对"色相/饱和度"效果的相关选项进行设置，如图8-48所示。

- 通道控制：在该下拉列表框中可以选择需要调整的颜色通道，如图8-49所示。默认选择"主"选项，同时对所有颜色通道进行整体调整。

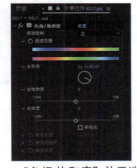 

图8-48 "色相/饱和度"效果选项　图8-49 "通道控制"下拉列表框

- 通道范围：只有在"通道控制"选项下拉列表框中选择除"主"选项以外的任意一种颜色通道选项，才可以在该选项中设置所需要调整的通道色彩范围。上面的色条显示调整前的颜色，并且可以调整色彩范围；下面的色条显示调整后所对应的颜色。
- 主色相：该选项用于对素材的整体色相进行设置。如果在"通道控制"选项下拉列表框中选择某一种色彩通道，如"红色"，则该选项名称为"红色色相"，只针对素材中的红色色相进行调整。
- 主饱和度：该选项用于对素材的整体饱和度进行设置。属性值为－100时，素材为灰度图；属性值为100时，素材色彩达到完全饱和状态。
- 主亮度：该选项用于对素材的整体亮度进行设置。属性值为－100时，素材为黑色；属性值为100时，素材为白色。
- 彩色化：选择该复选框，可以为灰度素材增加色彩，也可以将彩色素材转换成单一色彩的素材，同时可激活下面的3个设置选项。
- 着色色相：该选项用于设置彩色化后素材的色相。
- 着色饱和度：该选项用于设置彩色化后素材的色彩饱和度。
- 着色亮度：该选项用于设置彩色化后素材的色彩亮度。

Tips

在对素材色彩进行调整的过程中，了解色轮的作用十分重要。可以使用色轮预测一个颜色成份中的更改如何影响其他颜色，并了解这些更改如何在RGB色彩模式间转换。例如，可以通过增加色轮中相反颜色的数量来减少图像中某一种颜色的量，反之亦然。同样，通过调整色轮中两个相邻的颜色，甚至将两种相邻色彩调整为相反颜色，可以增加或者减少一种颜色。

- **18．广播颜色**

"广播颜色"效果主要用于对素材的颜色进行测试，因为计算机本身与电视播放色彩有很大的差异，电视设备仅能表现某个幅度以下的信号。使用该效果可以测试素材的亮度和饱和度是否在某个幅度以下的信号安全范围内，以免产生不理想的电视画面效果。图8-50所示为应用"广播颜色"效果前后的素材效果对比。

图8-50 应用"广播颜色"效果前后对比

"广播颜色"效果可以将素材的亮度或者色彩保持在电视允许的范围内，色彩由色彩通道的亮度产生，因此该特效主要是限制亮度。亮度在视频模拟信号中对应于波形的振幅。为素材图层添加"广播颜色"效果后，可以在"效果控件"面板中对"广播颜色"效果的相关选项进行设置，如图8-51所示。

图8-51 "广播颜色"效果选项

- 广播区域设置：该选项用于选择所需要应用的广播制式标准。一种是NTSC制式，另一种是PAL制式，我国采用的是PAL制式。
- 确保颜色安全的方式：该选项用于选择确保素材颜色安全的处理方式，在下拉列表框中包括"降低明亮度"、"降低饱和度"、"抠出不安全区域"和"抠出安全区域"4个选项。

- 最大信号振幅：该选项用于设置信号的安全范围，超出安全范围的部分将被改变。
- 19．亮度和对比度

"亮度和对比度"效果用于调整素材的亮度和对比度，它只针对素材整体的亮度和对比度进行调整，不能单独调整某一个通道。图8-52所示为应用"亮度和对比度"效果前后的素材效果对比。

图8-52 应用"亮度和对比度"效果前后对比

为素材图层添加"亮度和对比度"效果后，可以在"效果控件"面板中对"亮度和对比度"效果的相关选项进行设置，如图8-53所示。

图8-53 "亮度和对比度"效果选项

- 亮度：该选项用于调整素材的亮度。正值表示提高亮度，负值表示降低亮度。
- 对比度：该选项用于调整素材的对比度。正值表示增加对比度，负值表示降低对比度。
- 使用旧版：选择该复选框，将使用旧版的亮度和对比度调整素材。旧版与新版的区别主要在于软件预设的亮度和对比度处理方式不同，调整的效果也有所差别。

- 20．保留颜色

"保留颜色"效果可以通过设置颜色来指定素材中所需要保留的颜色，将素材中其他的颜色转换为灰度效果。图8-54所示为应用"保留颜色"效果前后的素材效果对比。

图8-54 应用"保留颜色"效果前后对比

为素材图层添加"保留颜色"效果后，可以在"效果控件"面板中对"保留颜色"效果的相关选项进行设置，如图8-55所示。

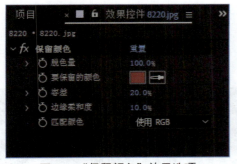

图8-55 "保留颜色"效果选项

颜色以外颜色的程度。当数值为100%时，除保留颜色之外的其他颜色将显示为灰色。

- 要保留的颜色：通过该选项右侧的色块或者吸管工具可以设置素材中需要保留的颜色。
- 容差：该选项用于设置颜色的容差程度，值越大，保留的颜色就越多。
- 边缘柔和度：该选项用于设置保留颜色边缘的柔和程度。
- 匹配颜色：该选项用于设置匹配颜色模式，主要包括"使用RGB"和"使用色相"两种方式。

- 脱色量：该选项用于设置清除素材中指定保留

● 21．可选颜色

"可选颜色"效果可以对素材中的某种颜色进行校正，以调整素材中不平衡的颜色。其最大的好处就是可以单独调整某一种颜色，而不影响素材中的其他颜色。图8-56所示为应用"可选颜色"效果前后的素材效果对比。

图8-56 应用"可选颜色"效果前后对比

为素材图层添加"可选颜色"效果后，可以在"效果控件"面板中对"可选颜色"效果的相关选项进行设置，如图8-57所示。

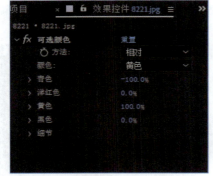 

图8-57 "可选颜色"效果选项　　图8-58 "颜色"列表选项

- 方法：在该下拉列表框中可以选择对颜色进行调整的方式，包括"相对"和"绝对"两种方式。
- 颜色：在该下拉列表框中可以选择需要调整的颜色，如图8-58所示。
- 青色：通过在所选择的颜色中增加或者减少青色，调整素材的色彩效果。
- 洋红色：通过在所选择的颜色中增加或者减少洋红色，调整素材的色彩效果。
- 黄色：通过在所选择的颜色中增加或者减少黄色，调整素材的色彩效果。

- 黑色：通过在所选择的颜色中增加或者减少黑色，调整素材的色彩效果。
- 细节：在该选项组中可以进一步调整色彩的详细选项，分为以下色系：红色、黄色、绿色、青色、蓝色、洋红、白色、中性色、黑色。另外在这些色系下，各自又细分出"青色"、"洋红色"、"黄色"和"黑色"这几种颜色，如图8-59所示。

图8-59 "细节"选项组

22．曝光度

"曝光度"效果主要用于对素材的曝光程度进行调整，从而实现对素材明暗程度的校正，可以通过通道的选择来设置对不同的颜色通道进行曝光度的调整。图8-60所示为应用"曝光度"效果前后的素材效果对比。

图8-60 应用"曝光度"效果前后对比

为素材图层添加"曝光度"效果后，可以在"效果控件"面板中对"曝光度"效果的相关选项进行设置，如图8-61所示。

图8-61 "曝光度"效果选项

的整体曝光度进行调整；选择"单个通道"选项，则可以分别对"红色"、"绿色"和"蓝色"通道的曝光度分别进行调整。

- 曝光度：该选项用于设置曝光程度。
- 偏移：该选项用于设置曝光的偏移量。
- 灰度系数校正：该选项用于设置素材的灰度效果。
- 红色/绿色/蓝色：只有在"通道"选项中选择"单个通道"选项时，这3个选项才可用，可以分别对这3个颜色通道的曝光度进行调整。
- 不使用线性光转换：选择该复选框，则在对素材的曝光度进行调整时不会使用线性光转换处理。
- 通道：在该下拉列表框中可以选择需要调整曝光度的通道，包含两个选项，选择"主要通道"选项，则展开"主"选项组，可以对素材

23．曲线

"曲线"效果用于调整素材的色调曲线。After Effects中的"曲线"效果与Photoshop中的"曲线"功能类似，可以对素材的各个通道分别进行设置，调整素材的色调范围。"曲线"效果是After Effects中非常重要的一个调色工具。图8-62所示为应用"曲线"效果前后的素材效果对比。

图8-62 应用"曲线"效果前后对比

为素材图层添加"曲线"效果后，可以在"效果控件"面板中对"曲线"效果的相关选项进行设置，如图8-63所示。

After Effects通过坐标调整曲线，水平坐标代表像素的原始亮度级别，垂直坐标代表输出亮度值。可以通过移动曲线上的控制点编辑曲线，任何曲线的Gamma值都表示输入、输出值的对比度。向上移动曲线控制点，降低Gamma值；向下移动控制点，增加Gamma值。Gamma值决定了影响中间色调的对比度。

图8-63 "曲线"效果选项

- 通道：在该下拉列表框中可以选择需要调整的通道，包括RGB、红色、绿色、蓝色和Alpha 5个选项。
- "曲线工具"按钮：用于随意在曲线上增加控制点，通过拖动控制点来改变曲线的形状。如果需要删除控制点，只需选中该点并将其拖动到坐标区以外即可。
- "铅笔工具"按钮：单击该图标，可以在曲线图上随意绘制任意形状的曲线，按照所绘制的曲线对素材进行调整。
- "打开"按钮：单击该按钮，在弹出的对话框中选择保存的曲线文件，可以将其打开。
- "保存"按钮：单击该按钮，可以保存当前的曲线设置数据。
- "自动"按钮：单击该按钮，可以自动对素材进行分析并应用自动曲线调整。
- "平滑"按钮：单击该按钮，可以使所设置的曲线更加平滑。
- "重置"按钮：单击该按钮，可以将坐标区域中的曲线恢复为直线。

- 24．更改为颜色

"更改为颜色"效果可以选择素材中的一种色彩，将其更改为另外一种色彩。该效果可以更改所选颜色的色相、亮度和饱和度，而素材中的其他颜色不会受到影响。图8-64所示为应用"更改为颜色"效果前后的素材效果对比。

图8-64 应用"更改为颜色"效果前后对比

为素材图层添加"更改为颜色"效果后，可以在"效果控件"面板中对"更改为颜色"效果的相关选项进行设置，如图8-65所示。

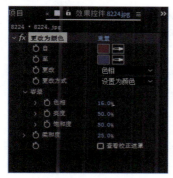

图8-65 "更改为颜色"效果选项

- 自：该选项用于选择原素材中需要更改的颜色。可以使用该选项后的"吸管工具"直接在原素材上吸取需要改变的颜色。
- 至：该选项用于设置用来替换原素材中所选取的颜色。
- 更改：该选项用于选择更改颜色的基准，在该下拉列表框中包括"色相"、"色相和亮度"、"色相和饱和度"和"色相、亮度和饱和度"4个选项。
- 更改方式：该选项用于设置颜色的替换方式，在该下拉列表框中包括"设置为颜色"和"变换为颜色"两个选项。
- 容差：在该选项组可对改变颜色的色相、亮度和饱和度的容差值进行设置。

 Tips

需要注意的是，只有在上方的"更改"选项中选择相应的选项，此处对相应的选项进行容差值设置才有效果，例如设置"更改"为"色相"，那么在该选项组中只有"色相"容差的设置有效果，而"亮度"和"饱和度"容差设置并不会起任何作用。

- 柔和度：该选项用于设置颜色更改区域边缘的柔和程度。
- 查看校正蒙罩：选择该复选框，可以使用更改颜色后的灰度蒙罩来观察色彩的变化程度和范围。

● 25．更改颜色

"更改颜色"效果用于更改素材中某种颜色的色相、饱和度和亮度。可以通过在素材中吸取相应的颜色来确定需要更改的颜色。图8-66所示为应用"更改颜色"效果前后的素材效果对比。

图8-66 应用"更改颜色"效果前后对比

为素材图层添加"更改颜色"效果后，可以在"效果控件"面板中对"更改颜色"效果的相关选项进行设置，如图8-67所示。

图8-67 "更改颜色"效果选项

- 视图：该选项用于选择在"合成"窗口中显示效果的方式，在下拉列表框中包括"校正的图层"和"颜色校正蒙版"两个选项。
- 色相变换：该选项用于设置对所选颜色进行色相的变换，以度为单位，调节所选颜色范围的色彩校准度。
- 亮度变换：该选项用于设置所选颜色范围的亮度。

- 饱和度变换：该选项用于设置所选颜色范围的饱和度。
- 要更改的颜色：该选项用于设置素材中需要被更改的颜色，可以使用该选项右侧的"吸管工具"在素材中吸取需要更改的颜色。
- 匹配容差：该选项用于设置颜色匹配的相似程度，即颜色的容差值越大，图像中被改变的颜色区域也就越大。
- 匹配柔和度：该选项用于设置匹配颜色的柔和度。
- 匹配颜色：该选项用于设置匹配的色彩空间，在下拉列表框中包括"使用RGB"、"使用色相"和"使用色度"3个选项。
- 反转颜色校正蒙版：选择该复选框，可以反转颜色校正蒙版效果，也就是对所选择颜色以外的色彩进行调整。

● 26．自然饱和度

"自然饱和度"效果在调整素材饱和度时会保护已经饱和的像素，即在调整时会大幅增加不饱和像素的饱和度，而对已经饱和的像素只做很少、很细微的调整。这样不但能够增加素材某一部分的色彩，而且还能使素材整体的饱和度趋于正常。图8-68所示为应用"自然饱和度"效果前后的素材效果对比。

图8-68 应用"自然饱和度"效果前后对比

为素材图层添加"自然饱和度"效果后，可以在"效果控件"面板中对"自然饱和度"效果的相关选项进行设置，如图8-69所示。

- 自然饱和度：该选项用于调整素材的色彩自然饱和度。
- 饱和度：通过该选项同样可以调整素材的饱和度，其效果比"自然饱和度"选项的效果更加强烈。

图8-69 "自然饱和度"效果选项

● 27．自动色阶

"自动色阶"效果用于自动调整素材的高光和阴影，将在每个存储白色和黑色的色彩通道中定义最亮和最暗的像素，再按比例分布中间像素值。图8-70所示为应用"自动色阶"效果前后的素材效果对比。

图8-70 应用"自动色阶"效果前后对比

为素材图层添加"自动色阶"效果后，可以在"效果控件"面板中对"自动色阶"效果的相关选项进行设置，如图8-71所示。

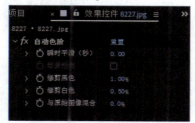

图8-71 "自动色阶"效果选项

- 瞬时平滑（秒）：该选项用于设置围绕当前帧的持续时间，再根据设置的时间确定对与周围帧有联系的当前帧的矫正操作，单位是秒。例如，将该选项值设置为2，那么将当前帧的前一帧和后一帧各用一秒的时间来分析，然后确定一个适当的色阶来调整当前帧。该选项的取值范围为0~10。
- 场景检测：只有设置了"瞬时平滑（秒）"选项，该选项才可用。该选项用于设置忽略不同场景中的帧。
- 修剪黑色：该选项用于设置素材中黑色像素的减弱程度。
- 修剪白色：该选项用于设置素材中白色像素的减弱程度。
- 与原始图像混合：该选项用于设置效果与原素材的融合程度。

● 28．自动对比度

"自动对比度"效果能够自动分析素材中所有对比度和混合的颜色，将最亮和最暗的像素映射到图像的白色和黑色中，使高光部分更亮，阴影部分更暗。图8-72所示为应用"自动对比度"效果前后的素材效果对比。

图8-72 应用"自动对比度"效果前后对比

为素材图层添加"自动对比度"效果后，可以在"效果控件"面板中对"自动对比度"效果的相关选项进行设置，如图8-73所示。"自动对比度"效果的设置选项与"自动色阶"效果的设置选项相同，这里不再赘述。

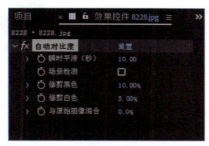

图8-73 "自动对比度"效果选项

● 29．自动颜色

"自动颜色"效果可以对素材的颜色进行自动校正，该效果根据素材的高光、中间色和阴影颜色的值来调整原素材的对比度和色彩。图8-74所示为应用"自动颜色"效果前后的素材效果对比。

图8-74 应用"自动颜色"效果前后对比

为素材图层添加"自动颜色"效果后,可以在"效果控件"面板中对"自动颜色"效果的相关选项进行设置,如图8-75所示。"自动颜色"效果的设置选项与"自动色阶"效果的设置选项基本相同,多了一个"对齐中性中间调"选项。选择该复选框,可以确定一个接近中性色彩的平均值,根据该平均值分析亮度数值,使素材整体色彩适中。

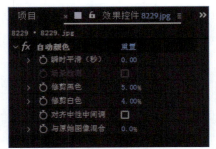

图8-75 "自动颜色"效果选项

 Tips

"自动对比度"和"自动颜色"这两个效果都可以将素材中最亮的像素与最暗的像素分别定义为素材的纯白点与纯黑点,从而使灰阶亮度更丰富,拉开画面的层次。但这两个效果不会单独调整各个色彩通道,主要是对画面整体亮度进行调整。

- **30. 视频限幅器**

"视频限幅器"效果可以用来限制素材的亮度和颜色,从而使素材的色彩在广播级视频范围内。为素材图层添加"视频限幅器"效果后,可以在"效果控件"面板中对"视频限幅器"效果的相关选项进行设置,如图8-76所示。

- **剪辑层级**:在该下拉列表框中可以选择当前素材所应用的视频剪辑层级,共包含4个选项,如图8-77所示。

图8-76 "视频限幅器"效果选项

- **剪切前压缩**:在该下拉列表框中可以选择对素材中超出范围的色彩进行剪切之前的压缩比例,如图8-78所示。

图8-77 "剪辑层级"下拉列表框　　图8-78 "剪切前压缩"下拉列表框

- **色域警告**：选择该复选框，将在"合成"窗口的素材视图中显示超出限制的色彩范围。
- **色域警告颜色**：该选项用于设置色域范围的显示颜色，用于提示用户素材中哪些地方的色彩超出限制。

● 31．颜色稳定器

"颜色稳定器"效果可以根据周围的环境改变素材的颜色，这对于将合成进来的素材与周围环境光相融合非常有效。

为素材图层添加"颜色稳定器"效果后，可以在"效果控件"面板中对"颜色稳定器"效果的相关选项进行设置，如图8-79所示。

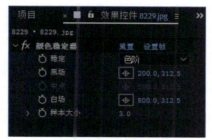

图8-79 "颜色稳定器"效果选项

- **稳定**：在该下拉列表框中可以选择稳定器的类型。选择"亮度"选项，表示在素材画面中设置黑场来校正素材的亮度；选择"色阶"选项，表示通过在素材画面中设置的黑场和白场来校正素材色彩；选择"曲线"选项，表示通过在素材画面中设置黑场、中点和白场来校正素材色彩。
- **黑场**：该选项用于设置在素材中保持不变的暗点，可以在"合成"窗口中拖动调整黑场的位置。
- **中点**：该选项用于在亮点和暗点中间设置一个保持不变的中间色调，可以在"合成"窗口中拖动鼠标调整中点的位置。
- **白场**：该选项用于设置在素材中保持不变的亮点，可以在"合成"窗口中拖动鼠标调整白场的位置。
- **样本大小**：该选项用于设置黑场、白场和中点的采样区域大小。

Tips

"颜色稳定器"效果虽然可以使两个不同光源下的素材进行颜色上的匹配，但由于设置定位点需要添加关键帧记录颜色的变化方向，从而使操作更加烦琐。使用"颜色链接"效果也可以起到同样的作用，而且使用起来更加方便。

● 32．颜色平衡

"颜色平衡"效果通过调整素材的阴影、中间调和高光的颜色强度，从而调整素材的整体色彩均衡。通常使用"颜色平衡"效果来校正素材的偏色问题。图8-80所示为应用"颜色平衡"效果前后的素材效果对比。

图8-80 应用"颜色平衡"效果前后对比

为素材图层添加"颜色平衡"效果后，可以在"效果控件"面板中对"颜色平衡"效果的相关选项进行设置，如图8-81所示。

图8-81 "颜色平衡"效果选项

- 阴影红色平衡：该选项用于调整素材阴影部分红色通道的色彩。
- 阴影绿色平衡：该选项用于调整素材阴影部分绿色通道的色彩。
- 阴影蓝色平衡：该选项用于调整素材阴影部分蓝色通道的色彩。
- 中间调红色平衡：该选项用于调整素材中间调部分红色通道的色彩。
- 中间调绿色平衡：该选项用于调整素材中间调部分绿色通道的色彩。
- 中间调蓝色平衡：该选项用于调整素材中间调部分蓝色通道的色彩。
- 高光红色平衡：该选项用于调整素材高光部分红色通道的色彩。
- 高光绿色平衡：该选项用于调整素材高光部分绿色通道的色彩。
- 高光蓝色平衡：该选项用于调整素材高光部分蓝色通道的色彩。
- 保持发光度：由于红色、绿色、蓝色通道的变化同时会影响素材亮度的变化，选择该复选框，可以使素材保持平均亮度。

● 33．颜色平衡（HLS）

"颜色平衡（HLS）"效果与"颜色平衡"效果相似，不同的是，"颜色平衡（HLS）"效果调整素材时不是通过RGB模式对素材颜色进行校正，而是采用HLS模式对素材颜色进行校正，即校正素材的色相、亮度和饱和度。图8-82所示为应用"颜色平衡（HLS）"效果前后的素材效果对比。

图8-82 应用"颜色平衡（HLS）"效果前后对比

为素材图层添加"颜色平衡（HLS）"效果后，可以在"效果控件"面板中对"颜色平衡（HLS）"效果的相关选项进行设置，如图8-83所示。

- 色相：该选项用于调整素材的整体色相。
- 亮度：该选项用于调整素材的整体亮度。
- 饱和度：该选项用于调整素材的整体色彩饱和度。

● 34．颜色链接

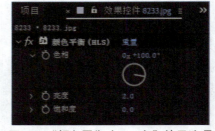

图8-83 "颜色平衡（HLS）"效果选项

"颜色链接"效果可以将所选择的素材颜色信息覆盖到当前图层素材上，从而改变当前素材的颜色。通过设置不透明度和混合模式，可以得到不同的颜色效果。例如，在"时间轴"面板中添加两个素材图像，这两个素材图像的效果如图8-84所示。

第8章 颜色校正与抠像特效

图8-84 两个素材图像的默认色彩效果

选择823401.jpg素材图层,为其应用"颜色链接"效果,在"效果控件"面板中对"颜色链接"效果的相关选项进行设置,如图8-85所示。可以在"合成"窗口中看到使用"颜色链接"效果处理后的素材图像的色彩效果,如图8-86所示。

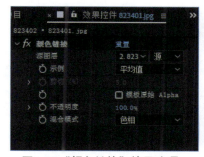 

图8-85 "颜色链接"效果选项　　图8-86 处理后的素材图像效果

"颜色链接"效果的相关设置选项介绍如下。

- 源图层:该选项用于选择从哪个图层进行颜色采样。在该选项右侧的第1个下拉列表框中可以选择颜色采样图层,在第2个下拉列表框中可以选择对所选择图层的哪一部分进行色彩采样,包括"源"、"蒙版"和"效果和蒙版"3个选项,如图8-87所示。
- 示例:该选项用于设置色彩的采样方式,在该下拉列表框中预设了10种色彩采样方式,如图8-88所示。
- 剪切:该选项用于设置采样得到的颜色与原始素材之间的透明度混合。
- 模板原始Alpha:选择该复选框,则保持原始素材图层的Alpha信息。
- 不透明度:该选项用于设置采样得到的颜色的不透明度。
- 混合模式:该选项用于设置采样得到的颜色与当前素材图层之间使用的混合模式,不同的混合模式能够得到不同的效果。在该下拉列表框中可以选择相应的混合模式,如图8-89所示。

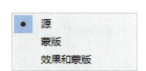　　

图8-87 "源图层"下拉列表框　　图8-88 "示例"下拉列表框　　图8-89 "混合模式"下拉列表框

中文版After Effects CC 2020
完全自学一本通

- 35．黑色和白色

"黑色和白色"效果主要用来处理各种黑白素材，创建各种风格的黑白效果，并且可编辑性很强。此外，它还可以通过简单的色调应用，将彩色素材或者灰度素材处理成单色素材。图8-90所示为应用"黑色和白色"效果前后的素材效果对比。

图8-90 应用"黑色和白色"效果前后对比

为素材图层添加"黑色和白色"效果后，可以在"效果控件"面板中对"黑色和白色"效果的相关选项进行设置，如图8-91所示。

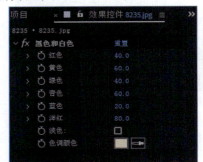

图8-91 "黑色和白色"效果选项

● 红色：该选项用于设置素材中红色像素的数量。

● 黄色：该选项用于设置素材中黄色像素的数量。
● 绿色：该选项用于设置素材中绿色像素的数量。
● 青色：该选项用于设置素材中青色像素的数量。
● 蓝色：该选项用于设置素材中蓝色像素的数量。
● 洋红：该选项用于设置素材中洋红色像素的数量。
● 淡色：选择该复选框，则可以将素材处理为单色效果。
● 色调颜色：选择"淡色"复选框后，可以通过该选项设置素材的单色颜色。

8.3 "颜色校正"效果的应用

在上一节中详细介绍了"颜色校正"效果组中的每一种颜色校正效果的使用方法与参数设置。在实际使用过程中，可以将几种"颜色校正"效果进行综合运用，从面达到调整素材颜色的目的。在本节中将通过几个案例的制作，使读者掌握"颜色校正"效果的应用操作。

8.3.1 调整风景照片中的季节

为了使素材图像更符合影片的风格，通常需要在After Effects中对图像颜色进行调整。本实例通过使用"颜色校正"效果组中的"颜色平衡"效果，对风景照片的季节进行调整处理。

调整风景照片中的季节
源文件：源文件\第8章\8-3-1.aep   视频：光盘\视频\第8章\8-3-1.mp4

在After Effects中新建一个空白的项目，执行"文件>导入>文件"命令，导入素材"源文件\第8章\素材\83101.jpg"，"项目"面板如图8-92所示。将素材图像83101.jpg拖入"时间轴"面板中，自动创建与该素材图像尺寸大小相同的合成，在"合成"窗口中可以看到该素材的默认效果，如图8-93所示。

图8-92 "项目"面板

图8-93 "合成"窗口效果

STEP 02 选择83101.jpg图层，执行"效果>颜色校正>颜色平衡"命令，为其应用"颜色平衡"效果，在"效果控件"面板中对阴影区域的色彩平衡选项进行设置，如图8-94所示。在"合成"窗口中可以看到图像调整后的效果，如图8-95所示。

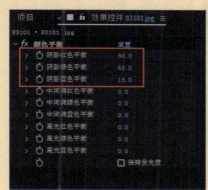

图8-94 设置阴影区域的色彩平衡

图8-95 素材图像效果

STEP 03 在"效果控件"面板中对中间调区域的色彩平衡选项进行设置，如图8-96所示。在"合成"窗口中可以看到图像调整后的效果，如图8-97所示。

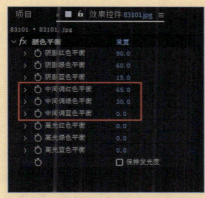

图8-96 设置中间调区域的色彩平衡

图8-97 素材图像效果

STEP 04 在"效果控件"面板中对高光区域的色彩平衡选项进行设置，如图8-98所示。在"合成"窗口中可以看到图像调整后的效果，如图8-99所示。

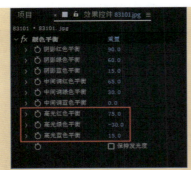
图8-98 设置高光区域的色彩平衡

图8-99 素材图像效果

STEP 05 至此，完成对风景照片季节的调整，可以看到处理前后的效果对比如图8-100所示。

图8-100 素材图像处理前后效果对比

8.3.2 制作水墨风格效果

本实例中的原素材图像是一张普通的山水风景照片，需要通过After Effects中的"颜色校正"效果将其处理为水墨风格效果。在处理过程中主要使用了"色相/饱和度"、"亮度和对比度"和"色阶"效果对素材图像进行调整，并结合"查找边缘"和"高斯模糊"特效进行处理。

应用案例 制作水墨风格效果
源文件：源文件\第8章\8-3-2.aep　　　　　视频：光盘\视频\第8章\8-3-2.mp4

STEP 01 在After Effects中新建一个空白的项目，执行"文件>导入>文件"命令，导入素材"源文件\第8章\素材\83201.jpg"，"项目"面板如图8-101所示。将素材图像83201.jpg拖入"时间轴"面板中，自动创建与该素材图像尺寸大小相同的合成，在"合成"窗口中可以看到该素材的默认效果，如图8-102所示。

图8-101 "项目"面板

图8-102 "合成"窗口效果

STEP 02 选择83201.jpg图层,执行"效果>颜色校正>色相/饱和度"命令,为其应用"色相/饱和度"效果,在"效果控件"面板中选择"彩色化"复选框,设置"着色饱和度"为0,如图8-103所示。将素材图像处理为黑白效果,如图8-104所示。

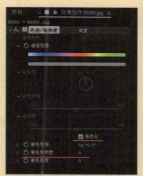 

图8-103 设置"色相/饱和度"效果　　　　　图8-104 将素材处理为黑白效果

STEP 03 执行"效果>颜色校正>亮度和对比度"命令,为其应用"亮度和对比度"效果。在"效果控件"面板中对相关选项进行设置,如图8-105所示。在"合成"窗口中可以看到素材图像的效果,如图8-106所示。

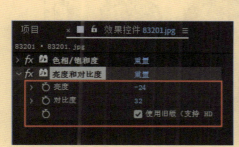 

图8-105 设置"亮度和对比度"效果　　　　　图8-106 素材图像效果

STEP 04 执行"效果>风格化>查找边缘"命令,为其应用"查找边缘"效果。在"效果控件"面板中对"查找边缘"效果使用默认设置,如图8-107所示。在"合成"窗口中可以看到素材图像的效果,如图8-108所示。

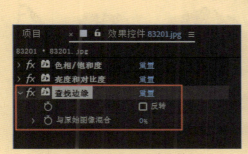 

图8-107 设置"查找边缘"效果　　　　　图8-108 素材图像效果

STEP 05 执行"效果>模糊和锐化>高斯模糊"命令,为其应用"高斯模糊"效果。在"效果控件"面板中设置"模糊度"属性值为8,如图8-109所示。在"合成"窗口中可以看到素材图像的效果,如图8-110所示。

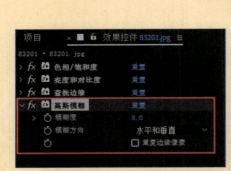

图8-109 设置"高斯模糊"效果　　　　图8-110 素材图像效果

STEP 06 执行"效果>颜色校正>色阶"命令，为其应用"色阶"效果。在"效果控件"面板中对"色阶"效果的相关选项进行设置，如图8-111所示。在"合成"窗口中可以看到素材图像的效果，如图8-112所示。

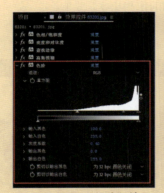

图8-111 设置"色阶"效果　　　　图8-112 素材图像效果

STEP 07 执行"效果>颜色校正>亮度和对比度"命令，为其应用"亮度和对比度"效果。在"效果控件"面板中对"亮度和对比度"效果的相关选项进行设置，如图8-113所示。在"合成"窗口中可以看到素材图像的效果，如图8-114所示。

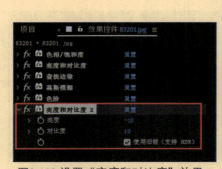

图8-113 设置"亮度和对比度"效果　　　　图8-114 素材图像效果

STEP 08 执行"效果>模糊和锐化>复合模糊"命令，为其应用"复合模糊"效果，在"效果控件"面板中设置"最大模糊"属性值为8，如图8-115所示。在"合成"窗口中可以看到素材图像的效果，如图8-116所示。

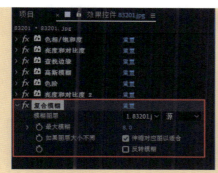
图8-115 设置"复合模糊"效果

图8-116 素材图像效果

STEP 09 至此,完成素材图像水墨风格效果的处理,可以看到处理前后的效果对比如图8-117所示。

图8-117 素材图像处理前后效果对比

8.3.3 制作动感光线效果

本案例将为一张静态的汽车图片添加动态的光线移动效果,从而使汽车图片的表现更具有动感。在制作过程中主要通过新建一个纯色图层,并为该纯色图层应用"粒子运动场"和"色光"等效果,最终实现为汽车图片添加动感光线的效果。

制作动感光线效果
源文件:源文件\第8章\8-3-3.aep　　　　视频:光盘\视频\第8章\8-3-3.mp4

STEP 01 在After Effects中新建一个空白的项目,执行"文件>导入>文件"命令,导入素材"源文件\第8章\素材\83301.jpg","项目"面板如图8-118所示。将素材图像83301.jpg拖入"时间轴"面板中,自动创建与该素材图像尺寸大小相同的合成,在"合成"窗口中可以看到该素材的默认效果,如图8-119所示。

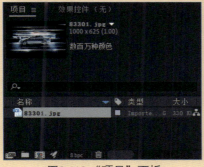
图8-118 "项目"面板

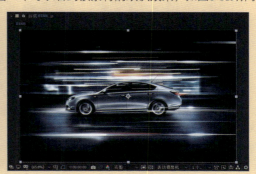
图8-119 "合成"窗口效果

STEP 02 执行"图层>新建>纯色"命令,弹出"纯色设置"对话框,参数设置如图8-120所示。单击"确定"按钮,新建一个纯色图层,如图8-121所示。

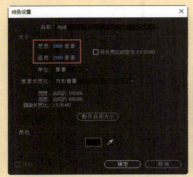

图8-120 "纯色设置"对话框

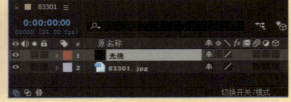

图8-121 新建纯色图层

STEP 03 选择"光线"图层,执行"效果>模拟>粒子运动场"命令,为该图层添加"粒子运动场"效果。在"效果控件"面板中显示了该效果的相关设置选项,如图8-122所示。在"时间轴"面板中拖动"时间指示器",在"合成"窗口中可以看到"粒子运动场"的默认效果,如图8-123所示。

图8-122 设置"粒子运动场"效果

图8-123 "粒子运动场"默认效果

STEP 04 在"效果控件"面板中展开"发射"和"重力"选项组,对相关选项进行设置,如图8-124所示。在"合成"窗口中可以看到对"粒子运动场"效果进行设置后的粒子表现效果,如图8-125所示。

图8-124 设置"粒子运动场"选项

图8-125 "合成"窗口效果

STEP 05 选择"光线"图层,按【S】键,显示该图层的"缩放"属性,设置属性值为(100%,20%),如图8-126所示。在"合成"窗口中可以看到其中一帧的画面效果,如图8-127所示。

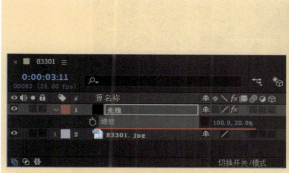
图8-126 设置"缩放"属性

图8-127 "合成"窗口效果

STEP 06 执行"效果>扭曲>变换"命令,为"光线"图层应用"变换"效果。在"效果控件"面板中对"变换"效果的相关选项进行设置,如图8-128所示。在"合成"窗口中可以看到其中一帧的画面效果,如图8-129所示。

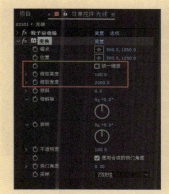
图8-128 设置"变换"效果

图8-129 "合成"窗口效果

STEP 07 执行"效果>生成>梯度渐变"命令,为"光线"图层应用"梯度渐变"效果。在"效果控件"面板中对"梯度渐变"效果的相关选项进行设置,如图8-130所示。在"合成"窗口中可以看到其中一帧的画面效果,如图8-131所示。

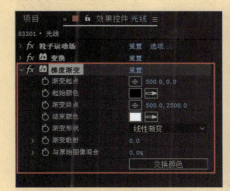
图8-130 设置"梯度渐变"效果

图8-131 "合成"窗口效果

STEP 08 执行"效果>颜色校正>色光"命令,为"光线"图层应用"色光"效果。在"效果控件"面板中对"色光"效果的相关选项进行设置,如图8-132所示。在"合成"窗口中可以看到其中一帧的画面效果,如图8-133所示。

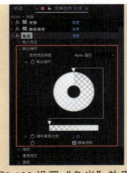

图8-132 设置"色光"效果　　　　图8-133 "合成"窗口效果

STEP 09 执行"效果>模糊和锐化>快速方框模糊"命令,为"光线"图层应用"快速方框模糊"效果。在"效果控件"面板中对"快速方框模糊"效果的相关选项进行设置,如图8-134所示。在"合成"窗口中可以看到其中一帧的画面效果,如图8-135所示。

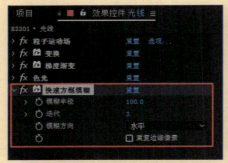

图8-134 设置"快速方框模糊"效果　　　　图8-135 "合成"窗口效果

STEP 10 至此,完成动感光线效果的制作,单击"预览"面板中的"播放/停止"按钮▶,可以在"合成"窗口中预览动画,效果如图8-136所示。

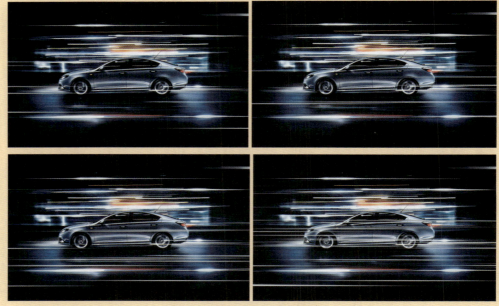

图8-136 预览动感光线动画效果

8.4 了解"抠像"效果

抠像是视频动画制作领域中运用较为广泛的一种技术，其原理是将素材中不需要的部分变为透明，从而将其抠除掉，而将留下的部分与其他图层进行叠加与合成，从而制作出非常震撼、直接拍摄不出来的效果。

抠像技术是视频动画合成处理中不可或缺的重要环节之一，通过将前期的拍摄和后期的处理相结合，可以使视频动画的合成更加真实。例如，在After Effects中导入两张素材图像，如图8-137所示。

图8-137 导入两张素材图像

导入素材后，通过"抠像"效果，即可将这两张毫无关系的素材融合为一个整体，如图8-138所示，"时间轴"面板如图8-139所示。

图8-138 抠像处理后的效果　　　　图8-139 "时间轴"面板

 Tips

在进行抠像合成处理过程中，一般至少需要两个素材图层，即抠像应用图层和背景图层。抠像效果应用的素材图像要在背景图层上方，这样在进行抠像处理后，即可透出下面背景图层的内容。

8.5 "抠像"效果介绍

"抠像"是指在画面中选取一个关键的色彩使其透明，这样就可以很容易地将画面中的主体提取出来。它在应用上和蒙版很相似，主要用于素材的透明控制，当蒙版和Alpha通道控制不能够满足制作需要时，就需要用到"抠像"效果。

在After Effects的"效果和预设"面板中包含了"抠像"效果组，如图8-140所示。展开"抠像"效果组，即可看到9种"抠像"效果，如图8-141所示。在实际的视频动画项目制作中，"抠像"效果的应用非常广泛且相当重要，下面将分别对这9种"抠像"效果进行介绍。

图8-140 "效果和预设"面板　　图8-141 "抠像"效果组中包含的效果

- **1．Advanced Spill Superessor**

任何物体除了受到各种光线的影响，还经常会受到环境反射光线的影响。例如在蓝色背景下，拍摄的视频主体某些部分会由于蓝色环境光的照射而泛蓝，这样会影响整体拍摄的效果，无法融入到其他环境中。

将素材图像拖入"时间轴"面板中，在"合成"窗口中可以看到该素材图像的原始效果，如图8-142所示。选中该素材图层，为其应用Advanced Spill Superessor效果，在"效果控件"面板中对Advanced Spill Superessor效果的相关属性进行设置，如图8-143所示。

图8-142 素材图像的原始效果　　图8-143 设置效果相关属性

完成效果的设置后，在"时间轴"面板中可以看到为该图层应用的Advanced Spill Superessor效果，如图8-144所示。在"合成"窗口中可以看到通过Advanced Spill Superessor效果处理后的素材效果，如图8-145所示。

图8-144 "时间轴"面板　　图8-145 处理后的素材效果

Advanced Spill Superessor效果的相关属性介绍如下。

- 方法：在该下拉列表框中可以选择抑制颜色的方法，包括"标准"和"极致"两个选项。选择"极至"选项，可以显示出"极致设置"选项组，对需要抑制的颜色进行精细控制。
- 抑制：该选项用于设置抑制程度。
- 抠像颜色：该选项用于设置需要在图像中抑制的颜色，可以使用右侧的"吸管工具"在图像上吸取需要抑制的颜色。
- 容差：该选项用于控制所设置抠像颜色的色彩范围。
- 降低饱和度：该选项用于降低抠像颜色的饱和度。
- 溢出范围：该选项用于设置抠像颜色的溢出范围。
- 溢出颜色校正：该选项用于对抠像颜色溢出范围内的色彩进行校正设置。
- 亮度校正：该选项用于对抠像颜色的亮度进行设置。

2．CC Simple Wire Removal

CC Simple Wire Removal效果是一种简单的线性擦除工具，该效果利用一根线将图像进行分割，并且在线的部位产生模糊效果，实际上是一种线状的模糊和替换效果。通常用于在视频动画中去除一些较小的物体，如去除钢丝。

将素材图像拖入"时间轴"面板中，在"合成"窗口中可以看到该素材图像的原始效果，如图8-146所示。选中该素材图层，为其应用CC Simple Wire Removal效果，在"合成"窗口中拖动调整A点和B点的位置，使A点和B点包含所需要去除的对象，如图8-147所示。

图8-146 素材图像的原始效果　　　　　　　图8-147 调整A点和B点的位置

在"效果控件"面板中对CC Simple Wire Removal效果的相关属性进行设置，如图8-148所示。在"合成"窗口中可以看到通过CC Simple Wire Removal效果处理后的素材效果，如图8-149所示。

图8-148 设置CC Simple Wire Removal效果　　　　图8-149 处理后的素材效果

CC Simple Wire Removal效果的相关属性介绍如下。

- **Point A**：该选项用于设置A控制点在素材中的位置。
- **Point B**：该选项用于设置B控制点在素材中的位置。
- **Removal Style**：该选项用于设置移除处理的样式，用户可以在该下拉列表框中选择合适的选项，包括Fade（变暗）、Frame Offset（帧偏移）、Displace（置换）和Displace Horizontal（水平置换）4个选项。
- **Thickness**：该选项用于设置移除的范围，数值越大，移除处理的范围越广。
- **Slope**：该选项用于设置处理的倾斜角度。
- **Mirror Blend**：该选项用于设置线与原素材的混合程度。数值越大越模糊，数值越小越清晰。
- **Frame Offset**：该选项只有在将Removal Style设置为Frame Offset时才可以使用，用于设置帧的偏移量。

3．Key Cleaner

使用Key Cleaner效果能够改善杂色素材的抠像效果，同时保留细节，Key Cleaner效果只影响素材的Alpha通道。在使用Key Cleaner效果进行抠图操作时，首先为素材中需要抠取的对象创建大致的蒙版路径，然后才可以通过Key Cleaner效果进行抠图处理。

在After Effects中导入两张素材图像，并分别拖入"时间轴"面板中，如图8-150所示。选择人物素材图层，使用"钢笔工具"在"合成"窗口中大概绘制出人物的轮廓路径，为该图层添加蒙版，效果如图8-151所示。

图8-150 导入两张素材图像　　　　图8-151 绘制蒙版路径

选择人物素材图层，为其应用Key Cleaner效果，在"效果控件"面板中对Key Cleaner效果的相关属性进行设置，如图8-152所示。在"合成"窗口中可以看到通过Key Cleaner效果处理后的素材效果，如图8-153所示。

图8-152 设置Key Cleaner效果　　图8-153 抠出素材效果

Key Cleaner效果的相关属性介绍如下。

- **其他边缘半径**：该选项用于设置沿所绘制的蒙版路径进行清除颜色的范围，该属性值越大，清理的半径范围越宽。

- **减少震颤**：选择该复选框，在沿路径清除边缘颜色时可以减少抖动的发生。
- **Alpha对比度**：该选项用于设置抠出图像边缘的柔和度，数值越大，边缘对比越强烈。
- **强度**：该选项用于设置清理边缘色彩的强度。

4．内部/外部键

"内部/外部键"效果是After Effects中一个比较特殊的"抠像"效果，它通过图层的蒙版路径来确定要隔离的物体边缘，把前景物体从它的背景隔离出来。使用该效果时需要为抠图对象指定两个蒙版路径，一个蒙版路径定义抠出范围的内边缘，另一个蒙版路径定义抠出范围的外边缘，系统将根据内外蒙版路径进行像素差异比较，从而抠出需要的对象。

使用"内部/外部键"效果可以将具有不规则边缘的物体从它的背景中分离出来。导入两张素材图像，并分别拖入"时间轴"面板中，如图8-154所示。选择人物素材图层，使用"钢笔工具"在"合成"窗口中大概绘制出人物的轮廓路径，为该图层添加蒙版，效果如图8-155所示。

图8-154 导入两张素材图像

图8-155 绘制蒙版路径

确认选择人物素材图层，为其应用"内部/外部键"效果，在"效果控件"面板中对"内部/外部键"效果的相关属性进行设置，如图8-156所示。在"合成"窗口中可以看到通过"内部/外部键"效果处理后的素材效果，如图8-157所示。

图8-156 设置"内部/外部键"效果

图8-157 抠出素材效果

"内部/外部键"效果的相关属性介绍如下。
- **前景（内部）**：该选项用于为"内部/外部键"效果指定内边缘蒙版。
- **其他前景**：该选项用于为"内部/外部键"效果指定更多的内边缘蒙版，适用于更为复杂的对象。
- **背景（外部）**：该选项用于为"内部/外部键"效果指定外边缘蒙版。
- **其他背景**：该选项用于为"内部/外部键"效果指定更多的外边缘蒙版。
- **单个蒙版高光半径**：当使用单个蒙版时，该选项即可被激活，用于设置可扩展蒙版的范围。

- 清理前景：该选项用于指定蒙版来清除前景颜色。展开该选项，即可指定多个蒙版路径进行清除设置，如图8-158所示。用户还可以在"路径"下拉列表框中指定需要清除前景的路径，如图8-159所示。

图8-158 "清除前景"选项组

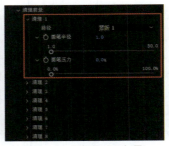

图8-159 "清理1"选项

- 清理背景：该选项用于指定蒙版来清除背景颜色，其用法和"清理前景"选项的用法相同。
- 薄化边缘：该选项用于设置抠取出的对象边缘的粗细。
- 羽化边缘：该选项用于设置抠取出的对象边缘的羽化程度。
- 边缘阈值：该选项用于设置抠取出的对象边缘的阈值。
- 反转提取：选择该复选框，即可将提取出的范围进行反转操作。
- 与原始图像混合：该选项用于设置提取出来的前景和原始图像的混合程度。

5．差值遮罩

"差值遮罩"效果通过一个对比图层与原图层进行比较，然后将原图层中位置、颜色与对比图层中相同的像素抠出。最典型的应用是静态背景、固定摄影机、固定镜头和曝光，只需要一帧背景素材，然后让对象在场景中移动即可。

在After Effects中导入两张素材图像，并分别拖入"时间轴"面板中，如图8-160所示。

图8-160 拖入两张素材图像

选择人物素材图层，为其应用"差值遮罩"效果，在"效果控件"面板中对"差值遮罩"效果的相关属性进行设置，如图8-161所示。在"合成"窗口中可以看到通过"差值遮罩"效果处理后的素材效果，如图8-162所示。

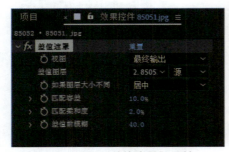

图8-161 设置"差值遮罩"属性　　　　图8-162 抠出素材效果

"差值遮罩"效果的相关属性介绍如下。

- 视图：该选项用于设置不同的视图显示方式。选择"最终输出"选项，则可以在"合成"窗口中显示最终输出的效果；选择"仅限源"选项，则可以在"合成"窗口中显示源素材图层效果；选择"仅限遮罩"选项，则可以在"合成"窗口中显示遮罩范围。
- 差值图层：该选项用于设置将哪一个图层作为对比图层。
- 如果图层大小不同：该选项用于设置当两个图层尺寸大小不同时的处理方式。选择"居中"选项，将差值图层放在源图层中间进行比较，其他的地方使用黑色填充；选择"伸缩以适合"选项，则会自动调整差值图层的尺寸大小，使两个图层的尺寸大小一致，这种情况可能会使素材变形。
- 匹配容差：该选项用于调整匹配范围，控制透明颜色的容差程度，该数值将自动比较两个图层之间的颜色匹配程度。数值越大，包含的颜色信息越多；数值越小，包含的颜色信息越少。
- 匹配柔和度：该选项用于调整匹配的柔和程度，调整透明区域与不透明区域的柔和程度。
- 差值前模糊：该选项用于细微模糊两个图层中的颜色噪点，从而清除合成素材中的杂点，而且并不会使素材模糊，取值范围为0~1000。

- 6．提取

"提取"效果可以通过素材的亮度范围来创建透明效果。素材中所有与指定的亮度范围相近的像素都将被抠出，还可以用它来删除视频中的阴影。对于具有黑色或者白色背景的素材，或者背景亮度与保留对象之间亮度反差较大的复杂背景素材，使用"提取"效果抠取所需要的对象效果会更好。

在After Effects中导入两张素材图像，并分别拖入"时间轴"面板中，如图8-163所示。

图8-163 拖入两张素材图像

选择人物素材图层，为其应用"提取"效果，在"效果控件"面板中对"提取"效果的相关属性进行设置，如图8-164所示。在"合成"窗口中可以看到通过"提取"效果处理后的素材效果，如图8-165所示。

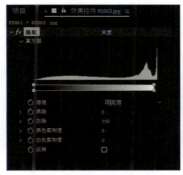

图8-164 设置"提取"效果

图8-165 抠出素材效果

"提取"效果的相关属性介绍如下。

- 直方图：该选项用于显示素材亮区、暗区的分布情况和参数值的调整情况。

 Tips

在直方图中显示了素材亮度的分布级别及每个级别上的像素量，从左至右为素材从最暗到最亮的形态。拖动直方图下方的控制滑块，可以调整素材的输出像素范围，直方图中被灰色覆盖的区域不透明，其他区域透明。

- 通道：该选项用于设置要提取的颜色通道。在该下拉列表框中可以选择相应的选项，包括"明亮度"、"红色"、"绿色"、"蓝色"和Alpha共5个选项。

- 黑场：该选项用于设置黑色区域的透明范围，小于该值的黑色区域颜色将变为透明。
- 白场：该选项用于设置白色区域的透明范围，大于该值的白色区域颜色将变为透明。
- 黑色柔和度：该选项用于设置黑色区域的边缘柔和程度。
- 白场柔和度：该选项用于设置白色区域的边缘柔和程度。
- 反转：选择该复选框，将反转上面的颜色抠取区域，即反转透明区域。

- 7．线性颜色键

"线性颜色键"效果是一个标准的线性抠像，可以包含半透明的区域。"线性颜色键"效果根据图像的RGB彩色信息或者素材的色相和饱和度信息，与指定的抠取颜色进行比较，从而产生透明区域，从素材中抠取出所需要的对象。

在After Effects中导入两张素材图像，并分别拖入"时间轴"面板中，如图8-166所示。

图8-166 拖入两张素材图像

选择人物素材图层，为其应用"线性颜色键"效果，在"效果控件"面板中对"线性颜色键"效果的相关属性进行设置，如图8-167所示。在"合成"窗口中可以看到通过"线性颜色键"效果处理后的素材效果，如图8-168所示。

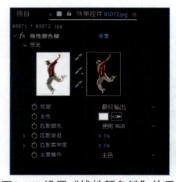

图8-167 设置"线性颜色键"效果　　　　图8-168 抠出素材效果

"线性颜色键"效果的相关属性介绍如下。

第8章 颜色校正与抠像特效

- 预览：该选项区域包含两个视图，左侧为素材视图，显示素材的原始缩览图；右侧为预览视图，显示抠取的素材缩览图。
- "吸管工具"按钮：可以在素材中吸取需要抠出的颜色。
- "加选吸管工具"按钮：在素材中单击可以增加抠出的颜色范围。
- "减选吸管工具"按钮：在素材中单击可以减少抠出的颜色范围。
- 视图：该选项用于设置不同的视图方式。在下拉列表框中包含3个选项，分别是"最终输出"、"仅限源"和"仅限遮罩"。
- 主色：该选项用于设置抠出的颜色。用户可以单击该选项后的色块，在弹出对话框中选择合适的颜色；也可以单击 按钮，吸取After Effects工作区域内的任意一种颜色。
- 匹配颜色：该选项用于指定抠出颜色的模式。在该下拉列表框中包含3个选项，选择"使用RGB"选项，则使用的是以红色、绿色、蓝色为基准的键控色；选择"使用色相"选项，则使用的键控颜色基于对象发射或者反射的颜色；选择"使用色度"选项，则使用的键控颜色基于颜色的色调和饱和度。
- 匹配容差：该选项用于设置颜色的范围大小，该数值越大，包含的色彩范围就越大。
- 匹配柔和度：该选项用于设置抠出颜色边缘的柔和程度。
- 主要操作：该选项用于设置抠图的运算方式。可以在该下拉列表框中选择相应的选项，选择"主色"选项，表示抠出所设置的主色；选择"保持颜色"选项，表示保留抠出颜色。

8. 颜色范围

"颜色范围"效果通过抠出指定的颜色范围产生透明效果，可以应用的色彩模式包括Lab、YUV和RGB共3种模式。"颜色范围"抠像方式可以应用于背景颜色较多、背景亮度不均匀或者包含相同颜色的阴影（如玻璃、烟雾等）。

在After Effects中导入两张素材图像，并分别拖入"时间轴"面板中，如图8-169所示。

图8-169 拖入两张素材图像

选择人物素材图层，为其应用"颜色范围"效果，在"效果控件"面板中对"颜色范围"效果的相关属性进行设置，如图8-170所示。在"合成"窗口中可以看到通过"颜色范围"效果处理后的素材效果，如图8-171所示。

图8-170 设置"颜色范围"效果　　图8-171 抠出素材效果

"颜色范围"效果的相关属性介绍如下。

- 预览：在预览区域中通过黑白图像显示抠取的范围，黑色为透明区域，白色为不透明区域，灰色为半透明区域。
- "吸管工具"按钮：可以在素材中吸取需要抠出的颜色。
- "加选吸管工具"按钮：在素材中单击可以增加抠出的颜色范围。
- "减选吸管工具"按钮：在素材中单击可以减少抠出的颜色范围。
- 模糊：该选项用于对边界进行柔和模糊，用于调整边缘柔化程度。该值越大，边缘越柔和。
- 色彩空间：该选项用于设置抠图所使用的颜色模式，在下拉列表框中包括Lab、YUV和RGB共3个选项。
- 最小值/最大值：该选项用于精确调整颜色模式中颜色开始范围的最小值和颜色结束范围的最大值。

Tips

在"颜色范围"效果的参数设置中，（L、Y、R）、（a、U、G）和（b、V、B）代表的是颜色模式的3个分量。L、Y、R滑块控制指定颜色模式的第1个分量，a、U、G滑块控制指定颜色模式的第2个分量，b、V、B滑块控制指定颜色模式的第3个分量。

9. 颜色差值键

"颜色差值键"效果具有很强大的抠像功能，通过颜色的吸取和加选、减选应用，将需要的对象抠出。主要是通过将图像分成蒙版A和蒙版B两个不同起点的蒙版，蒙版B基于指定的抠取颜色来创建透明信息；蒙版A同样用于创建透明信息，但前提是素材区域中不包含第2种不同的抠取颜色。结合A、B两个蒙版的效果就能够得到第3种蒙版的效果，即透明信息。

在After Effects中导入两张素材图像，并分别拖入"时间轴"面板中，如图8-172所示。

图8-172 拖入两张素材图像

选择人物素材图层，为其应用"颜色差值键"效果，在"效果控件"面板中对"颜色差值键"效果的相关属性进行设置，如图8-173所示。在"合成"窗口中可以看到通过"颜色差值键"效果处理后的素材效果，如图8-174所示。

图8-173 设置"颜色差值键"效果

图8-174 抠出素材效果

第8章 颜色校正与抠像特效

"颜色差值键"效果的相关属性介绍如下。

- 预览：该选项区域包含两个视图，左侧为素材视图，显示素材的原始缩略图；右侧为预览视图，显示抠取的素材缩略图。右侧的预览视图提供了3种不同的显示方式，单击 A 按钮，可以在预览视图中显示A部分的效果；单击 B 按钮，可以在预览视图中显示B部分的效果；单击 α 按钮，可以在预览视图中显示灰度系数的效果。

- "吸管工具"按钮：用于在素材中吸取需要抠取的颜色。

- "黑场工具"按钮：用于在效果图像中吸取透明区域的颜色。

- "白场工具"按钮：用于在效果图像中吸取不透明区域的颜色。

- 主色：该选项用于设置要去除的颜色，可以单击该选项右侧的色块，在弹出对话框中选择合适的颜色；也可以单击 按钮，吸取After Effects工作区域内的任意一种颜色。

- 视图：该选项用于设置不同的图像视图，默认为"最终输出"选项，可以在该下拉列表框中选择相应的选项，如图8-175所示。

图8-175 "视图"下拉列表框

- 颜色匹配准确度：该选项用于设置颜色的匹配精确程度，在下拉列表框中包含两个选项，如图8-176所示。选择"更快"选项，表示匹配的精确度低，但是处理速度会非常快；选择"更准确"选项，表示匹配的精确度高。

图8-176 "颜色匹配准确度"下拉列表框

8.6 "抠像"效果的应用

"抠像"是影视制作领域中运用比较广泛的一种技术，其原理是将素材中不需要的部分变为透明，从而将保留的部分与其他图层进行合成处理。在本节中将通过案例的制作来讲解"抠像"效果的具体应用方法。

8.6.1 制作鲜花绽放动画效果

"抠像"效果不仅可以抠取静态的素材图像，对于动态的视频素材同样适用。本节将通过实例操作，讲解如何抠取动态视频素材中的对象，从而实现视频素材的相互叠加处理。

制作鲜花绽放动画效果

源文件：源文件\第8章\8-6-1.aep   视频：光盘\视频\第8章\8-6-1.mp4

STEP 01 在After Effects中新建一个空白的项目，执行"合成>新建合成"命令，弹出"合成设置"对话框，对相关选项进行设置，如图8-177所示。单击"确定"按钮，新建合成。执行"文件>导入>文件"命令，导入素材"源文件\第8章\素材\86101.avi和86102.avi"，"项目"面板如图8-178所示。

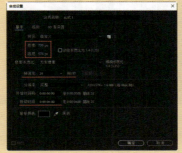

图8-177 "合成设置"对话框

图8-178 导入视频素材文件

241

STEP 02 在"项目"面板中分别将86101.avi和86102.avi两个视频素材拖入"时间轴"面板中，如图8-179所示，在"合成"窗口中可以看到两个视频素材的效果，如图8-180所示。

图8-179 "时间轴"面板　　　　　　　图8-180 "合成"窗口效果

STEP 03 选择86102.avi图层，按【S】键，在该图层下方显示"缩放"属性，设置属性值，使该图层中的视频水平翻转，效果如图8-181所示。在"合成"窗口中将视频素材调整到合适的位置，如图8-182所示。

图8-181 将视频素材水平翻转　　　　　图8-182 调整视频素材位置

STEP 04 选择86102.avi图层，执行"效果>抠像>提取"命令，为其应用"提取"效果。在"效果控件"面板中对"提取"效果的相关选项进行设置，如图8-183所示。在"合成"窗口中可以看到去除视频素材中白色背景后的效果，如图8-184所示。

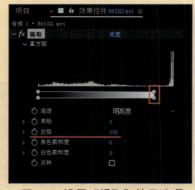 

图8-183 设置"提取"效果选项　　　　　图8-184 "合成"窗口效果

STEP 05 至此，完成视频素材白色背景的去除，单击"预览"面板中的"播放/停止"按钮 ▶，可以在"合成"窗口中预览动画，效果如图8-185所示。

第8章
颜色校正与抠像特效

图8-185 预览动画效果

8.6.2 制作流行人像合成

人像抠图是抠图处理中常见的一种抠图类型，在本实例中将通过对人像素材应用"颜色范围"效果进行抠图处理，将抠取出来的人物素材与其他素材相结合，处理成流行人像合成效果。

应用案例 制作流行人像合成

源文件：源文件\第8章\8-6-2.aep　　　　视频：光盘\视频\第8章\8-6-2.mp4

STEP 01 在After Effects中新建一个空白的项目，执行"合成>新建合成"命令，弹出"合成设置"对话框，对相关选项进行设置，如图8-186所示。单击"确定"按钮，新建合成。执行"文件>导入>文件"命令，弹出"导入文件"对话框，同时选择需要导入的多个素材图像，如图8-187所示。

图8-186 "合成设置"对话框

图8-187 "导入文件"对话框

STEP 02 单击"导入"按钮，将选择的多个素材图像导入到"项目"面板中，如图8-188所示。在"项目"面板中将86201.jpg和86202.jpg这两个素材图像分别拖入"时间轴"面板中，如图8-189所示。

图8-188 导入素材图像

图8-189 拖入素材图像

243

STEP 03 选择86202.jpg图层，执行"效果>抠像>颜色范围"命令，应用"颜色范围"效果。在"效果控件"面板中设置"色彩空间"选项为RGB，使用"吸管工具"在素材中的白色背景上单击，创建色彩范围，如图8-190所示。在"合成"窗口中可以看到抠取的人物素材效果，如图8-191所示。

图8-190 设置"颜色范围"效果选项　　　　图8-191 抠取人物素材

STEP 04 在"项目"面板中将素材图像86203.png拖入"时间轴"面板中，如图8-192所示。至此，完成流行人物的合成处理，在"合成"窗口中可以看到最终效果，如图8-193所示。

图8-192 "时间轴"面板　　　　图8-193 合成人物效果

8.7 知识拓展：了解"抠像"效果的应用

　　一般来说，在制作人物与背景合成效果时，经常会在人物的后面放置一个蓝色背景或者绿色背景进行拍摄，这种蓝布和绿布称为"蓝背"和"绿背"。工作人员在后期处理的过程中，可以很容易地使这种纯色背景变得透明，从而提取主体。由于欧美人的眼睛接近蓝色，所以欧美一般使用"绿背"；亚洲人黄皮肤的肤色与蓝背的色彩互为补色，对比强烈，所以亚洲一般使用"蓝背"。不过，由于补色融合的边缘接近黑色，所以亚洲在"蓝背"下的皮肤边缘部分容易产生黑边，因此在进行处理时应该特别注意。

　　"抠像"效果的原理可以理解为在原始图层的基础上创建一个黑白动态图像，白色代表该图层的显示区域，黑色代表该图层的隐藏区域，灰色代表半透明区域。抠像操作的主要工作是处理这个黑白图像，只要人物为纯白，背景为纯黑，就可以达到抠像目的，从而得到更为精准的抠像效果。

8.8 本章小结

　　本章重点介绍了After Effects中内置的"颜色校正"和"抠像"效果组中每个效果的使用方法和设置选项，通过应用"颜色校正"效果组中的效果，可以对素材的色彩进行调整，通过"抠像"效果组中的效果可以实现抠取素材中所需要的对象的效果。完成本章内容的学习后，读者需要理解并掌握"颜色校正"和"抠像"效果组中每种效果的使用方法，并能够在视频动画制作过程中合理应用。

第9章　其他特效

After Effects作为专业的视频动画制作软件，视频处理功能十分强大，After Effects内置了相当丰富的视频动画处理效果，而且每种效果都可以通过插入关键帧制作出视频动画。通过这些丰富的视频动画处理效果，可以根据创意和构思进一步包装和处理前期拍摄的各种静态和动态素材，从而制作出所需要的视觉动画效果。本章将对After Effects中的内置效果组进行简单介绍，并通过多个视频动画效果的制作，使读者掌握After Effects中各种内置效果的使用方法和技巧。

本章学习重点

第 318 页
制作下雨效果

第 320 页
制作手绘心形动画

第 324 页
制作粒子动画效果

第 339 页
制作楼盘视频广告

[9.1　内置效果的使用方法]

要想制作出好的视频动画，首先需要了解内置效果的使用方法，在本节中将介绍After Effects中内置效果的添加及编辑操作方法。

9.1.1　应用效果

After Effects内置了许多标准视频动画效果，用户可以根据需要对不同类型的图层应用一个效果，也可以一次性应用多个效果。当对某一个图层应用效果后，After Effects将会自动打开"效果控件"面板，方便用户对所添加的效果进行设置，同时在"时间轴"面板中也会出现相关的设置选项。

为图层应用效果的方法有很多，下面介绍两种最常用的方法。

方法1：使用菜单命令

在"时间轴"面板中选择需要应用效果的图层，打开"效果"菜单，从其中选择一种所需要的效果类型，再从子菜单中选择需要的具体效果即可，如图9-1所示。

方法2：使用"效果和预设"面板

在"时间轴"面板中选择需要应用效果的图层，在"效果和预设"面板中单击所需效果类型名称前的三角形图标，展开该类型的效果列表框，在其中双击所需要的效果名称即可，如图9-2所示。

图9-1　"效果"菜单　　　图9-2　"效果和预设"面板

> **Tips**

当某个图层应用了多个效果时，会按照应用的先后顺序从上到下排列，即新添加的效果位于原效果的下方。如果想更改效果的位置，可以在"效果控件"面板中通过直接拖动的方法，将某个效果上移或者下移。需要注意的是，效果应用的顺序不同，产生的效果也会不同。

9.1.2 复制效果

After Effects软件允许用户在不同的图层之间复制效果。在复制过程中，对原图层应用的效果和关键帧也将被保存并复制到其他图层中。

在"效果控件"面板或者"时间轴"面板中选择原图层中应用的一个或者多个效果，执行"编辑>复制"命令或者按【Ctrl+C】组合键进行复制。选择目标图层，执行"编辑>粘贴"命令或者按【Ctrl+V】组合键进行粘贴即可。

> **Tips**

如果只是在当前图层中进行效果复制，只需要在"效果控件"面板或"时间轴"面板中选择需要复制的效果名称，按【Ctrl+D】组合键，即可在当前图层中复制并粘贴该效果。

9.1.3 暂时关闭效果

暂时关闭效果的操作非常简单，只需在"时间轴"面板中选择需要关闭效果的图层，然后在"效果控件"面板或者"时间轴"面板中单击效果名称左侧的效果显示控制按钮 fx ，即可暂时关闭当前效果，使其不起作用，如图9-3所示。

图9-3 单击效果名称前的控制按钮即可暂时关闭效果

9.1.4 保存效果

在After Effects中允许将设置好的效果单独保存为文件，以便下次使用相同效果设置时直接使用。

在"效果控件"面板中选择需要保存的效果，执行"动画>保存动画预设"命令，如图9-4所示。弹出"动画预设另存为"对话框。选择需要保存特效的位置并设置保存的名称，单击"保存"按钮即可，如图9-5所示。

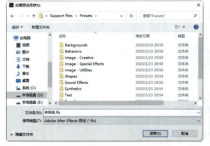

图9-4 执行菜单命令　　　图9-5 "动画预设另存为"对话框

9.1.5 删除效果

在After Effects中，可以通过以下两种方法删除所应用的效果。

如果需要删除为当前图层应用的某一个效果，可以在"效果控件"面板中选择需要删除的效果，执行"编辑>清除"命令或者按【Delete】键，即可将选中的效果删除。

如果需要一次删除当前图层中添加的所有效果，可以在"效果控件"面板或者"时间轴"面板中选择需要删除效果的图层，执行"效果>全部移除"命令，或者按【Ctrl+Shift+E】组合键，即可将当前图层中所应用的效果全部删除。

 Tips

在"时间轴"面板中快速展开效果的方法是，选中包含有效果的图层，按【E】键，即可快速展开该图层所应用的效果。

9.2 了解After Effects中的效果组

在After Effects中内置了几百种实现各种不同功能和效果的特效，通过为素材应用不同的效果，可以在"效果控件"面板中对所应用效果的参数进行设置，并且还可以为所应用效果的属性插入关键帧，从而制作出各种特殊的视觉效果。本节将对After Effects中的效果组进行简单介绍，帮助读者了解After Effects中各效果组的基本作用。

"3D声道"效果组

"3D声道"效果组主要用于对素材进行三维方面的处理，所设置的素材需要包含三维信息，如Z通道、材质ID号、物体ID号和法线等，通过读取这些信息，进行效果的处理。该效果组中包括"3D通道提取"、"场深度"、Cryptomatte、EXtractoR、"ID遮罩"、IDentifier、"深度遮罩"和"雾3D"8种效果，如图9-6所示。

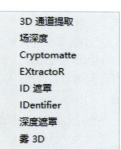

图9-6 "3D声道"效果组

- **1．3D通道提取**

"3D通道提取"效果可以将素材中的3D通道信息提取并进行处理，它通常作为辅助特效来使用，从而制作出各种蒙版效果。为素材图层应用"3D通道提取"效果后，可以在"效果控件"面板中对该效果的相关选项进行设置，如图9-7所示。

- **2．场深度**

"场深度"效果用于调用导入的3D素材的场景深度信息，并指定相应的对焦平面，模仿摄像机的对焦效果。为素材图层应用"场深度"效果后，可以在"效果控件"面板中对该效果的相关选项进行设置，如图9-8所示。

图9-7 "3D通道提取"效果选项

图9-8 "场深度"效果选项

3．Cryptomatte

Cryptomatte是一种多通道素材，通常采用EXR格式，可以存储ID及每个ID原始名称的其他元数据，允许根据选定的ID提取遮罩，这些ID可用于在合成中进行微调时屏蔽特定元素。Cryptomatte效果主要用于对Cryptomatte素材中的信息进行提取。为素材图层应用Cryptomatte效果后，可以在"效果控件"面板中对该效果的相关选项进行设置，如图9-9所示。

4．EXtractoR

ExtractoR效果可以对素材中的通道信息进行提取，并对黑色和白色进行处理。为素材图层应用ExtractoR效果后，可以在"效果控件"面板中对该效果的相关选项进行设置，如图9-10所示。

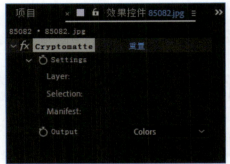

图9-9 Cryptomatte效果选项　　　　图9-10 ExtractoR效果选项

5．ID遮罩

"ID遮罩"效果可以通过读取3D素材中的对象ID或者材质ID信息，将3D通道中的指定元素分离出来，制作出遮罩效果。为素材图层应用"ID遮罩"效果后，可以在"效果控件"面板中对该效果的相关选项进行设置，如图9-11所示。

6．IDentifier

IDentifier效果可以读取3D素材的ID号，为通道中的指定元素做标志。为素材图层应用IDentifier效果后，可以在"效果控件"面板中对该效果的相关选项进行设置，如图9-12所示。

图9-11 "ID遮罩"效果选项　　　　图9-12 IDentifier效果选项

7．深度遮罩

"深度遮罩"效果可以识别包含Z轴信息的3D素材的深度信息数值，根据指定的深度数值在其中建立遮罩，截取显示图像，当然这个指定的数值一般在素材有效的深度信息数值范围内。为素材图层应用"深度遮罩"效果后，可以在"效果控件"面板中对该效果的相关选项进行设置，如图9-13所示。

8．雾3D

"雾3D"效果可以根据3D素材中的Z轴深度信息创建雾化效果，使雾具有远近浓度不一的距离感，另外，也可以将白雾改变为黑色的夜幕效果。为素材图层应用"雾3D"效果后，可以在"效果控件"面板中对该效果的相关选项进行设置，如图9-14所示。

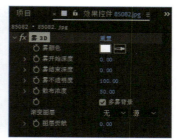

图9-13 "深度遮罩"效果选项　　　　图9-14 "雾3D"效果选项

9.2.2 Boris FX Mocha效果组

在Boris FX Mocha效果组中只包含一个效果，即Mocha AE。Mocha是一款出色的跟踪处理软件，Mocha AE是After Effects中内置的Mocha插件，通过使用该效果可以调用After Effects中内置的Mocha软件来处理动态视频对象的跟踪效果。

为素材图层应用Mocha AE效果，在"效果控件"面板中可以对该效果的相关选项进行设置，如图9-15所示。单击MOCHA按钮，在弹出的提示对话框中单击Continue按钮，即可打开After Effects中内置的Mocha软件，在该软件中可以对视频素材进行跟踪处理，如图9-16所示。

图9-15 Mocha AE效果选项　　　　图9-16 Mocha软件工作界面

9.2.3 CINEMA 4D效果组

在CINEMA 4D效果组中只包含一个效果，即CINEWARE，该效果只针对CINEMA 4D素材有效，对于其他素材无效。

利用 CineRender（基于CINEMA 4D渲染引擎）的集成功能，可以直接在 After Effects 中对基于CINEMA 4D文件的图层进行渲染。CINEWARE效果可以让用户进行渲染设置，在一定程度上可以平衡渲染质量和速度。用户还可以指定用于渲染的摄像机、通程或者 C4D 图层。在合成上创建基于CINEMA 4D素材的图层时，会自动应用CINEWARE效果。每个CINEMA 4D素材图层都拥有其自身的渲染和显示设置。

9.2.4 Keying效果组

在Keying效果组中只包含一个效果，即Keylight。Keylight是一个屡获特殊荣誉并经过产品验证的蓝绿屏幕键控插件，该插件是为专业的高端电影而开发的抠像软件，用于精细地去除影像中任何一种指定的颜色。

目前，在After Effects中已经内置了Keylight插件。使用Keylight效果，可以通过指定的颜色对素材进行抠像处理。

Matte效果组

在Matte效果组中只包含一个效果，即mocha shape。mocha shape效果主要用于为抠像图层添加形状或者颜色遮罩效果，从而对该遮罩做进一步的动画抠像处理。

蒙版抑制效果与简单抑制效果比较类似，但mocha shape效果增加了多个控制属性，通过修改属性参数，可以更好地收缩或者扩张像素，弥补抠像后留下的素材边缘锯齿。

"沉浸式视频"效果组

"沉浸式视频"效果组中的效果主要用于对VR视频进行效果设置，可以使用许多动态过渡、效果和字幕来编辑和增强沉浸式视频体验。在该效果组中包括"VR球面到平面"、"VR分形杂色"、"VR锐化"、"VR模糊"、"VR转换器"、"VR降噪"、"VR数字故障"、"VR色差"、"VR平面到球面"、"VR发光"、"VR旋转球面"和"VR颜色渐变"共12种效果，如图9-17所示。

 Tips

想要渲染沉浸视频效果，必须将视频渲染首选项设置为GPU。设置方法为，执行"文件 > 项目设置"命令，弹出"项目设置"对话框，在"视频渲染和效果"选项卡中设置"使用范围"选项为"Mercury GPU 加速（OpenCL）"。

图9-17 "沉浸式视频"效果组

● **1．VR球面到平面**

"VR球面到平面"效果可以将立体的360°球面视频素材展开为平面视频。为素材图层应用"VR球面到平面"效果后，可以在"效果控件"面板中对该效果的相关选项进行设置，如图9-18所示。

● **2．VR分形杂色**

"VR分形杂色"效果可以为视频素材添加杂色，通过相关选项的设置，可以在视频中添加各类烟雾、火、扰动等效果。为素材图层应用"VR分形杂色"效果后，可以在"效果控件"面板中对该效果的相关选项进行设置，如图9-19所示。

图9-18 "VR球面到平面"效果选项　　图9-19 "VR分形杂色"效果选项

3. VR锐化

"VR锐化"效果可以对视频素材进行锐化处理，属性值越大，锐化程度越高，细节越清晰。但锐化程度过高会导致锐化过度，使视频的视觉表现效果失真。为素材图层应用"VR锐化"效果后，可以在"效果控件"面板中对该效果的相关选项进行设置，如图9-20所示。

4. VR模糊

"VR模糊"效果可以对视频素材进行模糊处理，属性值越大，模糊程度越高。为素材图层应用"VR模糊"效果后，可以在"效果控件"面板中对该效果的相关选项进行设置，如图9-21所示。

图9-20 "VR锐化"效果选项

图9-21 "VR模糊"效果选项

5. VR转换器

"VR转换器"效果可以将素材从2D源、球面投影、立方或者球面布局转换为其他VR布局。为素材图层应用"VR转换器"效果后，可以在"效果控件"面板中对该效果的相关选项进行设置，如图9-22所示。

6. VR降噪

"VR降噪"效果可以对视频素材进行降噪处理，去除视频中的杂色，可能使视频画面更加柔和。为素材图层应用"VR降噪"效果后，可以在"效果控件"面板中对该效果的相关选项进行设置，如图9-23所示。

图9-22 "VR转换器"效果选项

图9-23 "VR降噪"效果选项

7. VR数字故障

"VR数字故障"效果可以在视频素材中创造出视频画面扭曲、缺损等类似视频出现播放故障的特殊表现效果。为素材图层应用"VR数字故障"效果后，可以在"效果控件"面板中对该效果的相关选项进行设置，如图9-24所示。

8. VR色差

"VR色差"效果可以对视频素材中的各个颜色通道进行调整，从而调整视频素材的色彩表现效果。为素材图层应用"VR色差"效果后，可以在"效果控件"面板中对该效果的相关选项进行设置，如图9-25所示。

图9-24 "VR数字故障"效果选项

图9-25 "VR色差"效果选项

- **9．VR平面到球面**

"VR平面到球面"效果可以将文本、图形和其他2D素材添加到VR单像或者立体素材中。为素材图层应用"VR平面到球面"效果后，可以在"效果控件"面板中对该效果的相关选项进行设置，如图9-26所示。

- **10．VR发光**

"VR发光"效果可以在视频素材中添加发光效果，可以设置发光的颜色、半径、亮度和饱和度等。为素材图层应用"VR发光"效果后，可以在"效果控件"面板中对该效果的相关选项进行设置，如图9-27所示。

图9-26 "VR平面到球面"效果选项

图9-27 "VR发光"效果选项

- **11．VR旋转球面**

"VR旋转球面"效果可以在X轴、Y轴和Z轴上对视频素材进行倾斜设置，从而使视频表现出扭曲的视觉效果。为素材图层应用"VR旋转球面"效果后，可以在"效果控件"面板中对该效果的相关选项进行设置，如图9-28所示。

- **12．VR颜色渐变**

"VR颜色渐变"效果可以在视频素材上添加多个颜色点，并且为各个颜色点设置不同的颜色，从而为视频创建出多彩的颜色渐变效果。为素材图层应用"VR颜色渐变"效果后，可以在"效果控件"面板中对该效果的相关选项进行设置，如图9-29所示。

第9章 其他特效

图9-28 "VR旋转球面"效果选项

图9-29 "VR颜色渐变"效果选项

9.2.7 "风格化"效果组

"风格化"效果组中的效果主要用于模拟各种绘画效果，使素材的视觉效果更加丰富。在该效果组中包括"阈值"、"画笔描边"、"卡通"、"散布"、CC Block Load、CC Burn Film、CC Glass、CC HexTile、CC Kaleida、CC Mr.Smoothie、CC Plastic、CC RepeTile、CC Threshold、CC Threshold RGB、CC Vignette、"彩色浮雕"、"马赛克"、"浮雕"、"色调分离"、"动态拼贴"、"发光"、"查找边缘"、"毛边"、"纹理化"和"闪光灯"共25种效果，如图9-30所示。

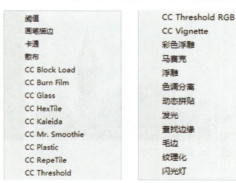

图9-30 "风格化"效果组

● 1．阈值

"阈值"效果可以将一个彩色或者灰度素材转换为高对比度的黑白素材，将素材中比阈值亮的像素转换为白色，将比阈值暗的像素转换为黑色。图9-31所示为应用"阈值"效果前后的素材效果对比。为素材图层应用"阈值"效果后，可以在"效果控件"面板中对该效果的相关选项进行设置，如图9-32所示。

图9-31 应用"阈值"效果前后对比

图9-32 "阈值"效果选项

253

● 2．画笔描边

"画笔描边"效果可以将素材处理为类似于水彩画的效果。图9-33所示为应用"画笔描边"效果前后的素材效果对比。为素材图层应用"画笔描边"效果后，可以在"效果控件"面板中对该效果的相关选项进行设置，如图9-34所示。

图9-33 应用"画笔描边"效果前后对比　　　　图9-34 "画笔描边"效果选项

● 3．卡通

"卡通"效果可以将素材处理成类似于卡通风格的效果。图9-35所示为应用"卡通"效果前后的素材效果对比。为素材图层应用"卡通"效果后，可以在"效果控件"面板中对该效果的相关选项进行设置，如图9-36所示。

图9-35 应用"卡通"效果前后对比　　　　图9-36 "卡通"效果选项

● 4．散布

"散布"效果可以将素材像素随机分散，产生一种透过毛玻璃观察画面的效果。图9-37所示为应用"散布"效果前后的素材效果对比。为素材图层应用"散布"效果后，可以在"效果控件"面板中对该效果的相关选项进行设置，如图9-38所示。

图9-37 应用"散布"效果前后对比　　　　图9-38 "散布"效果选项

● 5．CC Block Load

CC Block Load效果可以模拟播放设备播放影片时的加载过程，可以配合关键帧制作出加载动画效果。图9-39所示为应用CC Block Load特效前后的素材效果对比。为素材图层应用CC Block Load效果后，可以在"效果控件"面板中对该效果的相关选项进行设置，如图9-40所示。

图9-39 应用CC Block Load效果前后对比　　　　图9-40 CC Block Load效果选项

● 6．CC Burn Film

CC Burn Film效果可以模拟火焰燃烧时的边缘效果，直至素材画面消失。图9-41所示为应用CC Burn Film特效前后的素材效果对比。为素材图层应用CC Burn Film效果后，可以在"效果控件"面板中对该效果的相关选项进行设置，如图9-42所示。

图9-41 应用CC Burn Film效果前后对比　　　　图9-42 CC Burn Film效果选项

● 7．CC Glass

CC Glass效果可以通过查找图像中物体的轮廓，从而产生玻璃凸起的效果。图9-43所示为应用CC Glass效果前后的素材效果对比。为素材图层应用CC Glass效果后，可以在"效果控件"面板中对该效果的相关选项进行设置，如图9-44所示。

图9-43 应用CC Glass效果前后对比　　　　图9-44 CC Glass效果选项

● 8．CC HexTile

CC HexTile效果可以将素材处理成蜂巢形状拼贴的效果，并且可以设置拼贴的大小、角度等，从而产生特殊的视觉效果。图9-45所示为应用CC HexTile效果前后的素材效果对比。为素材图层应用CC HexTile效果后，可以在"效果控件"面板中对该效果的相关选项进行设置，如图9-46所示。

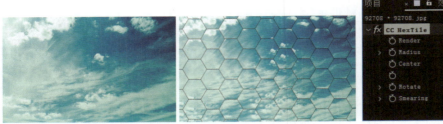

图9-45 应用CC HexTile效果前后对比　　　　　图9-46 CC Hextile效果选项

9．CC Kaleida

CC Kaleida效果可以将素材进行不同角度的变换，使画面产生各种不同的图案。图9-47所示为应用CC Kaleida效果前后的素材效果对比。为素材图层应用CC Kaleida效果后，可以在"效果控件"面板中对该效果的相关选项进行设置，如图9-48所示。

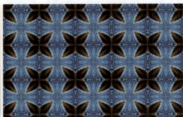

图9-47 应用CC Kaleida效果前后对比　　　　　图9-48 CC Kaleida效果选项

10．CC Mr.Smoothie

CC Mr.Smoothie效果可以选择一个需要调整的素材通道，通过对所选择通道的相位和颜色循环的设置来改变素材的视觉效果。图9-49所示为应用CC Mr.Smoothie效果前后的素材效果对比。为素材图层应用CC Mr.Smoothie效果后，可以在"效果控件"面板中对该效果的相关选项进行设置，如图9-50所示。

图9-49 应用CC Mr.Smoothie效果前后对比　　　　　图9-50 CC Mr.Smoothie效果选项

11．CC Plastic

CC Plastic效果可以在素材表面模拟出塑料的效果。图9-51所示为应用CC Plastic效果前后的素材效果对比。为素材图层应用CC Plastic效果后，可以在"效果控件"面板中对该效果的相关选项进行设置，如图9-52所示。

图9-51 应用CC Plastic效果前后对比　　　　　图9-52 CC Plastic效果选项

- **12．CC RepeTile**

CC RepeTile效果可以将素材的边缘进行水平或者垂直拼贴，产生类似于镜像的效果。图9-53所示为应用CC REpeTile效果前后的素材效果对比。为素材图层应用CC RepeTile效果后，可以在"效果控件"面板中对该效果的相关选项进行设置，如图9-54所示。

图9-53 应用CC RepeTile效果前后对比　　　　　图9-54 CC RepeTile效果选项

- **13．CC Threshold**

CC Threshold效果可以将素材转换成高对比度的黑白效果，并且可以通过选项的设置来调整素材中黑白所占的比例。图9-55所示为应用CC Threshold效果前后的素材效果对比。为素材图层应用CC Threshold效果后，可以在"效果控件"面板中对该效果的相关选项进行设置，如图9-56所示。

图9-55 应用CC Threshold效果前后对比　　　　　图9-56 CC Threshold效果选项

- **14．CC Threshold RGB**

CC Threshold RGB效果可以对素材的RGB通道进行运算填充。图9-57所示为应用CC Threshold RGB效果前后的素材效果对比。为素材图层应用CC Threshold RGB效果后，可以在"效果控件"面板中对该效果的相关选项进行设置，如图9-58所示。

图9-57 应用CC Threshold RGB效果前后对比　　　　　图9-58 CC Threshold RGB效果选项

15. CC Vignette

CC Vignette效果可以在素材四周添加暗角效果。暗角也称晕影，光晕外在表现为向画面角落径向变暗。为画面添加暗角可以让画面显得更有镜头感。图9-59所示为应用CC Vignette效果前后的素材效果对比。为素材图层应用CC Vignette效果后，可以在"效果控件"面板中对该效果的相关选项进行设置，如图9-60所示。

图9-59 应用CC Vignette效果前后对比　　　　图9-60 CC Vignette效果选项

16. 彩色浮雕

"彩色浮雕"效果可以在素材中的彩色像素上产生浮雕效果。图9-61所示为应用"彩色浮雕"效果前后的素材效果对比。为素材图层应用"彩色浮雕"效果后，可以在"效果控件"面板中对该效果的相关选项进行设置，如图9-62所示。

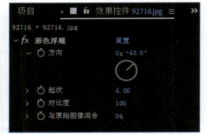

图9-61 应用"彩色浮雕"效果前后对比　　　　图9-62 "彩色浮雕"效果选项

17. 马赛克

"马赛克"效果可以使素材产生类似马赛克方块拼贴的效果。图9-63所示为应用"马赛克"效果前后的素材效果对比。为素材图层应用"马赛克"效果后，可以在"效果控件"面板中对该效果的相关选项进行设置，如图9-64所示。

图9-63 应用"马赛克"效果前后对比　　　　图9-64 "马赛克"效果选项

18. 浮雕

"浮雕"效果与"彩色浮雕"效果相似，不同的是，"浮雕"效果是将效果应用在素材的边缘部分。图9-65所示为应用"浮雕"效果前后的素材效果对比。为素材图层应用"浮雕"效果后，可以在"效果控件"面板中对该效果的相关选项进行设置，如图9-66所示。

图9-65 应用"浮雕"效果前后对比　　　　图9-66 "浮雕"效果选项

- 19．色调分离

"色调分离"效果可以指定素材中每个通道的色调级数目，并将这些像素映射到最接近的匹配色调上，从而减少素材中的颜色信息，可以模拟出手绘的效果。图9-67所示为应用"色调分离"效果前后的素材效果对比。为素材图层应用"色调分离"效果后，可以在"效果控件"面板中对该效果的相关选项进行设置，如图9-68所示。

图9-67 应用"色调分离"效果前后对比　　　　图9-68 "色调分离"效果选项

- 20．动态拼贴

"动态拼贴"效果可以将素材进行水平和垂直拼贴，产生类似在墙上贴瓷砖的效果。图9-69所示为应用"动态拼贴"效果前后的素材效果对比。为素材图层应用"动态拼贴"效果后，可以在"效果控件"面板中对该效果的相关选项进行设置，如图9-70所示。

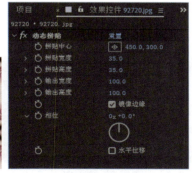

图9-69 应用"动态拼贴"效果前后对比　　　　图9-70 "动态拼贴"效果选项

- 21．发光

"发光"效果可以使素材的Alpha通道边缘产生发光或者光晕的效果，通常用于制作文字的发光效果。图9-71所示为对文字图层应用"发光"效果前后的对比。为素材图层应用"发光"效果后，可以在"效果控件"面板中对该效果的相关选项进行设置，如图9-72所示。

图9-71 应用"发光"效果前后对比   图9-72 "发光"效果选项

● 22．查找边缘

"查找边缘"效果可以通过强化素材中的过渡像素，对素材中像素的边缘进行勾勒产生彩色的线条。图9-73所示为应用"查找边缘"效果前后的素材效果对比。为素材图层应用"查找边缘"效果后，可以在"效果控件"面板中对该效果的相关选项进行设置，如图9-74所示。

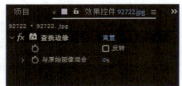

图9-73 应用"查找边缘"效果前后对比   图9-74 "查找边缘"效果选项

● 23．毛边

"毛边"效果可以模拟在素材的四周边缘产生腐蚀或者溶解的效果。图9-75所示为应用"毛边"效果前后的素材效果对比。为素材图层应用"毛边"效果后，可以在"效果控件"面板中对该效果的相关选项进行设置，如图9-76所示。

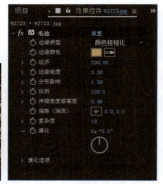

图9-75 应用"毛边"效果前后对比   图9-76 "毛边"效果选项

● 24．纹理化

"纹理化"效果可以应用其他图层素材对本图层素材产生浮雕形式的贴图效果。图9-77所示为应用"纹理化"效果前后的素材效果对比。为素材图层应用"纹理化"效果后，可以在"效果控件"面板中对该效果的相关选项进行设置，如图9-78所示。

图9-77 应用"纹理化"效果前后对比　　　　图9-78 "纹理化"效果选项

● 25．闪光灯

"闪光灯"效果可以使素材产生相机闪光灯照射的效果。该效果是一个随时间变化的效果，在一些画面中不断地加入一帧闪白，然后立即恢复，可以用来模拟屏幕闪烁的效果。图9-79所示为应用"闪光灯"效果前后的素材效果对比。为素材图层应用"闪光灯"效果后，可以在"效果控件"面板中对该效果的相关选项进行设置，如图9-80所示。

图9-79 应用"闪光灯"效果前后对比　　　　图9-80 "闪光灯"效果选项

9.2.8　"过渡"效果组

"过渡"效果组中提供了一系列的转场过渡效果。在After Effects中，转场过渡效果是作用在同一图层素材上的。由于After Effects是合成特效软件，与非线性编辑软件有所区别，因此所提供的转场过渡效果并不是很多。在该效果组中包括"渐变擦除"、"卡片擦除"、CC Glass Wipe、CC Grid Wipe、CC Image Wipe、CC Jaws、CC Light Wipe、CC Line Sweep、CC Radial ScaleWipe、CC Scale Wipe、CC Twister、CC WarpoMatic、"光圈擦除"、"块溶解"、"百叶窗"、"径向擦除"和"线性擦除"共17种效果，如图9-81所示。

● 1．渐变擦除

图9-81 "过渡"效果组

"渐变擦除"效果可以根据两个素材图层的亮度值进行图像的擦除过渡。图9-82所示为应用"渐变擦除"效果前后的素材效果对比。为素材图层应用"渐变擦除"效果后，可以在"效果控件"面板中对该效果的相关选项进行设置，如图9-83所示。

图9-82 应用"渐变擦除"效果前后对比　　　　图9-83 "渐变擦除"效果选项

261

2. 卡片擦除

"卡片擦除"效果可以将素材拆分为一张张小卡片来达到切换过渡的目的。该效果拥有自己独立的摄像机、灯光和材质系统，可以创建出多种过渡效果。图9-84所示为应用"卡片擦除"效果前后的素材效果对比。为素材图层应用"卡片擦除"效果后，可以在"效果控件"面板中对该效果的相关选项进行设置，如图9-85所示。

图9-84 应用"卡片擦除"效果前后对比　　　　图9-85 "卡片擦除"效果选项

3. CC Glass Wipe

CC Glass Wipe效果可以使素材产生类似玻璃的扭曲擦除效果。图9-86所示为应用CC Glass Wipe效果前后的素材效果对比。为素材图层应用CC Glass Wipe效果后，可以在"效果控件"面板中对该效果的相关选项进行设置，如图9-87所示。

图9-86 应用CC Glass Wipe效果前后对比　　　　图9-87 CC Glass Wipe效果选项

4. CC Grid Wipe

CC Grid Wipe效果可以将素材分解成很多小网格，以网格的形状来显示擦除素材效果。图9-88所示为应用CC Grid Wipe效果前后的素材效果对比。为素材图层应用CC Grid Wipe效果后，可以在"效果控件"面板中对该效果的相关选项进行设置，如图9-89所示。

图9-88 应用CC Grid Wipe效果前后对比　　　　图9-89 CC Grid Wipe效果选项

5．CC Image Wipe

CC Image Wipe效果可以比较应用该效果的素材图层与其下方图层之间的像素差异，从而产生素材擦除的效果。图9-90所示为应用CC Image Wipe效果前后的素材效果对比。为素材图层应用CC Image Wipe效果后，可以在"效果控件"面板中对该效果的相关选项进行设置，如图9-91所示。

图9-90 应用CC Image Wipe效果前后对比　　　　图9-91 CC Image Wipe效果选项

6．CC Jaws

CC Jaws效果可以产生锯齿擦除素材的效果，锯齿形状将素材一分为二进行切换过渡。图9-92所示为应用CC Jaws效果前后的素材效果对比。为素材图层应用CC Jaws效果后，可以在"效果控件"面板中对该效果的相关选项进行设置，如图9-93所示。

图9-92 应用CC Jaws效果前后对比　　　　图9-93 CC Jaws效果选项

7．CC Light Wipe

CC Light Wipe效果运用圆形的发光效果对素材进行擦除。图9-94所示为应用CC Light Wipe效果前后的素材效果对比。为素材图层应用CC Light Wipe效果后，可以在"效果控件"面板中对该效果的相关选项进行设置，如图9-95所示。

图9-94 应用CC Light Wipe效果前后对比　　　　图9-95 CC Light Wipe效果选项

8．CC Line Sweep

CC Line Sweep效果可以实现阶梯形状的素材过渡效果，通过选项的设置还可以使阶梯的形状和方向发生改变。图9-96所示为应用CC Line Sweep效果前后的素材效果对比。为素材图层应用CC Line Sweep效果后，可以在"效果控件"面板中对该效果的相关选项进行设置，如图9-97所示。

图9-96 应用CC Line Sweep效果前后对比　　　图9-97 CC Line Sweep效果选项

9．CC Radial ScaleWipe

CC Radial ScaleWipe效果可以使素材产生旋转缩放的擦除效果。图9-98所示为应用CC Radial ScaleWipe效果前后的素材效果对比。为素材图层应用CC Radial ScaleWipe效果后，可以在"效果控件"面板中对该效果的相关选项进行设置，如图9-99所示。

图9-98 应用CC Radial ScaleWipe效果前后对比　　　图9-99 CC Radial ScaleWipe效果选项

10．CC Scale Wipe

CC Scale Wipe效果可以通过调整拉伸中心点的位置及拉伸方向，产生缩放擦除的效果。图9-100所示为应用CC Scale Wipe效果前后的素材效果对比。为素材图层应用CC Scale Wipe效果后，可以在"效果控件"面板中对该效果的相关选项进行设置，如图9-101所示。

图9-100 应用CC Scale Wipe效果前后对比　　　图9-101 CC Scale Wipe效果选项

11．CC Twister

CC Twister效果可以使素材产生扭曲的效果，并且通过设置相关选项，可以对素材进行扭曲翻转切换。图9-102所示为应用CC Twister效果前后的素材效果对比。为素材图层应用CC Twister效果后，可以在"效果控件"面板中对该效果的相关选项进行设置，如图9-103所示。

图9-102 应用CC Twister效果前后对比　　　图9-103 CC Twister效果选项

● 12．CC WarpoMatic

CC WarpoMatic效果可以实现素材的淡出切换效果，并且通过设置相关选项，还可以实现液化切换的效果。图9-104所示为应用CC WarpoMatic效果前后的素材效果对比。为素材图层应用CC WarpoMatic效果后，可以在"效果控件"面板中对该效果的相关选项进行设置，如图9-105所示。

图9-104 应用CC WarpoMatic效果前后对比　　　　图9-105 CC WarpoMatic效果选项

● 13．光圈擦除

"光圈擦除"效果可以指定作用点、内半径和外半径来产生不同的辐射形状，通过辐射形状的变化过渡切换该素材图层下面的画面。图9-106所示为应用"光圈擦除"效果前后的素材效果对比。为素材图层应用"光圈擦除"效果后，可以在"效果控件"面板中对该效果的相关选项进行设置，如图9-107所示。

图9-106 应用"光圈擦除"效果前后对比　　　　图9-107 "光圈擦除"效果选项

● 14．块溶解

"块溶解"效果可以使素材产生随机板块溶解的效果。图9-108所示为应用"块溶解"效果前后的素材效果对比。为素材图层应用"块溶解"效果后，可以在"效果控件"面板中对该效果的相关选项进行设置，如图9-109所示。

  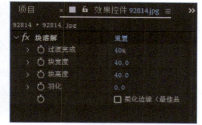

图9-108 应用"块溶解"效果前后对比　　　　图9-109 "块溶解"效果选项

● 15．百叶窗

"百叶窗"效果可以产生类似于百叶窗开合的擦除效果。图9-110所示为应用"百叶窗"效果前后的素材效果对比。为素材图层应用"百叶窗"效果后，可以在"效果控件"面板中对该效果的相关选项进行设置，如图9-111所示。

图9-110 应用"百叶窗"效果前后对比　　　　图9-111 "百叶窗"效果选项

- 16．径向擦除

"径向擦除"效果可以在素材图层的画面中产生放射状旋转的擦除效果。图9-112所示为应用"径向擦除"效果前后的素材效果对比。为素材图层应用"径向擦除"效果后，可以在"效果控件"面板中对该效果的相关选项进行设置，如图9-113所示。

图9-112 应用"径向擦除"效果前后对比　　　　图9-113 "径向擦除"效果选项

- 17．线性擦除

"线性擦除"效果可以产生从某个方向以直线的方式进行擦除的效果。图9-114所示为应用"线性擦除"效果前后的素材效果对比。为素材图层应用"线性擦除"效果后，可以在"效果控件"面板中对该效果的相关选项进行设置，如图9-115所示。

  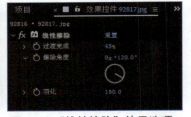

图9-114 应用"线性擦除"效果前后对比　　　　图9-115 "线性擦除"效果选项

9.2.9 "过时"效果组

在"过时"效果组中包含一些After Effects早期版本中所提供的效果，目前已经不再建议用户使用这些效果，并且在After Effects之后的版本中可能会直接删除这些效果。该效果组中包括"亮度键"、"减少交错闪烁"、"基本3D"、"基本文字"、"溢出抑制"、"路径文本"、"闪光"、"颜色键"和"高斯模糊（旧版）"共9种效果，如图9-116所示。

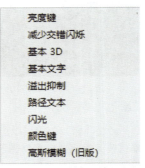

图9-116 "过时"效果组

> **Tips**
> "过时"效果组中的效果已经不再推荐使用，所以在这里不作过多介绍，感兴趣的读者可以自己尝试应用相应的效果。

9.2.10 "模糊和锐化"效果组

"模糊和锐化"效果组中所提供的效果主要用于对素材进行各种模糊和锐化处理。在该效果组中包括"复合模糊"、"锐化"、"通道模糊"、CC Cross Blur、CC Radial Blur、CC Radial Fast Blur、CC Vector Blur、"摄像机镜头模糊"、"摄像机抖动去模糊"、"智能模糊"、"双向模糊"、"定向模糊"、"径向模糊"、"快速方框模糊"、"钝化蒙版"和"高斯模糊"共16种效果，如图9-117所示。

1．复合模糊

图9-117 "模糊和锐化"效果组

"复合模糊"可以依据某一图层（可以在当前合成中选择）画面的亮度值对当前图层进行模糊处理，或者为此设置模糊映射层，也就是用某一个图层的亮度变化去控制另一个图层的模糊。图像亮度越高，模糊越大；亮度越低，模糊越小。图9-118所示为应用"复合模糊"效果前后的素材效果对比。为素材图层应用"复合模糊"效果后，可以在"效果控件"面板中对该效果的相关选项进行设置，如图9-119所示。

  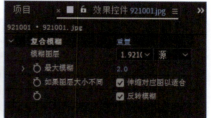

图9-118 应用"复合模糊"效果前后对比　　　　图9-119 "复合模糊"效果选项

 Tips

"复合模糊"效果可以用来模拟大气、烟雾和火光等，特别是当映射层为动画时，效果更加生动；也可以用来模拟污点和指印，还可以和其他效果结合起来使用。

2．锐化

"锐化"效果用于锐化素材中的像素，可以提高相邻像素的对比程度，使素材更加清晰。图9-120所示为应用"锐化"效果前后的素材效果对比。为素材图层应用"锐化"效果后，可以在"效果控件"面板中对该效果的相关选项进行设置，如图9-121所示。

图9-120 应用"锐化"效果前后对比　　　　图9-121 "锐化"效果选项

3．通道模糊

"通道模糊"效果可以分别对素材中的红、绿、蓝和Alpha通道进行模糊，并且可以设置使用水平还是垂直，或者两个方向同时进行。图9-122所示为应用"通道模糊"效果前后的素材效果对比。为素材图层应用"通道模糊"效果后，可以在"效果控件"面板中对该效果的相关选项进行设置，如图9-123所示。

图9-122 应用"通道模糊"效果前后对比　　　图9-123 "通道模糊"效果选项

Tips

"通道模糊"效果的优势在于可以根据画面颜色分布，分别进行模糊，而不是对整个画面进行模糊，提供了更大的模糊灵活性。可以产生模糊发光的效果，或者对Alpha通道模糊应用不透明的软边。

- **4．CC Cross Blur**

CC Cross Blur效果可以分别对素材在水平方向或者垂直方向上的模糊效果进行设置，并且还可以设置模糊效果与原素材之间的传递模式。图9-124所示为应用CC Cross Blur效果前后的素材效果对比。为素材图层应用CC Cross Blur效果后，可以在"效果控件"面板中对该效果的相关选项进行设置，如图9-125所示。

图9-124 应用CC Cross Blur效果前后对比　　　图9-125 CC Cross Blur效果选项

- **5．CC Radial Blur**

CC Radial Blur效果可以将素材按多种放射状的模糊方式进行处理，使素材产生不同的模糊效果。图9-126所示为应用CC Radial Blur效果前后的素材效果对比。为素材图层应用CC Radial Blur效果后，可以在"效果控件"面板中对该效果的相关选项进行设置，如图9-127所示。

图9-126 应用CC Radial Blur效果前后对比　　　图9-127 CC Radial Blur效果选项

- **6．CC Radial Fast Blur**

CC Radial Fast Blur效果可以产生与CC Radial Blur相似的效果，不同之处在于CC Radial Fast Blur效果可以产生更快、更强烈的模糊效果。图9-128所示为应用CC Radial Fast Blur效果前后的素材效果对比。为素材图层应用CC Radial Fast Blur效果后，可以在"效果控件"面板中对该效果的相关选项进行设置，如图9-129所示。

图9-128 应用CC Radial Fast Blur效果前后对比　　图9-129 CC Radial Fast Blur效果选项

● 7．CC Vector Blur

　　CC Vector Blur效果可以通过不同的方式对素材进行不同样式的模糊处理。图9-130所示为应用CC Vector Blur效果前后的素材效果对比。为素材图层应用CC Vector Blur效果后，可以在"效果控件"面板中对该效果的相关选项进行设置，如图9-131所示。

图9-130 应用CC Vector Blur效果前后对比　　图9-131 CC Vector Blur效果选项

● 8．摄像机镜头模糊

　　"摄像机镜头模糊"效果可以通过模糊周围区域的像素来突出一个重点区域，可以模拟出真实的景深效果。图9-132所示为应用"摄像机镜头模糊"效果前后的素材效果对比。为素材图层应用"摄像机镜头模糊"效果后，可以在"效果控件"面板中对该效果的相关选项进行设置，如图9-133所示。

图9-132 应用"摄像机镜头模糊"效果前后对比　　图9-133 "摄像机镜头模糊"效果选项

● 9．摄像机抖动去模糊

　　"摄像机抖动去模糊"效果可以去除在素材动画制作过程中由于摄像机的抖动而造成的伪影模糊，从而使素材的表现更清晰。为素材图层应用"摄像机抖动去模糊"效果后，可以在"效果控件"面板中对该效果的相关选项进行设置，如图9-134所示。

图9-134 "摄像机抖动去模糊"效果选项

● 10．智能模糊

"智能模糊"效果能够产生非常好的柔化素材画面，根据素材中色彩像素的差别自动识别素材边缘，再单独渲染出边缘线。图9-135所示为应用"智能模糊"效果前后的素材效果对比。为素材图层应用"智能模糊"效果后，可以在"效果控件"面板中对该效果的相关选项进行设置，如图9-136所示。

图9-135 应用"智能模糊"效果前后对比　　　　图9-136 "智能模糊"效果选项

● 11．双向模糊

"双向模糊"效果可以选择性地模糊素材中的某些部分，而保留画面中对象的边缘与细节。素材中对比度比较低的地方被选择性模糊，对比度比较高的地方被选择性保留。图9-137所示为应用"双向模糊"效果前后的素材效果对比。为素材图层应用"双向模糊"效果后，可以在"效果控件"面板中对该效果的相关选项进行设置，如图9-138所示。

图9-137 应用"双向模糊"效果前后对比　　　　图9-138 "双向模糊"效果选项

● 12．定向模糊

"定向模糊"效果是一种十分具有动感的模糊效果，可以产生任何方向的运动幻觉。图9-139所示为应用"定向模糊"效果前后的素材效果对比。为素材图层应用"定向模糊"效果后，可以在"效果控件"面板中对该效果的相关选项进行设置，如图9-140所示。

图9-139 应用"定向模糊"效果前后对比　　　　图9-140 "定向模糊"效果选项

● 13．径向模糊

"径向模糊"效果可以在指定的点产生环绕的模糊效果或者放射状的模糊效果，中心部分较弱，越靠外模糊越强。图9-141所示为应用"径向模糊"效果前后的素材效果对比。为素材图层应用"径向模糊"效果后，可以在"效果控件"面板中对该效果的相关选项进行设置，如图9-142所示。

  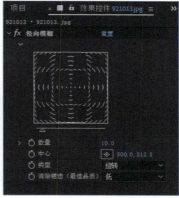

图9-141 应用"径向模糊"效果前后对比　　　　图9-142 "径向模糊"效果选项

● 14．快速方框模糊

"快速方框模糊"效果可以将素材按方框的形状进行模糊处理，在素材的四周形成一个方框的边缘效果。图9-143所示为应用"快速方框模糊"效果前后的素材效果对比。为素材图层应用"快速方框模糊"效果后，可以在"效果控件"面板中对该效果的相关选项进行设置，如图9-144所示。

图9-143 应用"快速方框模糊"效果前后对比　　　　图9-144 "快速方框模糊"效果选项

● 15．钝化蒙版

"钝化蒙版"效果与"锐化"效果相似，用来提高相邻像素的对比程度，从而使素材更清晰。与"锐化"效果不同的是，它不对颜色边缘进行突出，使整体效果对比度增强。图9-145所示为应用"钝化蒙版"效果前后的素材效果对比。为素材图层应用"钝化蒙版"效果后，可以在"效果控件"面板中对该效果的相关选项进行设置，如图9-146所示。

图9-145 应用"钝化蒙版"效果前后对比　　　　图9-146 "钝化蒙版"效果选项

● 16．高斯模糊

"高斯模糊"效果用于模糊和柔化素材，可以去除画面中的杂点。该效果能够产生更细腻的模糊效果，尤其是在单独使用的时候。图9-147所示为应用"高斯模糊"效果前后的素材效果对比。为素材图层应用"高斯模糊"效果后，可以在"效果控件"面板中对该效果的相关选项进行设置，如图9-148所示。

  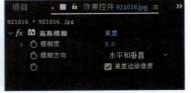

图9-147 应用"高斯模糊"效果前后对比　　图9-148 "高斯模糊"效果选项

"模拟"效果组

"模拟"效果组主要用来表现碎裂、液态、粒子、星爆、散射和气泡等特殊效果，这些效果功能强大，能够制作出多种逼真的效果。在该效果组中包括"焦散"、"卡片动画"、CC Ball Action、CC Bubbles、CC Drizzle、CC Hair、CC Mr.Mercury、CC Particle Systems II、CC Particle World、CC Pixel Polly、CC Rainfall、CC Scatterize、CC Snowfall、CC Star Burst、"泡沫"、"波形环境"、"碎片"和"粒子运动场"共18种效果，如图9-149所示。

图9-149 "模拟"效果组

- **1．焦散**

"焦散"效果可以模拟水折射和反射的自然效果。导入两张素材图像，并分别将两张素材拖入到"时间轴"面板中，如图9-150所示。为素材图像应用"焦散"效果，如图9-151所示。为素材图层应用"焦散"效果后，可以在"效果控件"面板中对该效果的相关选项进行设置，如图9-152所示。

图9-150 两张素材图像的原始效果

图9-151 应用"焦散"效果　　图9-152 "焦散"效果选项

● 2．卡片动画

"卡片动画"效果根据指定图层的特征分割画面，产生卡片动画的效果，是真正的三维特效。在该效果的X、Y、Z轴上调整素材的"位置"、"旋转"和"缩放"等选项，可以使画面产生卡片动画的效果，还可以设置灯光方向和材质属性。图9-153所示为应用"卡片动画"效果前后的素材效果对比。为素材图层应用"卡片动画"效果后，可以在"效果控件"面板中对该效果的相关选项进行设置，如图9-154所示。

图9-153 应用"卡片动画"效果前后对比　　　　　图9-154 "卡片动画"效果选项

● 3．CC Ball Action

CC Ball Action效果会根据图层中素材的颜色变化使素材产生彩色珠子的效果。图9-155所示为应用CC Ball Action效果前后的素材效果对比。为素材图层应用CC Ball Action效果后，可以在"效果控件"面板中对该效果的相关选项进行设置，如图9-156所示。

图9-155 应用CC Ball Action效果前后对比　　　　图9-156 CC Ball Action效果选项

● 4．CC Bubbles

CC Bubbles效果可以使素材画面变形为带有素材颜色信息的许多泡泡。图9-157所示为应用CC Bubbles效果前后的素材效果对比。为素材图层应用CC Bubbles效果后，可以在"效果控件"面板中对该效果的相关选项进行设置，如图9-158所示。

 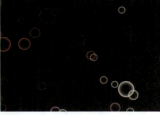 

图9-157 应用CC Bubbles效果前后对比　　　　图9-158 CC Bubbles效果选项

5．CC Drizzle

CC Drizzle效果可以使素材产生波纹涟漪的画面效果。图9-159所示为应用CC Drizzle效果前后的素材效果对比。为素材图层应用CC Drizzle效果后，可以在"效果控件"面板中对该效果的相关选项进行设置，如图9-160所示。

图9-159 应用CC Drizzle效果前后对比　　　　图9-160 CC Drizzle效果选项

6．CC Hair

CC Hair效果可以在素材上产生类似于毛发的物体。通过在"效果控件"面板中对相关选项进行设置，能够产生多种不同效果的毛发。图9-161所示为应用CC Hair效果前后的素材效果对比。为素材图层应用CC Hair效果后，可以在"效果控件"面板中对该效果的相关选项进行设置，如图9-162所示。

图9-161 应用CC Hair效果前后对比　　　　图9-162 CC Hair效果选项

7．CC Mr.Mercury

CC Mr.Mercury效果可以将素材中的色彩等因素，变形为水银滴落的粒子状态。图9-163所示为应用CC Mr.Mercury效果前后的素材效果对比。为素材图层应用CC Mr.Mercury效果后，可以在"效果控件"面板中对该效果的相关选项进行设置，如图9-164所示。

图9-163 应用CC Mr.Mercury效果前后对比　　　　图9-164 CC Mr.Mercury效果选项

8. CC Particle Systems II

CC Particle Systems II效果能够产生大量运动的粒子，通过在"效果控件"面板中对粒子的颜色、形状及方式等选项进行设置，可以制作出非常特殊的运动效果。图9-165所示为应用CC Particle Systems II效果前后的素材效果对比。为素材图层应用CC Particle Systems II效果后，可以在"效果控件"面板中对该效果的相关选项进行设置，如图9-166所示。

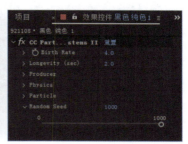

图9-165 应用CC Particle Systems II效果前后对比　　　图9-166 CC Particle Systems II效果选项

9. CC Particle World

CC Particle World效果与CC Particle Systems II效果很相似，可以产生大量运动的粒子效果。图9-167所示为应用CC Particle World效果前后的素材效果对比。为素材图层应用CC Particle World效果后，可以在"效果控件"面板中对该效果的相关选项进行设置，如图9-168所示。

图9-167 应用CC Particle World效果前后对比　　　图9-168 CC Particle World效果选项

10. CC Pixel Polly

CC Pixel Polly效果可以将素材分割，制作出画面碎裂的效果。图9-169所示为应用CC Pixel Polly效果前后的素材效果对比。为素材图层应用CC Pixel Polly效果后，可以在"效果控件"面板中对该效果的相关选项进行设置，如图9-170所示。

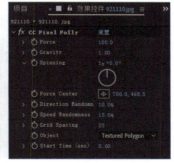

图9-169 应用CC Pixel Polly效果前后对比　　　图9-170 CC Pixel Polly效果选项

11. CC Rainfall

CC Rainfall效果可以模拟自然现象中真实的下雨效果。图9-171所示为应用CC Rainfall效果前后的素材效果对比。为素材图层应用CC Rainfall效果后，可以在"效果控件"面板中对该效果的相关选项进行设置，如图9-172所示。

图9-171 应用CC Rainfall效果前后对比　　　　　　图9-172 CC Rainfall效果选项

- **12．CC Scatterize**

CC Scatterize效果可以将素材变成很多的小颗粒，并对其进行旋转操作，使其产生绚丽的效果。图9-173所示为应用CC Scatterize效果前后的素材效果对比。为素材图层应用CC Scatterize效果后，可以在"效果控件"面板中对该效果的相关选项进行设置，如图9-174所示。

图9-173 应用CC Scatterize效果前后对比　　　　　图9-174 CC Scatterize效果选项

- **13．CC Snowfall**

CC Snowfall效果可以模拟自然现象中真实的下雪效果。图9-175所示为应用CC Snowfall效果前后的素材效果对比。为素材图层应用CC Snowfall效果后，可以在"效果控件"面板中对该效果的相关选项进行设置，如图9-176所示。

图9-175 应用CC Snowfall效果前后对比　　　　　图9-176 CC Snowfall效果选项

- **14．CC Star Burst**

CC Star Burst效果可以通过提取素材中的颜色信息，从而使画面产生很多该系列颜色信息的球体爆炸效果。图9-177所示为应用CC Star Burst效果前后的素材效果对比。为素材图层应用CC Star Burst效果后，可以在"效果控件"面板中对该效果的相关选项进行设置，如图9-178所示。

图9-177 应用CC Star Burst效果前后对比　　　　图9-178 CC Star Burst效果选项

- 15．泡沫

"泡沫"效果可以模拟水泡、水珠等液体效果。在"效果控件"面板中可以设置气泡的黏性、柔韧度及寿命等，甚至可以在气泡中反射一段影片。图9-179所示为应用"泡沫"效果前后的素材效果对比。为素材图层应用"泡沫"效果后，可以在"效果控件"面板中对该效果的相关选项进行设置，如图9-180所示。

图9-179 应用"泡沫"效果前后对比　　　　图9-180 "泡沫"效果选项

- 16．波形环境

"波形环境"效果用于创建液体波纹效果。系统从效果点发射波纹，并与周围环境相互影响。图9-181所示为应用"波形环境"效果前后的素材效果对比。为素材图层应用"波形环境"效果后，可以在"效果控件"面板中对该效果的相关选项进行设置，如图9-182所示。

图9-181 应用"波形环境"效果前后对比　　　　图9-182 "波形环境"效果选项

- 17．碎片

"碎片"效果可以对素材进行粉碎爆炸处理，使素材产生爆炸分散的碎片。通过在"效果控件"面板对该效果的相关选项进行设置，可以控制爆炸的位置、力量和半径等。图9-183所示为应用"碎片"效果前后的素材效果对比。为素材图层应用"碎片"效果后，可以在"效果控件"面板中对该效果的相关选项进行设置，如图9-184所示。

图9-183 应用"碎片"效果前后对比　　　　　图9-184 "碎片"效果选项

● 18．粒子运动场

"粒子运动场"效果可以产生大量相似物体独立运动的画面效果，是一个功能强大的粒子动画效果。图9-185所示为应用"粒子运动场"效果前后的素材效果对比。为素材图层应用"粒子运动场"效果后，可以在"效果控件"面板中对该效果的相关选项进行设置，如图9-186所示。

图9-185 应用"粒子运动场"效果前后对比　　　　　图9-186 "粒子运动场"效果选项

Tips

"粒子运动场"效果主要用于模拟现实世界中物体间的相互作用，如喷泉、雪花等效果。该效果通过内置的物体函数保证了粒子运动的真实性。在粒子运动过程中，首先产生粒子流或者粒子面，或者对已存在的图层进行"爆炸"，产生粒子。在粒子产生后，就可以控制它们的属性，如速度、尺寸和颜色等，使粒子系统实现各种各样的动态效果。

9.2.12 "扭曲"效果组

"扭曲"效果组中的效果主要用来对素材进行扭曲变形处理，是很重要的一类画面特效，可以对画面的形状进行校正，还可以使平常的画面变形为特殊的效果。在该效果组中包括"球面化"、"贝塞尔曲线变形"、"漩涡条纹"、"改变形状"、"放大"、"镜像"、CC Bend It、CC Bender、CC Blobbylize、CC Flo Motion、CC Griddler、CC Lens、CC Page Turn、CC Power Pin、CC Ripple Pulse、CC Slant、CC Smear、CC Split、CC Split 2、CC Tiler、"光学补偿"、"湍流置换"、"置换图"、"偏移"、"网格变形"、"保留细节放大"、"凸出"、"变换"、"变形"、"变形稳定器"、"旋转扭曲"、"极坐标"、"果冻效应修复"、"波形变形"、"波纹"、"液化"和"边角定位"共37种效果，如图9-187所示。

图9-187 "扭曲"效果组

● 1. 球面化

"球面化"效果可以使素材产生球形的扭曲变形效果。图9-188所示为应用"球面化"效果前后的素材效果对比。为素材图层应用"球面化"效果后,可以在"效果控件"面板中对该效果的相关选项进行设置,如图9-189所示。

图9-188 应用"球面化"效果前后对比　　　　　图9-189 "球面化"效果选项

● 2. 贝塞尔曲线变形

"贝塞尔曲线变形"效果可以多点控制,在图层的边界上沿一个封闭曲线来变形素材。曲线分为4段,每段由4个控制点组成,其中包括两个顶点和两个切点,顶点控制线段位置,切点控制线段的曲率。

图9-190所示为应用"贝塞尔曲线变形"效果前后的素材效果对比。为素材图层应用"贝塞尔曲线变形"效果后,可以在"效果控件"面板中对该效果的相关选项进行设置,如图9-191所示。

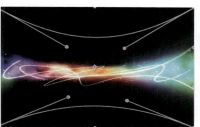

图9-190 应用"贝塞尔曲线变形"效果前后对比　　　图9-191 "贝塞尔曲线变形"效果选项

 Tips

可以使用"贝塞尔曲线变形"效果制作标贴贴在瓶子上的效果,或者用来模拟镜头,如鱼眼和广角等,还可以校正素材的扭曲。通过设置关键帧,还可以产生液体流动和简单的旗帜飘扬效果。

● 3. 漩涡条纹

"漩涡条纹"效果通过一个蒙版来定义涂抹笔触,通过另一个蒙版来定义涂抹范围,通过改变涂抹笔触的位置和旋转角度产生一个类似蒙版效果生成框,以此框来涂抹当前素材,产生变形效果。图9-192所示为应用"漩涡条纹"效果前后的素材效果对比。为素材图层应用"漩涡条纹"效果后,可以在"效果控件"面板中对该效果的相关选项进行设置,如图9-193所示。

图9-192 应用"漩涡条纹"效果前后对比　　　　图9-193 "漩涡条纹"效果选项

4. 改变形状

"改变形状"效果需要借助蒙版才能实现，通过同一图层中的多个蒙版，重新限定素材的形状，并产生变形效果。图9-194所示为应用"改变形状"效果前后的素材效果对比。为素材图层应用"改变形状"效果后，可以在"效果控件"面板中对该效果的相关选项进行设置，如图9-195所示。

图9-194 应用"改变形状"效果前后对比　　　　　图9-195 "改变形状"效果选项

5. 放大

"放大"效果可以将素材中的局部画面放大，并能将放大后的画面与应用层模式使用一般的方式叠加到原素材上。图9-196所示为应用"放大"效果前后的素材效果对比。为素材图层应用"放大"效果后，可以在"效果控件"面板中对该效果的相关选项进行设置，如图9-197所示。

图9-196 应用"放大"效果前后对比　　　　　图9-197 "放大"效果选项

6. 镜像

"镜像"效果可以按照指定的方向和角度将素材沿一条直线分割为两部分，制作出镜像效果。图9-198所示为应用"镜像"效果前后的素材效果对比。为素材图层应用"镜像"效果后，可以在"效果控件"面板中对该效果的相关选项进行设置，如图9-199所示。

图9-198 应用"镜像"效果前后对比　　　　　图9-199 "镜像"效果选项

7. CC Bend It

CC Bend It效果可以利用画面两个边角坐标位置的变化对素材进行变形处理，主要用来根据需要定位素材，可以拉伸、收缩、倾斜和扭曲素材。图9-200所示为应用CC Bend It效果前后的素材效果对比。为素材图层应用CC Bend It效果后，可以在"效果控件"面板中对该效果的相关选项进行设置，如图9-201所示。

图9-200 应用CC Bend It效果前后对比　　　　　图9-201 CC Bend It效果选项

● 8．CC Bender

CC Bender效果可以使素材产生弯曲变形的效果。图9-202所示为应用CC Bender效果前后的素材效果对比。为素材图层应用CC Bender效果后，可以在"效果控件"面板中对该效果的相关选项进行设置，如图9-203所示。

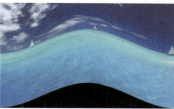

图9-202 应用CC Bender效果前后对比　　　　　图9-203 CC Bender效果选项

● 9．CC Blobbylize

CC Blobbylize效果主要是通过"Blobbiness（滴状斑点）"、"Light（光）"和"Shading（阴影）"3个选项组中的参数来调整素材的滴状斑点效果。图9-204所示为应用CC Blobbylize效果前后的素材效果对比。为素材图层应用CC Blobbylize效果后，可以在"效果控件"面板中对该效果的相关选项进行设置，如图9-205所示。

图9-204 应用CC Blobbylize效果前后对比　　　　图9-205 CC Blobbylize效果选项

● 10．CC Flo Motion

CC Flo Motion效果可以利用两个边角坐标位置的变化对素材进行变形处理。图9-206所示为应用CC Flo Motion效果前后的素材效果对比。为素材图层应用CC Flo Motion效果后，可以在"效果控件"面板中对该效果的相关选项进行设置，如图9-207所示。

图9-206 应用CC Flo Motion效果前后对比　　　　图9-207 CC Flo Motion效果选项

- **11．CC Griddler**

CC Griddler效果可以使素材产生错位的网格效果。图9-208所示为应用CC Griddler效果前后的素材效果对比。为素材图层应用CC Griddler效果后，可以在"效果控件"面板中对该效果的相关选项进行设置，如图9-209所示。

图9-208 应用CC Griddler效果前后对比　　　　图9-209 CC Griddler效果选项

- **12．CC Lens**

CC Lens效果可以使素材变形成镜头的形状。图9-210所示为应用CC Lens效果前后的素材效果对比。为素材图层应用CC Lens效果后，可以在"效果控件"面板中对该效果的相关选项进行设置，如图9-211所示。

图9-210 应用CC Lens效果前后对比　　　　图9-211 CC Lens效果选项

- **13．CC Page Turn**

CC Page Turn效果可以使素材产生书页卷起的效果。图9-212所示为应用CC Page Turn效果前后的素材效果对比。为素材图层应用CC Page Turn效果后，可以在"效果控件"面板中对该效果的相关选项进行设置，如图9-213所示。

图9-212 应用CC Page Turn效果前后对比　　　　图9-213 CC Page Turn效果选项

14. CC Power Pin

CC Power Pin效果可以通过修改素材4个边角坐标的位置对素材进行变形处理，主要用来根据需要定位素材，可以拉伸、缩缩、倾斜和扭曲素材，也可以用来模拟透视效果。图9-214所示为应用CC Power Pin效果前后的素材效果对比。为素材图层应用CC Power Pin效果后，可以在"效果控件"面板中对该效果的相关选项进行设置，如图9-215所示。

图9-214 应用CC Power Pin效果前后对比　　　　图9-215 CC Power Pin效果选项

15. CC Ripple Pulse

CC Ripple Pulse效果可以利用素材上控制柄位置的变化对素材进行变形处理，在适当的位置为控制柄的中心创建关键帧，控制柄划过的位置会产生波纹效果的扭曲。图9-216所示为应用CC Ripple Pulse效果前后的素材效果对比。为素材图层应用CC Ripple Pulse效果后，可以在"效果控件"面板中对该效果的相关选项进行设置，如图9-217所示。

图9-216 应用CC Ripple Pulse效果前后对比　　　　图9-217 CC Ripple Pulse效果选项

16. CC Slant

CC Slant效果可以使素材产生平行倾斜效果。图9-218所示为应用CC Slant效果前后的素材效果对比。为素材图层应用CC Slant效果后，可以在"效果控件"面板中对该效果的相关选项进行设置，如图9-219所示。

图9-218 应用CC Slant效果前后对比　　　　图9-219 CC Slant效果选项

17. CC Smear

CC Smear效果可以通过调整两个控制点的位置、涂抹范围的多少和涂抹半径的大小来调整素材，使素材产生变形效果。图9-220所示为应用CC Smear效果前后的素材效果对比。为素材图层应用CC Smear效果后，可以在"效果控件"面板中对该效果的相关选项进行设置，如图9-221所示。

  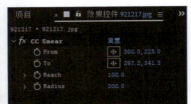

图9-220 应用CC Smear效果前后对比　　　　图9-221 CC Smear效果选项

● 18．CC Split

CC Split效果可以使素材在两个分裂点之间产生分裂，通过参数的设置可以控制分裂的大小。图9-222所示为应用CC Split效果前后的素材效果对比。为素材图层应用CC Split效果后，可以在"效果控件"面板中对该效果的相关选项进行设置，如图9-223所示。

图9-222 应用CC Split效果前后对比　　　　图9-223 CC Split效果选项

● 19．CC Split 2

CC Split 2效果与CC Split效果的使用方法相同，只是在CC Split 2效果中可以分别调整分裂点两边的分裂程度。图9-224所示为应用CC Split 2效果前后的素材效果对比。为素材图层应用CC Split 2效果后，可以在"效果控件"面板中对该效果的相关选项进行设置，如图9-225所示。

  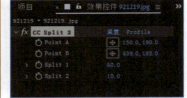

图9-224 应用CC Split 2效果前后对比　　　　图9-225 CC Split 2效果选项

● 20．CC Tiler

CC Tiler效果可以将素材进行水平和垂直拼贴，产生类似在墙上贴瓷砖的效果。图9-226所示为应用CC Tiler效果前后的素材效果对比。为素材图层应用CC Tiler效果后，可以在"效果控件"面板中对该效果的相关选项进行设置，如图9-227所示。

图9-226 应用CC Tiler效果前后对比　　　　图9-227 CC Tiler效果选项

● 21．光学补偿

"光学补偿"效果用于模拟摄像机的光学透视效果，可以使画面沿着指定点的水平、垂直对角线产生光学变形。图9-228所示为应用"光学补偿"效果前后的素材效果对比。为素材图层应用"光学补偿"效果后，可以在"效果控件"面板中对该效果的相关选项进行设置，如图9-229所示。

图9-228 应用"光学补偿"效果前后对比　　　　图9-229 "光学补偿"效果选项

● 22．湍流置换

"湍流置换"效果可以使素材产生各种凸起、旋转等动荡效果。图9-230所示为应用"湍流置换"效果前后的素材效果对比。为素材图层应用"湍流置换"效果后，可以在"效果控件"面板中对该效果的相关选项进行设置，如图9-231所示。

图9-230 应用"湍流置换"效果前后对比　　　　图9-231 "湍流置换"效果选项

● 23．置换图

"置换图"效果可以使用另一个作为映射层的素材的像素来置换当前素材的像素，通过映射的像素颜色值对当前图层变形，变形方向分为水平和垂直两种。图9-232所示为应用"置换图"效果前后的素材效果对比。为素材图层应用"置换图"效果后，可以在"效果控件"面板中对该效果的相关选项进行设置，如图9-233所示。

图9-232 应用"置换图"效果前后对比　　　　图9-233 "置换图"效果选项

- 24. 偏移

"偏移"效果可以对素材自身进行混合，产生半透明的位移效果。图9-234所示为应用"偏移"效果前后的素材效果对比。为素材图层应用"偏移"效果后，可以在"效果控件"面板中对该效果的相关选项进行设置，如图9-235所示。

图9-234 应用"偏移"效果前后对比　　　图9-235 "偏移"效果选项

- 25. 网格变形

"网格变形"效果可以在素材上产生一个网格，通过控制网格上的贝塞尔点使素材变形。图9-236所示为应用"网格变形"效果前后的素材效果对比。为素材图层应用"网格变形"效果后，可以在"效果控件"面板中对该效果的相关选项进行设置，如图9-237所示。

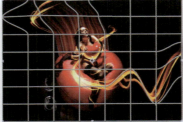

图9-236 应用"网格变形"效果前后对比　　　图9-237 "网格变形"效果选项

- 26. 保留细节放大

"保留细节放大"效果可以在大幅放大素材的同时保留画面中的细节，这样可以保留清晰线条和曲线的清晰度。图9-238所示为应用"保留细节放大"效果前后的素材效果对比。为素材图层应用"保留细节放大"效果后，可以在"效果控件"面板中对该效果的相关选项进行设置，如图9-239所示。

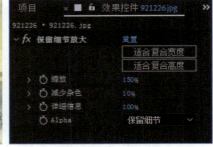

图9-238 应用"保留细节放大"效果前后对比　　　图9-239 "保留细节放大"效果选项

- 27. 凸出

"凸出"效果可以使素材画面沿水平轴和垂直轴扭曲变形，制作出类似通过透镜观察对象的效果。图9-240所示为应用"凸出"效果前后的素材效果对比。为素材图层应用"凸出"效果后，可以在"效果控件"面板中对该效果的相关选项进行设置，如图9-241所示。

图9-240 应用"凸出"效果前后对比　　　　图9-241 "凸出"效果选项

● 28．变换

"变换"效果可以对素材的位置、尺寸、透明度和倾斜等进行调整，从而使素材产生扭曲变形的效果。图9-242所示为应用"变换"效果前后的素材效果对比。为素材图层应用"变换"效果后，可以在"效果控件"面板中对该效果的相关选项进行设置，如图9-243所示。

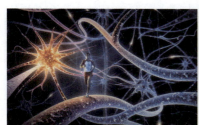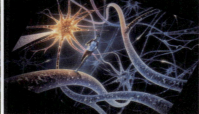

图9-242 应用"变换"效果前后对比　　　　图9-243 "变换"效果选项

● 29．变形

"变形"效果可以使素材整体按需要进行扭曲变形，在该效果中预设了多种不同的变形效果。图9-244所示为应用"变形"效果前后的素材效果对比。为素材图层应用"变形"效果后，可以在"效果控件"面板中对该效果的相关选项进行设置，如图9-245所示。

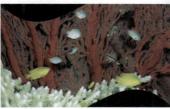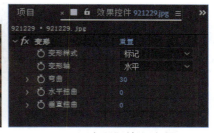

图9-244 应用"变形"效果前后对比　　　　图9-245 "变形"效果选项

● 30．变形稳定器

"变形稳定器"效果可以自动分析素材的扭曲问题，并自动进行矫正。需要注意的是，"变形稳定器"效果只能应用于视频素材，不能应用于图像素材。图9-246所示为应用"变形稳定器"效果前后的素材效果对比。为素材图层应用"变形稳定器"效果后，可以在"效果控件"面板中对该效果的相关选项进行设置，如图9-247所示。

图9-246 应用"变形稳定器"效果前后对比 　　　　图9-247 "变形稳定器"效果选项

- 31．旋转扭曲

　　"旋转扭曲"效果可以使素材产生一种沿指定中心旋转变形的效果。图9-248所示为应用"旋转扭曲"效果前后的素材效果对比。为素材图层应用"旋转扭曲"效果后，可以在"效果控件"面板中对该效果的相关选项进行设置，如图9-249所示。

图9-248 应用"旋转扭曲"效果前后对比 　　　　图9-249 "旋转扭曲"效果选项

- 32．极坐标

　　"极坐标"效果用来将素材的直角坐标转化为极坐标，从而产生扭曲效果。图9-250所示为应用"极坐标"效果前后的素材效果对比。为素材图层应用"极坐标"效果后，可以在"效果控件"面板中对该效果的相关选项进行设置，如图9-251所示。

图9-250 应用"极坐标"效果前后对比 　　　　图9-251 "极坐标"效果选项

- 33．果冻效应修复

　　"果冻效应修复"效果主要用于解决低端拍摄设备产生的画面延时问题。为素材图层应用"果冻效应修复"效果后，可以在"效果控件"面板中对该效果的相关选项进行设置，如图9-252所示。

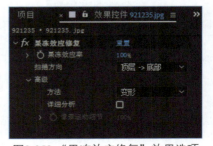

图9-252 "果冻效应修复"效果选项

第9章 其他特效

- 34．波形变形

"波形变形"效果可以将素材处理为自动的飘动或者波浪效果。图9-253所示为应用"波形变形"效果前后的素材效果对比。为素材图层应用"波形变形"效果后,可以在"效果控件"面板中对该效果的相关选项进行设置,如图9-254所示。

图9-253 应用"波形变形"效果前后对比　　　　　图9-254 "波形变形"效果选项

Tips

"波形变形"效果的最大优势是可以让波形自动移动,而不需要使用关键帧来设置运动效果。利用它可以轻易地制作出动态的旗飘和波浪效果,并且可以通过对波动速度设置关键帧,改变固有的变化频率,产生生动的效果。

- 35．波纹

"波纹"效果可以在画面上产生波纹扭曲效果,类似水池表面的波纹效果。图9-255所示为应用"波纹"效果前后的素材效果对比。为素材图层应用"波纹"效果后,可以在"效果控件"面板中对该效果的相关选项进行设置,如图9-256所示。

图9-255 应用"波纹"效果前后对比　　　　　图9-256 "波纹"效果选项

- 36．液化

"液化"效果可以对素材的任意区域进行旋转、放大和收缩等操作,使素材产生自由变形的效果。图9-257所示为应用"液化"效果前后的素材效果对比。为素材图层应用"液化"效果后,可以在"效果控件"面板中对该效果的相关选项进行设置,如图9-258所示。

图9-257 应用"液化"效果前后对比　　　　　图9-258 "液化"效果选项

37. 边角定位

"边角定位"效果可以通过改变4个角的位置使素材变形,可以根据需要来定位。可以拉伸、收缩、倾斜和扭曲素材,也可以用来模拟透视效果,还可以和遮罩图层相结合,形成画中画的效果。

图9-259所示为应用"边角定位"效果前后的素材效果对比。为素材图层应用"边角定位"效果后,可以在"效果控件"面板中对该效果的相关选项进行设置,如图9-260所示。

图9-259 应用"边角定位"效果前后对比　　　　图9-260 "边角定位"效果选项

9.2.13 "声道"效果组

"声道"效果组中的效果主要用来控制、转换、插入和提取素材的通道,对素材进行通道混合计算。在该效果组中包括"最小/最大"、"复合运算"、"通道合成器"、CC Composite、"转换通道"、"反转"、"固态层合成"、"混合"、"移除颜色遮罩"、"算术"、"计算"、"设置通道"和"设置遮罩"共13种效果,如图9-261所示。

图9-261 "声道"效果组

1. 最小/最大

"最小/最大"效果能够以最小值、最大值的形式减小或者放大某个指定的颜色通道,并在许可范围内填充指定的颜色。图9-262所示为应用"最小/最大"效果前后的素材效果对比。为素材图层应用"最小/最大"效果后,可以在"效果控件"面板中对该效果的相关选项进行设置,如图9-263所示。

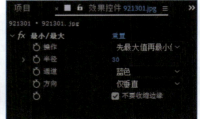

图9-262 应用"最小/最大"效果前后对比　　　　图9-263 "最小/最大"效果选项

2. 复合运算

"复合运算"效果可以将两个图层通过运算的方式混合。图9-264所示为应用"复合运算"效果前后的素材效果对比。为素材图层应用"复合运算"效果后,可以在"效果控件"面板中对该效果的相关选项进行设置,如图9-265所示。

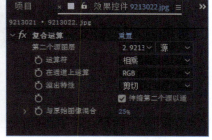

图9-264 应用"复合运算"效果前后对比　　　　图9-265 "复合运算"效果选项

- 3．通道合成器

"通道合成器"效果可以通过指定某个图层的素材颜色模式或者通道、亮度、色相等信息来修改当前图层中的素材，也可以直接通过模式的转换或者通道、亮度、色相等的转换来修改当前图层中的素材。

图9-266所示为应用"通道合成器"效果前后的素材效果对比。为素材图层应用"通道合成器"效果后，可以在"效果控件"面板中对该效果的相关选项进行设置，如图9-267所示。

图9-266 应用"通道合成器"效果前后对比　　　　图9-267 "通道合成器"效果选项

- 4．CC Composite

CC Composite效果可以通过与原素材合成的方式对素材进行调整。图9-268所示为应用CC Composite效果前后的素材效果对比。为素材图层应用CC Composite效果后，可以在"效果控件"面板中对该效果的相关选项进行设置，如图9-269所示。

图9-268 应用CC Composite效果前后对比　　　　图9-269 CC Composite效果选项

- 5．转换通道

"转换通道"效果可以用来在当前图层的R、G、B、Alpha通道之间进行转换，主要对素材的色彩和明暗产生影响，也可以消除某种颜色。图9-270所示为应用"转换通道"效果前后的素材效果对比。为素材图层应用"转换通道"效果后，可以在"效果控件"面板中对该效果的相关选项进行设置，如图9-271所示。

图9-270 应用"转换通道"效果前后对比　　　　图9-271 "转换通道"效果选项

- 6．反转

"反转"效果可以将指定通道的颜色反转成相应的补色。图9-272所示为应用"反转"效果前后的素材效果对比。为素材图层应用"反转"效果后，可以在"效果控件"面板中对该效果的相关选项进行设置，如图9-273所示。

图9-272 应用"反转"效果前后对比　　　　图9-273 "反转"效果选项

- 7．固态层合成

"固态层合成"效果能够快速地将一种原素材和一种实体色相融合。用户可以控制原素材图层及填充合成素材的不透明度，还可以选择应用不同的混合模式。图9-274所示为应用"固态层合成"效果前后的素材效果对比。为素材图层应用"固态层合成"效果后，可以在"效果控件"面板中对该效果的相关选项进行设置，如图9-275所示。

图9-274 应用"固态层合成"效果前后对比　　　　图9-275 "固态层合成"效果选项

- 8．混合

"混合"效果通过混合模式将两个图层中的素材进行混合，从而产生新的混合效果。该效果应用在位于上方的素材中，可以称该图层为特效层，使其与下方图层（混合层）中的素材进行混合，构成新的混合效果。

图9-276所示为应用"混合"效果前后的素材效果对比。为素材图层应用"混合"效果后，可以在"效果控件"面板中对该效果的相关选项进行设置，如图9-277所示。

图9-276 应用"混合"效果前后对比　　　　图9-277 "混合"效果选项

- 9．移除颜色遮罩

"移除颜色遮罩"效果用于消除或者改变蒙版的颜色。该效果通常用于使用其他文件的Alpha通道或者填充时。图9-278所示为应用"移除颜色遮罩"效果前后的素材效果对比。为素材图层应用"移除颜色遮罩"效果后，可以在"效果控件"面板中对该效果的相关选项进行设置，如图9-279所示。

图9-278 应用"移除颜色遮罩"效果前后对比　　　　图9-279 "移除颜色遮罩"效果选项

Tips

如果当前图层中的素材是包含Alpha通道的透底素材，或者素材中的Alpha通道是由After Effects创建的，可以使用"移除颜色遮罩"效果去除透底素材边缘的光晕效果。

- 10．算术

"算术"效果可以对素材中的红、绿、蓝通道数据进行简单的运算，从而对素材的色彩效果进行控制。图9-280所示为应用"算术"效果前后的素材效果对比。为素材图层应用"算术"效果后，可以在"效果控件"面板中对该效果的相关选项进行设置，如图9-281所示。

图9-280 应用"算术"效果前后对比　　　　图9-281 "算术"效果选项

- 11．计算

"计算"效果与"算术"效果类似，通过对各个颜色通道进行计算，可以合成新的图像。图9-282所示为应用"计算"效果前后的素材效果对比。为素材图层应用"计算"效果后，可以在"效果控件"面板中对该效果的相关选项进行设置，如图9-283所示。

图9-282 应用"计算"效果前后对比　　　　图9-283 "计算"效果选项

- 12．设置通道

"设置通道"效果用于复制其他图层的通道到当前图层的颜色通道和Alpha通道中。例如，将某一图层的亮度值应用到当前图层的颜色通道中，该效果等于重新指定当前图层的Alpha通道。

图9-284所示为应用"设置通道"效果前后的素材效果对比。为素材图层应用"设置通道"效果后，可以在"效果控件"面板中对该效果的相关选项进行设置，如图9-285所示。

图9-284 应用"设置通道"效果前后对比　　　　　　图9-285 "设置通道"效果选项

● 13．设置遮罩

"设置遮罩"效果用于将其他图层的通道替换为当前图层的Alpha蒙版，用来创建运动蒙版效果。图9-286所示为应用"设置遮罩"效果前后的素材效果对比。为素材图层应用"设置遮罩"效果后，可以在"效果控件"面板中对该效果的相关选项进行设置，如图9-287所示。

  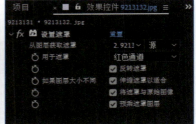

图9-286 应用"设置遮罩"效果前后对比　　　　　　图9-287 "设置遮罩"效果选项

9.2.14 "生成"效果组

"生成"效果组中的效果可以在画面中创建出各种特效的视觉效果，如闪电、镜头光晕、激光等，还可以对素材进行颜色填充，如渐变等。在该效果组中包括"分形"、"圆形"、"椭圆"、"吸管填充"、"镜头光晕"、CC Glue Gun、CC Light Burst 2.5、CC Light Rays、CC Light Sweep、CC Threads、"光束"、"填充"、"网格"、"单元格图案"、"写入"、"勾画"、"四色渐变"、"描边"、"无线电波"、"梯度渐变"、"棋盘"、"油漆桶"、"涂写"、"音频波形"、"音频频谱"和"高级闪电"共26种效果，如图9-288所示。

图9-288 "生成"效果组

第9章 其他特效

● 1. 分形

"分形"效果可以用来模拟细胞体制作分形效果。图9-289所示为应用"分形"效果前后的素材效果对比。为素材图层应用"分形"效果后,可以在"效果控件"面板中对该效果的相关选项进行设置,如图9-290所示。

 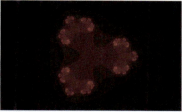

图9-289 应用"分形"效果前后对比　　　　图9-290 "分形"效果选项

● 2. 圆形

"圆形"效果可以在素材中创建一个圆形图案,可以是圆形或者圆环的形状。图9-291所示为应用"圆形"效果前后的素材效果对比。为素材图层应用"圆形"效果后,可以在"效果控件"面板中对该效果的相关选项进行设置,如图9-292所示。

图9-291 应用"圆形"效果前后对比　　　　图9-292 "圆形"效果选项

● 3. 椭圆

"椭圆"效果可以在素材中产生椭圆形的效果,也可以用该特效来模拟光圈等图形效果。图9-293所示为应用"椭圆"效果前后的素材效果对比。为素材图层应用"椭圆"效果后,可以在"效果控件"面板中对该效果的相关选项进行设置,如图9-294所示。

  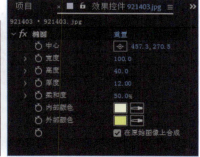

图9-293 应用"椭圆"效果前后对比　　　　图9-294 "椭圆"效果选项

● 4. 吸管填充

"吸管填充"效果可以直接使用取样点在素材上吸取某种颜色,使用素材自身的某种颜色进行填充,并且可以调整颜色的混合程度。图9-295所示为应用"吸管填充"效果前后的素材效果对比。为素材图层应用"吸管填充"效果后，可以在"效果控件"面板中对该效果的相关选项进行设置，如图9-296所示。

  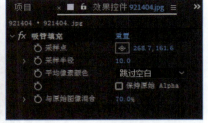

图9-295 应用"吸管填充"效果前后对比　　　　图9-296 "吸管填充"效果选项

- 5．镜头光晕

"镜头光晕"效果可以模拟镜头拍摄到发光的物体上时，由于经过多片镜头所产生的很多光环效果，这是在后期制作中经常使用的提升画面效果的手法。图9-297所示为应用"镜头光晕"效果前后的素材效果对比。为素材图层应用"镜头光晕"效果后，可以在"效果控件"面板中对该效果的相关选项进行设置，如图9-298所示。

  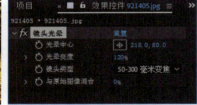

图9-297 应用"镜头光晕"效果前后对比　　　　图9-298 "镜头光晕"效果选项

- 6．CC Glue Gun

CC Glue Gun效果可以使素材产生一种通过透镜观察的效果。图9-299所示为应用CC Glue Gun效果前后的素材效果对比。为素材图层应用CC Glue Gun效果后，可以在"效果控件"面板中对该效果的相关选项进行设置，如图9-300所示。

图9-299 应用CC Glue Gun效果前后对比　　　　图9-300 CC Glue Gun效果选项

- 7．CC Light Burst 2.5

CC Light Burst 2.5效果可以使素材产生光线爆发的效果，使其具有镜头透视的感觉。图9-301所示为应用CC Light Burst 2.5效果前后的素材效果对比。为素材图层应用CC Light Burst 2.5效果后，可以在"效果控件"面板中对该效果的相关选项进行设置，如图9-302所示。

图9-301 应用CC Light Burst 2.5效果前后对比　　图9-302 CC Light Burst 2.5效果选项

● 8．CC Light Rays

CC Light Rays效果可以利用素材上不同的颜色产生不同的光芒，使其产生放射的效果。图9-303所示为应用CC Light Rays效果前后的素材效果对比。为素材图层应用CC Light Rays效果后，可以在"效果控件"面板中对该效果的相关选项进行设置，如图9-304所示。

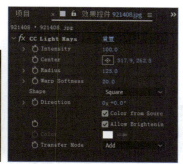

图9-303 应用CC Light Rays效果前后对比　　图9-304 CC Light Rays效果选项

● 9．CC Light Sweep

CC Light Sweep效果可以在素材中创建光线，光线以某个点为中心，向一端以擦除的方式运动，产生扫光的效果。图9-305所示为应用CC Light Sweep效果前后的素材效果对比。为素材图层应用CC Light Sweep效果后，可以在"效果控件"面板中对该效果的相关选项进行设置，如图9-306所示。

图9-305 应用CC Light Sweep效果前后对比　　图9-306 CC Light Sweep效果选项

● 10．CC Threads

CC Threads效果可以使素材产生纵横交错的编织效果。图9-307所示为应用CC Threads效果前后的素材效果对比。为素材图层应用CC Threads效果后，可以在"效果控件"面板中对该效果的相关选项进行设置，如图9-308所示。

  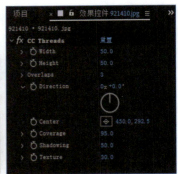

图9-307 应用CC Threads效果前后对比　　　　图9-308 CC Threads效果选项

11．光束

"光束"效果可以在素材上创建光束图形，可以通过该效果模拟激光光束的移动等效果。图9-309所示为应用"光束"效果前后的素材效果对比。为素材图层应用"光束"效果后，可以在"效果控件"面板中对该效果的相关选项进行设置，如图9-310所示。

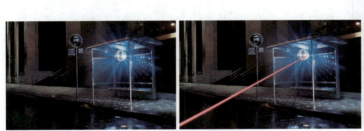 

图9-309 应用"光束"效果前后对比　　　　图9-310 "光束"效果选项

12．填充

"填充"效果可对原始素材的蒙版进行填充，并通过参数设置改变填充颜色的羽化值和不透明度。图9-311所示为应用"填充"效果前后的素材效果对比。为素材图层应用"填充"效果后，可以在"效果控件"面板中对该效果的相关选项进行设置，如图9-312所示。

图9-311 应用"填充"效果前后对比　　　　图9-312 "填充"效果选项

13．网格

"网格"效果可以在素材上创建网格类型的纹理效果。图9-313所示为应用"网格"效果前后的素材效果对比。为素材图层应用"网格"效果后，可以在"效果控件"面板中对该效果的相关选项进行设置，如图9-314所示。

图9-313 应用"网格"效果前后对比　　　　　图9-314 "网格"效果选项

● 14．单元格图案

"单元格图案"效果可以将素材创建为多种类型的类似于细胞图案的拼合效果。图9-315所示为应用"单元格图案"效果前后的素材效果对比。为素材图层应用"单元格图案"效果后，可以在"效果控件"面板中对该效果的相关选项进行设置，如图9-316所示。

  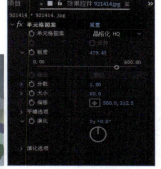

图9-315 应用"单元格图案"效果前后对比　　　图9-316 "单元格图案"效果选项

● 15．写入

"写入"效果可以设置使用画笔在素材中绘画的动画，模拟笔迹和绘制过程。图9-317所示为应用"写入"效果前后的素材效果对比。为素材图层应用"写入"效果后，可以在"效果控件"面板中对该效果的相关选项进行设置，如图9-318所示。

图9-317 应用"写入"效果前后对比　　　　　图9-318 "写入"效果选项

● 16．勾画

"勾画"效果用于在物体周围产生类似于自发光的效果，还可以通过蒙版或者指定其他图层进行勾画。图9-319所示为应用"勾画"效果前后的素材效果对比。为素材图层应用"勾画"效果后，可以在"效果控件"面板中对该效果的相关选项进行设置，如图9-320所示。

图9-319 应用"勾画"效果前后对比　　　　　图9-320 "勾画"效果选项

● 17．四色渐变

"四色渐变"效果可以为当前指定的素材创建四色渐变效果，模拟霓虹灯、流光溢彩等效果。图9-321所示为应用"四色渐变"效果前后的素材效果对比。为素材图层应用"四色渐变"效果后，可以在"效果控件"面板中对该效果的相关选项进行设置，如图9-322所示。

图9-321 应用"四色渐变"效果前后对比　　　　　图9-322 "四色渐变"效果选项

● 18．描边

"描边"效果可以沿指定的路径或者蒙版进行描边处理，可以模拟书写或者绘画等过程的动画效果。图9-323所示为应用"描边"效果前后的素材效果对比。为素材图层应用"描边"效果后，可以在"效果控件"面板中对该效果的相关选项进行设置，如图9-324所示。

图9-323 应用"描边"效果前后对比　　　　　图9-324 "描边"效果选项

第9章 其他特效

● 19．无线电波

"无线电波"效果能够在画面中以点为中心建立向四周扩散的各种图形的波形效果。图9-325所示为应用"无线电波"效果前后的素材效果对比。为素材图层应用"无线电波"效果后，可以在"效果控件"面板中对该效果的相关选项进行设置，如图9-326所示。

图9-325 应用"无线电波"效果前后对比　　　　　图9-326 "无线电波"效果选项

● 20．梯度渐变

"梯度渐变"效果可以创造出渐变效果，可以将创造出的渐变效果与原素材融合以改变原素材的效果。图9-327所示为应用"梯度渐变"效果前后的素材效果对比。为素材图层应用"梯度渐变"效果后，可以在"效果控件"面板中对该效果的相关选项进行设置，如图9-328所示。

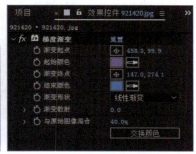

图9-327 应用"梯度渐变"效果前后对比　　　　　图9-328 "梯度渐变"效果选项

● 21．棋盘

"棋盘"效果能够在素材上创建类似于棋盘格式的图案效果。图9-329所示为应用"棋盘"效果前后的素材效果对比。为素材图层应用"棋盘"效果后，可以在"效果控件"面板中对该效果的相关选项进行设置，如图9-330所示。

图9-329 应用"棋盘"效果前后对比　　　　　图9-330 "棋盘"效果选项

- 22．油漆桶

"油漆桶"效果可以在所选定的颜色范围内填充指定的颜色。图9-331所示为应用"油漆桶"效果前后的素材效果对比。为素材图层应用"油漆桶"效果后，可以在"效果控件"面板中对该效果的相关选项进行设置，如图9-332所示。

图9-331 应用"油漆桶"效果前后对比　　　　图9-332 "油漆桶"效果选项

- 23．涂写

"涂写"效果可以为遮罩控制区域填充带有速度感的各种动画，类似于蜡笔画的效果。图9-333所示为应用"涂写"效果前后的素材效果对比。为素材图层应用"涂写"效果后，可以在"效果控件"面板中对该效果的相关选项进行设置，如图9-334所示。

图9-333 应用"涂写"效果前后对比　　　　图9-334 "涂写"效果选项

- 24．音频波形

"音频波形"效果可以利用音频文件，以波形振幅方式显示在素材上，并可以通过自定义路径修改波形的显示方式，该效果与"音频频谱"效果非常相似。图9-335所示为应用"音频波形"效果前后的素材效果对比。为素材图层应用"音频波形"效果后，可以在"效果控件"面板中对该效果的相关选项进行设置，如图9-336所示。

图9-335 应用"音频波形"效果前后对比　　　　图9-336 "音频波形"效果选项

● 25．音频频谱

"音频频谱"效果可以用于产生音频频谱，将看不见的声音图形化，有效推动音乐感染力。图9-337所示为应用"音频频谱"效果前后的素材效果对比。为素材图层应用"音频频谱"效果后，可以在"效果控件"面板中对该效果的相关选项进行设置，如图9-338所示。

图9-337 应用"音频频谱"效果前后对比　　　　图9-338 "音频频谱"效果选项

● 26．高级闪电

"高级闪电"效果可以用来模拟真实的闪电和放电效果。图9-339所示为应用"高级闪电"效果前后的素材效果对比。为素材图层应用"高级闪电"效果后，可以在"效果控件"面板中对该效果的相关选项进行设置，如图9-340所示。

图9-339 应用"高级闪电"效果前后对比　　　　图9-340 "高级闪电"效果选项

9.2.15 "时间"效果组

"时间"效果组中的效果以素材时间为基准，控制素材的时间特性。在使用时间效果时，将忽略其他使用的效果。在该效果组中包括CC Force Motion Blur、CC Wide Time、"色调分离时间"、"像素运动模糊"、"时差"、"时间扭曲"、"时间置换"和"残影"共8种效果，如图9-341所示。

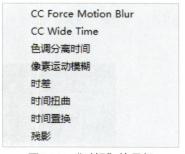

图9-341 "时间"效果组

Tips

"时间"效果组所包含的效果主要用于修改素材的时间属性,因此要应用该效果组中效果的素材图层最好为动态视频图层,这样才能看到相应的效果。

- **1. CC Force Motion Blur**

CC Force Motion Blur效果可以使运动的物体产生模糊效果。图9-342所示为应用CC Force Motion Blur效果前后的素材效果对比。为素材图层应用CC Force Motion Blur效果后,可以在"效果控件"面板中对该效果的相关选项进行设置,如图9-343所示。

图9-342 应用CC Force Motion Blur效果前后对比　　　图9-343 CC Force Motion Blur效果选项

- **2. CC Wide Time**

CC Wide Time效果可以设置当前画面之前与之后的重复数量,使其产生连续的重复效果,该效果只对视频素材起作用。图9-344所示为应用CC Wide Time效果前后的素材效果对比。为素材图层应用CC Wide Time效果后,可以在"效果控件"面板中对该效果的相关选项进行设置,如图9-345所示。

图9-344 应用CC Wide Time效果前后对比　　　图9-345 CC Wide Time效果选项

- **3. 色调分离时间**

"色调分离时间"效果可以将视频素材设置为特定的帧速,设置后视频的播放速度不变,但是每秒显示的帧数发生改变。为素材图层应用"色调分离时间"效果后,可以在"效果控件"面板中对该效果的相关选项进行设置,如图9-346所示。

- **4. 像素运动模糊**

为图层中的动态素材应用"像素运动模糊"效果,可以使该素材图层所呈现出的运动画面更接近于真实相机所拍摄出的效果。为素材图层应用"像素运动模糊"效果后,可以在"效果控件"面板中对该效果的相关选项进行设置,如图9-347所示。

图9-346 "色调分离时间"效果选项　　　图9-347 "像素运动模糊"效果选项

> **Tips**
> 在真实世界中,运动模糊是指使用相机拍摄画面时,由于被拍摄物体在相机快门曝光的短暂时间内有一定幅度的运动,导致拍摄出的画面产生残影和模糊的效果,通常相机只有在捕捉高速运动物体或者相机本身处在高速旋转中时才会出现这种效果。

- **5. 时差**

"时差"效果可以通过对比两个素材图层之间的像素差异产生特殊的效果,并且可以设置目标图层延迟或者提前播放。图9-348所示为应用"时差"效果前后的素材效果对比。为素材图层应用"时差"效果后,可以在"效果控件"面板中对该效果的相关选项进行设置,如图9-349所示。

图9-348 应用"时差"效果前后对比　　　　图9-349 "时差"效果选项

- **6. 时间扭曲**

"时间扭曲"效果能够基于像素运动、帧融合和所有帧进行时间画面变形,使用前几秒的图像或者后几秒的图像来显示当前窗口。图9-350所示为应用"时间扭曲"效果前后的素材效果对比。为素材图层应用"时间扭曲"效果后,可以在"效果控件"面板中对该效果的相关选项进行设置,如图9-351所示。

图9-350 应用"时间扭曲"效果前后对比　　　图9-351 "时间扭曲"效果选项

- **7. 时间置换**

"时间置换"效果可以根据所选择的时间置换图层的亮度来控制当前图层中视频素材的某些位置时间播放较快,某些位置时间播放较慢。图9-352所示为应用"时间置换"效果前后的素材效果对比。为素材图层应用"时间置换"效果后,可以在"效果控件"面板中对该效果的相关选项进行设置,如图9-353所示。

图9-352 应用"时间置换"效果前后对比　　　图9-353 "时间置换"效果选项

8. 残影

"残影"效果也可以称为"画面延续",通过该效果可以营造出一种虚幻的感觉。图9-354所示为应用"残影"效果前后的素材效果对比。为素材图层应用"残影"效果后,可以在"效果控件"面板中对该效果的相关选项进行设置,如图9-355所示。

图9-354 应用"残影"效果前后对比

图9-355 "残影"效果选项

9.2.16 "实用工具"效果组

"实用工具"效果组中的效果主要用于调整素材颜色的输入和输出设置,在该效果组中包括"范围扩散"、CC Overbrights、"Cineon 转换器"、"HDR压缩扩展器"、"HDR高光压缩"、"应用颜色 LUT"和"颜色配置文件转换器"共7种效果,如图9-356所示。

图9-356 "实用工具"效果组

1. 范围扩散

"范围扩散"效果用于增加图层中画面周边像素的折回边缘。为素材图层应用"范围扩散"效果后,可以在"效果控件"面板中对该效果的相关选项进行设置,如图9-357所示。

2. CC Overbrights

CC Overbrights效果可以修剪不同通道中过亮的颜色。为素材图层应用CC Overbirghts效果后,可以在"效果控件"面板中对该效果的相关选项进行设置,如图9-358所示。

图9-357 "范围扩散"效果选项

图9-358 CC Overbrights效果选项

3. Cineon转换器

"Cineon转换器"效果主要用于应用标准线性到曲线对称的转换,设置10位Cineon文件,让它如实还原本色,以适应8位的After Effects处理。图9-359所示为应用"Cineon转换器"效果前后的素材效果对比。为素材图层应用"Cineon转换器"效果后,可以在"效果控件"面板中对该效果的相关选项进行设置,如图9-360所示。

图9-359 应用"Cineon转换器"效果前后对比

图9-360 "Cineon转换器"效果选项

4. HDR压缩扩展器

"HDR压缩扩展器"效果可以对不支持HDR的素材进行HDR无损处理,该效果使用压缩级别和扩展级别来调整素材。图9-361所示为应用"HDR压缩扩展器"效果前后的素材效果对比。为素材图层应用"HDR压缩扩展器"效果后,可以在"效果控件"面板中对该效果的相关选项进行设置,如图9-362所示。

  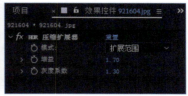

图9-361 应用"HDR压缩扩展器"效果前后对比　　图9-362 "HDR压缩扩展器"效果选项

5. HDR高光压缩

"HDR高光压缩"效果可以压缩素材画面中的高光区域。图9-363所示为应用"HDR高光压缩"效果前后的素材效果对比。为素材图层应用"HDR高光压缩"效果后,可以在"效果控件"面板中对该效果的相关选项进行设置,如图9-364所示。

图9-363 应用"HDR高光压缩"效果前后对比　　图9-364 "HDR高光压缩"效果选项

6. 应用颜色LUT

"应用颜色LUT"效果可以通过加载外部的颜色表文件对画面进行调整。执行该命令可以弹出"选择LUT文件"对话框,可以选择需要加载的外部颜色表文件。After Effects中支持的外部颜色表文件包括.3dl、.cube、.look和.csp。

7. 颜色配置文件转换器

"颜色配置文件转换器"效果可以通过设置色彩通道,对素材输入、输出的描绘轮廓进行转换。图9-365所示为应用"颜色配置文件转换器"效果前后的素材效果对比。为素材图层应用"颜色配置文件转换器"效果后,可以在"效果控件"面板中对该效果的相关选项进行设置,如图9-366所示。

  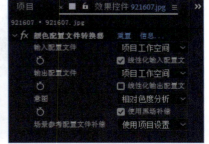

图9-365 应用"颜色配置文件转换器"效果前后对比　　图9-366 "颜色配置文件转换器"效果选项

9.2.17 "透视"效果组

"透视"效果组中的效果可以对素材进行各种三维透视变换。在该效果组中包括"3D眼镜"、"3D摄像机跟踪器"、CC Cylinder、CC Environment、CC Sphere、CC Spotlight、"径向阴影"、"投影"、"斜面Alpha"和"边缘斜面"共10种效果，如图9-367所示。

图9-367 "透视"效果组

1. 3D眼镜

"3D眼镜"效果可以将两个图层中的素材合成到一个图层中，并且能够产生三维效果。图9-368所示为应用"3D眼镜"效果前后的素材效果对比。为素材图层应用"3D眼镜"效果后，可以在"效果控件"面板中对该效果的相关选项进行设置，如图9-369所示。

  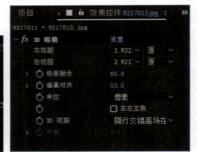

图9-368 应用"3D眼镜"效果前后对比　　　　图9-369 "3D眼镜"效果选项

2. 3D摄像机跟踪器

"3D摄像机跟踪器"效果可以追踪视频中的动态信息。注意，该效果只能应用于视频素材。图9-370所示为应用"3D摄像机跟踪器"效果前后的素材效果对比。为素材图层应用"3D摄像机跟踪器"效果后，可以在"效果控件"面板中对该效果的相关选项进行设置，如图9-371所示。

 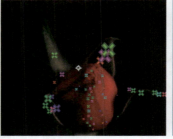 

图9-370 应用"3D摄像机跟踪器"效果前后对比　　　　图9-371 "3D摄像机跟踪器"效果选项

3. CC Cylinder

CC Cylinder效果可以将素材卷起呈现圆柱体效果，从而使素材表现出立体感。图9-372所示为应用CC Cylinder效果前后的素材效果对比。为素材图层应用CC Cylinder效果后，可以在"效果控件"面板中对该效果的相关选项进行设置，如图9-373所示。

图9-372 应用"CC Cylinder"效果前后对比　　　图9-373 "CC Cylinder"效果选项

- **4．CC Environment**

　　CC Environment效果是一个环境过滤器，它允许使用HDRI环境贴图在After Effects中为素材创建出合成环境，可以设置HDRI环境贴图的水平偏移和纹理过滤效果。简单理解，就是将HDRI环境贴图的色彩反射折射给After Effects中相应的对象，达到一种真实模拟的目的。CC Environment效果支持3种类型的HDRI环境贴图，分别是"球形映射"、"角度映射"和"垂直交叉"。

- **5．CC Sphere**

　　CC Sphere效果可以使素材呈现球体状卷起效果。图9-374所示为应用CC Sphere效果前后的素材效果对比。为素材图层应用CC Sphere效果后，可以在"效果控件"面板中对该效果的相关选项进行设置，如图9-375所示。

 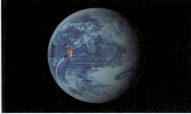 

图9-374 应用CC Sphere效果前后对比　　　图9-375 CC Sphere效果选项

- **6．CC Spotlight**

　　CC Spotlight效果可以为素材添加聚光灯效果，使其产生逼真的灯光照射效果。图9-376所示为应用CC Spotlight效果前后的素材效果对比。为素材图层应用CC Spotlight效果后，可以在"效果控件"面板中对该效果的相关选项进行设置，如图9-377所示。

图9-376 应用CC Spotlight效果前后对比　　　图9-377 CC Spotlight效果选项

- **7．径向阴影**

　　"径向阴影"效果可以根据素材的Alpha通道边缘产生阴影，该效果通过一个点光源来生成阴影效果。图9-378所示为应用"径向阴影"效果前后的素材效果对比。为素材图层应用"径向阴影"效果后，可以在"效果控件"面板中对该效果的相关选项进行设置，如图9-379所示。

图9-378 应用"径向阴影"效果前后对比　　　图9-379 "径向阴影"效果选项

8．投影

"投影"效果可以根据素材的Alpha通道边缘产生投影的效果,投影的形状取决于Alpha通道的形状。还可以将该效果应用于文字图层,为文字添加投影效果。图9-380所示为应用"投影"效果前后的素材效果对比。为素材图层应用"投影"效果后,可以在"效果控件"面板中对该效果的相关选项进行设置,如图9-381所示。

图9-380 应用"投影"效果前后对比　　　图9-381 "投影"效果选项

9．斜面Alpha

"斜面Alpha"效果可以在素材的Alpha通道上产生斜面,使Alpha通道产生发光的轮廓,从而使素材更具立体感。图9-382所示为应用"斜面Alpha"效果前后的素材效果对比。为素材图层应用"斜面Alpha"效果后,可以在"效果控件"面板中对该效果的相关选项进行设置,如图9-383所示。

图9-382 应用"斜面Alpha"效果前后对比　　　图9-383 "斜面Alpha"效果选项

10．边缘斜面

"边缘斜面"效果可以在素材边缘产生发光轮廓,使素材整体呈现立体效果。图9-384所示为应用"边缘斜面"效果前后的素材效果对比。为素材图层应用"边缘斜面"效果后,可以在"效果控件"面板中对该效果的相关选项进行设置,如图9-385所示。

图9-384 应用"边缘斜面"效果前后对比　　　图9-385 "边缘斜面"效果选项

9.2.18 "音频"效果组

"音频"效果组中的效果主要用于对视频动画中的声音进行特效方面的处理，从而制作出不同效果的声音，如回音、降噪等。在该效果组中包括"调制器"、"倒放"、"低音和高音"、"参数均衡"、"变调与合声"、"延迟"、"混响"、"立体声混合器"、"音调"和"高通/低通"共10种效果，如图9-386所示。

图9-386 "音频"效果组

● 1．调制器

"调制器"效果可以通过改变音频的变化频率和振幅来处理音频的颤音效果。为音频素材图层应用"调制器"效果后，可以在"效果控件"面板中对该效果的相关选项进行设置，如图9-387所示。

● 2．倒放

"倒放"效果可以将音频素材进行倒放，即将音频文件从后往前播放。为音频素材图层应用"倒放"效果后，可以在"效果控件"面板中对该效果的相关选项进行设置，如图9-388所示。

图9-387 "调制器"效果选项

图9-388 "倒放"效果选项

● 3．低音和高音

"低音和高音"效果主要用于调整音频素材中的低音和高音部分，将音频素材中的低音和高音部分增强或者减弱，通过该特效的调整来修正原始音频素材中的不足。为音频素材图层应用"低音和高音"效果后，可以在"效果控件"面板中对该效果的相关选项进行设置，如图9-389所示。

● 4．参数均衡

"参数均衡"效果主要用于精确调整音频素材的音调，而且还可以较好地隔离特殊的频率范围，增强或者减弱指定的频率，对于增强音频的效果特别有效。为音频素材图层应用"参数均衡"效果后，可以在"效果控件"面板中对该效果的相关选项进行设置，如图9-390所示。

图9-389 "低音和高音"效果选项

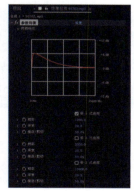
图9-390 "参数均衡"效果选项

5．变调与合声

"变调与和声"效果包括两个独立的音频效果。"变调"用来设置音频变调的效果，通过复制失调的音频或者对原频率做一定的位移，对音频分离的时间和音调进行深度调整，以产生颤动、急促的声音。"合声"用来设置合声效果，可以为单个乐器或者单个声音增加深度，听上去像是有很多声音混合，产生合唱的效果。为音频素材图层应用"变调与合声"效果后，可以在"效果控件"面板中对该效果的相关选项进行设置，如图9-391所示。

6．延迟

"延迟"效果用于设置在声音时间段中产生延迟效果，用来模拟声音被物体反射的效果，从而实现音频的回声特效。为音频素材图层应用"延迟"效果后，可以在"效果控件"面板中对该效果的相关选项进行设置，如图9-392所示。

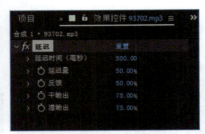

图9-391 "变调与合声"效果选项　　　图9-392 "延迟"效果选项

7．混响

"混响"效果通过设置音频在一个面上的随机发射来模拟混响效果，给人以身临其境的感觉。为音频素材图层应用"混响"效果后，可以在"效果控件"面板中对该效果的相关选项进行设置，如图9-393所示。

8．立体声混合器

"立体声混合器"效果可以用来模拟左、右声道的立体声混合效果，可以对一个音频进行音量大小和相位的控制。为音频素材图层应用"立体声混合器"效果后，可以在"效果控件"面板中对该效果的相关选项进行设置，如图9-394所示。

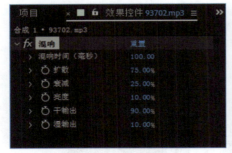
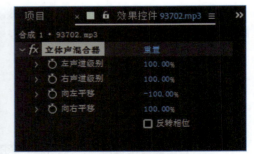

图9-393 "混响"效果选项　　　图9-394 "立体声混合器"效果选项

9．音调

"音调"效果用来简单合成固定音调，如电话铃声、警笛声等。对于每一种效果，最多可以增加5个音调产生和弦。为音频素材图层应用"音调"效果后，可以在"效果控件"面板中对该效果的相关选项进行设置，如图9-395所示。

10. 高通/低通

"高通/低通"效果应用高通/低通滤波器只让高于或者低于某个频率的声音通过，可以独立输出高低音，或者模拟增强或减弱一个声音。使用"高通滤波"效果可以过滤录音环境中的噪音，让人声更清晰；使用"低通滤波"效果可以消除噪音（如静电和蜂鸣声）。为音频素材图层应用"高通/低通"效果后，可以在"效果控件"面板中对该效果的相关选项进行设置，如图9-396所示。

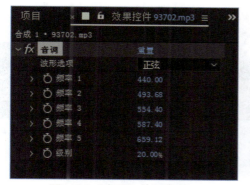

图9-395 "音调"效果选项

图9-396 "高通/低通"效果选项

9.2.19 "杂色和颗粒"效果组

"杂色和颗粒"效果组中的效果可以为素材设置杂色或者杂点的效果，通过该效果组中的效果可以分散素材或者使素材的形状发生变化。在该效果组中包括"分形杂色"、"中间值"、"中间值（旧版）"、"匹配颗粒"、"杂色"、"杂色Alpha"、"杂色HLS"、"杂色HLS自动"、"湍流杂色"、"添加颗粒"、"移除颗粒"和"蒙尘与划痕"共12种效果，如图9-397所示。

图9-397 "杂色和颗粒"效果组

1. 分形杂色

"分形杂色"效果可以模拟烟、云、水流等纹理图案。图9-398所示为应用"分形杂色"效果前后的素材效果对比。为素材图层应用"分形杂色"效果后，可以在"效果控件"面板中对该效果的相关选项进行设置，如图9-399所示。

图9-398 应用"分形杂色"效果前后对比

图9-399 "分形杂色"效果选项

2．中间值

"中间值"效果使用指定半径范围内的像素的平均值来取代像素值。设置较低数值可以减少画面中的杂点；设置较高数值会产生一种绘画效果。图9-400所示为应用"中间值"效果前后的素材效果对比。为素材图层应用"中间值"效果后，可以在"效果控件"面板中对该效果的相关选项进行设置，如图9-401所示。

图9-400 应用"中间值"效果前后对比　　　　图9-401 "中间值"效果选项

3．中间值（旧版）

"中间值（旧版）"效果与"中间值"效果所实现的效果基本相似，"效果控件"面板中的设置选项也是相同的。

4．匹配颗粒

"匹配颗粒"效果可以从一个包含颗粒的素材上读取颗粒，将颗粒效果添加到当前图层的素材中，并可以对所添加的颗粒进行设置。图9-402所示为应用"匹配颗粒"效果前后的素材效果对比。为素材图层应用"匹配颗粒"效果后，可以在"效果控件"面板中对该效果的相关选项进行设置，如图9-403所示。

图9-402 应用"匹配颗粒"效果前后对比　　　　图9-403 "匹配颗粒"效果选项

5．杂色

"杂色"效果可以随机为素材添加杂色，在素材中加入细小的点。图9-404所示为应用"杂色"效果前后的素材效果对比。为素材图层应用"杂色"效果后，可以在"效果控件"面板中对该效果的相关选项进行设置，如图9-405所示。

图9-404 应用"杂色"效果前后对比　　　　图9-405 "杂色"效果选项

第9章 其他特效

● 6．杂色Alpha

"杂色Alpha"效果可以在素材的Alpha通道中添加杂色效果，但前提条件是该素材必须包含Alpha通道。为素材图层应用"杂色Alpha"效果后，可以在"效果控件"面板中对该效果的相关选项进行设置，如图9-406所示。

图9-406 "杂色Alpha"效果选项

● 7．杂色HLS

"杂色HLS"效果可以通过调整色相、亮度、饱和度来设置杂色的产生位置。图9-407所示为应用"杂色HLS"效果前后的素材效果对比。为素材图层应用"杂色HLS"效果后，可以在"效果控件"面板中对该效果的相关选项进行设置，如图9-408所示。

图9-407 应用"杂色HLS"效果前后对比　　　　　图9-408 "杂色HLS"效果选项

● 8．杂色HLS自动

"杂色HLS自动"效果与"杂色HLS"效果相似，只是通过设置参数可以自动生成杂色动画。图9-409所示为应用"杂色HLS自动"效果前后的素材效果对比。为素材图层应用"杂色HLS自动"效果后，可以在"效果控件"面板中对该效果的相关选项进行设置，如图9-410所示。

图9-409 应用"杂色HLS自动"效果前后对比　　　　图9-410 "杂色HLS自动"效果选项

● 9．湍流杂色

"湍流杂色"效果与"分形杂色"效果相似，只不过参数略少，精度更高。图9-411所示为应用"湍流杂色"效果前后的素材效果对比。为素材图层应用"湍流杂色"效果后，可以在"效果控件"面板中对该效果的相关选项进行设置，如图9-412所示。

图9-411 应用"湍流杂色"效果前后对比　　　　图9-412 "湍流杂色"效果选项

- **10．添加颗粒**

　　"添加颗粒"效果主要用于自动对素材进行杂点颗粒匹配，并针对各种胶片材料的颗粒分别设置预设值，通过参数和预设值的设置可以合成各种不同风格的效果。图9-413所示为应用"添加颗粒"效果前后的素材效果对比。为素材图层应用"添加颗粒"效果后，可以在"效果控件"面板中对该效果的相关选项进行设置，如图9-414所示。

图9-413 应用"添加颗粒"效果前后对比　　　　图9-414 "添加颗粒"效果选项

- **11．移除颗粒**

　　"移除颗粒"效果主要用于减弱或者消除素材上的杂色颗粒效果，通过精细的信息处理过程和统计估算技术来修复素材至没有杂色颗粒的效果，增强画面柔和度，但是设置过程要把握好，如果将参数设置得过大，画面就会失去质感，变得模糊。图9-415所示为应用"移除颗粒"效果前后的素材效果对比。为素材图层应用"移除颗粒"效果后，可以在"效果控件"面板中对该效果的相关选项进行设置，如图9-416所示。

图9-415 应用"移除颗粒"效果前后对比　　　　图9-416 "移除颗粒"效果选项

- **12．蒙尘与划痕**

　　"蒙尘与划痕"效果可以通过改变不同像素间的过渡来减少素材中的噪点和划痕。图9-417所示为应用"蒙尘与划痕"效果前后的素材效果对比。为素材图层应用"蒙尘与划痕"效果后，可以在"效果控件"面板中对该效果的相关选项进行设置，如图9-418所示。

图9-417 应用"蒙尘与划痕"效果前后对比　　　　图9-418 "蒙尘与划痕"效果选项

9.2.20 "遮罩"效果组

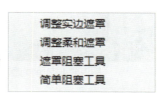

"遮罩"效果组中的效果可以对带有Alpha通道的图像进行收缩或者描绘处理。在该效果组中包含"调整实边遮罩"、"调整柔和遮罩"、"遮罩阻塞工具"和"简单阻塞工具"共4种效果，如图9-419所示。

图9-419 "遮罩"效果组

● 1．调整实边遮罩

"调整实边遮罩"效果可以对Alpha通道中包含实边的素材边缘进行调整。图9-420所示为应用"调整实边遮罩"效果前后的素材效果对比。为素材图层应用"调整实边遮罩"效果后，可以在"效果控件"面板中对该效果的相关选项进行设置，如图9-421所示。

图9-420 应用"调整实边遮罩"效果前后对比　　　　图9-421 "调整实边遮罩"效果选项

● 2．调整柔和遮罩

"调整柔和遮罩"效果与"调整实边遮罩"效果的功能相似，该功能更适合调整具有柔和边缘Alpha通道的素材。图9-422所示为应用"调整柔和遮罩"效果前后的素材效果对比。为素材图层应用"调整柔和遮罩"效果后，可以在"效果控件"面板中对该效果的相关选项进行设置，如图9-423所示。

图9-422 应用"调整柔和遮罩"效果前后对比　　　　图9-423 "调整柔和遮罩"效果选项

3. 遮罩阻塞工具

"遮罩阻塞工具"效果可以对带有Alpha通道的素材进行处理，对素材的边缘进行收缩和调整，从而使素材边缘更加清晰。图9-424所示为应用"遮罩阻塞工具"效果前后的素材效果对比。为素材图层应用"遮罩阻塞工具"效果后，可以在"效果控件"面板中对该效果的相关选项进行设置，如图9-425所示。

图9-424 应用"遮罩阻塞工具"效果前后对比　　　图9-425 "遮罩阻塞工具"效果选项

4. 简单阻塞工具

"简单阻塞工具"效果通过Alpha通道来扩展或者收缩素材边缘的细微部分，从而使素材的边缘更加清晰。图9-426所示为应用"简单阻塞工具"效果前后的素材效果对比。为素材图层应用"简单阻塞工具"效果后，可以在"效果控件"面板中对该效果的相关选项进行设置，如图9-427所示。

图9-426 应用"简单阻塞工具"效果前后对比　　　图9-427 "简单阻塞工具"效果选项

9.3 After Effects中的效果应用实例

在前面的小节中已经对After Effects中内置的各种效果进行了简单介绍，通过使用After Effects中的效果，不仅能够对视频动画进行丰富的艺术加工，还可以提高视频动画的质量和效果。本节将通过几个案例的制作向读者介绍After Effects中的内置效果在视频动画制作过程中的应用。

9.3.1 制作下雨效果

天气效果是一种常见的特效，本节将制作下雨效果，只需使用After Effects中的"模拟"效果组中的CC Rainfall效果，就能够轻松地实现下雨效果，并且可以对雨势的大小、方向等进行设置。此外，应用CC Rainfall效果所实现的下雨效果本身就是动画的表现形式，非常方便、实用。

应用案例　制作下雨效果

源文件：源文件\第9章\9-3-1.aep　　　视频：光盘\视频\第9章\9-3-1.mp4

STEP 01 在After Effects中执行"合成>新建合成"命令，弹出"合成设置"对话框，参数设置如图9-428所示。单击"确定"按钮，新建一个合成。执行"文件>导入>文件"命令，导入素材"源文件\第9章\素材\93101.jpg"，"项目"面板如图9-429所示。

图9-428 "合成设置"对话框　　　　　图9-429 导入素材图像

STEP 02 将素材图像93101.jpg拖入到"时间轴"面板中,在"合成"窗口中可以看到该素材的默认效果,如图9-430所示。打开"效果和预设"面板,展开"模拟"效果组,双击CC Rainfall效果选项,如图9-431所示。

图9-430 "合成"窗口效果　　　　　图9-431 双击CC Rainfall效果选项

STEP 03 为93101.jpg图层应用CC Rainfall效果,在"合成"窗口中可以看到应用该效果后的默认效果,如图9-432所示。在"效果控件"面板中对CC Rainfall效果的相关选项进行设置,如图9-433所示。

图9-432 "合成"窗口效果　　　　　图9-433 设置CC Rainfall效果选项

STEP 04 至此,完成下雨效果的制作,单击"预览"面板中的"播放/停止"按钮，可以在"合成"窗口中预览动画,效果如图9-434所示。

中文版After Effects CC 2020
完全自学一本通

图9-434 预览下雨动画效果

9.3.2 制作手绘心形动画

本实例主要通过"涂写"和"线性擦除"效果的综合运用,制作出手绘心形的动画效果。在本实例的制作过程中,注意学习特效参数的设置及动画关键帧的操作。

应用案例 制作手绘心形动画
源文件:源文件\第9章\9-3-2.aep   视频:光盘\视频\第9章\9-3-2.mp4

STEP 01 在After Effects中执行"合成>新建合成"命令,弹出"合成设置"对话框,参数设置如图9-435所示。单击"确定"按钮,新建一个合成。执行"文件>导入>文件"命令,导入素材"源文件\第9章\素材\93201.jpg","项目"面板如图9-436所示。

图9-435 "合成设置"对话框

图9-436 导入素材图像

STEP 02 将素材图像93101.jpg拖入到"时间轴"面板中,在"合成"窗口中可以看到该素材的效果,如图9-437所示。执行"图层>新建>纯色"命令,弹出"纯色设置"对话框,参数设置如图9-438所示。

图9-437 "合成"窗口效果

图9-438 "纯色设置"对话框

第9章 其他特效

STEP 03 单击"确定"按钮，新建一个名称为"心形"的纯色图层，如图9-439所示。选择"心形"图层，使用"钢笔工具"，在"合成"窗口中为该图层绘制心形蒙版路径，效果如图9-440所示。

图9-439 新建纯色图层　　　　　　　　　　图9-440 绘制心形蒙版路径

STEP 04 打开"效果和预设"面板，展开"生成"效果组，双击"涂写"选项，如图9-441所示。为"心形"图层应用"涂写"效果，在"合成"窗口中可以看到该效果的默认效果，如图9-442所示。

图9-441 双击"涂写"选项　　　图9-442 应用"涂写"效果的默认效果

STEP 05 在"效果控件"面板中对"涂写"效果的相关选项进行设置，如图9-443所示。在"合成"窗口中可以看到"涂写"效果所产生的效果，如图9-444所示。

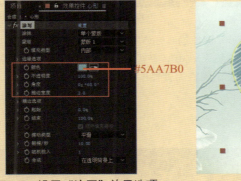

图9-443 设置"涂写"效果选项　　　　图9-444 心形效果

STEP 06 在"效果和预设"面板中展开"过渡"效果组，双击"线性擦除"选项，为该图层应用"线性擦除"效果。在"效果控件"面板中对"线性擦除"效果的相关选项进行设置，并为"过渡完成"属性插入关键帧，如图9-445所示。在"合成"窗口中可以看到当前时间位置的心形效果，如图9-446所示。

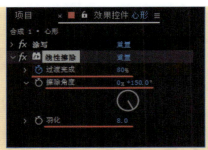

图9-445 设置"线性擦除"效果选项　　　　图9-446 心形效果

STEP 07 将"时间指示器"移至2秒位置,设置"过渡完成"属性值为0%,效果如图9-447所示。在"时间轴"面板中选择"心形"图层,按【U】键,在该图层下方只显示添加了关键帧的属性,可以看到该图层的属性关键帧,如图9-448所示。

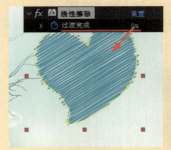

图9-447 心形效果　　　　　　　　　图9-448 显示添加了关键帧的属性

STEP 08 将"时间指示器"移至1秒10帧位置,展形"心形"图层的"变换"选项,分别为"位置"和"缩放"属性插入关键帧,如图9-449所示。将"时间指示器"移至1秒20帧位置,为"旋转"属性插入属性关键帧,如图9-450所示。

图9-449 插入"位置"和"缩放"属性关键帧　　图9-450 插入"旋转"属性关键帧

STEP 09 按【U】键,在该图层下方只显示添加了关键帧的属性,将"时间指示器"移至2秒05帧位置,设置"缩放"属性值为65%,"旋转"属性值为-30°,在"合成"窗口中调整心形到合适的位置,如图9-451所示。在当前时间位置自动添加相应的属性关键帧,如图9-452所示。

图9-451 调整心形效果　　　　　　图9-452 自动添加相应的属性关键帧

STEP 10 选择"心形"图层,按【Ctrl+D】组合键,复制该图层,将复制得到的图层重命名为"心形2",如图9-453所示。打开"效果控件"面板,对"心形2"图层中的"涂写"效果选项进行修改,如图9-454所示。

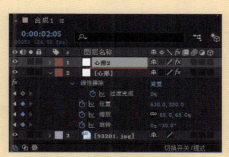

图9-453 复制图层并重命名　　　　图9-454 修改"涂写"效果选项

STEP 11 选择"心形2"图层,按【U】键,在该图层下方显示添加了关键帧的属性,将"时间指示器"移至0秒位置,分别单击"位置""缩放"和"旋转"属性前的秒表图标,清除这3个属性关键帧,如图9-455所示。在"合成"窗口中调整"心形2"图层中对象的位置,效果如图9-456所示。

图9-455 清除相应的属性关键帧　　　　图9-456 调整图形位置

STEP 12 至此,完成手绘心形动画的制作,单击"预览"面板中的"播放/停止"按钮 ▶,可以在"合成"窗口中预览动画,效果如图9-457所示。

图9-457 预览手绘心形动画效果

9.3.3 制作粒子动画效果

粒子是After Effects中非常重要的一个功能，可以快速模拟出很多抽象、迷幻的粒子效果。粒子的应用比较简单，本例主要使用"模拟"效果组中相应的粒子效果，再结合其他效果的应用，从而制作出不同的粒子动画效果。

应用案例　制作粒子动画效果
源文件：源文件\第9章\9-3-3.aep　　　　　视频：光盘\视频\第9章\9-3-3.mp4

STEP 01 在After Effects中执行"合成>新建合成"命令，弹出"合成设置"对话框，参数设置如图9-458所示。单击"确定"按钮，新建一个合成。执行"文件>导入>文件"命令，导入素材"源文件\第9章\素材\93301.jpg和93302.png"，"项目"面板如图9-459所示。

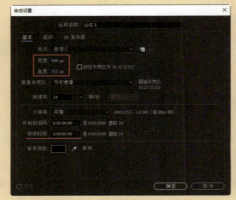
图9-458 "合成设置"对话框

图9-459 导入素材图像

STEP 02 在"项目"面板中将素材图像93301.jpg拖入到"时间轴"面板中，在"合成"窗口中可以看到该素材图像的效果，如图9-460所示。选择该素材图层，按【S】键，显示该图层的"缩放"属性，设置该属性值为120%，效果如图9-461所示。

图9-460 素材图像效果

图9-461 设置"缩放"属性值效果

STEP 03 将"时间指示器"移至0秒位置，按【T】键，显示该图层的"不透明度"属性，设置该属性值为0%，并插入该属性关键帧，如图9-462所示。将"时间指示器"移至1秒位置，设置"不透明度"属性值为100%，效果如图9-463所示。

图9-462 插入属性关键帧并设置属性值　　　图9-463 设置"不透明度"属性值效果

STEP 04 执行"图层>新建>纯色"命令,弹出"纯色设置"对话框,参数设置如图9-464所示。单击"确定"按钮,新建纯色图层。选择刚新建的纯色图层,在"效果和预设"面板中展开"模拟"效果组,双击CC Particle World选项,如图9-465所示。

图9-464 "纯色设置"对话框　　　图9-465 双击CC Particle World选项

STEP 05 为纯色图层应用CC Particle World效果,在"合成"窗口中可以看到该效果的默认效果,如图9-466所示。在"效果控件"面板中对CC Particle World效果的相关选项进行充置,如图9-467所示。

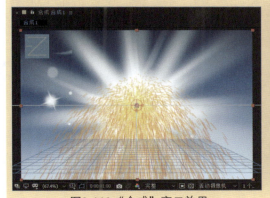
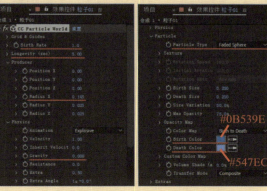

图9-466 "合成"窗口效果　　　图9-467 设置CC Particle World效果选项

STEP 06 在"时间轴"面板中拖动"时间指示器",可以在"合成"窗口中看到粒子的动画效果,如图9-468所示。

325

图9-468 在"合成"窗口预览粒子动画效果

STEP 07 执行"图层>新建>纯色"命令,弹出"纯色设置"对话框,参数设置如图9-469所示。单击"确定"按钮,新建纯色图层。选择刚新建的纯色图层,在"效果和预设"面板中展开"模拟"效果组,双击CC Particle World选项,为其应用CC Particle World效果,"时间轴"面板如图9-470所示。

图9-469 "纯色设置"对话框　　　　　　图9-470 "时间轴"面板

STEP 08 在"效果控件"面板中对"粒子02"图层应用的CC Particle World效果的相关选项进行设置,如图9-471所示。在"合成"窗口中可以看到粒子的效果,如图9-472所示。

图9-471 设置CC Particle World效果选项　　　　　图9-472 "合成"窗口效果

STEP 09 在"项目"面板中将素材图像93302.png拖入到"合成"窗口中,并调整到合适的位置,如图9-473所示。选择93302.png图层,将"时间指示器"移至0秒位置,显示该图层的"变换"属性,为"缩放"和"不透明度"属性插入关键帧,如图9-474所示。

图9-473 拖入素材图像并调整位置

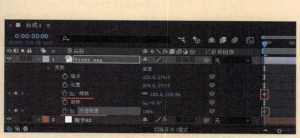
图9-474 插入属性关键帧

STEP 10 选择93302.png图层，按【U】键，在该图层下方只显示添加了关键帧的属性，设置"缩放"属性值为0%，设置"不透明度"属性值为0%，效果如图9-475所示。将"时间指示器"移至1秒位置，设置"缩放"属性值为100%，"不透明度"属性值为100%，在当前位置自动添加属性关键帧，如图9-476所示。

图9-475 设置属性值效果

图9-476 自动添加属性关键帧

STEP 11 至此，完成粒子动画效果的制作，单击"预览"面板中的"播放/停止"按钮▶，可以在"合成"窗口中预览动画，效果如图9-477所示。

图9-477 预览粒子动画效果

中文版After Effects CC 2020
完全自学一本通

9.3.4 制作动感模糊Logo动画

本案例将制作一个动感模糊Logo动画，在该动画的制作过程中，主要通过应用CC Radial Fast Blur效果，实现Logo素材的动感模糊效果，结合"快速方框模糊"和"杂色"效果的应用，使Logo素材的动感模糊效果更加真实、美观。

应用案例 制作动感模糊Logo动画
源文件：源文件\第9章\9-3-4.aep   视频：光盘\视频\第9章\9-3-4.mp4

STEP 01 在After Effects中新建一个空白的项目，执行"文件>导入>文件"命令，在弹出的"导入文件"对话框中选择"源文件\第9章\素材\93401.psd"，如图9-478所示。单击"导入"按钮，在弹出的对话框中设置参数，如图9-479所示。

图9-478 选择需要导入的素材

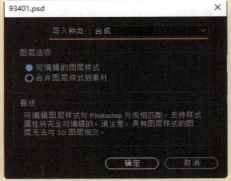

图9-479 设置相关参数

STEP 02 单击"确定"按钮，导入PSD素材并自动生成合成，如图9-480所示。双击"项目"面板中自动生成的合成，在"合成"窗口中打开该合成，在"时间轴"面板中可以看到该合成中相应的图层，如图9-481所示。

图9-480 导入素材图像

图9-481 "合成"窗口效果

STEP 03 选择Logo图层，执行"效果>模糊和锐化>CC Radial Fast Blur"命令，效果如图9-482所示。展开该图层下方的CC Radial Fast Blur选项，确认"时间指示器"位于0秒位置，为Center和Amount属性插入关键帧，并对这两个属性值进行设置，如图9-483所示。

第9章 其他特效

图9-482 应用CC Radial Fast Blur的效果

图9-483 插入属性关键帧并设置属性值

> **Tips**
> 此处为 Logo 素材图像添加的 CC Radial Fast Blur 效果，主要使用 Center 和 Amount 这两个属性来制作动画效果。Center 表示该模糊效果的中心点位置，Amount 表示该模糊效果的大小，取值范围为 0~100。取值为 0 时表示没有模糊效果；取值为 100 时表示应用最大的模糊效果。

STEP 04 按【U】键，在Logo图层下方只显示添加了关键帧的相关属性，如图9-484所示。在"合成"窗口中可以看到目前的Logo图像效果，如图9-485所示。

图9-484 显示添加了关键帧的属性

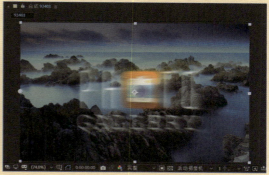

图9-485 "合成"窗口效果

STEP 05 将"时间指示器"移至1秒位置，在"时间轴"面板中对Center和Amout属性值进行设置，如图9-486所示。在"合成"窗口中可以看到目前的Logo图像效果，如图9-487所示。

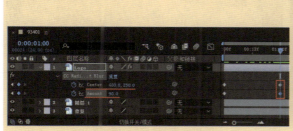

图9-486 设置属性值

图9-487 "合成"窗口效果

STEP 06 将"时间指示器"移至2秒位置，在"时间轴"面板中对Center和Amout属性值进行设置，如图9-488所示。在"合成"窗口中可以看到目前的Logo图像的效果，如图9-489所示。

图9-488 设置属性值

图9-489 "合成"窗口效果

STEP 07 选择Logo图层,执行"效果>模糊和锐化>快速方框模糊"命令,将"时间指示器"移至0秒位置,为"快速方框模糊"选项下的"模糊半径"属性插入关键帧,设置其值为30,设置"迭代"属性值为1,如图9-490所示,"合成"窗口中的效果如图9-491所示。

图9-490 设置属性值并插入关键帧

图9-491 "合成"窗口效果

STEP 08 将"时间指示器"移至1秒位置,设置"模糊半径"属性值为0,如图9-492所示,"合成"窗口中的效果如图9-493所示。

图9-492 设置属性值

图9-493 "合成"窗口效果

STEP 09 选择Logo图层,执行"效果>杂色和颗粒>杂色"命令,将"时间指示器"移至0秒位置,为"杂色"选项下的"杂色数量"属性插入关键帧,设置其值为50%,如图9-494所示,"合成"窗口中的效果如图9-495所示。

第9章 其他特效

图9-494 设置属性值并插入关键帧

图9-495 "合成"窗口效果

STEP 10 将"时间指示器"移至1秒位置，设置"杂色数量"属性值为0%，如图9-496所示，"合成"窗口中的效果如图9-497所示。

图9-496 设置属性值

图9-497 "合成"窗口效果

STEP 11 在"时间轴"面板中拖动鼠标，同时选中Logo图层中所有的属性关键帧，如图9-498所示。在关键帧上单击鼠标右键，在弹出的快捷菜单中选择"关键帧辅助>缓入"命令，如图9-499所示。

图9-498 选中多个关键帧

图9-499 执行"缓入"命令

STEP 12 为所选中的多个关键帧同时应用"缓入"效果，如图9-500所示。在"项目"面板的合成上单击鼠标右键，在弹出的快捷菜单中选择"合成设置"命令，弹出"合成设置"对话框，修改"持续时间"为4秒，如图9-501所示。

图9-500 应用"缓入"效果

图9-501 修改"持续时间"选项

331

STEP 13 单击"确定"按钮,完成"合成设置"对话框的设置,"时间轴"面板如图9-502所示。

图9-502 "时间轴"面板

STEP 14 至此,完成动感模糊Logo动画效果的制作,单击"预览"面板中的"播放/停止"按钮 ▶,可以在"合成"窗口中预览动画,效果如图9-503所示。

图9-503 预览动感模糊Logo动画效果

9.3.5 制作动感遮罩文字动画

文字遮罩动画是文字动画的一种重要表现形式,本案例所制作的动感遮罩文字动画,是在简单的文字遮罩动画基础上,为文字图形应用"棋盘"和"圆形"效果,与文字遮罩相结合,从而使文字表现出特殊的动感遮罩动画效果。

应用案例 制作动感遮罩文字动画
源文件:源文件\第9章\9-3-5.aep   视频:光盘\视频\第9章\9-3-5.mp4

STEP 01 在After Effects中新建一个空白的项目,执行"合成>新建合成"命令,弹出"合成设置"对话框,对相关选项进行设置,如图9-504所示。单击"确定"按钮,新建合成。执行"文件>导入>文件"命令,导入素材"源文件\第9章\素材\93501.mp4","项目"面板如图9-505所示。

图9-504 "合成设置"对话框

图9-505 导入视频素材

STEP 02 在"项目"面板中将93501.mp4拖入到"时间轴"面板中,将该图层锁定,如图9-506所示。使用"横排文字工具",在"合成"窗口中单击并输入相应的文字,在"字符"面板中对文字的相关属性进行设置,如图9-507所示。

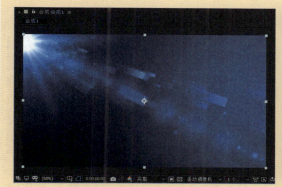
图9-506 拖入视频素材并锁定

图9-507 输入文字并设置属性

STEP 03 选中刚输入的文字,使用"向后平移(锚点)工具"将其锚点位置调整至文字中心位置,如图9-508所示。打开"对齐"面板,单击"水平居中对齐"和"垂直居中对齐"按钮,对齐文字,如图9-509所示。

图9-508 调整锚点至文字中心位置

图9-509 将文字对齐到合成中心位置

STEP 04 选择文字图层,执行"图层>创建>从文本创建形状"命令,得到形状图层,并自动将原文字图层隐藏,如图9-510所示。使用"矩形工具",在工具栏中单击"工具创建蒙版"按钮，在"合成"窗口中绘制一个矩形蒙版,如图9-511所示。

图9-510 从文字创建形状

图9-511 绘制矩形蒙版

STEP 05 使用"选择工具",在"合成"窗口中将矩形蒙版路径向左移至合适的位置,如图9-512所示。在"时间轴"面板中展开"蒙版1"选项,为"蒙版路径"属性插入关键帧,如图9-513所示。

图9-512 移动蒙版路径位置

图9-513 插入"蒙版路径"属性关键帧

STEP 06 将"时间指示器"移至1秒位置,在"合成"窗口中将矩形蒙版路径向右移至合适的位置,如图9-514所示。同时选中该图层的两个关键帧,按【F9】键,为其应用"缓动"效果,如图9-515所示。

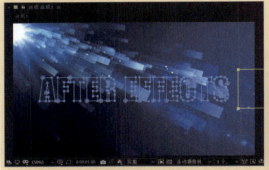
图9-514 移动蒙版路径位置

图9-515 为关键帧应用"缓动"效果

Tips

使用"选取工具"在"合成"窗口中移动蒙版路径时,当光标移至蒙版路径的边缘上时,光标变为黑色实心光标效果,此时拖动鼠标即可移动蒙版路径。在移动蒙版路径的过程中按住【Shift】键,可以将移动方向控制在水平或者垂直方向。

STEP 07 选中该文字形状图层,执行"效果>生成>棋盘"命令,为该图层应用"棋盘"效果,"合成"窗口中的效果如图9-516所示。将"时间指示器"移至0秒12帧位置,在"效果控件"面板中设置"混合模式"为"模板Alpha",将"宽度"设置为70,如图9-517所示。

第9章
其他特效

图9-516 应用"棋盘"效果　　　　　图9-517 设置"棋盘"效果选项

STEP 08 完成"效果控件"面板中选项的设置后,在"合成"窗口中可以看到当前位置的棋盘效果,如图9-518所示。将"时间指示器"移至0秒位置,在"效果控件"面板中单击"锚点"属性前的"秒表"图标,为该属性插入关键帧,如图9-519所示。

图9-518 "合成"窗口效果　　　　　图9-519 插入"锚点"属性关键帧

STEP 09 在"时间轴"面板中选择文字形状图层,按【U】键,在该图层下方只显示设置了关键帧的属性。将"时间指示器"移至1秒位置,对"锚点"属性值进行设置,如图9-520所示。同时选中该属性的两个关键帧,按【F9】键,为其应用"缓动"效果,如图9-521所示。

图9-520 设置"锚点"属性值　　　　　图9-521 为关键帧应用"缓动"效果

STEP 10 完成该图层中动画效果的制作,将该图层隐藏。显示After Effects文字图层,并选择该图层,执行"图层>创建>从文本创建形状"命令,得到形状图层,将该图层重命名为"文字形状2",如图9-522所示。将"时间指示器"移至1秒03帧位置,通过在"时间轴"面板中拖动该图层的蓝色条形,调整该图层的入点为1秒03帧位置,如图9-523所示。

图9-522 创建文字形状并重命名　　　　　图9-523 调整图层入点位置

335

中文版After Effects CC 2020
完全自学一本通

STEP 11 执行"效果>生成>圆形"命令,为"文字形状2"图层添加"圆形"效果。在"效果控件"面板中设置"混合模式"为"模板Alpha","边缘"为"边缘半径",如图9-524所示。在"合成"窗口中可以看到应用"圆形"的效果,如图9-525所示。

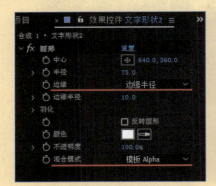

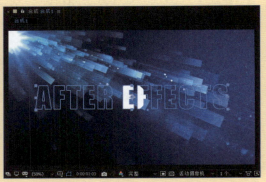

图9-524 设置"圆形"效果选项　　　　　　　图9-525 应用"圆形"的效果

STEP 12 将"时间指示器"移至1秒03帧位置,在"效果控件"面板中分别单击"半径"和"边缘半径"属性前的"秒表"图标,插入这两个属性关键帧,并设置这两个属性值均为0,如图9-526所示。选择"文字形状2"图层,按【U】键,在该图层下方只显示添加了关键帧的属性,如图9-527所示。

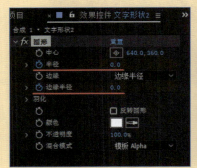

图9-526 插入属性关键帧　　　　　　　图9-527 显示添加了关键帧的属性

STEP 13 将"时间指示器"移至2秒位置,设置"边缘半径"属性值为500,如图9-528所示。将"时间指示器"移至2秒05帧位置,设置"半径"属性值为500,如图9-529所示。

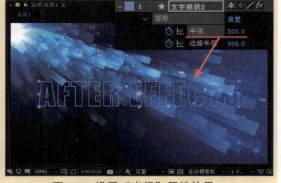

图9-528 设置"边缘半径"属性效果　　　　　　图9-529 设置"半径"属性效果

STEP 14 在"时间轴"面板中拖动鼠标选中该图层中的4个属性关键帧,如图9-530所示。按【F9】键,为其应用"缓动"效果,如图9-531所示。

图9-530 同时选中多个关键帧　　　　　　　图9-531 应用"缓动"效果

STEP 15 选择"文字形状2"图层，按【Ctrl+D】组合键，复制该图层，将复制得到的图层重命名为"文字形状3"，如图9-532所示。将"时间指示器"移至1秒13帧位置，拖动该图层的蓝色条形，调整该图层的入点为1秒13帧位置，如图9-533所示。

图9-532 复制图层　　　　　　　图9-533 调整图层入点

STEP 16 选择"文字形状3"图层，按【U】键，只显示添加了关键帧的属性，同时选中该图层中的所有属性关键帧，如图9-534所示。将选中的关键帧向右拖动，调整到1秒13帧位置，如图9-535所示。

图9-534 同时选中多个关键帧　　　　　　　图9-535 移动关键帧位置

 Tips

在"文字形状2"图层中通过制作"圆形"效果的"半径"和"边缘半径"属性动画，可以制作出类似圆环遮罩文字的动画效果。此处直接复制"文字形状2"图层得到"文字形状3"图层，将其初始位置向后移动一些，从而快速制作出第2个圆环向外扩散遮罩文字的动画效果。

STEP 17 选择"文字形状3"图层，按【Ctrl+D】组合键，复制该图层，得到"文字形状4"图层，如图9-536所示。将"时间指示器"移至1秒23帧位置，拖动该图层的蓝色条形，调整该图层的入点为1秒23帧位置，如图9-537所示。

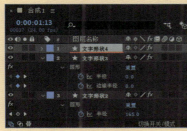 

图9-536 复制图层　　　　　　　图9-537 调整图层入点

STEP 18 选择"文字形状4"图层,按【U】键,只显示添加了关键帧的属性,同时选中该图层中的所有属性关键帧,将选中的关键帧向右拖动,调整到1秒23帧位置,如图9-538所示。拖动鼠标同时选中"半径"属性的两个关键帧,将其向右移至3秒02帧位置,如图9-539所示。

图9-538 移动关键帧位置

图9-539 移动关键帧位置

Tips

在"文字形状4"图层中需要实现的不再是文字的圆环遮罩效果,而是圆形遮罩显示至圆形遮罩消失的动画。在添加的"圆形"效果中,"边缘半径"属性关键帧控制的是文字的圆形遮罩显示动画效果,而"半径"属性关键帧控制的是文字的圆形遮罩消失动画效果,所以需要在该图层中将"半径"属性的关键帧向右键拖动,移至"边缘半径"关键帧动画结束以后再开始。

STEP 19 在"项目"面板的合成上单击鼠标右键,在弹出的快捷菜单中选择"合成设置"命令,弹出"合成设置"对话框,修改"持续时间"为8秒,如图9-540所示。单击"确定"按钮,完成"合成设置"对话框的设置,在"时间轴"面板中显示出"After Effects轮廓"图层,展开各图层所设置的关键帧,如图9-541所示。

图9-540 修改"持续时间"选项

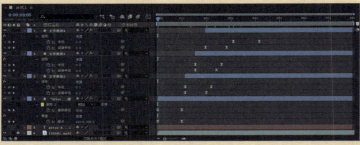
图9-541 "时间轴"面板

STEP 20 至此,完成动感遮罩文字动画的制作,单击"预览"面板中的"播放/停止"按钮▶,可以在"合成"窗口中预览动画,效果如图9-542所示。

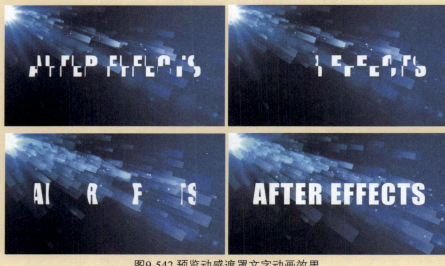
图9-542 预览动感遮罩文字动画效果

第9章
其他特效

9.3.6 制作楼盘视频广告

本案例将制作一个楼盘视频广告，通过为文字添加"缩放"和"模糊"动效属性，制作出动感十足的模糊文字动画效果；再通过为纯色图层应用"镜头光晕"效果，为整个广告添加"镜头光晕"效果；并且与文字动画相结合，制作出镜头光晕运动的效果，整个视频广告表现效果简洁、大方。

制作楼盘视频广告
源文件：源文件\第9章\9-3-6.aep   视频：光盘\视频\第9章\9-3-6.mp4

STEP 01 在After Effects中新建一个空白的项目，执行"合成>新建合成"命令，弹出"合成设置"对话框，对相关选项进行设置，如图9-543所示。单击"确定"按钮，新建合成。执行"文件>导入>文件"命令，导入素材"源文件\第9章\素材\93601.jpg"，"项目"面板如图9-544所示。

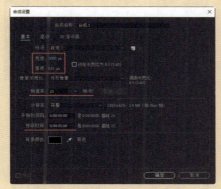

图9-543 "合成设置"对话框　　　　　图9-544 导入素材图像

STEP 02 将导入的素材图像从"项目"面板拖入到"时间轴"面板中，"合成"窗口的效果如图9-545所示。使用"横排文字工具"，在"合成"窗口中单击并输入相应的文字，在"字符"面板中对文字的相关属性进行设置，效果如图9-546所示。

图9-545 "合成"窗口效果　　　　　图9-546 输入文字并设置属性

STEP 03 选择文字图层，执行"动画>动画文本>缩放"命令，为该文字图层添加"缩放"动画制作工具，如图9-547所示。单击"动画制作工具1"右侧"添加"选项的三角形图标，在打开的下拉列表框中选择"属性>模糊"选项，如图9-548所示。

339

图9-547 添加"缩放"动画制作工具　　　　图9-548 选择"模糊"选项

STEP 04 在"动画制作工具1"选项下方添加"模糊"属性,如图9-549所示。展开文字图层下方的"更多选项"选项组,设置"锚点分组"为"行","分组对齐"为(0.0,-50%),如图9-550所示。

图9-549 添加"模糊"属性　　　　图9-550 设置相关属性

STEP 05 展开"动画制作工具1"选项"范围选择器1"下方的"高级"选项组,设置"形状"为"上斜坡","缓和低"为100%,如图9-551所示。将"时间指示器"移至起始位置,展开文字图层下方的"动画制作工具1"选项中的"范围选择器1"选项,设置"偏移"属性值为100%,并插入该属性关键帧,如图9-552所示。

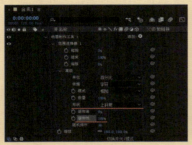

图9-551 设置相关属性　　　　图9-552 插入"偏移"属性关键帧并设置属性值

STEP 06 将"时间指示器"移至1秒20帧位置,设置"偏移"属性值为-100%,并插入"缩放"和"模糊"属性关键帧,如图9-553所示。设置"缩放"属性值为300%,"模糊"属性值为150,效果如图9-554所示。

图9-553 插入属性关键帧　　　　图9-554 设置属性值效果

STEP 07 选择文字图层，接【U】键，在该图层下方只显示添加了关键帧的属性，如图9-555所示。将"时间指示器"移至2秒20帧位置，单击"偏移"属性前的"在当前时间添加或移除关键帧"按钮，在当前位置添加"偏移"属性关键帧，如图9-556所示。

图9-555 显示添加了关键帧的属性　　　　图9-556 添加"偏移"属性关键帧

STEP 08 将"时间指示器"移至3秒20帧位置，设置"偏移"属性值为100%，"缩放"属性值为200，"模糊"属性值为0，效果如图9-557所示，"时间轴"面板如图9-558所示。

图9-557 "合成"窗口效果　　　　图9-558 "时间轴"面板

STEP 09 将"时间指示器"移至起始位置，选择文字图层，按【S】键，显示该图层的"缩放"属性，为该属性插入关键帧，如图9-559所示。将"时间指示器"移至2秒位置，设置"缩放"属性值为120%，效果如图9-560所示。

图9-559 插入"缩放"属性关键帧　　　　图9-560 设置"缩放"属性值效果

STEP 10 将"时间指示器"移至3秒24帧位置，设置"缩放"属性值为100%。选择该图层，按【U】键，显示该图层中的所有属性关键帧，"时间轴"面板如图9-561所示。

图9-561 "时间轴"面板

STEP 11 执行"图层>新建>纯色"命令,弹出"纯色设置"对话框,参数设置如图9-562所示。单击"确定"按钮,新建纯色图层,如图9-563所示。

图9-562 "纯色设置"对话框

图9-563 新建纯色图层

STEP 12 选择刚新建的纯色图层,执行"效果>生成>镜头光晕"命令,为该图层应用"镜头光晕"效果。在"时间轴"面板中显示"转换控制"选项,设置纯色图层的"模式"为"相加",如图9-564所示。在"合成"窗口中拖动调整光晕中心的位置,如图9-565所示。

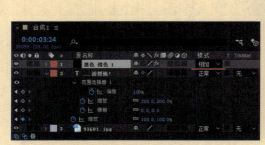

图9-564 设置"模式"选项

图9-565 调整光晕中心位置

STEP 13 将"时间指示器"移至起始位置,在"效果控件"面板中为"镜头光晕"效果的"光晕中心"属性插入关键帧,如图9-566所示。将"时间指示器"移至3秒24帧位置,在"合成"窗口中拖动调整光晕中心位置,如图9-567所示。

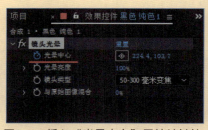

图9-566 插入"光晕中心"属性关键帧

图9-567 调整光晕中心位置

STEP 14 至此,完成楼盘视频广告的制作,在"时间轴"面板中展开所有图层的关键帧属性,可以看到"时间轴"面板的效果,如图9-568所示。

图9-568 "时间轴"面板

STEP 15 单击"预览"面板中的"播放/停止"按钮▶，可以在"合成"窗口中预览动画，效果如图9-569所示。

图9-569 预览楼盘视频广告动画效果

9.3.7 制作音频的频谱动画

在视频动画的制作过程中，经常需要添加音频素材，如果需要使音频的播放效果可视化，可以通过"音频频谱"效果来实现。该效果能够根据音频的频率自动生成音频图形的表现效果，从而使动画的表现更加丰富。

制作音频的频谱动画

源文件：源文件\第9章\9-3-7.aep　　　　　　视频：光盘\视频\第9章\9-3-7.mp4

STEP 01 在After Effects中新建一个空白的项目，执行"合成>新建合成"命令，弹出"合成设置"对话框，对相关选项进行设置，如图9-570所示。单击"确定"按钮，新建合成。执行"文件>导入>文件"命令，导入音乐素材"源文件\第9章\素材\93702.mp3"，"项目"面板如图9-571所示。

图9-570 "合成设置"对话框

图9-571 导入音乐素材

STEP 02 在"项目"面板中将音乐素材93702.mp3拖入到"时间轴"面板中,将"时间指示器"移至0秒位置,展开93702.mp3图层下方的"音频"选项,为"音频电平"属性插入关键帧,并设置该属性值为-70dB,如图9-572所示。将"时间指示器"移至1秒位置,设置"音频电平"属性值为0dB,如图9-573所示。

图9-572 插入关键帧并设置属性值　　　　图9-573 设置属性值

Tips

"音频电平"属性主要用于控制音频素材的音量大小,负值表示减少音量,正值表示增大音量,0dB表示保持音频素材的原始音量大小。本例制作的是一个淡入音效的动画。

STEP 03 在After Effects中新建一个空白的项目,执行"合成>新建合成"命令,弹出"合成设置"对话框,对相关选项进行设置,如图9-574所示。单击"确定"按钮,新建合成。导入素材图像"源文件\第9章\素材\93701.jpg",将导入的素材拖入到"时间轴"面板中,如图9-575所示。

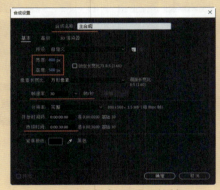 

图9-574 "合成设置"对话框　　　　图9-575 拖入素材图像

STEP 04 在"项目"面板中将"音乐"合成拖入到"时间轴"面板中,效果如图9-576所示。执行"图层>新建>纯色"命令,弹出"纯色设置"对话框,参数设置如图9-577所示。

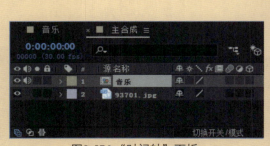 

图9-576 "时间轴"面板　　　　图9-577 "纯色设置"对话框

STEP 05 单击"确定"按钮,新建纯色图层。执行"效果>生成>音频频谱"命令,为纯色图层应用"音频频谱"效果,"合成"窗口效果如图9-578所示。在"效果控件"面板中对"音频频谱"效果的相关选项进行设置,如图9-579所示。

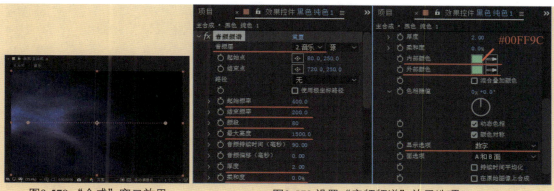

图9-578 "合成"窗口效果　　　　　图9-579 设置"音频频谱"效果选项

STEP 06 在"时间轴"面板中拖动"时间指示器",在"合成"窗口中可以看到随着音乐节奏而变化的频谱动画效果,如图9-580所示。

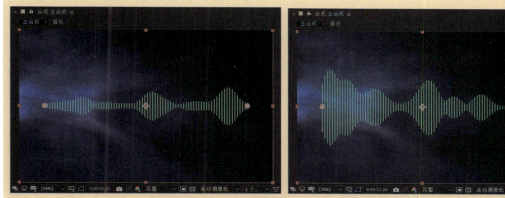

图9-580 在"合成"窗口中预览频谱变化效果

STEP 07 选择"黑色 纯色1"图层,按【Ctrl+D】组合键,复制该图层。将复制得到的图层重命名为"黑色 纯色2",并移至"黑色 纯色1"图层的下方,如图9-581所示。将"黑色 纯色1"图层暂时隐藏,在"效果控件"面板中对相关选项进行修改,如图9-582所示。

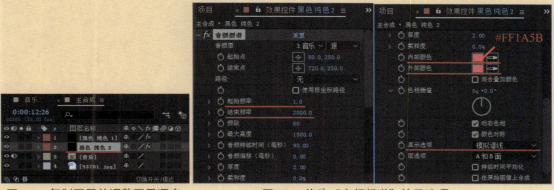

图9-581 复制图层并调整图层顺序　　　　　图9-582 修改"音频频谱"效果选项

STEP 08 在"时间轴"面板中拖动"时间指示器",在"合成"窗口中可以看到"黑色 纯色2"图层中随着音乐节奏而变化的频谱动画效果,如图9-583所示。

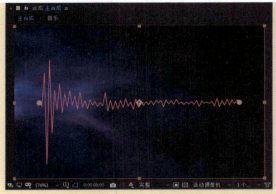
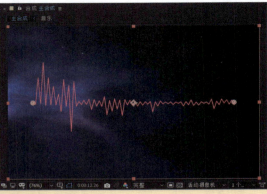

图9-583 在"合成"窗口中预览频谱变化效果

STEP 09 选择"黑色 纯色2"图层,按【Ctrl+D】组合键,复制该图层,将复制得到的图层重命名为"黑色 纯色3",并移至"黑色 纯色2"图层的下方,如图9-584所示。将"黑色 纯色2"图层暂时隐藏,在"效果控件"面板中对相关选项进行修改,如图9-585所示。

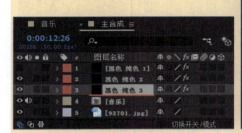
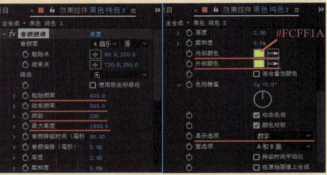

图9-584 复制图层并调整图层顺序　　　　图9-585 修改"音频频谱"效果选项

STEP 10 在"时间轴"面板中拖动"时间指示器",在"合成"窗口中可以看到"黑色 纯色3"图层中随着音乐节奏而变化的频谱动画效果,如图9-586所示。

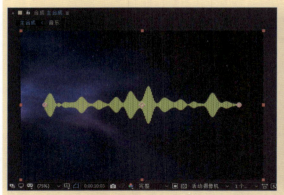
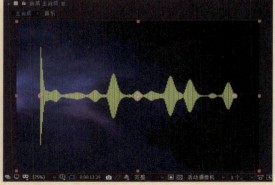

图9-586 在"合成"窗口中预览频谱变化效果

STEP 11 选择"黑色 纯色3"图层,按【Ctrl+D】组合键,复制该图层。将复制得到的图层重命名为"黑色 纯色4",并移至"黑色 纯色3"图层的下方,如图9-587所示。将"黑色 纯色3"图层暂时隐藏,在"效果控件"面板中对相关选项进行修改,如图9-588所示。

第9章 其他特效

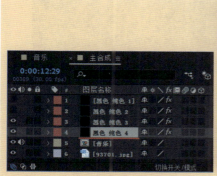

图9-587 复制图层并调整图层顺序　　　　图9-588 修改"音频频谱"效果选项

STEP 12 在"时间轴"面板中拖动"时间指示器",在"合成"窗口中可以看到"黑色 纯色4"图层中随着音乐节奏而变化的频谱动画效果,如图9-589所示。

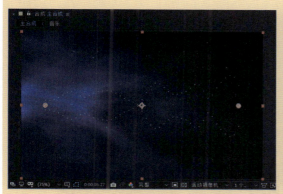 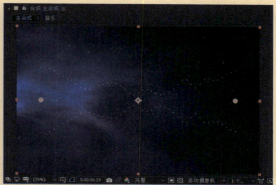

图9-589 在"合成"窗口中预览频谱变化效果

STEP 13 执行"效果>扭曲>镜像"命令,为"黑色 纯色4"图层应用"镜像"效果,在"效果控件"面板中对"镜像"效果的相关选项进行设置,如图9-590所示。在"合成"窗口中拖动调整"反射中心"点位置至合成的中心,如图9-591所示。

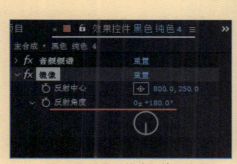 

图9-590 设置"镜像"效果选项　　　　图9-591 调整反射中心点位置

STEP 14 在"时间轴"面板中显示所有图层,如图9-592所示。可以在"合成"窗口中看到多种不同类型音频频谱相互叠加的效果,如图9-593所示。

347

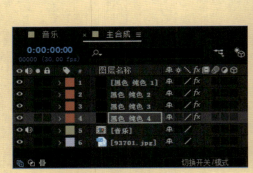

图9-592 显示所有图层

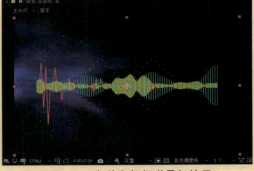

图9-593 多种音频频谱叠加效果

STEP 15 至此，完成音频频谱动画的制作，单击"预览"面板中的"播放/停止"按钮 ▶，可以在"合成"窗口中预览动画，可以听到音乐，并且随着音乐节奏的变化，音频频谱也会表现出不同的变化，效果如图9-594所示。

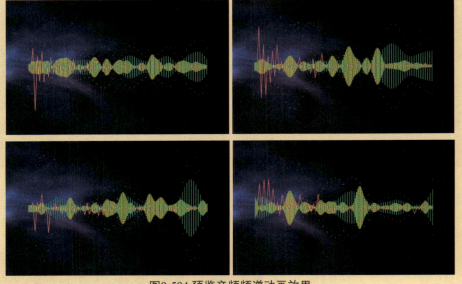

图9-594 预览音频频谱动画效果

9.4 知识拓展：应用效果的其他方法

在本章9.1节中已经介绍了为图层应用效果的两种方法，一种是执行"效果"菜单中相应的效果命令，另一种是使用"效果和预设"面板。除了这两种方法，还有另外两种方法同样可以为图层应用相应的效果。

● 1．使用右键快捷菜单

在"时间轴"面板中需要添加效果的图层上单击鼠标右键，在弹出的快捷菜单中选择"效果"子菜单中的效果命令即可。

● 2．拖曳的方法

在"效果和预设"面板中选择某个需要添加的效果，然后将其拖曳到"时间轴"面板中需要应用该效果的图层上，同样可以为该图层添加效果。

9.5 本章小结

利用After Effects中内置的效果功能,可以很方便地为静态素材制作出绚丽的动态效果。本章主要介绍了After Effects中大部分效果的功能和使用方法。了解并掌握After Effects中各种效果的使用,是在After Effects中处理视频动画特效的基础,在实际应用过程中可以根据需要为素材添加多种效果,从而制作出更加丰富的视频动画效果。

读书笔记

第10章　渲染输出

在After Effects中完成视频动画的制作后，还需要将所制作的视频动画渲染输出为所需要的格式。在After Effects中，可以将合成项目渲染输出成视频文件、音频文件或者序列图片等，渲染输出设置直接影响着视频动画最终呈现出来的效果。本章将详细介绍在After Effects中渲染输出视频动画的方法和技巧，使读者掌握将视频动画输出为不同格式文件的方法。

本章学习重点

第 357 页
将项目文件输出为视频

第 359 页
结合 Photoshop 输出 GIF 文件

第362页
制作笔刷涂抹显示视频效果

10.1 渲染工作区

在After Effects中完成一个项目文件的制作后，最终都需要将其渲染输出。有时只需要将影片中的一部分渲染输出，而不是整个工作区的视频动画，此时就需要调整渲染工作区，从而将部分视频动画渲染输出。

10.1.1 手动调整渲染工作区

渲染工作区位于"时间轴"面板中，由"工作区域开头"和"工作区域结尾"两个图标来控制渲染区域，如图10-1所示。

图10-1 渲染工作区

调整渲染工作区的方法有两种，一种是通过手动调整渲染工作区，另一种是使用快捷键调整渲染工作区。两种方法都可以完成渲染工作区的调整设置，从而渲染输出部分影片。

手动调整渲染工作区的方法很简单，只需要分别拖动"工作区域开头"图标和"工作区域结尾"图标至合适的位置，即可完成渲染工作区的调整，如图10-2所示。

图10-2 手动调整渲染工作区

Tips

如果想要精确地控制开始或者结束工作区的时间帧位置，首先将"时间指示器"调整到相应的位置，然后按住【Shift】键的同时拖动开始或者结束工作区，即可吸附到"时间指示器"的位置。

10.1.2 使用快捷键调整渲染工作区

除了手动调整渲染工作区外，还可以使用快捷键进行调整，操作起来更加方便快捷。

在"时间轴"面板中，将"时间指示器"拖动至需要的时间帧位置，按【B】键，即可调整"工作区域开头"到当前的位置。

在"时间轴"面板中，将"时间指示器"拖动至需要的时间帧位置，按【N】键，即可调整"工作区域结尾"到当前的位置。

10.2 渲染设置

在After Effects中，主要通过"渲染队列"面板来设置渲染输出动画，在该面板中可以控制整个渲染进度，整理各个合成项目的渲染顺序，以及设置每个合成项目的渲染质量、输出格式和路径等。

执行"合成>添加到渲染队列"命令，或者按【Ctrl+M】组合键，即可打开"渲染队列"面板，如图10-3所示。

图10-3 "渲染队列"面板

在对项目文件进行渲染输出之前，首先需要对项目文件的渲染选项进行设置，包括项目文件的渲染设置、输出位置等，这样才能以正确的渲染设置对项目文件进行渲染输出。

10.2.1 渲染设置简介

After Effects中提供了多个常用的渲染预设模板，用户可以根据需要直接选择预设的渲染模板对项目文件进行渲染设置。

在"渲染队列"面板中某个需要渲染输出的合成下方，单击"渲染设置"选项右侧的下拉按钮，在打开的下拉列表框中选择系统自带的渲染预设，如图10-4所示。

图10-4 "渲染设置"下拉列表框

- 最佳设置：选择该选项，系统会以最好的质量渲染当前动画，该选项为默认选项。
- DV设置：选择该选项，系统会使用DV模式设置进行项目渲染。
- 多机设置：选择该选项，系统将使用多机器渲染设置进行项目渲染。
- 当前设置：选择该选项，系统会使用在合成窗口中的参数设置。
- 草图设置：选择该选项，系统将使用草稿质量输出影片。一般情况下，在测试观察时选择该选项。
- 自定义：选择该选项，可以弹出"渲染设置"对话框，在该对话框中用户可以自定义渲染设置选项，如图10-5所示。
- 创建模板：选择该选项，可以弹出"渲染设置模板"对话框，如图10-6所示，用户可以自行进行渲染模板的创建。

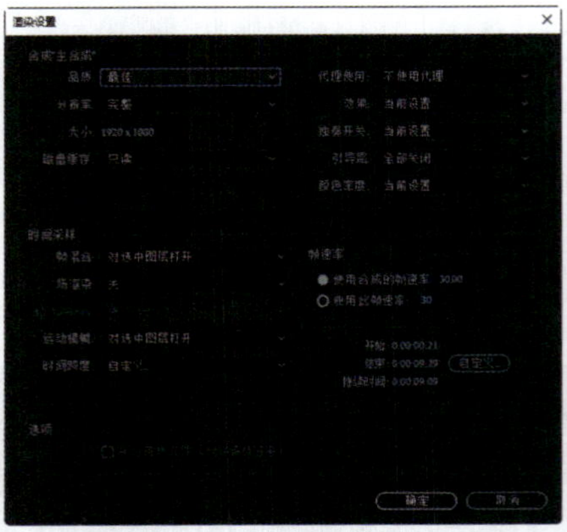

图10-5 "渲染设置"对话框　　　图10-6 "渲染设置模板"对话框

10.2.2 "渲染设置"对话框

在"渲染队列"面板中，单击"渲染设置"选项右侧的下拉按钮 ，在打开的下拉列表框中选择"自定义"选项，即可弹出"渲染设置"对话框，如图10-7所示。

"渲染设置"对话框中各选项的说明如下。

- 品质：该选项用于设置项目文件的渲染质量，在其下拉列表框中可以选择相应的选项，如图10-8所示。

图10-7 "渲染设置"对话框

图10-8 "品质"下拉列表框

- 分辨率：该选项用于设置渲染项目文件的分辨率，在其下拉列表框中可以选择相应的选项，如图10-9所示。如果选择"自定义"选项，则可以在弹出的"自定义分辨率"对话框中进行设置，如图10-10所示。

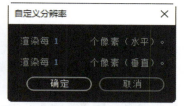

图10-9 "分辨率"下拉列表框　　图10-10 "自定义分辨率"对话框

- **大小**：该选项用于显示当前项目文件的尺寸大小。
- **磁盘缓存**：该选项用于设置在项目文件的渲染输出过程中是否使用磁盘缓存。选择"只读"选项，表示使用缓存设置。
- **代理使用**：该选项用于设置是否使用代理素材，在后面的下拉列表框中包括"使用所有代理"、"仅使用合成代理"和"不使用代理"3个选项。
- **效果**：该选项用于设置是否使用效果，在下拉列表框中包括"全部开启"和"全部关闭"2个选项。
- **独奏开关**：该选项用于设置渲染输出项目文件时是否关闭图层独奏功能。
- **引导层**：该选项用于设置渲染输出项目文件时是否关闭引导层，即不渲染输出引导层内容。
- **颜色深度**：该选项用于设置渲染输出项目文件的颜色浓度，在下拉列表框中包括"每通道8位"、"每通道16位"和"每通道32位"3个选项。
- **帧混合**：该选项用于设置在渲染输出项目文件时是否采用"帧混合"模式。
- **场渲染**：该选项用于设置在渲染输出项目文件时是否采用场渲染方式。该下拉列表框中包括"关"、"高场优先"和"低场优先"3个选项。
- **3:2 Pulldown**：该选项用于设置3:2下拉的引导相位法。
- **运动模糊**：该选项用于设置在渲染输出项目文件时是否采用运动模糊。该下拉列表框中包括"对选中图层打开"和"对所有图层关闭"两个选项。
- **时间跨度**：该选项用于定义当前项目文件的渲染输出范围。在下拉列表框中可以选择相应的选项，如图10-11所示。如果选择"自定义"选项，可以在弹出的"自定义时间范围"对话框中设置需要渲染输出的范围，如图10-12所示。

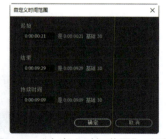

图10-11 "时间跨度"下拉列表框　　图10-12 "自定义时间范围"对话框

- **帧速率**：在该选项中可以设置渲染输出的项目文件使用哪种帧速率，默认选中"使用合成的帧速率"单选按钮，也可以选中"使用此帧速率"单选按钮，并在该选项后设置渲染输出文件所需要使用的帧速率。
- **跳过现有文件（允许多机渲染）**：选择该复选框，系统将自动忽略已存在的序列图片，即忽略已经渲染过的序列帧图片，该选项主要用于网络渲染。

10.2.3　输出模块

在"渲染队列"面板中某个需要渲染输出的合成下方，单击"输出模块"选项右侧的下拉按钮，即可在打开的下拉列表框中选择不同的输出模块，如图10-13所示。默认选择"无损"选项，表示所渲染输出的文件为无损压缩的视频文件。

单击"输出模块"选项右侧的下拉按钮 ，在打开的下拉列表框中选择"创建模板"选项，可以弹出"输出模块模板"对话框，如图10-14所示，对相关选项进行设置，单击"确定"按钮，即可创建一个输出模块模板。

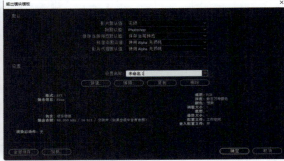

图10-13 "输出模块"下拉列表框　　　　图10-14 "输出模块模板"对话框

单击"输出模块"右侧的加号按钮 ，可以为该合成添加一个输出模块，如图10-15所示，可以添加一种输出的文件格式。

图10-15 添加输出模块

如果需要删除某种输出格式，可以单击该"输出模块"右侧的减号按钮 ，需要注意的是，必须至少保留一个输出模块。

10.2.4 "输出模块设置"对话框

在"渲染队列"面板中，单击"输出模块"选项右侧的下拉按钮 ，在打开的下拉列表框中选择"自定义"选项，即可弹出"输出模块设置"对话框，如图10-16所示。

"输出模块设置"对话框中各选项的说明如下。

- 格式：该选项用于设置输出文件的格式，在下拉列表框中可以选择一种输出文件的格式，如图10-17所示。

图10-16 "输出模块设置"对话框　　图10-17 "格式"下拉列表框

- 渲染后动作：该选项用于指定After Effects软件是否使用刚渲染的文件作为素材或者代理素材。在下拉列表框中包含"导入"、"导入和替换用法"和"设置代理"3个选项。
- 通道：该选项用于指定渲染视频动画的输出通道。
- "格式选项"按钮：单击该按钮，可以根据所选择的输出格式弹出相应的格式设置对话框，可以对所输出格式的编码进行设置。

> **Tips**
> 虽然在"格式"下拉列表框中选择了渲染输出的格式，但是每种格式文件又有多种编码方式，不同的编码方式会生成完全不同质量的影片，最后产生的文件大小也会有所不同。

- 深度：该选项用于选择所输出文件的色彩深度。
- 颜色：该选项用于指定输出文件包含的Alpha通道为哪种模式。
- 开始#：该选项用于当输出格式选择的是序列图时，从该选项中指定序列图的文件名序列数，以便于将来识别。也可以选择"使用合成帧编号"复选框，这时输出的序列图片名称就是其帧编号。
- 调整大小：选择该复选框，可以对"调整大小"

选项组中包含的选项进行设置，可以对渲染输出的文件尺寸大小进行设置。
- 锁定长宽比为：选择该复选框，可以锁定输出文件的长宽比例不变。
- 渲染在：该选项用于设置是否对渲染输出文件进行大小调整。
- 调整大小到：该选项用于设置调整大小的具体高度尺寸，也可以从右侧的预置下拉列表框中选择。
- 调整大小后的品质：该选项用于选择调整输出文件尺寸大小后的文件质量。
- 裁剪：选择该复选框，可以对"裁剪"选项组中包含的选项进行设置，可以对渲染输出的文件画面进行裁切设置。
- 顶部/左侧/底部/右侧：分别用于设置渲染输出文件中上、下、左、右4边被裁剪掉的像素尺寸。
- 音频输出：该选项用于设置是否输出音频信息，如果选择"打开音频输出"或者"自动音频输出"选项，则可以在该选项下方设置所输出音频的频率等信息。
- "格式选项"按钮：单击该按钮，可以在弹出的对话框中对音频的相关选项进行设置。

10.2.5 "日志"选项

"渲染设置"选项右侧的"日志"选项主要用于设置渲染动画的日志显示信息，在下拉列表框中可以选择日志中需要记录的信息类型，如图10-18所示，默认选择"仅错误"选项。

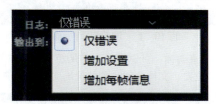

图10-18 "日志"下拉列表框

10.2.6 "输出到"选项

在"渲染队列"面板中某个需要渲染输出的合成下方，"输出到"选项主要用于设置该合成渲染输出的文件位置和名称。单击"输出到"选项右侧的下拉按钮█，即可在打开的下拉列表框中选择预设的输出名称格式，如图10-19所示。

默认情况下，输出文件与当前项目文件位于同一个文件夹中。如果需要修改输出文件的位置和名称，可以单击"输出到"选项右侧的输出文件名称，在弹出的"将影片输出到"对话框中选择输出的文件夹并设置输出文件名称，如图10-20所示。

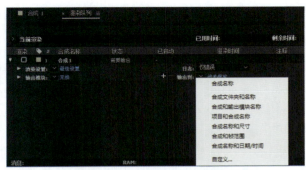

图10-19 "输出到"下拉列表框

图10-20 "将影片输出到"对话框

10.3 渲染输出操作

在After Effects中，想要将所制作的视频动画进行渲染输出，首先需要将该项目文件的合成添加到"渲染队列"面板中，然后对该项目文件的渲染输出选项进行设置，包括输出文件格式、输出位置和名称等信息，最后就可以进行项目文件的渲染输出了。

10.3.1 渲染进度

在"渲染队列"面板中选中需要渲染输出的合成项目，单击"渲染队列"面板右侧的"渲染"按钮，即可按照设置对渲染队列中的合成进行渲染输出，并显示渲染进度，如图10-21所示。

图10-21 "渲染队列"面板

● 当前渲染：单击该选项前的箭头图标，可以展开当前所渲染输出的视频动画的详细信息，包括当前正在渲染的图层，以及渲染输出的位置、文件名称、预估输出文件大小等信息，如图10-22所示。

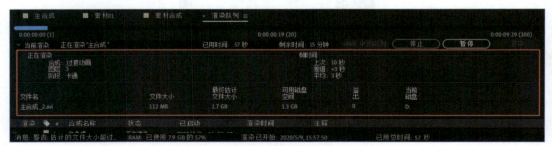

图10-22 查看当前渲染的相关信息

● 已用时间：显示渲染影片已经使用的时间。

● 剩余时间：显示渲染整个影片估计要使用的剩余时间长度。

- "渲染"按钮：在"渲染队列"面板中对需要输出的项目进行输出设置后，单击该按钮，即可对项目文件进行渲染输出。
- "暂停"按钮：在项目文件的渲染输出过程中，单击该按钮，可以暂停项目文件的渲染输出，同时该按钮变为"继续"按钮。单击"继续"按钮，可以继续对项目文件的渲染输出。
- "停止"按钮：单击该按钮，可以停止当前项目文件的渲染输出。
- "AME中的队列"按钮：在对项目文件进行渲染输出之前，在"渲染队列"面板中选择相应的项目文件，单击该按钮，可以将渲染项目添加到Adobe Media Encoder队列中。
- 消息：此处显示项目文件渲染输出过程中的一些提示信息。
- RAM：显示当前渲染项目文件的内存使用量。
- 渲染已开始：显示开始进行项目文件渲染输出的时间。
- 已用总时间：显示渲染项目文件已经使用的时间。

10.3.2 渲染队列

渲染队列显示了所有等待渲染的项目列表，并显示了渲染的合成项目名称、状态和渲染时间等信息。用户可以通过"渲染队列"面板对相关参数进行设置，如图10-23所示。

图10-23 "渲染队列"面板

- 渲染：用于设置是否进行渲染操作，只有选择下面各个合成项目前面的复选框才可以渲染。
- 标签：标签颜色选择按钮，用于区分不同类型的合成项目，便于用户识别。
- 编号：After Effects自动对渲染队列中的渲染项目进行编号，决定渲染的顺序。可以在合成项目上按住鼠标左键并上下拖曳至目标位置，从而改变先后顺序。
- 合成名称：显示渲染输出的项目合成名称。
- 状态：显示项目合成的当前渲染状态。
- 已启动：显示项目合成的渲染开始时间。
- 渲染时间：显示项目合成的渲染输出总共需要的时间。
- 注释：显示该项目合成的注释信息内容。

10.3.3 将项目文件输出为视频

在After Effects中完成视频动画的制作和处理后，需要将最终的结果输出发布成最终影视作品。After Effects中提供了多种渲染输出格式，可以通过不同的设置，快速、方便地输出满足不同用户需要的影片。

将项目文件输出为视频
源文件：源文件\第10章\10-3-3.mov
视频：光盘\视频\第10章\10-3-3.mp4

STEP 01 启动After Effects，执行"文件>打开项目"命令，弹出"打开"对话框，选择之前制作的"第9章\9-3-7.aep"文件，如图10-24所示。单击"打开"按钮，在After Effects中打开该项目文件，如图10-25所示。

图10-24 选择需要渲染输出的项目文件

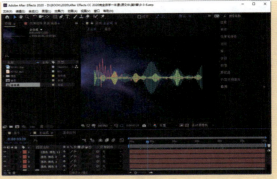
图10-25 打开项目文件

STEP 02 执行"合成>添加到渲染队列"命令，将该动画中的合成添加到"渲染队列"面板中，如图10-26所示。单击"输出模块"选项后的"无损"文字，弹出"输出模块设置"对话框，设置"格式"选项为QuickTime，其他选项采用默认设置，如图10-27所示。

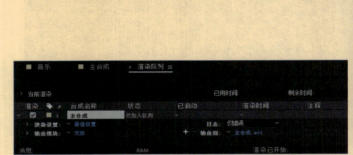
图10-26 将合成添加到"渲染队列"面板中

图10-27 "输出模块设置"对话框

STEP 03 单击"确定"按钮，完成"输出模块设置"对话框的设置。单击"输出到"选项后的文字，弹出"将影片输出到"对话框，设置输出文件的名称和位置，如图10-28所示。单击"保存"按钮，完成该合成相关输出选项的设置，如图10-29所示。

图10-28 选择输出位置并设置名称

图10-29 "渲染队列"面板

STEP 04 单击"渲染队列"面板右上角的"渲染"按钮，即可按照当前的渲染输出设置对合成进行渲染输出，在"渲染队列"面板中显示渲染进度，如图10-30所示。输出完成后，在选择的输出位置可以看到所输出的10-3-3.mov文件，如图10-31所示。

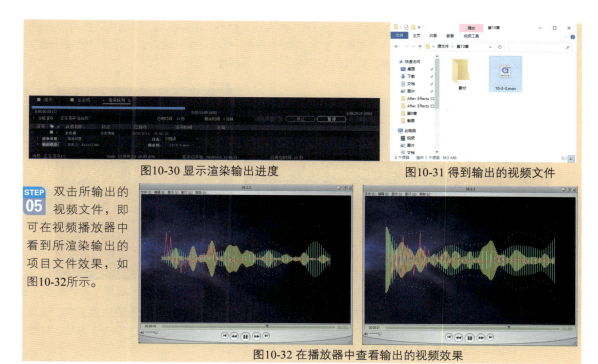

图10-30 显示渲染输出进度　　　　　图10-31 得到输出的视频文件

STEP 05 双击所输出的视频文件，即可在视频播放器中看到所渲染输出的项目文件效果，如图10-32所示。

图10-32 在播放器中查看输出的视频效果

10.3.4　结合Photoshop输出GIF文件

渲染输出往往是制作影视作品的最后一步，但是在交互动效中往往还需要将动效输出为GIF格式的动画文件。在After Effects中无法直接输出GIF格式的动画文件，这时就需要配合Photoshop来输出相应的GIF格式动画文件。可以先在After Effects中输出MOV格式的视频文件，再将所输出的MOV格式视频导入到Photoshop中，利用Photoshop来输出GIF格式动画文件。

结合Photoshop输出GIF文件

源文件：源文件\第10章\10-3-4.gif　　　　视频：光盘\视频\第10章\10-3-4.mp4

STEP 01 启动After Effects，执行"文件>打开项目"命令，弹出"打开"对话框，选择之前制作的"第9章\9-3-4.aep"文件，如图10-33所示。单击"打开"按钮，在After Effects中打开该项目文件，如图10-34所示。

图10-33 选择需要渲染输出的项目文件

图10-34 打开项目文件

STEP 02 执行"合成>添加到渲染队列"命令,将该动画中的合成添加到"渲染队列"面板中,如图10-35所示。单击"输出模块"选项后的"无损"文字,弹出"输出模块设置"对话框,设置"格式"选项为QuickTime,其他选项采用默认设置,如图10-36所示。

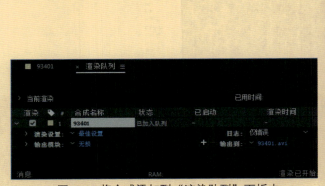

图10-35 将合成添加到"渲染队列"面板中　　　图10-36 "输出模块设置"对话框

STEP 03 单击"确定"按钮,完成"输出模块设置"对话框的设置。单击"输出到"选项后的文字,弹出"将影片输出到"对话框,设置输出文件的名称和位置,如图10-37所示。单击"保存"按钮,完成该合成相关输出选项的设置,如图10-38所示。

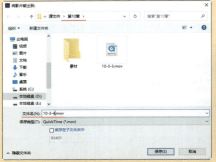

图10-37 选择输出位置并设置名称　　　图10-38 "渲染队列"面板

STEP 04 单击"渲染队列"面板右上角的"渲染"按钮,即可按照当前的渲染输出设置对合成进行输出操作。输出完成后,在选择的输出位置可以看到所输出的10-3-4.mov文件,如图10-39所示。双击所输出的视频文件,即可在视频播放器中看到所渲染输出的项目文件效果,如图10-40所示。

图10-39 得到输出的视频文件　　　图10-40 播放视频文件

STEP 05 启动Photoshop，执行"文件>导入>视频帧到图层"命令，弹出"打开"对话框，选择视频文件10-3-4.mov，如图10-41所示。单击"打开"按钮，弹出"将视频导入图层"对话框，如图10-42所示。

图10-41 选择需要导入的视频文件

图10-42 "将视频导入图层"对话框

STEP 06 保持默认设置，单击"确定"按钮，完成视频文件的导入，可以发现视频中的每一帧画面都被自动放入到"时间轴"面板中，如图10-43所示。执行"文件>导出>存储为Web所用格式"命令，弹出"存储为Web所用格式"对话框，如图10-44所示。

图10-43 将视频导入到Photoshop中

图10-44 "存储为Web所用格式"对话框

STEP 07 在"存储为Web所用格式"对话框的右上角设置格式为GIF，如图10-45所示。在右下角的"动画"选项组中设置"循环选项"为"永远"，还可以单击"播放"按钮，预览动画播放效果，如图10-46所示。

图10-45 设置输出格式为GIF

图10-46 设置"循环选项"选项为"永远"

STEP 08 单击"存储"按钮，弹出"将优化结果存储为"对话框，选择保存位置和保存文件名称，如图10-47所示。单击"保存"按钮，即可完成GIF格式动画文件的输出，在输出位置可以看到输出的GIF文件，如图10-48所示。

图10-47 选择输出位置并设置名称　　图10-48 得到输出的GIF文件

STEP 09 在浏览器中预览该GIF动画文件，效果如图10-49所示。

图10-49 在浏览器中预览GIF动画效果

10.4 制作笔刷涂抹显示视频效果

本案例将制作笔刷涂抹显示视频的动画效果，并将所制作的动画输出为视频。在该动画的制作过程中，通过为笔刷素材添加"描边"效果，制作出笔刷逐渐显示的动画效果，将制作好的笔刷动画作为视频素材的遮罩，即可实现笔刷涂抹显示视频的动画效果。

应用案例　制作笔刷涂抹显示视频效果
源文件：源文件\第10章\10-4.aep　　视频：光盘\视频\第10章\10-4.mp4

STEP 01 在Photoshop中打开制作好的笔刷素材"源文件\第10章\素材\10403.psd"，效果如图10-50所示。在After Effects中新建一个空白的项目，执行"文件>导入>文件"命令，弹出"导入文件"对话框，选择制作好的笔刷素材10403.psd，如图10-51所示。

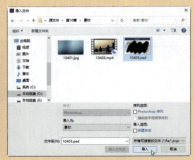

图10-50 制作好的笔刷素材效果　　图10-51 选择需要导入的PSD素材

第10章 渲染输出

> **Tips**
> 此处所导入的笔刷素材在动画制作中主要作为视频的遮罩使用，读者也可以自行在 Photoshop 中使用"笔刷工具"创建自己想要的形状。

STEP 02 单击"导入"按钮，弹出导入设置对话框，参数设置如图10-52所示。单击"确定"按钮，将所选择的PSD素材文件导入到"项目"面板中，如图10-53所示。

STEP 03 在10403合成上单击鼠标右键，在弹出的快捷菜单中选择"合成设置"命令，在弹出的对话框中修改"持续时间"为8秒，如图10-54所示。单击"确定"按钮，完成"合成设置"对话框的设置。双击10403合成，打开该合成，效果如图10-55所示。

图10-52 导入设置对话框

图10-53 导入素材图像

图10-54 修改"持续时间"选项

图10-55 打开合成效果

> **Tips**
> 该笔刷素材的合成持续时间需要根据其遮罩的视频素材的持续时间来决定，因为本案例中所使用的视频素材时长为8秒，所以这里将该合成的"持续时间"修改为8秒。

> **Tips**
> 此处所导入的10403.psd素材是一个背景透明的素材，在打开该合成时，需要在"合成"窗口下方单击"切换透明网格"按钮，激活该功能，这样才能够看到该素材的透明背景。

STEP 04 将"图层2"隐藏，选择"图层1"图层，使用"钢笔工具"沿着笔刷运行的路径绘制路径，如图10-56所示。执行"效果>生成>描边"命令，应用"描边"效果，在"效果控件"面板中设置"画笔大小"属性值为120，"合成"窗口效果如图10-57所示。

图10-56 绘制路径

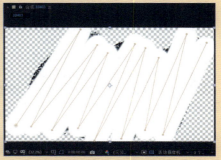
图10-57 "合成"窗口效果

STEP 05 这里要求描边效果能够完成覆盖该图层中的内容，可以在"合成"窗口中拖动路径锚点来调整路径，从而实现完全覆盖，如图10-58所示。在"效果控件"面板中设置"结束"属性值为0%，为"起始"属性插入关键帧，如图10-59所示。

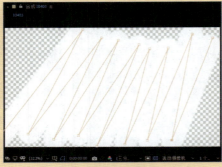

图10-58 完全覆盖图层内容　　　　图10-59 插入"起始"属性关键帧

STEP 06 将"时间指示器"移至2秒位置，设置"起始"属性值为100%，设置"绘画样式"为"显示原始图像"，如图10-60所示。选择"图层1"图层，按【U】键，在该图层下方只显示插入了关键帧的属性，如图10-61所示。

图10-60 "效果控件"面板　　　　图10-61 显示添加了关键帧的属性

STEP 07 同时选中该图层的两个属性关键帧，按【F9】键，应用"缓动"效果，如图10-62所示。暂时隐藏"图层1"图层，显示并选择"图层2"图层，使用"钢笔工具"在"合成"窗口中绘制路径，如图10-63所示。

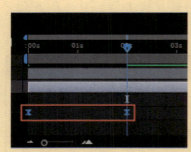
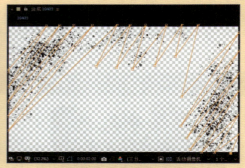

图10-62 为关键帧应用"缓动"效果　　　　图10-63 绘制路径

STEP 08 执行"效果>生成>描边"命令，应用"描边"效果，在"效果控件"面板中设置"画笔大小"属性值为80，"合成"窗口效果如图10-64所示。将"时间指示器"移至起始位置，在"效果控件"面板中设置"结束"属性值为0%，为"起始"属性插入关键帧，如图10-65所示。

第10章 渲染输出

图10-64 "合成"窗口效果　　　　图10-65 插入"起始"属性关键帧

STEP 09 将"时间指示器"移至2秒位置，设置"起始"属性值为100%，设置"绘画样式"为"显示原始图像"，如图10-66所示。选择"图层2"图层，按【U】键，在该图层下方只显示插入了关键帧的属性，为两个属性关键帧应用"缓动"效果，如图10-67所示。

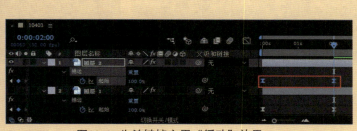

图10-66 "效果控件"面板　　　　图10-67 为关键帧应用"缓动"效果

STEP 10 显示"图层1"图层，完成该合成中笔刷动画效果的制作。执行"合成>新建合成"命令，弹出"合成设置"对话框，参数设置如图10-68所示，单击"确定"按钮，新建合成。将视频素材10402.mp4和图像素材10401.jpg导入到"项目"面板中，如图10-69所示。

图10-68 "合成设置"对话框　　　图10-69 导入素材

STEP 11 将图像素材10401.jpg拖入到"合成1"的"时间轴"面板中，效果如图10-70所示。将视频素材10402.mp4拖入到"合成1"的"时间轴"面板中，效果如图10-71所示。

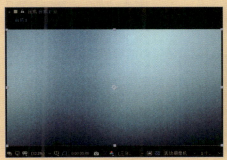

图10-70 拖入图像素材效果　　　　图10-71 拖入视频素材效果

STEP 12 将10403合成拖入到"合成1"的"时间轴"面板中,如图10-72所示。在"时间轴"面板中显示"转换控制"选项,选择10402.mp4图层,设置该图层的"TrkMat(轨道遮罩)"选项为"Alpha遮罩10403",如图10-73所示。

图10-72 "时间轴"面板

图10-73 设置"TrkMat(轨道遮罩)"选项

STEP 13 执行"图层>新建>调整图层"命令,新建调整图层。展开该调整图层下方的"变换"选项,将"时间指示器"移至1秒位置,为"缩放"和"旋转"属性插入关键帧,如图10-74所示。选择"调整图层1",按【U】键,在该图层下方只显示插入了关键帧的属性,如图10-75所示。

图10-74 插入属性关键帧　　　　图10-75 只显示插入关键帧的属性

STEP 14 将"时间指示器"移至3秒位置,设置"缩放"属性值为120%,"旋转"属性值为15°,设置10403图层的"父级"为"调整图层",如图10-76所示。在"合成"窗口中可以看到当前的效果,如图10-77所示。

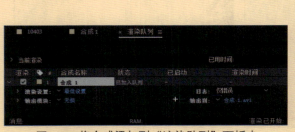

图10-76 "时间轴"面板　　　　图10-77 "合成"窗口

STEP 15 至此,完成笔刷涂抹显示视频的制作,执行"合成>添加到渲染队列"命令,将该动画中的合成添加到"渲染队列"面板中,如图10-78所示。单击"输出模块"选项后的"无损"文字,弹出"输出模块设置"对话框,设置"格式"选项为QuickTime,其他选项保持默认设置,如图10-79所示。

图10-78 将合成添加到"渲染队列"面板中　　　图10-79 "输出模块设置"对话框

STEP 16 单击"确定"按钮,完成"输出模块设置"对话框的设置。单击"输出到"选项后的文字,弹出"将影片输出到"对话框,设置输出文件的名称和位置,如图10-80所示。单击"保存"按钮,完成该合成相关输出选项的设置,如图10-81所示。

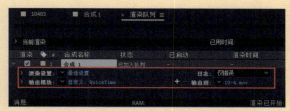

图10-80 选择输出位置并设置输出文件名称　　　　图10-81 "渲染队列"面板

STEP 17 单击"渲染队列"面板右上角的"渲染"按钮,即可按照当前的渲染输出设置对合成进行输出操作。完成视频的渲染输出后,在视频播放器中查看所渲染输出的项目文件效果,如图10-82所示。

图10-82 在播放器中查看输出的视频

10.5 知识拓展:了解文件打包功能

　　渲染是一项十分重要的技术,对于制作数字影片来说尤为重要。渲染输出是制作项目文件的重要一环,掌握好相关知识,对后期的操作会大有帮助。

　　After Effects中提供了文件打包功能,用于收集项目文件中所有文件的副本到一个指定的位置。在渲染项目文件之前使用这个功能,能够有效地保存或者移动项目到其他计算机系统或者用户。执行"文件>

整理工程（文件）"命令，在子菜单中提供了多个对项目文件进行整理的命令，如图10-83所示。如果执行"文件>整理工程（文件）>收集文件"命令，将弹出"收集文件"对话框，如图10-84所示，可以将当前项目文件中所使用的素材、项目文件等进行打包。

图10-83 "整理工程（文件）"子菜单命令　　　图10-84 "收集文件"对话框

当使用"收集文件"命令对项目文件进行打包操作时，After Effects会创建一个新的文件夹，以保存新的项目副本、素材副本和指定代理文件的副本，以及描述所需文件、效果和字体的报告。

10.6 本章小结

本章主要讲解了After Effect中项目文件的渲染与输出设置，以及渲染工作区的设置方法，并通过案例的制作与输出介绍了常见格式的输出方法。完成本章内容的学习后，读者需要能够熟练掌握在After Effects中对项目文件进行渲染输出的方法。

第11章 短视频特效制作

After Effects中包含多种内置效果,并且还可以通过安装外部插件来扩展效果,综合运用这些效果能够实现很多富有创意的短视频特效。在本章中将通过多个短视频特效案例的制作,向读者介绍如何综合运用After Effects中的效果与关键帧动画相结合,实现个性化的短视频特效。

本章学习重点

第 379 页
制作墨迹转场视频特效

第 387 页
制作电影开场视频特效

第 397 页
制作笔刷样式图片动态特效

第 406 页
制作视频动感标题

11.1 制作视频文字遮罩特效

本案例将制作一个视频文字遮罩特效,将文字内容溶入到视频中。在本案例的制作过程中,重点在于为视频内容创建蒙版,使用蒙版遮住文字内容,通过视频的位移动画使文字慢慢从视频中特定的位置显示出来。

应用案例 制作视频文字遮罩特效
源文件:源文件\第11章\11-1.aep   视频:光盘\视频\第11章\11-1.mp4

STEP 01 在After Effects中新建一个空白的项目,执行"合成>新建合成"命令,弹出"合成设置"对话框,对相关选项进行设置,如图11-1所示。单击"确定"按钮,新建合成。导入视频素材"源文件\第11章\素材\11101.mp4",如图11-2所示。

图11-1 "合成设置"对话框

图11-2 导入视频素材

STEP 02 将"项目"面板中的视频素材11101.mp4拖入到"时间轴"面板中,并重命名为"视频1"图层,效果如图11-3所示。执行"图层>新建>纯色"命令,弹出"纯色设置"对话框,参数设置如图11-4所示,单击"确定"按钮,新建"纯色"图层。

图11-3 拖入视频素材并重命名

图11-4 "纯色设置"对话框

STEP 03 在"合成"窗口下方单击"选择网格和参考线"按钮,在打开的下拉列表框中选择"标题/动作安全"选项,在"合成"窗口中显示安全框,如图11-5所示。选择"黑边"图层,使用"矩形工具",根据安全框位置绘制矩形蒙版,如图11-6所示。

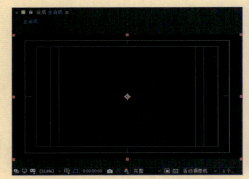
图11-5 在"合成"窗口中显示安全框

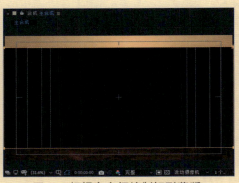
图11-6 根据安全框绘制矩形蒙版

STEP 04 在"黑边"图层下方的"蒙版1"选项中选择"反转"复选框,取消"合成"窗口中安全框的显示,效果如图11-7所示。选择"视频1"图层,按【Ctrl+D】组合键,复制该图层得到"视频2"图层,如图11-8所示。

图11-7 反转蒙版效果

图11-8 复制图层

STEP 05 选择"视频2"图层,使用"钢笔工具",在"合成"窗口中沿着远处山峰绘制蒙版路径,如图11-9所示。不要选择任何对象,使用"横排文字工具"在"合成"窗口中单击并输入文字,如图11-10所示。

图11-9 沿山峰绘制蒙版路径

图11-10 输入文字并设置参数

STEP 06 在"合成"窗口中将所输入的文字内容调整至合适的位置,如图11-11所示。将文字图层调整至"视频2"图层的下方,效果如图11-12所示。

图11-11 调整文字位置　　　　图11-12 调整图层叠放顺序

STEP 07 在"时间轴"面板中显示"转换控制"选项,设置文字图层的"模式"为"屏幕",如图11-13所示。同时选中"视频1"和"视频2"这两个图层,按【P】键,显示出这两个图层的"位置"属性,将"时间指示器"移至0秒位置,为"位置"属性插入关键帧,如图11-14所示。

图11-13 设置文字图层的"模式"选项　　　　图11-14 插入"位置"属性关键帧

STEP 08 在"位置"属性的垂直位置属性值上拖动鼠标调整,直到文字内容被完全隐藏,如图11-15所示。将"时间指示器"移至最后10秒位置,在"位置"属性的垂直位置属性值上拖动鼠标调整,直到文字内容全部显示,如图11-16所示。

图11-15 完全隐藏文字内容　　　　图11-16 完全显示文字内容

STEP 09 选择文字图层,按【S】键,显示出该图层的"缩放"属性,设置该属性值为80%,效果如图11-17所示。拖动鼠标,同时选中"视频1"和"视频2"图层中的所有属性关键帧,如图11-18所示。

 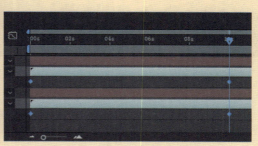

图11-17 设置"缩放"属性效果　　　　图11-18 同时选中多个属性关键帧

STEP 10 按【F9】键，为选中的关键帧应用"缓动"效果，如图11-19所示。单击"时间轴"面板中的"图表编辑器"按钮，切换到图表编辑器状态，如图11-20所示。

图11-19 为关键帧应用"缓动"效果　　　　图11-20 进入图表编辑器状态

STEP 11 选中右侧锚点，拖动方向线调整运动速度曲线，如图11-21所示。返回时间轴编辑状态，"时间轴"面板如图11-22所示。

图11-21 调整运动速度曲线　　　　图11-22 "时间轴"面板

STEP 12 至此，完成视频文字遮罩特效的制作，单击"预览"面板中的"播放/停止"按钮▶，可以在"合成"窗口中预览动画，效果如图11-23所示。

图11-23 预览视频文字遮罩特效

11.2 制作三维空间展示视频

图片或者视频的三维展示效果一直是很多特效设计师在制作特效时常用的效果。对画面应用三维效果后，视觉冲击力会更强，画面延伸的想像空间也更大。After Effects不仅可以制作精美绝伦的二维特效，还可以制作绚丽的三维画面特效，本案例就将制作一个三维空间展示视频动画。

制作三维空间展示视频
源文件：源文件\第11章\11-2.aep　　　　　　视频：光盘\视频\第11章\11-2.mp4

STEP 01 首先在Photoshop中制作出该视频动画所需要的图像素材，效果如图11-24所示，"图层"面板如图11-25所示。

图11-24 PSD素材效果　　　　　　图11-25 "图层"面板

STEP 02 执行"文件>导入>文件"命令，弹出"导入文件"对话框，选择需要导入的PSD素材文件，如图11-26所示。单击"导入"按钮，弹出导入设置对话框，参数设置如图11-27所示。

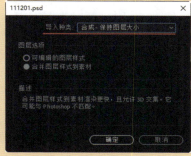

图11-26 选择需要导入的PSD素材　　　　　　图11-27 导入设置对话框

STEP 03 单击"确定"按钮，导入PSD素材文件并自动创建合成，如图11-28所示。在11201合成上单击鼠标右键，在弹出的快捷菜单中选择"合成设置"命令，弹出"合成设置"对话框，修改"持续时间"选项为5秒，如图11-29所示，单击"确定"按钮，完成"合成设置"对话框的设置。

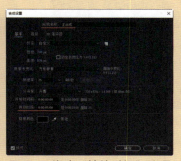

图11-28 导入素材文件　　　　　　图11-29 修改"持续时间"选项

STEP 04　在"项目"面板中双击"主合成"选项,在"合成"窗口中打开该合成,在"时间轴"面板中可以看到该合成中的图层,如图11-30所示。选择"图片"图层,执行"效果>过渡>块溶解"命令,为该图层应用"块溶解"效果,在"效果控件"面板中显示"块溶解"效果的相关设置选项,如图11-31所示。

图11-30 打开合成

图11-31 "块溶解"效果选项

STEP 05　在"效果控件"面板中对"块溶解"效果的相关选项进行设置,如图11-32所示。在"合成"窗口中可以看到应用"块溶解"效果后所实现的效果,如图11-33所示。

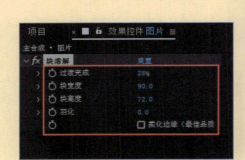
图11-32 设置"块溶解"效果选项

图11-33 "合成"窗口效果

STEP 06　将"时间指示器"移至1秒位置,在"效果控件"面板中设置"过渡完成"属性值为0%,并为该属性插入关键帧,如图11-34所示。选择"图片"图层,按【U】键,在该图层下方只显示添加了关键帧的属性,如图11-35所示。

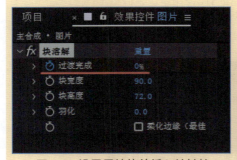
图11-34 设置属性值并插入关键帧

图11-35 只显示添加了关键帧的属性

STEP 07　将"时间指示器"移至2秒位置,设置"过渡完成"属性值为25%,效果如图11-36所示。将"时间指示器"移至3秒位置,设置"过渡完成"属性值为60%,效果如图11-37所示。

图11-36 设置属性值效果　　　　　图11-37 设置属性值效果

STEP 08 将"时间指示器"移至4秒位置，设置"过渡完成"属性值为100%，效果如图11-38所示，"时间轴"面板如图11-39所示。

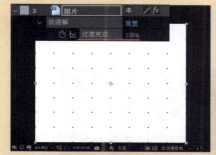

图11-38 设置属性值效果　　　　　图11-39 "时间轴"面板

STEP 09 同时选中"图片"图层下方"过渡完成"属性的4个属性关键帧，按【Ctrl+C】组合键复制关键帧，选择"背景"图层，将"时间指示器"移至1秒01帧位置，按【Ctrl+V】组合键粘贴关键帧，如图11-40所示。

图11-40 复制并粘贴关键帧

STEP 10 选择"描边"图层，将"时间指示器"移至4秒位置，按【T】键，显示该图层的"不透明度"属性，插入该属性关键帧，如图11-41所示。将"时间指示器"移至4秒20帧位置，设置"不透明度"属性值为0%，效果如图11-42所示。

图11-41 插入"不透明度"属性关键帧　　　　　图11-42 设置属性值效果

STEP 11 执行"文件>导入>文件"命令,导入视频素材"源文件\第11章\素材\111202.avi","项目"面板如图11-43所示。将该视频素材拖入到"时间轴"面板中,并放置在所有图层下方,如图11-44所示。

 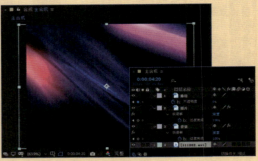

图11-43 导入视频素材　　　　　　图11-44 将视频素材拖入到合成中

STEP 12 在"时间轴"面板中同时选中"背景"、"图片"和"描边"这3个图层,执行"图层>预合成"命令,弹出"预合成"对话框,参数设置如图11-45所示。单击"确定"按钮,将选中的3个图层创建为预合成,"时间轴"面板如图11-46所示。

图11-45 设置"预合成"对话框　　　　　　图11-46 "时间轴"面板

STEP 13 选择"图片溶解"图层,按【Ctrl+D】组合键,复制该图层,将复制得到的图层重命名为"图片溶解2",如图11-47所示。选择"图片溶解"图层,按【T】键,显示该图层的"不透明度"属性,设置属性值为55%,并将该图层内容整体向后移动1帧,如图11-48所示。

图11-47 复制图层并重命名　　　　　　图11-48 设置属性值并调整图层起始位置

STEP 14 在"时间轴"面板中选中所有图层,执行"图层>预合成"命令,弹出"预合成"对话框,参数设置如图11-49所示。单击"确定"按钮,将选中的多个图层创建为预合成,"时间轴"面板如图11-50所示。

图11-49 设置"预合成"对话框　　　　　　图11-50 "时间轴"面板

STEP 15 执行"图层>新建>摄像机"命令,弹出"摄像机设置"对话框,参数设置如图11-51所示。单击"确定"按钮,新建摄像机图层,并且开启"过渡完成"图层的3D图层功能,如图11-52所示。

图11-51 "摄像机设置"对话框

图11-52 创建摄像机图层

STEP 16 将"时间指示器"移至4秒位置,展开"摄像机1"图层下方的"变换"选项,为"位置"和"Y轴旋转"属性插入关键帧,如图11-53所示。

图11-53 插入属性关键帧

STEP 17 将"时间指示器"移至1秒位置,分别对"位置"和"Y轴旋转"属性进行设置,如图11-54所示。在"合成"窗口中可以看到当前时间位置的效果,如图11-55所示。

图11-54 设置属性值

图11-55 "合成"窗口效果

STEP 18 选择"过渡完成"图层,执行"效果>过渡>卡片擦除"命令,为该图层应用"卡片擦除"效果。在"效果控件"面板中对该效果的相关选项进行设置,如图11-56所示。当设置"摄像机系统"为"合成摄像机"时,必须关闭当前图层的3D图层功能,这里需要关闭"过渡完成"图层的3D图层功能,如图11-57所示。

图11-56 设置"卡片擦除"效果选项

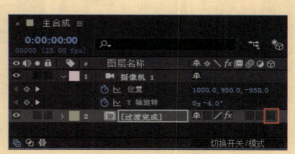

图11-57 关闭3D图层功能

STEP 19 将"时间指示器"移至0秒01帧位置,在"效果控件"面板中展开"卡片擦除"效果的"位置抖动"选项组,设置"Z抖动量"和"Z抖动速度"属性值,并插入这两个属性关键帧,如图11-58所示。在"合成"窗口中可以看到当前时间位置的效果,如图11-59所示。

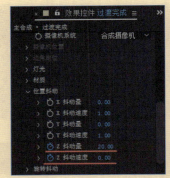 

图11-58 设置属性值并插入关键帧　　　图11-59 "合成"窗口效果

STEP 20 选择"过渡完成"图层,按【U】键,在该图层下方只显示添加了关键帧的属性,如图11-60所示。将"时间指示器"移至1秒位置,设置"Z抖动量"属性值为10,效果如图11-61所示。

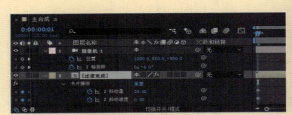 

图11-60 只显示添加了关键帧的属性　　　图11-61 设置属性值效果

STEP 21 将"时间指示器"移至2秒位置,设置"Z抖动速度"属性值为0.3,效果如图11-62所示。将"时间指示器"移至3秒位置,设置"Z抖动量"属性值为0,"Z抖动速度"属性值为0,效果如图11-63所示。

图11-62 设置属性值效果　　　图11-63 设置属性值效果

STEP 22 至此,完成三维空间展示视频动画的制作,在"时间轴"面板中显示图层关键帧,可以看到"时间轴"面板的效果如图11-64所示。

图11-64 "时间轴"面板

STEP 23 单击"预览"面板中的"播放/停止"按钮▶，可以在"合成"窗口中预览动画，效果如图11-65所示。

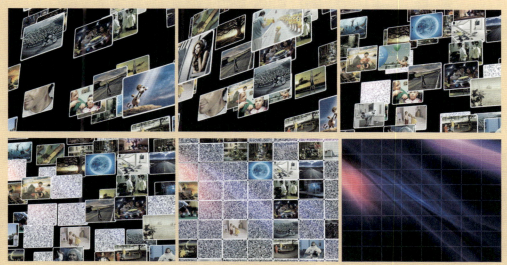

图11-65 预览三维空间展示视频效果

11.3 制作墨迹转场视频特效

本案例将制作一个墨迹转场视频特效，为图片素材应用"色调""卡通"等效果，将素材处理为黑白卡通画的效果，使用墨迹视频素材作为遮罩，从而实现从黑白卡通画转场到彩色画的动画效果。然后使用水墨视频素材作为遮罩，为该视频素材应用"曲线"和"色调"效果，从而表现出特殊效果的水墨转场。

应用案例 制作墨迹转场视频特效

源文件：源文件\第11章\11-3.aep　　　　视频：光盘\视频\第11章\11-3.mp4

STEP 01 在After Effects中新建一个空白的项目，执行"合成>新建合成"命令，弹出"合成设置"对话框，对相关选项进行设置，如图11-66所示。单击"确定"按钮，新建合成。再次执行"合成>新建合成"命令，弹出"合成设置"对话框，对相关选项进行设置，如图11-67所示。单击"确定"按钮，新建合成。

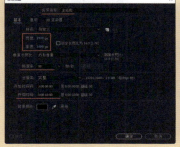

图11-66 "合成设置"对话框

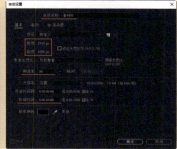

图11-67 "合成设置"对话框

STEP 02 执行"文件>导入>文件"命令,导入素材图像"源文件\第11章\素材\111301.jpg","项目"面板如图11-68所示。将素材图像111301.jpg拖入到"时间轴"面板中,按【S】键,显示该图层的"缩放"属性,设置"缩放"属性值为50%,效果如图11-69所示。

图11-68 导入素材图像　　　　图11-69 拖入素材图像并设置"缩放"属性

STEP 03 执行"合成>新建合成"命令,弹出"合成设置"对话框,对相关选项进行设置,如图11-70所示。单击"确定"按钮,新建合成。在"项目"面板中将"素材01"合成拖入到"时间轴"面板中,按【S】键,显示该图层的"缩放"属性,插入该属性关键帧,如图11-71所示。

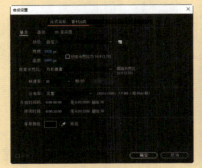

图11-70 "合成设置"对话框　　　图11-71 插入"缩放"属性关键帧

STEP 04 将"时间指示器"移至9秒29帧位置,设置"缩放"属性值为130%,效果如图11-72所示。将"时间指示器"移至0秒位置,执行"效果>扭曲>光学补偿"命令,为该图层应用"光学补偿"效果。在"效果控件"面板中对"光学补偿"效果的相关选项进行设置,并为"视场"属性插入关键帧,如图11-73所示。

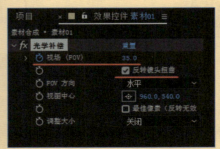

图11-72 设置"缩放"属性值效果　　　图11-73 设置"光学补偿"效果选项

STEP 05 选择"素材01"图层,按【U】键,在该图层下方只显示添加了关键帧的属性,如图11-74所示。将"时间指示器"移至9秒29帧位置,设置"视场"属性值为75,效果如图11-75所示。

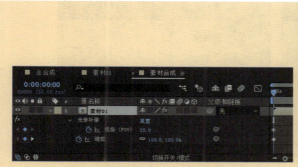

图11-74 只显示添加了关键帧的属性　　　　图11-75 设置"视场"属性效果

 Tips

"光学补偿"效果用于模拟摄像机的光学透视效果，可以使画面沿着指定点水平、垂直或者对角线产生光学透视变形效果。

STEP 06 在"时间轴"面板中切换到"主合成"的编辑状态，在"项目"面板中将"素材合成"合成拖入到"时间轴"面板中，如图11-76所示。执行"文件>导入>文件"命令，导入视频素材"源文件\第11章\素材\111302.mov和111303.mov"，"项目"面板如图11-77所示。

图11-76 "时间轴"面板　　　　图11-77 导入视频素材

STEP 07 在"项目"面板中将111302.mov视频素材拖入到"时间轴"面板中，在"合成"窗口中可以看到该视频素材的默认效果，如图11-78所示。单击"时间轴"面板左下角的"展开或折叠'转换控制'窗格"按钮，显示"转换控制"选项，选择"素材合成"图层，设置该图层的"TrkMat（轨道遮罩）"选项为"亮度反转遮罩"，效果如图11-79所示。

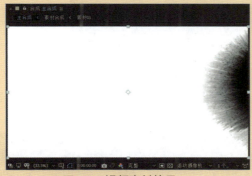
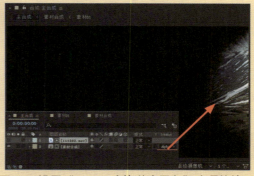

图11-78 视频素材效果　　　　图11-79 设置"TrkMat（轨道遮罩）"选项的效果

STEP 08 在"时间轴"面板中拖动"时间指示器"，可以在"合成"窗口中看到墨迹视频遮罩显示图像的动画效果，如图11-80所示。

图11-80 在"合成"窗口中预览动画效果

STEP 09 选择"素材合成"图层,执行"效果>颜色校正>色调"命令,为该图层应用"色调"效果,在"合成"窗口中可以看到应用"色调"的效果,如图11-81所示。执行"图层>新建>调整图层"命令,新建调整图层,将该图层移至最上层,如图11-82所示。

图11-81 应用"色调"效果   图11-82 新建调整图层并调整位置

STEP 10 选择"调整图层1",执行"效果>风格化>卡通"命令,为该图层应用"卡通"效果。在"效果控件"面板中对"卡通"效果的相关选项进行设置,如图11-83所示。在"合成"窗口中可以看到应用"卡通"效果处理后的效果,如图11-84所示。

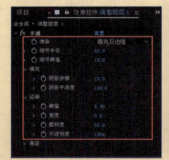

图11-83 设置"卡通"效果选项   图11-84 应用"卡通"效果

STEP 11 将"时间指示器"移至1秒位置,选择"调整图层1",按【T】键,显示该图层的"不透明度"属性,为该属性插入关键帧,如图11-85所示。将"时间指示器"移至1秒20帧位置,设置"不透明度"属性值为0%,效果如图11-86所示。

图11-85 插入"不透明度"属性关键帧   图11-86 设置"不透明度"属性值

第11章 短视频特效制作

STEP 12 执行"图层>新建>纯色"命令,弹出"纯色设置"对话框,参数设置如图11-87所示。单击"确定"按钮,新建纯色图层,将该图层移至最底层,效果如图11-88所示。

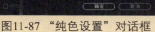

图11-87 "纯色设置"对话框   图11-88 新建白色背景图层并调整位置

STEP 13 选择"素材合成"图层,按【Ctrl+D】组合键,复制该图层,将复制得到的图层重命名为"素材合成2",设置该图层的"TrkMat(轨道遮罩)"选项为"无",并将其调整至所有图层上方,如图11-89所示。将"时间指示器"移至1秒位置,调整该图层的入点到1秒位置,如图11-90所示。

图11-89 复制图层并调整   图11-90 调整图层入点位置

STEP 14 在"项目"面板中将111303.mov视频素材拖入到"时间轴"面板中,并将该图层整体内容移至1秒位置开始,如图11-91所示。选择"素材合成2"图层,设置该图层的"TrkMat(轨道遮罩)"选项为"亮度反转遮罩",如图11-92所示。

图11-91 拖入视频素材   图11-92 设置"TrkMat(轨道遮罩)"选项

STEP 15 打开"效果控件"面板,将该图层的"色调"效果删除。在"时间轴"面板中拖动"时间指示器",可以在"合成"窗口中看到第2段视频遮罩显示的动画效果,如图11-93所示。

图11-93 在"合成"窗口中预览动画效果

383

中文版After Effects CC 2020
完全自学一本通

STEP 16 选择"素材合成2"图层，执行"效果>颜色校正>曲线"命令，为该图层添加"曲线"效果。在"效果控件"面板中对曲线进行调整，如图11-94所示。在"合成"窗口中可以看到应用"曲线"的效果，如图11-95所示。

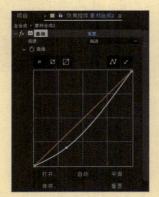
图11-94 设置"曲线"效果选项

图11-95 应用"曲线"效果

STEP 17 同时选中"素材合成2"和111303.mov这两个图层，按【Ctrl+D】组合键，复制图层，如图11-96所示。将"时间指示器"移至1秒10帧位置，将"素材合成3"图层的入点调整至1秒10帧位置，并将复制得到的111303.mov图层内容整体向右移至1秒10帧位置开始，如图11-97所示。

图11-96 复制图层

图11-97 调整图层内容开始位置

STEP 18 选择"素材合成2"图层，执行"效果>颜色校正>色调"命令，为该图层应用"色调"效果。在"效果控件"面板中对"色调"效果的相关选项进行设置，如图11-98所示。在"合成"窗口中可以看到添加"色调"效果处理后的效果，如图11-99所示。

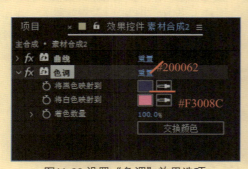
图11-98 设置"色调"效果选项

图11-99 应用"色调"效果

STEP 19 选择111303.mov图层，按【R】键，显示该图层的"旋转"属性，设置该属性值为180°，如图11-100所示。在"合成"窗口中可以看到对视频素材进行旋转处理后的效果，如图11-101所示。

图11-100 设置"旋转"属性值

图11-101 "合成"窗口效果

STEP 20 执行"图层>新建>调整图层"命令,新建调整图层,将该图层移至最上层,调整该图层的入点到1秒位置,如图11-102所示。执行"效果>扭曲>湍流置换"命令,为"调整图层2"图层应用"湍流置换"效果。将"时间指示器"移至1秒位置,在"效果控件"面板中对"湍流置换"效果的相关选项进行设置,并为"数量"属性插入关键帧,如图11-103所示。

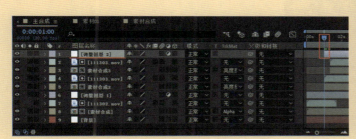

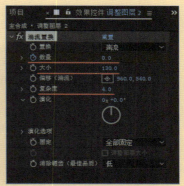

图11-102 新建调整图层并调整入点位置　　图11-103 设置"湍流置换"效果选项

STEP 21 将"时间指示器"移至1秒15帧位置,设置"湍流置换"效果的"数量"属性值为10,效果如图11-104所示。将"时间指示器"移至3秒位置,设置"湍流置换"效果的"数量"属性值为0,此时的"时间轴"面板如图11-105所示。

图11-104 设置"数量"属性值的效果　　图11-105 "时间轴"面板

Tips

"湍流置换"效果可以使素材产生各种凸起、旋转等效果,从而模拟出素材的流动扭曲效果。通过对效果参数进行设置,可以使素材表现出不同的湍流效果强度。

STEP 22 同时选中该图层中的3个属性关键帧,按【F9】键,应用"缓动"效果,如图11-106所示。单击"时间轴"面板中的"图表编辑器"按钮,对速度曲线进行调整,如图11-107所示。

图11-106 应用"缓动"效果

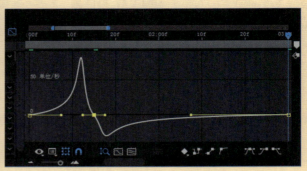
图11-107 编辑运动速度曲线

STEP 23 返回正常的时间轴编辑状态,同时选中除"背景"图层以外的所有图层。执行"图层>预合成"命令,弹出"预合成"对话框,参数设置如图11-108所示。单击"确定"按钮,将选中的多个图层创建为嵌套的合成,如图11-109所示。

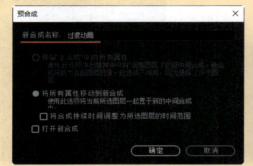
图11-108 设置"预合成"对话框

图11-109 创建嵌套的合成

STEP 24 导入素材图像"源文件\第11章\素材\111304.jpg","项目"面板如图11-110所示。在"项目"面板中将素材图像111304.jpg拖入到"时间轴"面板中,放置在"过渡动画"图层的下方,如图11-111所示。

图11-110 导入素材图像

图11-111 拖入素材图像并调整位置

STEP 25 至此,完成墨迹转场视频特效的制作,单击"预览"面板中的"播放/停止"按钮,可以在"合成"窗口中预览动画,效果如图11-112所示。

图11-112 预览墨迹转场视频动画效果

11.4 制作电影开场视频特效

本案例将制作一个电影开场视频特效,通过"分形杂色""摄像机镜头模糊"等效果的应用与视频素材相结合,渲染出科幻氛围,结合标题文字的动画效果,使整个视频给人以科幻电影开场的视频感受。

应用案例 制作电影开场视频特效

源文件:源文件\第11章\11-4.aep   视频:光盘\视频\第11章\11-4.mp4

STEP 01 在After Effects中新建一个空白的项目,执行"合成>新建合成"命令,弹出"合成设置"对话框,对相关选项进行设置,如图11-113所示。单击"确定"按钮,新建合成。再次执行"合成>新建合成"命令,弹出"合成设置"对话框,对相关选项进行设置,如图11-114所示。单击"确定"按钮,新建合成。

 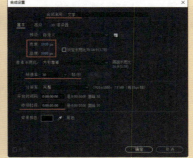

图11-113 "合成设置"对话框   图11-114 "合成设置"对话框

STEP 02 使用"横排文字工具",在"合成"窗口中单击并输入文字,在"字符"面板中对文字的相关属性进行设置,效果如图11-115所示。使用"向后平移(锚点)工具",调整锚点使其位于文字的中心位置,在"对齐"面板中分别单击"水平对齐"和"垂直对齐"按钮,将文字对齐到合成的中心位置,如图11-116所示。

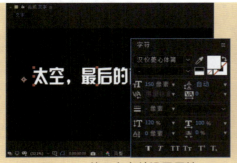
图11-115 输入文字并设置属性

图11-116 调整锚点位置并将文字对齐

> **STEP 03** 展开文字图层选项，单击"文本"选项右侧的"动画"选项三角形图标，在打开的下拉列表框中选择"字符间距"选项，为文字图层添加"字符间距大小"属性，如图11-117所示。确认"时间指示器"位于0秒位置，为"字符间距大小"属性插入关键帧，如图11-118所示。

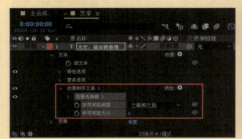
图11-117 添加"字符间距大小"属性

图11-118 插入"字符间距大小"属性关键帧

> **STEP 04** 选择该文字图层，按【U】键，在该图层下方只显示添加了关键帧的属性，如图11-119所示。将"时间指示器"移至4秒29帧位置，设置"字符间距大小"属性值为25，效果如图11-120所示。

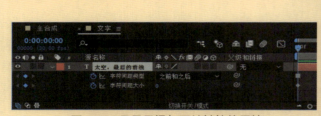
图11-119 只显示添加了关键帧的属性

图11-120 设置"字符间距大小"属性效果

> **STEP 05** 切换到"主合成"的编辑状态，执行"图层>新建>纯色"命令，弹出"纯色设置"对话框，参数设置如图11-121所示，单击"确定"按钮，新建纯色图层。再次执行"图层>新建>纯色"命令，弹出"纯色设置"对话框，参数设置如图11-122所示，单击"确定"按钮，新建纯色图层。

图11-121 "纯色设置"对话框

图11-122 "纯色设置"对话框

STEP 06 选择"烟雾"图层,执行"效果>杂色和颗粒>分形杂色"命令,为该图层应用"分形杂色"效果。在"效果控件"面板中对"分形杂色"效果的相关选项进行设置,如图11-123所示。在"合成"窗口中可以看到"分形杂色"所实现的效果,如图11-124所示。

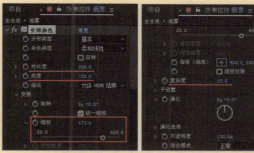

图11-123 设置"分形杂色"效果选项　　　　图11-124 "分形杂色"效果

STEP 07 在"时间轴"面板中显示"转换控制"选项,设置"烟雾"图层的"模式"为"屏幕",如图11-125所示。将"时间指示器"移至0秒位置,在"效果控件"面板中插入"偏移"属性关键帧。选择"烟雾"图层,按【U】键,在该图层下方只显示添加了关键帧的属性,如图11-126所示。

图11-125 设置"模式"选项　　　　图11-126 插入"偏移"属性关键帧

STEP 08 将"时间指示器"移至4秒29帧位置,在"合成"窗口中将"分形杂色"效果的"偏移"属性中心点向右拖动,如图11-127所示。按住【Alt】键不放,在"效果控件"面板中单击"演化"属性前的秒表图标,为该属性添加表达式time*40,如图11-128所示。

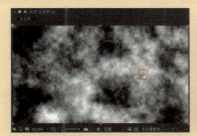 

图11-127 移动"偏移"属性中心点　　　　图11-128 为"演化"属性添加表达式

STEP 09 按住【Shift】键不放并按【T】键,在"烟雾"图层下方显示"不透明度"属性,设置"不透明度"属性值为10%,如图11-129所示,"合成"窗口效果如图11-130所示。

 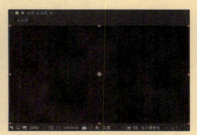

图11-129 设置"不透明度"属性值　　　　图11-130 "合成"窗口效果

STEP 10 导入素材图像"源文件\第11章\素材\111401.jpg",如图11-131所示。将该素材拖入到"时间轴"面板中,并放置在"烟雾"图层下方。按【T】键,显示该图层的"不透明度"属性,设置属性值为8%,效果如图11-132所示。

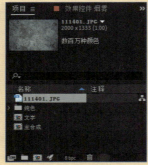

图11-131 导入素材图像　　　图11-132 拖入素材图像并设置不透明度

STEP 11 在"项目"面板中将"文字"合成拖入到"时间轴"面板中,如图11-133所示。执行"图层>图层样式>渐变叠加"命令,为"文字"图层添加"渐变叠加"图层样式,如图11-134所示。

图11-133 拖入"文字"合成　　　图11-134 添加"渐变叠加"图层样式

STEP 12 展开"文字"图层下方的"渐变叠加"选项组,单击"颜色"选项右侧的"编辑渐变"文字链接,弹出"渐变编辑器"对话框,设置渐变颜色,如图11-135所示。单击"确定"按钮,完成渐变颜色的设置,在"合成"窗口中可以看到文字效果,如图11-136所示。

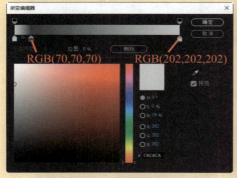 

图11-135 设置渐变颜色　　　图11-136 为文字应用渐变颜色填充的效果

STEP 13 选择"文字"图层,按【Ctrl+D】组合键,复制该图层,将复制得到的图层重命名为"文字2",如图11-137所示。在"项目"面板中将111401.jpg拖入到"时间轴"面板中,放置在"文字2"图层下方,按【S】键,显示该图层的"缩放"属性,设置属性值为80%,效果如图11-138所示。

第11章
短视频特效制作

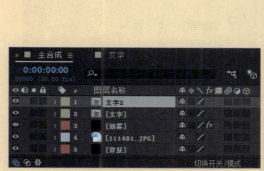

图11-137 复制图层并重命名

图11-138 拖入素材图像并设置"缩放"属性

STEP 14 在"时间轴"面板中显示"转换控制"选项，设置该图层的"模式"为"叠加"，"TrkMat（轨道遮罩）"选项为"Alpha遮罩'文字2'"，如图11-139所示。按【T】键，显示该图层的"不透明度"属性，设置属性值为50%，效果如图11-140所示。

图11-139 设置"模式"和TrkMat选项

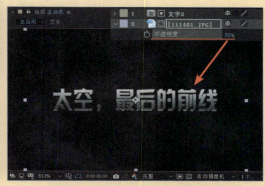

图11-140 设置"不透明度"属性效果

STEP 15 选择"文字2"图层，执行"图层>新建>纯色"命令，弹出"纯色设置"对话框，参数设置如图11-141所示，单击"确定"按钮，新建"纯色"图层。选择"暗角"图层，使用"椭圆工具"在"合成"窗口中为该图层绘制椭圆形蒙版路径，如图11-142所示。

图11-141 "纯色设置"对话框

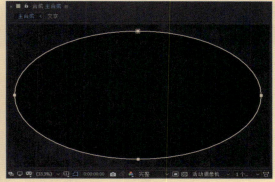

图11-142 绘制椭圆形蒙版

STEP 16 在"暗角"图层下方选择"蒙版1"选项后的"反转"复选框，展开"蒙版1"选项，设置"蒙版羽化"为550，如图11-143所示。在"合成"窗口中可以看到为画面添加暗角后的效果，如图11-144所示。

391

图11-143 设置"蒙版1"选项

图11-144 "合成"窗口效果

STEP 17 导入素材图像"源文件\第11章\素材\111402.jpg",如图11-145所示。将该素材拖入到"时间轴"面板中,设置该图层的"模式"为"屏幕",效果如图11-146所示。

图11-145 导入素材图像

图11-146 拖入素材图像并设置"模式"

STEP 18 展开该图层的"变换"选项组,设置"缩放"属性值为128%,"不透明度"为35%,在"合成"窗口中将素材稍向下移动一些,效果如图11-147所示。按住【Alt】键不放,单击"旋转"属性前的秒表图标,为该属性添加表达式time*2,如图11-148所示。

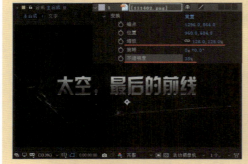

图11-147 设置相关属性效果

图11-148 为"旋转"属性添加表达式

STEP 19 导入视频素材"源文件\第11章\素材\111403.mov",如图11-149所示。将该素材拖入到"时间轴"面板中,设置该图层的"模式"为"屏幕",效果如图11-150所示。

图11-149 导入视频素材

图11-150 拖入视频素材并设置"模式"

STEP 20 选择"烟雾"图层，按【Ctrl+D】组合键，复制该图层，将复制得到的图层重命名为"烟雾2"，并调整至最上方，如图11-151所示。打开"效果控件"面板，对"烟雾2"图层的"分形杂色"效果选项进行修改，如图11-152所示。

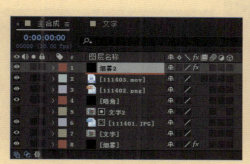
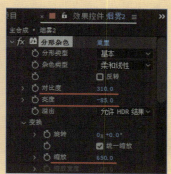

图11-151 复制图层并重命名　　　　　图11-152 修改"分形杂色"效果选项

STEP 21 选择"烟雾2"图层，按【U】键，在该图层下方只显示添加了关键帧的属性。将"时间指示器"移至4秒29帧位置，在"合成"窗口中将"分形杂色"效果的"偏移"属性中心点向右拖动，如图11-153所示。导入视频素材"源文件\第11章\素材\111404.mov"，如图11-154所示。

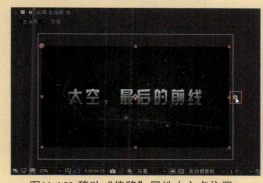

图11-153 移动"偏移"属性中心点位置　　　图11-154 导入视频素材

STEP 22 将视频素材111404.mov拖入到"时间轴"面板中，设置该图层的"模式"为"屏幕"，效果如图11-155所示。执行"图层>新建>调整图层"命令，新建调整图层。执行"效果>颜色校正>曲线"命令，为该调整图层应用"曲线"效果，在"效果控件"面板中分别对RGB通道曲线、"蓝色"通道曲线和"红色"通道曲线进行调整，如图11-156所示。

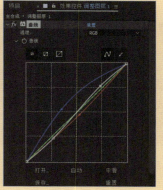

图11-155 拖入视频素材并设置"模式"　　　图11-156 设置"曲线"效果选项

STEP 23 完成"曲线"效果的设置后,在"合成"窗口中可以看到调整的效果,如图11-157所示。在"时间轴"面板中将"暗角"图层移至111404.mov图层的下方,效果如图11-158所示。

图11-157 "合成"窗口效果

图11-158 调整图层叠放顺序

STEP 24 选择"调整图层1",执行"图层>新建>调整图层"命令,新建调整图层。执行"效果>模糊和锐化>锐化"命令,为该图层应用"锐化"效果。在"效果控件"面板中设置"锐化量"为25,如图11-159所示。在"合成"窗口中可以看到对画画进行锐化处理后的效果,如图11-160所示。

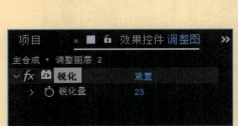
图11-159 设置"锐化"效果选项

图11-160 应用"锐化"后的效果

STEP 25 选择"调整图层2",按【Ctrl+D】组合键,复制该图层,将得到的图层重命名为"调整图层3",将该图层的"锐化"效果删除。执行"效果>模糊和锐化>快速方框模糊"命令,为该图层应用"快速方框模糊"效果,在"效果控件"面板中对相关选项进行设置,并为"模糊半径"属性插入关键帧,如图11-161所示。在"合成"窗口中可以看到对画画进行模糊处理后的效果,如图11-162所示。

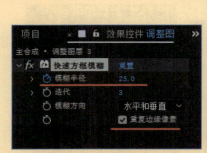

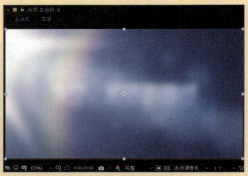

图11-161 设置"快速方框模糊"效果选项　图11-162 应用"快速方框模糊"后的效果

STEP 26 选择"调整图层3",按【U】键,在该图层下方只显示添加了关键帧的属性,如图11-163所示。将"时间指示器"移至2秒位置,设置"模糊半径"值为0,效果如图11-164所示。

第11章
短视频特效制作

图11-163 只显示添加了关键帧的属性

图11-164 设置"模糊半径"属性值效果

STEP 27 选择111404.mov图层，按【Crtl+D】组合键，复制该图层。按【T】键，显示该图层的"不透明度"属性，将"时间指示器"移至0秒位置，插入"不透明度"属性关键帧，如图11-165所示。将"时间指示器"移至2秒位置，设置"不透明度"属性值为0%，如图11-166所示。

图11-165 插入"不透明度"属性关键帧

图11-166 设置"不透明度"属性值

STEP 28 将"时间指示器"移至4秒位置，选择"调整图层3"，执行"效果>模糊和锐化>摄像机镜头模糊"命令，应用"摄像机镜头模糊"效果。在"效果控件"面板中对相关选项进行设置，并为"模糊半径"属性插入关键帧，如图11-167所示。选择"调整图层3"，按【U】键，在该图层下方只显示添加了关键帧的属性，如图11-168所示。

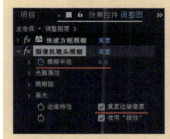
图11-167 设置效果选项

图11-168 只显示添加了关键帧的属性

STEP 29 将"时间指示器"移至4秒29帧位置，设置"摄像机镜头模糊"效果的"模糊半径"值为36，效果如图11-169所示。执行"图层>新建>调整图层"命令，新建调整图层并重命名为"调整图层4"，如图11-170所示。

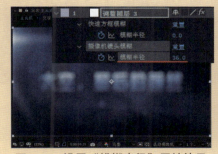
图11-169 设置"模糊半径"属性效果

图11-170 新建调整图层

395

STEP 30 将"时间指示器"移至4秒位置,执行"效果>过渡>渐变擦除"命令,为该图层应用"渐变擦除"效果。在"效果控件"面板中对相关选项进行设置,并为"过渡完成"属性插入关键帧,如图11-171所示。将"时间指示器"移至4秒29帧位置,设置"过渡完成"属性值为100%,效果如图11-172所示。

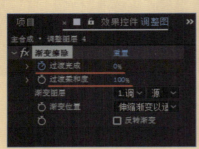

图11-171 设置效果选项　　　　　　图11-172 设置"过渡完成"属性效果

STEP 31 执行"图层>新建>纯色"命令,弹出"纯色设置"对话框,参数设置如图11-173所示,单击"确定"按钮,新建"纯色"图层。在"合成"窗口下方单击"选择网格和参考线"按钮,在打开的下拉列表框中选择"标题/动作安全"选项,在"合成"窗口中显示安全框,如图11-174所示。

图11-173 "纯色设置"对话框　　　　图11-174 在"合成"窗口中显示安全框

STEP 32 选择"黑边"图层,使用"矩形工具",根据安全框位置绘制矩形蒙版,如图11-175所示。在"黑边"图层下方的"蒙版1"选项中选择"反转"复选框,取消"合成"窗口安全框的显示,效果如图11-176所示。

图11-175 绘制矩形蒙版　　　　　　图11-176 反转蒙版路径效果

 Tips

此处制作的是一段标题文字的视频动画效果,使用相同的制作方法,还可以制作出多段标题文字的视频动画效果,并且可以在影片中加入背景音乐,使该电影开场视频的视觉表现效果更加出色。

第11章
短视频特效制作

STEP 33 至此，完成该电影开场视频特效的制作，单击"预览"面板中的"播放/停止"按钮▶，可以在"合成"窗口中预览动画，效果如图11-177所示。

图11-177 预览电影开场视频特效

【11.5 制作笔刷样式图片动态特效】

本案例将制作笔刷样式图片动态特效，通过为笔刷素材图像应用"色调"效果，制作笔刷的遮罩效果；再将笔刷遮罩效果与视频素材相结合作为图片的遮罩，从而实现笔刷样式图片遮罩显示的动画效果；最后再添加相应的效果对笔刷样式遮罩进行调整，从而使图片遮罩显示过程的表现更具动感。

应用案例 制作笔刷样式图片动态特效
源文件：源文件\第11章\11-5.aep　　　视频：光盘\视频\第11章\11-5.mp4

STEP 01 在After Effects中新建一个空白的项目，执行"合成>新建合成"命令，弹出"合成设置"对话框，对相关选项进行设置，如图11-178所示。单击"确定"按钮，新建合成。再次执行"合成>新建合成"命令，弹出"合成设置"对话框，对相关选项进行设置，如图11-179所示。单击"确定"按钮，新建合成。

图11-178 "合成设置"对话框

图11-179 "合成设置"对话框

STEP 02 再次执行"合成>新建合成"命令，弹出"合成设置"对话框，对相关选项进行设置，如图11-180所示。单击"确定"按钮，新建合成。导入视频素材"源文件\第11章\素材\11501.mov"，将该视频素材拖入到"变换"合成的"时间轴"面板中，如图11-181所示。

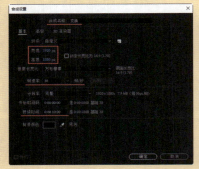

图11-180 "合成设置"对话框　　图11-181 导入视频素材并拖入到"变化"合成中

STEP 03 导入素材图像"源文件\第11章\素材\11502.jpg"，切换到"媒体"合成中，将该素材图像拖入到"媒体"合成的"时间轴"面板中，如图11-182所示。导入素材图像"源文件\第11章\素材\11503.png"，切换到"主合成"合成中，将该素材图像拖入到"主合成"合成的"时间轴"面板中，如图11-183所示。

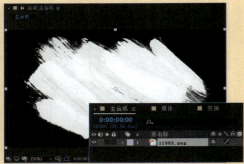

图11-182 导入图像素材并拖入到"媒体"合成中　　图11-183 导入图像素材并拖入到"主合成"合成中

STEP 04 选择11503.png图层，执行"效果>颜色校正>色调"命令，为该图层应用"色调"效果。在"效果控件"面板中对"色调"效果选项进行设置，如图11-184所示。在"合成"窗口中可以看到应用"色调"后的效果，如图11-185所示。

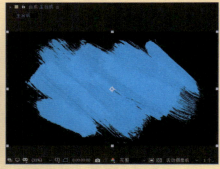

图11-184 设置"色调"效果选项　　图11-185 "合成"窗口效果

STEP 05 执行"效果>遮罩>简单阻塞工具"命令，应用"简单阻塞工具"效果。在"效果控件"面板中对"简单阻塞工具"效果选项进行设置，如图11-186所示。在"合成"窗口中可以看到应用"简单阻塞工具"增强图像细节后的效果，如图11-187所示。

第11章
短视频特效制作

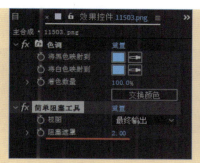

图11-186 设置"简单阻塞工具"效果选项

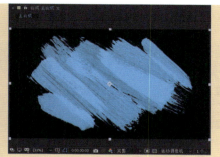

图11-187 "合成"窗口效果

STEP 06 在"项目"面板中将"变换"合成拖入到"时间轴"面板中,如图11-188所示。在"时间轴"面板中显示"转换控制"选项,设置11503.png图层的"TrkMat(轨道遮罩)"选项为"亮度遮罩'变换'",如图11-189所示。

图11-188 "时间轴"面板

图11-189 设置"TrkMat(轨道遮罩)"选项

STEP 07 选择11503.png图层,按【R】键,显示"旋转"属性,设置属性值为10°,效果如图11-190所示。同时选中"时间轴"面板中的两个图层,按【Crtl+D】组合键,复制图层,如图11-191所示。

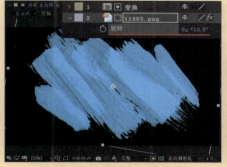

图11-190 旋转素材效果

图11-191 复制图层

STEP 08 选择复制得到的11503.png图层,打开"效果控件"面板,对"色调"效果的选项进行修改,效果如图11-192所示。按【R】键,显示"旋转"属性,设置属性值为170°,效果如图11-193所示。

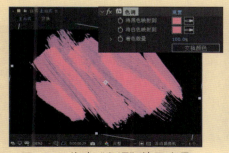

图11-192 修改"色调"效果选项

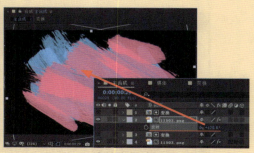

图11-193 旋转素材效果

STEP 09 选择复制得到的"变换"图层,按【R】键,显示"旋转"属性,设置属性值为180°,如图11-194所示。同时选中复制得到的两个图层,将这两个图层内容向右拖动至0秒10帧位置开始,如图11-195所示。

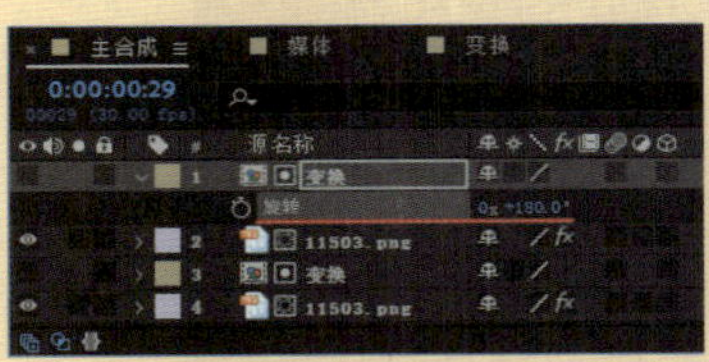

图11-194 设置"旋转"属性值

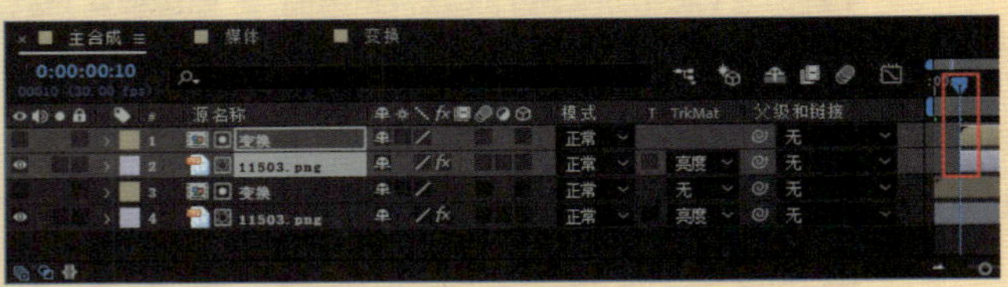

图11-195 移动图层内容开始位置

STEP 10 执行"图层>新建>纯色"命令,弹出"纯色设置"对话框,参数设置如图11-196所示。单击"确定"按钮,新建纯色图层,将纯色图层移至最底层,效果如图11-197所示。

图11-196 "纯色设置"对话框

图11-197 新建纯色图层并调整位置

STEP 11 在"项目"面板中将"媒体"合成拖入到"时间轴"面板中,如图11-198所示。在"项目"面板中将素材图像11503.png拖入到"时间轴"面板中,如图11-199所示。

图11-198 将合成拖入"时间轴"面板

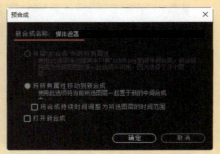
图11-199 将素材拖入"时间轴"面板

STEP 12 选择"媒体"图层,设置其"TrkMat(轨道遮罩)"选项为"Alpha遮罩'11503.png'",效果如图11-200所示。同时选中"媒体"和11503.png图层,执行"图层>预合成"命令,弹出"预合成"对话框,参数设置如图11-201所示。

图11-200 设置"TrkMat(轨道遮罩)"选项效果

图11-201 设置"预合成"对话框

STEP 13 单击"确定"按钮，创建预合成。在"项目"面板中将"变换"合成拖入到"时间轴"面板中，如图11-202所示。选择"媒体遮罩"图层，设置该图层的"TrkMat（轨道遮罩）"选项为"亮度遮罩'变换'"，如图11-203所示。

图11-202 将合成拖入"时间轴"面板　　图11-203 设置"TrkMat（轨道遮罩）"选项

STEP 14 选择"媒体遮罩"图层，执行"效果>颜色校正>色调"命令，应用"色调"效果，保持默认设置，将该图层中的图片处理为黑白效果，如图11-204所示。同时选中"媒体遮罩"和其上方的"变换"图层，将这两个图层内容向右拖动至0秒15帧位置开始，如图11-205所示。

图11-204 应用"色调"效果　　　　　图11-205 移动图层内容开始位置

STEP 15 按【Ctrl+D】组合键，复制当前选中的两个图层，如图11-206所示。将复制得到的"媒体遮罩"图层应用的"色调"效果删除，并同时将复制得到的两个图层内容向右拖动至1秒10帧位置开始，如图11-207所示。

图11-206 复制两个图层　　　　　图11-207 移动图层内容开始位置

STEP 16 执行"合成>新建合成"命令，弹出"合成设置"对话框，对相关选项进行设置，如图11-208所示。单击"确定"按钮，新建合成。在"项目"面板中将"媒体"合成拖入到"时间轴"面板中，在该图层上单击鼠标右键，在弹出的快捷菜单中选择"参考线图层"命令，将该图层转换为参考线图层，如图11-209所示。

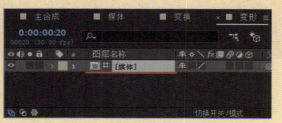

图11-208 "合成设置"对话框　　　图11-209 转换为参考线图层

STEP 17 执行"图层>新建>调整图层"命令,新建调整图层并将该图层重命名为"缩放",如图11-210所示。将"时间指示器"移至0秒10帧位置,按【Alt+[】组合键,调整该图层入点到当前时间位置;将"时间指示器"移至0秒20帧位置,按【Alt+]】组合键,调整该图层的出点至当前时间位置,如图11-211所示。

图11-210 新建调整图层并重命名　　　图11-211 调整图层入点和出点位置

STEP 18 执行"效果>扭曲>变换"命令,为该图层应用"变换"效果。在"效果控件"面板中设置"缩放"属性值为150,效果如图11-212所示。执行"图层>新建>调整图层"命令,新建调整图层,将新建的图层重命名为"色相",如图11-213所示。

图11-212 设置"缩放"属性效果　　　图11-213 新建调整图层并重命名

STEP 19 将"时间指示器"移至0秒15帧位置,按【Alt+[】组合键,调整该图层入点到当前时间位置;将"时间指示器"移至0秒27帧位置,按【Alt+]】组合键,调整该图层的出点至当前时间位置,如图11-214所示。执行"效果>颜色校正>色相/饱和度"命令,为该图层应用"色相/饱和度"效果。在"效果控件"面板中设置相关选项,效果如图11-215所示。

图11-214 调整图层入点和出点位置　　　图11-215 应用"色相/饱和度"效果

STEP 20 执行"图层>新建>调整图层"命令,新建调整图层,将新建的图层重命名为"模糊",如图11-216所示。将"时间指示器"移至0秒20帧位置,按【Alt+[】组合键,调整该图层入点到当前时间位置。将"时间指示器"移至1秒位置,按【Alt+]】组合键,调整该图层的出点至当前时间位置,如图11-217所示。

第11章
短视频特效制作

图11-216 新建调整图层并重命名

图11-217 调整图层入点和出点位置

STEP 21 将"时间指示器"移至0秒20帧位置，执行"效果>模糊和锐化>快速方框模糊"命令，为该图层应用"快速方框"效果。在"效果控件"面板中设置相关选项，并插入"模糊半径"属性关键帧，如图11-218所示。将"时间指示器"移至1秒位置，设置"模糊半径"属性值为0，如图11-219所示。

图11-218 应用"快速方框模糊"后的效果

图11-219 设置"模糊半径"属性值

STEP 22 执行"图层>新建>纯色"命令，弹出"纯色设置"对话框，参数设置如图11-220所示。单击"确定"按钮，新建纯色图层。将"时间指示器"移至0秒20帧位置，按【Alt+[】组合键，调整该图层入点到当前时间位置；将"时间指示器"移至1秒位置，按【Alt+]】组合键，调整该图层的出点至当前时间位置，如图11-221所示。

图11-220 "纯色设置"对话框

图11-221 调整图层入点和出点位置

STEP 23 将"时间指示器"移至0秒20帧位置，按【T】键，显示"不透明度"属性，设置该属性值为0%，并插入该属性关键帧，如图11-222所示。将"时间指示器"移至0秒22帧位置，设置"不透明度"属性值为50%，效果如图11-223所示。

图11-222 插入属性关键帧并设置属性值

图11-223 设置"不透明度"属性效果

STEP 24 将"时间指示器"移至1秒位置，设置"不透明度"属性值为0%，如图11-224所示。返回"主合成"编辑状态，将"变形"合成拖入到"时间轴"面板中，开启该图层的"连续栅格化"功能，并将该图层内容向右拖动至0秒10帧位置开始，如图11-225所示。

图11-224 设置"不透明度"属性值　　　　　图11-225 拖入"变形"合成并进行调整

STEP 25 执行"图层>新建>调整图层"命令，新建调整图层。执行"效果>颜色校正>自然饱和度"命令，为该图层应用"自然饱和度"效果。在"效果控件"面板中对相关选项进行设置，如图11-226所示。在"合成"窗口中可以看到应用"自然饱和度"后的效果，如图11-227所示。

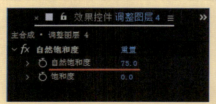

图11-226 设置"自然饱和度"效果选项　　　　图11-227 "合成"窗口效果

STEP 26 执行"图层>新建>调整图层"命令，新建调整图层。将"时间指示器"移至0秒位置，执行"效果>扭曲>变换"命令，为该图层应用"变换"效果，为该效果中的"缩放"属性插入关键帧，如图11-228所示。将"时间指示器"移至5秒位置，设置"变换"效果的"缩放"属性值为115%，效果如图11-229所示。

图11-228 插入"缩放"属性关键帧　　　　图11-229 设置"缩放"属性值效果

STEP 27 在"项目"面板中的"主合成"上单击鼠标右键，在弹出的快捷菜单中选择"合成设置"命令，弹出"合成设置"对话框，修改"持续时间"选项为5秒，如图11-230所示。单击"确定"按钮，完成"合成设置"对话框的设置，"时间轴"面板如图11-231所示。

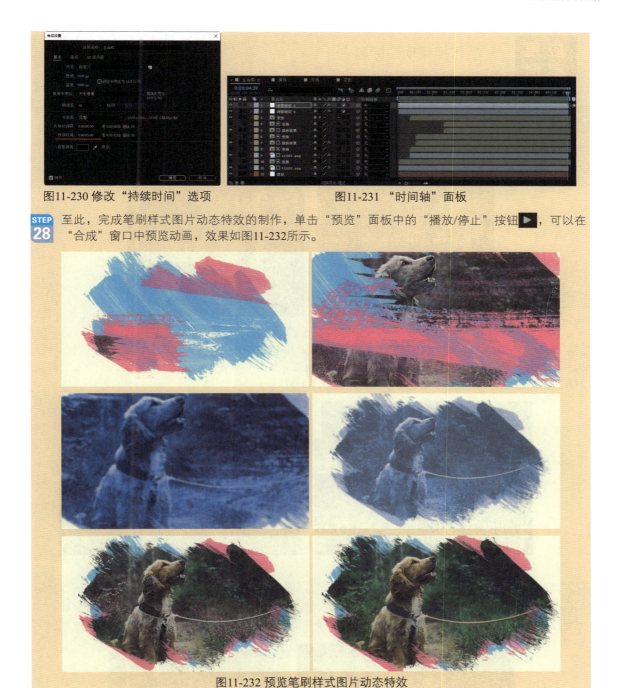

图11-230 修改"持续时间"选项　　　　图11-231 "时间轴"面板

STEP 28 至此，完成笔刷样式图片动态特效的制作，单击"预览"面板中的"播放/停止"按钮▶，可以在"合成"窗口中预览动画，效果如图11-232所示。

图11-232 预览笔刷样式图片动态特效

11.6 制作视频动感标题

本实例将制作一个视频动感标题效果，通过为矩形应用"湍流置换"效果制作出笔刷样式图形；然后制作笔刷样式图形的遮罩效果，将笔刷遮罩与视频素材相结合作为主题文字的动态遮罩对象，从而使标题文字表现出动态笔刷遮罩效果；最后通过添加各种效果、摄像机图层和空对象图层，使标题文字遮罩效果表现得更具动感。

应用案例 制作视频动感标题

源文件：源文件\第11章\11-6.aep　　　　　　视频：光盘\视频\第11章\11-6.mp4

STEP 01 在After Effects中新建一个空白的项目，执行"合成>新建合成"命令，弹出"合成设置"对话框，对相关选项进行设置，如图11-233所示。单击"确定"按钮，新建合成。再次执行"合成>新建合成"命令，弹出"合成设置"对话框，对相关选项进行设置，如图11-234所示。单击"确定"按钮，新建合成。

图11-233 "合成设置"对话框

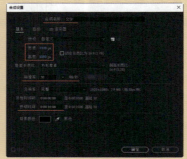
图11-234 "合成设置"对话框

STEP 02 使用"横排文字工具"，在"合成"窗口中单击并输入文字，如图11-235所示。使用"向后平移（锚点）工具"，将锚点移至文字内容的中心位置，单击"对齐"面板中的"水平对齐"和"垂直对齐"按钮，将文字对齐至合成的中心位置，如图11-236所示。

图11-235 输入文字

图11-236 将文字对齐至合成中心位置

STEP 03 选择文字图层，执行"效果>扭曲>变换"命令，应用"变换"效果。在"效果控件"面板中设置"倾斜"属性值为-8，效果如图11-237所示。执行"合成>新建合成"命令，弹出"合成设置"对话框，对相关选项进行设置，如图11-238所示。单击"确定"按钮，新建合成。

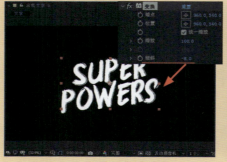
图11-237 设置文字倾斜效果

图11-238 "合成设置"对话框

STEP 04 使用"矩形工具",在工具栏中设置"填充"为白色,"描边"为无,双击"矩形工具",自动绘制一个与合成大小相同的矩形,如图11-239所示。展开"形状图层1"下方"矩形1"选项组中的"矩形路径1"选项组,修改"大小"属性值为(1920,250),效果如图11-240所示。

图11-239 绘制与合成大小相同的矩形

图11-240 修改矩形的尺寸大小

STEP 05 选择"形状图层1",按【S】键,显示该图层的"缩放"属性,设置属性值为90%,效果如图11-241所示。执行"效果>扭曲>湍流置换"命令,应用"湍流置换"效果。在"效果控件"面板中对"湍流置换"效果的相关选项进行设置,如图11-242所示。

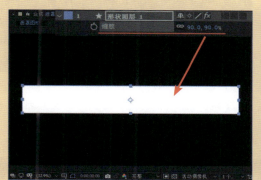
图11-241 设置"缩放"属性效果

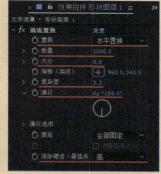
图11-242 设置"湍流置换"效果选项

STEP 06 在"合成"窗口中可以看到应用"湍流置换"所实现的效果,如图11-243所示。选择"形状图层1",按【Ctrl+D】组合键两次,将该图层复制两次,并且调整图层的叠放顺序,如图11-244所示。

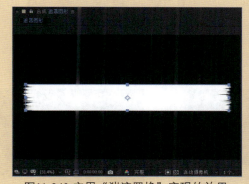
图11-243 应用"湍流置换"实现的效果

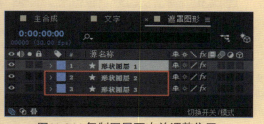
图11-244 复制图层两次并调整位置

STEP 07 选择"形状图层3",在"合成"窗口中将该图层中的图形向下移至合适的位置,如图11-245所示。选择"形状图层1",在"合成"窗口中将该图层中的图形向上移至合适的位置,如图11-246所示。

 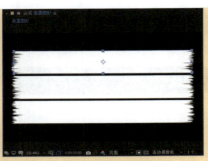

图11-245 向下移动图形位置　　　图11-246 向上移动图形位置

STEP 08 将"合成"窗口视图调整至100%，分别移动上面和下面的图形，使3个图形紧靠在一起，如图11-247所示。将"时间指示器"移至2秒位置，同时选中"时间轴"面板中的3个图层，按【P】键，显示这3个图层的"位置"属性，插入该属性关键帧，如图11-248所示。

图11-247 微调图形位置　　　图11-248 插入属性关键帧

STEP 09 将"时间指示器"移至0秒位置，同时选中"形状图层1"和"形状图层3"，在"合成"窗口中将这两个图层中的图形水平向左移出合成可视区域，如图11-249所示。选择"形状图层2"，在"合成"窗口中将该图层中的图形水平向右移出合成可视区域，如图11-250所示。

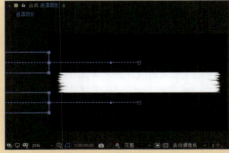 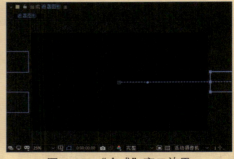

图11-249 "合成"窗口效果　　　图11-250 "合成"窗口效果

STEP 10 在"时间轴"面板中拖动鼠标同时选中所有关键帧，按【F9】键，应用"缓动"效果，如图11-251所示。单击"时间轴"面板中的"图表编辑器"按钮，切换到图表编辑器状态，如图11-252所示。

图11-251 为关键帧应用"缓动"效果　　图11-252 进入图表编辑器状态

第11章 短视频特效制作

STEP 11 选中右侧锚点，拖动方向线调整运动速度曲线，如图11-253所示。返回时间轴编辑状态，执行"合成>新建合成"命令，弹出"合成设置"对话框，对相关选项进行设置，如图11-254所示。单击"确定"按钮，新建合成。

图11-253 调整运动速度曲线　　图11-254 "合成设置"对话框

STEP 12 在"项目"面板中分别将"文字"和"遮罩图形"拖入到"时间轴"面板中，效果如图11-255所示。在"时间轴"面板中显示"转换控制"选项，设置"文字"图层的"TrkMat（轨道遮罩）"选项为"Alpha遮罩'遮罩图形'"，如图11-256所示。

图11-255 "合成"窗口效果　　图11-256 设置"TrkMat（轨道遮罩）"选项

STEP 13 同时选中"时间轴"面板中的两个图层，执行"图层>预合成"命令，弹出"预合成"对话框，参数设置如图11-257所示。单击"确定"按钮，创建预合成。导入素材视频"源文件\第11章\素材\11601.mov"，如图11-258所示。

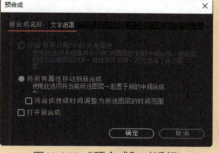 

图11-257 "预合成"对话框　　图11-258 导入视频素材

STEP 14 将11601.mov视频素材拖入到"时间轴"面板中，效果如图11-259所示。选择"文字遮罩"图层，设置该图层的"TrkMat（轨道遮罩）"选项为"Alpha遮罩'11601.mov'"，效果如图11-260所示。

图11-259 拖入视频素材　　图11-260 设置"TrkMat（轨道遮罩）"选项

STEP 15 同时选中"时间轴"面板中的两个图层,执行"图层>预合成"命令,弹出"预合成"对话框,参数设置如图11-261所示。单击"确定"按钮,创建预合成。在"项目"面板中选择"笔刷文字标题1"合成,按【Ctrl+D】组合键复制该合成得到"笔刷文字标题2"合成。将复制得到的"笔刷文字标题2"合成拖入到"时间轴"面板中,如图11-262所示。

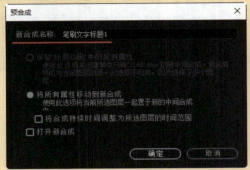

图11-261 "预合成"对话框　　　　图11-262 "时间轴"面板

STEP 16 双击"时间轴"面板中的"笔刷文字标题2",进入该合成的编辑状态中,修改"文字遮罩"图层的"TrkMat(轨道遮罩)"选项为"无",如图11-263所示。显示11601.mov图层,并将该图层移至"文字遮罩"图层下方,如图11-264所示。

图11-263 修改"TrkMat(轨道遮罩)"选项　　　　图11-264 显示图层并调整顺序

STEP 17 返回"标题动画"合成的编辑状态中,选择"笔刷文字标题2"图层,执行"效果>生成>填充"命令,应用"填充"效果。在"效果控件"面板中设置"颜色"为#E52535,效果如图11-265所示。选择"笔刷文字标题1"图层,按【Ctrl+D】组合键,复制该图层,将原"笔刷文字标题1"图层重命名为"阴影",如图11-266所示。

图11-265 应用"填充"后的效果　　　　图11-266 复制图层并重命名图层

STEP 18 选择"阴影"图层,执行"效果>生成>填充"命令,应用"填充"效果。在"效果控件"面板中设置"颜色"为#390000,如图11-267所示。执行"效果>模糊和锐化>CC Radial Blur"命令,应用CC Radial Blur效果。在"效果控件"面板中对相关选项进行设置,如图11-268所示。

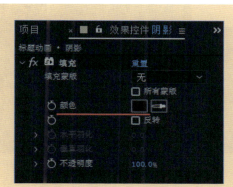
图11-267 设置"填充"效果选项

图11-268 设置CC Radial Blur效果选项

STEP 19 在"合成"窗口中调整CC Radial Blur效果的中心点位于右上角位置,如图11-269所示。在"时间轴"面板中开启3个图层的3D图层功能,如图11-270所示。

图11-269 调整CC Radial Blur中心点位置

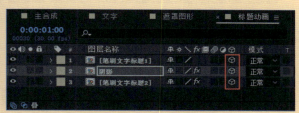
图11-270 开启图层的3D图层功能

STEP 20 同时选中"时间轴"面板中的3个图层,按【P】键,显示每个图层的"位置"属性。同时选中"阴影"和"笔刷文字标题1"这两个图层,设置"位置"属性值为(960,540,-25),如图11-271所示。执行"图层>新建>摄像机"命令,弹出"摄像机设置"对话框,参数设置如图11-272所示。单击"确定"按钮,新建摄像机图层。

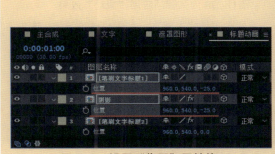
图11-271 设置"位置"属性值

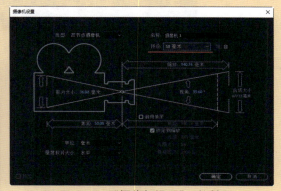
图11-272 "摄像机设置"对话框

STEP 21 执行"图层>新建>空对象"命令,新建空对象图层,将该图层重命名为"镜头",如图11-273所示。单击"对齐"面板中的"水平对齐"和"垂直对齐"按钮,将空对象图层对齐至合成的中心位置,如图11-274所示。

图11-273 新建空对象图层并重命名

图11-274 将空对象图层对齐到合成中心位置

STEP 22 开启"镜头"图层的3D图层功能,并且将"摄像机1"图层的"父级和链接"选项设置为"镜头"图层,如图11-275所示。选择"镜头"图层,按【R】键,显示该图层的"旋转"属性。将"时间指示器"移至0秒位置,分别为"X轴旋转"和"Y轴旋转"属性插入关键帧,如图11-276所示。

图11-275 开启3D图层并设置父级链接

图11-276 插入属性关键帧

STEP 23 将"时间指示器"移至2秒位置,设置"X轴旋转"属性值为18°,"Y轴旋转"属性值为−21°,效果如图11-277所示。选中"镜头"图层的所有属性关键帧,按【F9】键,应用"缓动"效果,如图11-278所示。

图11-277 设置属性值效果

图11-278 为关键帧应用"缓动"效果

STEP 24 单击"时间轴"面板中的"图表编辑器"按钮,切换到图表编辑器状态,如图11-279所示。选中右侧锚点,拖动方向线调整运动速度曲线,如图11-280所示。

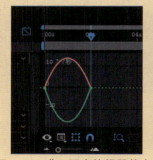
图11-279 进入图表编辑器状态

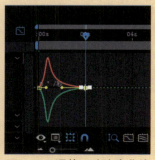
图11-280 调整运动速度曲线

第11章 短视频特效制作

STEP 25 返回时间轴编辑状态，新建一个空对象图层，将该图层重命名为"抖动"。单击"对齐"面板中的"水平对齐"和"垂直对齐"按钮，将空对象图层对齐至合成的中心位置，如图11-281所示。开启"抖动"图层的3D图层功能，并且将"镜头"图层的"父级和链接"选项设置为"抖动"图层，如图11-282所示。

图11-281 将空对象图层对齐到合成中心位置　　图11-282 开启3D图层并设置父级链接

STEP 26 选择"抖动"图层，按【P】键，显示该图层的"位置"属性，按住【Alt】键并单击"位置"属性前的"秒表"图标，为该属性添加表达式wiggle(2,2)，如图11-283所示。新建一个调整图层，将"时间指示器"移至0秒20帧位置，按【Alt+[】组合键，调整该图层入点到当前位置；将"时间指示器"移至1秒位置，按【Alt+]】组合键，调整该图层的出点至当前时间位置，如图11-284所示。

图11-283 为"位置"属性添加表达式　　图11-284 新建调整图层并设置其入点和出点位置

STEP 27 执行"效果>透视>3D眼镜"命令，应用"3D眼镜"效果。在"效果控件"面板中对"3D眼镜"效果的相关选项进行设置，如图11-285所示。在"合成"窗口中可以看到应用"3D眼镜"所实现的效果，如图11-286所示。

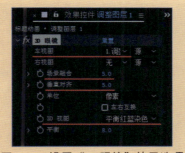

图11-285 设置"3D眼镜"效果选项　　图11-286 应用"3D眼镜"所实现的效果

STEP 28 执行"效果>扭曲>变换"命令，应用"变换"效果，设置该效果的"缩放"属性值为150，效果如图11-287所示。返回"主合成"的编辑状态中，导入视频素材"源文件\第11章\素材\11602.mp4"，如图11-288所示。

图11-287 设置"缩放"属性值　　图11-288 导入视频素材

413

STEP 29 分别将视频素材11602.mp4和合成"标题动画"拖入到"时间轴"面板中,效果如图11-289所示。在"项目"面板中的"主合成"上单击鼠标右键,在弹出的快捷菜单中选择"合成设置"命令,弹出"合成设置"对话框,修改"持续时间"选项为5秒,如图11-290所示,单击"确定"按钮。

图11-289 "合成"窗口效果

图11-290 修改"持续时间"选项

STEP 30 至此,完成视频动感标题特效的制作,单击"预览"面板中的"播放/停止"按钮▶,可以在"合成"窗口中预览动画,效果如图11-291所示。

图11-291 预览视频动感标题特效

11.7 知识拓展：动画为什么是运动的

人的眼睛就像一个传感器，能够使静态图像具有暂留效果。盯着一个高对比度的图像看一会儿，然后闭上眼睛，将会看到一个朦胧的图像，这种现象称为"视觉暂留"，After Effects软件的名称就来源于这一现象。

动画的奥秘是有一系列相互关联的图像，将它们快速移动以至于人的眼睛无法意识到它们与分离图像的区别。每秒至少播放24帧独立的静态图像，就能够获得连续运动的图像视觉效果。

11.8 本章小结

本章通过多个短视频特效案例的制作，讲解了如何综合运用Aftet Effects中的关键帧动画与多种内置效果相结合，实现各种特殊的动态视频效果。通过学习本章中的案例，希望读者能够掌握在After Effects中综合运用各种功能和效果制作视频动画特效的方法，并能够开拓思维，创造出更多富有创意的视频特效。

读书笔记

第12章 UI交互动画制作

UI中的交互动画并不是为了娱乐用户，而是为了让用户理解现在所发生的事情，更有效地说明产品的使用方法。真正的情感化设计需要设计师设计出精美的UI、整理出清晰的交互逻辑、通过动画效果引导用户、把漂亮的界面衔接起来。在本章中将介绍UI中常见的交互动画的制作方法，并通过案例的制作使读者掌握在After Effects中制作UI交互动画的方法和技巧。

本章学习重点

第432页
制作加载进度条动画

第447页
制作图片翻页切换动画

第459页
制作下雪天气界面动画

第466页
制作通话界面动画

12.1 开关按钮动画

开关按钮是UI中最基础的交互元素，在移动端UI中使用的频率非常高。为开关按钮加入动画效果，可以在实际操作过程中为用户带来良好的视觉反馈。

12.1.1 开关按钮的功能与特点

开关顾名思义就是开启和关闭，开关按钮是移动端界面中常见的元素，一般用于打开或关闭某个功能。在移动端操作系统中，开关按钮的应用十分常见，通过开关按钮可以打开或者关闭应用中的某种功能，这样的设计符合现实生活经验，是一种习惯用法。

移动端UI中的开关按钮用于展示当前功能的激活状态，用户通过单击或者"滑动"可以切换该选项或者功能的状态，常见的表现形式有矩形和圆形两种，如图12-1所示。

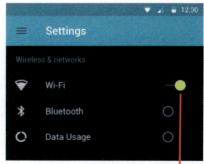

App界面中的开关元素的设计非常简约，通常使用基本图形配合不同的颜色来表现该功能的打开或者关闭

图12-1 移动UI中的开关按钮

12.1.2 制作开关按钮交互动画

在移动端UI设计中可以为开关按钮控件添加交互动态效果设计，当用户进行操作时，可以通过交互动画的方式向用户展示功能切换过程，给人一种动态、流畅的感觉。

第12章 UI交互动画制作

应用案例 制作开关按钮交互动画

源文件：源文件\第12章\12-1-2.aep　　　视频：光盘\视频\第12章\12-1-2.mp4

STEP 01 在After Effects中新建一个空白的项目，执行"合成>新建合成"命令，弹出"合成设置"对话框，对相关选项进行设置，如图12-2所示。使用"矩形工具"，设置"填充"为白色，"描边"为无，选择中"贝赛尔曲线路径"复选框，在"合成"窗口中绘制矩形，如图12-3所示。

图12-2 "合成设置"对话框

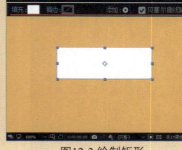
图12-3 绘制矩形

STEP 02 在"时间轴"面板中将该图层重命名为"开关背景"，单击该图层下方"内容"选项右侧的"添加"按钮 ▶，在打开的下拉列表框中选择"圆角"选项，添加"圆角"选项，设置"半径"为45，将矩形变成圆角矩形，如图12-4所示。不要选择任何对象，使用"椭圆工具"，在工具栏中单击"填充"文字，弹出"填充选项"对话框，选择"径向渐变"选项，如图12-5所示。

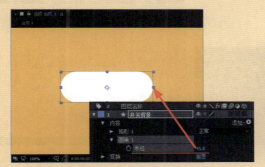
图12-4 设置"半径"属性

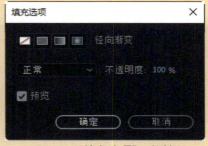
图12-5 "填充选项"对话框

STEP 03 在"合成"窗口中按住【Shift】键并拖动鼠标绘制一个正圆形，调整该正圆形到合适的大小和位置，如图12-6所示。拖动该正圆形的渐变填充轴，调整径向渐变的填充效果，如图12-7所示。

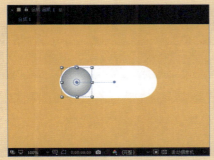
图12-6 绘制正圆形并调整大小和位置

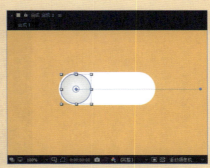
图12-7 调整径向渐变填充效果

Tips

此处需要为该正圆形填充的就是从白色到浅灰色的径向渐变颜色,所以通过调整默认的黑白径向渐变的填充效果就可以得到所需的效果。如果需要填充其他的渐变填充颜色,可以展开该图层下方的"渐变填充"选项,单击"颜色"属性右侧的"编辑渐变"链接,在弹出的"渐变编辑器"对话框中设置渐变颜色。

STEP 04 在"时间轴"面板中将该图层重命名为"圆"。执行"图层>图层样式>投影"命令,为该图层添加"投影"图层样式,对相关选项进行设置,如图12-8所示。在"合成"窗口中可以看到为该正圆形添加"投影"图层样式后的效果,如图12-9所示。

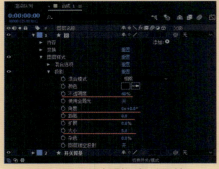
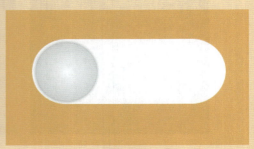

图12-8 设置"投影"相关属性　　　　　　图12-9 正圆形投影效果

STEP 05 选择"圆"图层,按【P】键,显示该图层的"位置"属性,为该属性插入关键帧,如图12-10所示。将"时间指示器"移至1秒位置,在"合成"窗口中将该正圆形向右移至合适的位置,如图12-11所示。

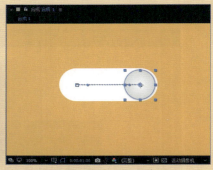

图12-10 插入"位置"属性关键帧　　　　图12-11 移动正圆形位置

STEP 06 将"时间指示器"移至2秒位置,选择起始位置上的关键帧,按【Ctrl+C】组合键进行复制,按【Ctrl+V】组合键,将其粘贴到2秒位置,如图12-12所示。同时选中此处的3个关键帧,按【F9】键,为其应用"缓动"效果,如图12-13所示。

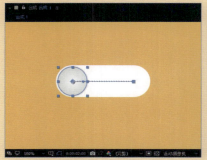

图12-12 移动正圆形位置　　　　图12-13 为关键帧应用"缓动"效果

STEP 07 单击"时间轴"面板中的"图表编辑器"按钮,进入图表编辑器状态,如图12-14所示。选中曲线锚点,拖动方向线调整运动速度曲线,如图12-15所示。

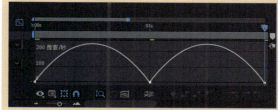
图12-14 进入图表编辑器状态

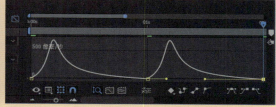
图12-15 调整运动速度曲线

STEP 08 再次单击"图表编辑器"按钮,返回到默认状态。将"时间指示器"移至起始位置,选择"开关背景"图层,为"颜色"属性插入关键帧,如图12-16所示。将"时间指示器"移至1秒位置,修改"颜色"为#4DD865,效果如图12-17所示。

图12-16 插入"填充颜色"属性关键帧

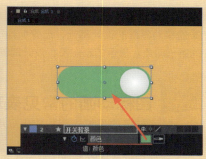
图12-17 修改"填充颜色"属性

STEP 09 将"时间指示器"移至2秒位置,修改"颜色"为白色,同时选中此处的3个关键帧,按【F9】键,为其应用"缓动"效果,如图12-18所示。单击"时间轴"面板中的"图表编辑器"按钮,进入图表编辑器状态,使用相同的方法,对速度曲线进行调整,如图12-19所示。

图12-18 为关键帧应用"缓动"效果

图12-19 调整运动速度曲线

STEP 10 在"项目"面板中的合成上单击鼠标右键,在弹出的快捷菜单中选择"合成设置"命令,弹出"合成设置"对话框,修改"持续时间"为3秒,如图12-20所示。单击"确定"按钮,完成"合成设置"对话框的设置,展开各图层所设置的关键帧,"时间轴"面板如图12-21所示。

图12-20 修改"持续时间"选项

图12-21 "时间轴"面板

中文版After Effects CC 2020
完全自学一本通

STEP 11 至此，完成开关按钮动画的制作，单击"预览"面板中的"播放/停止"按钮▶，可以在"合成"窗口中预览动画效果。也可以根据前面介绍的渲染输出方法，将该动画渲染输出为视频文件，再使用Photoshop将其输出为GIF格式的动画，动画效果如图12-22所示。

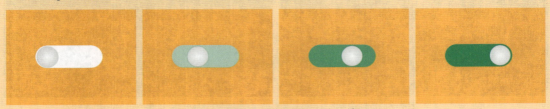

图12-22 预览开关按钮交互动画效果

12.2 图标动画

图标设计反应了人们对于事物的普遍理解，同时都也展示了社会、人文等多种元素。精美的图标是一个优秀的移动界面的设计基础，无论何种行业，用户都会喜欢美观的产品，美观的产品总会给用户留下良好的第一印象。出色的动态图标设计能够更加出色地诠释图标的功能。

图标动画的常见表现形式

如今，越来越多的手机应用和Web应用都开始注重图标交互动画的应用，如手机在充电过程中"电池"图标的动画效果（如图12-23所示），以及音乐播放软件中"播放模式"图标的改变等（如图12-24所示）。恰到好处的交互动画可以给用户带来愉悦的交互体验。

图12-23 "电池"图标动画　　　　图12-24 "播放模式"图标动画

在过去，图标的转换比较死板，近些年流行在切换图标时加入过渡动画，这种交互动画能够有效提高产品的用户体验，为应用软件增色不少。下面将介绍图标动画的一些表现方法，以便于读者在图标动画的设计过程中合理应用。

- **1．属性转换法**

绝大多数图标动画都离不开属性的变化，这也是应用最普遍、最简单的一种图标动画表现方法。属性包含位置、大小、旋转、透明度和颜色等，如果能恰当地应用这些属性，可以表现出令人眼前一亮的图标动画效果。

图12-25所示为一个"下载"图标动画，通过对图形的位置和颜色属性进行变化来表现出简单的动画效果。在动画中同时加入"缓动"效果，使动画的表现更加真实。

图12-25 "下载"图标动画

图12-26所示为一个"Wi-Fi网络"图标动画,通过图形的旋转属性使组成图形的形状围绕中心进行左右晃动,晃动的幅度从大至小,直到最终停止。在动画中同时加入"缓动"效果,使动画的表现更加真实。

图12-26 "Wi-Fi"网络图标动画

● 2. 路径重组法

路径重组法是指将组成图标的笔画路径在动画过程中进行重组,从而构成一个新的图标。采用路径重组法的图标动画,需要设计师能够仔细观察两个图标之间笔画的关系,这种图标动画的表现方法也是目前比较流行的图标动画效果。

图12-27所示为一个"菜单"图标与"返回"图标之间的交互切换动画。对组成"菜单"图标的3条路径进行放转、缩放后,变成箭头形状的"返回"图标。与此同时,进行整体的旋转,最终过渡到新的图标。

图12-27 "菜单"图标与"返回"图标切换动画

图12-28所示为一个"静音"图标切换动画,对正常状态下的两条路径进行变形处理,将这两条路径变形为交叉的两条直线并放置在图标的右上角,从而切换到静音状态。

图12-28 "静音"图标切换动画

● 3. 点线面降级法

点线面降级法是指应用设计理念中的点、线、面理论,在动画表现过程中可以将面降级为线、将线降级为点,从而表现图标的切换过渡动画效果。

面与面进行转换时,可以使用线作为介质,一个面先转换为一根线,再通过这根线转换成另一个面。同样的道理,线和线转换时,可以使用点作为介质,一根线先转换成一个点,再通过这个点转换成另外一根线。

图12-29所示为一个"顺序播放"图标切换动画。"顺序播放"图标的路径由线收缩为一个点,然后在下方再添加一个点,两个点同时向外展示为线,从而切换到"随机播放"图标。

图12-29 "顺序播放"图标切换动画

图12-30所示为一个更多图标切换动画，"记事本"图标的路径由线收缩为点，然后由点再展开为线，直到变成圆环形，并进行旋转，从而实现从圆角矩形到圆形的切换动画效果。

图12-30 更多图标切换动画

● 4．遮罩法

遮罩法也是图标动画中常用的一种表现方法，两个图形之间相互转换时，可以使用其中一个图形作为另一个图形的遮罩，也就是边界。当这个图形放大时，因为另一个图形作为边界的缘故，转变另一个图形的形状。

图12-31所示为一个"时间"图标与"字符"图标之间的切换动画。"时间"图标中指针图形越转越快，同时正圆形背景也逐渐放大，使用不可见的圆角矩形作为遮罩。当正圆形放大到一定程度时，被圆角矩形遮罩从而表现出圆角矩形背景，而时间指针图形也通过位置和旋转属性的变化构成新的图形。

图12-31 "时间"图标与"字符"图标切换动画

● 5．分裂融合法

分裂融合法是指构成图标的图形笔画相互融合变形，从而切换为另外一个图标。分裂融合法尤其适用于其中一个图标是一个整体，另一个图标由多个分离的部分组成的情况。

图12-32所示为一个"加载"图标与"播放"图标之间的切换动画。"加载"图标的3个小点变形为弧线段，并围绕中心旋转再变形为3个小点，由3个小点相互融合变形过渡到一个三角形"播放"图标。

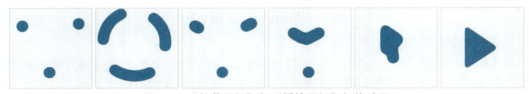

图12-32 "加载图标"与"播放图标"切换动画

图12-33所示为一个正圆形与"网格"图标之间的交互切换动画。一个正圆形缩小并逐渐按顺序分裂成4个圆角矩形，分裂完成后的正圆形，过渡到由4个圆角矩形构成的"网格"图标。

图12-33 正圆形与"网格"图标切换动画

● 6．图标特性法

图标特性法是指根据所设计的图标在日常生活中的特征或者根据图标需要表达的实际意义，来设计图标的交互动画效果，这就要求设计师具有较强的观察能力和思维发散性。

图12-34所示为一个"删除"图标的动画效果，通过垃圾桶图形来表现该图标。在图标动画的设计中，通过垃圾桶的压缩及反弹，以及模拟重力反弹的盖子，使该"删除"图标动画的表现非常生动。

图12-34 "删除"图标动画

12.2.2 制作图标变形切换动画

图标变形切换动画是一种移动端常见的图标动画效果，单击界面中某一个功能图标后，组成该图标的路径将通过变形重组的方式切换为另一个功能图标。通过动态的变形切换过程，提示用户该图标功能的转变，并给人带来强烈的动态交互感。

应用案例　制作图标变形切换动画

源文件：源文件\第12章\12-2-2.aep　　　视频：光盘\视频\第12章\12-2-2.mp4

STEP 01 在After Effects中新建一个空白的项目，执行"合成>新建合成"命令，弹出"合成设置"对话框，对相关选项进行设置，如图12-35所示。使用"矩形工具"，在工具栏中设置"填充"为白色，"描边"为无，在画布中绘制矩形，并在"时间轴"面板中设置"大小"属性值，如图12-36所示。

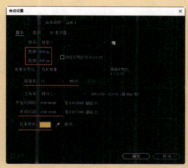　

图12-35 "合成设置"对话框　　　图12-36 绘制矩形并设置矩形大小

STEP 02 将"时间指示器"移至0秒5帧位置，单击"大小"属性前的"秒表"按钮，插入该属性关键帧，设置矩形的"大小"为0，如图12-37所示。将"时间指示器"移至0秒15帧位置，修改矩形的"大小"为230，如图12-38所示。

图12-37 插入关键帧并设置属性值　　　图12-38 修改"大小"属性值

STEP 03 同时选中这两个关键帧，按【F9】键，应用"缓动"效果，如图12-39所示。选择"形状图层1"，使用"向后平移（锚点）工具"，调整图形锚点使其位于矩形的中心位置，如图12-40所示。

图12-39 为关键帧应用"缓动"效果

图12-40 调整锚点位置

STEP 04 按【Ctrl+D】组合键，复制"形状图层1"得到"形状图层2"。将该图层中的图形向下移至合适的位置，如图12-41所示。调整该图层中的"大小"属性关键帧，使其分别位于0秒7帧和0秒17帧位置，如图12-42所示。

图12-41 复制图形并向下移动

图12-42 移动关键帧位置

STEP 05 按【Ctrl+D】组合键，复制"形状图层2"得到"形状图层3"。使用相同的制作方法，对该图层中的图形位置和"大小"属性关键帧进行调整，如图12-43所示。

图12-43 向下移动图形并调整关键帧的位置

STEP 06 选择"形状图层1"，展开该图层的"变换"选项，将"时间指示器"移至1秒位置，分别为"位置"、"缩放"和"旋转"属性插入关键帧，如图12-44所示。选择"形状图层1"，按【U】键，在该图层下方只显示添加了关键帧的属性，如图12-45所示。

图12-44 插入多个属性关键帧

图12-45 只显示添加了关键帧的属性

第12章
UI交互动画制作

STEP 07 在相同的位置，分别为"形状图层2"和"形状图层3"的"变换"选项中的"位置"、"缩放"和"旋转"属性插入关键帧，同时选中这两个图层，按【U】键，在图层下方只显示添加了关键帧的属性，如图12-46所示。

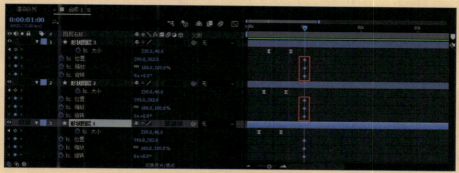

图12-46 插入多个属性关键帧

STEP 08 将"时间指示器"移至1秒15帧位置，选择"形状图层1"，对其"位置"、"缩放"和"旋转"属性进行设置，效果如图12-47所示。选择"形状图层2"，设置其"旋转"属性为180°，效果如图12-48所示。

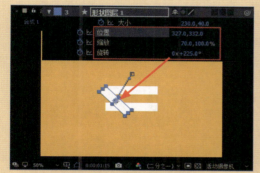 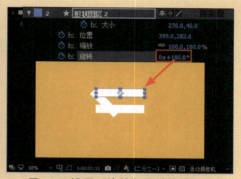

图12-47 设置属性值效果　　　　　图12-48 设置"旋转"属性值效果

STEP 09 选择"形状图层3"，对其"位置"、"缩放"和"旋转"属性进行设置，效果如图12-49所示。按住【Shift】键并在"时间轴"面板中拖动鼠标，同时选中相应的属性关键帧，按【F9】键，为选中的多个关键帧应用"缓动"效果，如图12-50所示。

图12-49 设置属性值效果　　　　　图12-50 为相应的关键帧应用"缓动"效果

STEP 10 选择"形状图层1"，拖动鼠标同时选中该图层1秒15帧位置上的"位置"、"缩放"和"旋转"属性关键帧，如图12-51所示。按【Ctrl+C】组合键，复制选中的属性关键帧，将"时间指示器"移至2秒位置，按【Ctrl+V】组合键，粘贴属性关键帧，如图12-52所示。

425

图12-51 选择多个属性关键帧并复制

图12-52 粘贴属性关键帧

STEP 11 使用相同的制作方法，分别对"形状图层2"和"形状图层3"执行相同的复制和粘贴属性关键帧的操作，"时间轴"面板如图12-53所示。

图12-53 "时间轴"面板

STEP 12 将"时间指示器"移至2秒15帧位置，选择"形状图层1"，对其"位置"、"缩放"和"旋转"属性进行设置，效果如图12-54所示。选择"形状图层2"，设置其"旋转"属性，效果如图12-55所示。

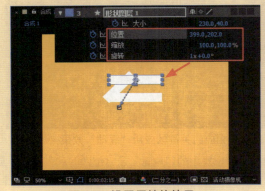

图12-54 设置属性值效果

图12-55 设置"旋转"属性值效果

第12章 UI交互动画制作

STEP 13 选择"形状图层3",对其"位置"、"缩放"和"旋转"属性进行设置,如图12-56所示。在"合成"窗口中可以看到该矩形的效果,如图12-57所示。

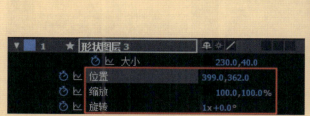

图12-56 设置属性值

图12-57 图形效果

STEP 14 选择"形状图层1",将"时间指示器"移至3秒位置,单击"缩放"属性前的"添加关键帧"按钮◆,在当前位置添加该属性关键帧,如图12-58所示。将"时间指示器"移至3秒10帧位置,设置水平"缩放"为0%,效果如图12-59所示。

图12-58 添加属性关键帧

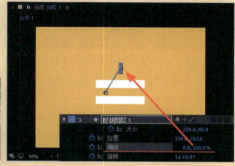

图12-59 设置"缩放"属性值效果

STEP 15 选择"形状图层3",将"时间指示器"移至3秒位置,单击"缩放"属性前的"添加关键帧"按钮◆,在当前位置添加该属性关键帧,如图12-60所示。将"时间指示器"移至3秒10帧位置,设置水平"缩放"为0%,效果如图12-61所示。

图12-60 添加属性关键帧

图12-61 设置"缩放"属性值效果

STEP 16 选择"形状图层2",将"时间指示器"移至3秒05帧位置,单击"缩放"属性前的"添加关键帧"按钮◆,在当前位置添加该属性关键帧,如图12-62所示。将"时间指示器"移至3秒15帧位置,设置垂直"缩放"为560%,效果如图12-63所示。

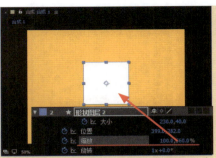

图12-62 添加属性关键帧　　　　　　　图12-63 设置"缩放"属性值效果

STEP 17 单击"时间轴"面板左下角的"展开或折叠'入点'/'出点'/'持续时间'/'伸缩'窗格"按钮，在各图层中显示相应的选项，如图12-64所示。在"时间轴"面板中选中表示每个图层持续时间的蓝色形状，调整这3个图层的出点位置在4秒01帧位置结束，如图12-65所示。

图12-64 显示相应的设置选项　　　　　　图12-65 调整图层出点位置

STEP 18 将"时间指示器"移至4秒位置，按【Ctrl+R】组合键，在"合成"窗口中显示标尺。从标尺中拖出相应的参考线，如图12-66所示。在"合成"窗口中不要选中任何对象，使用"矩形工具"，在工具栏中设置"填充"为白色，"描边"为无，绘制矩形，如图12-67所示。

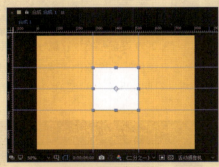
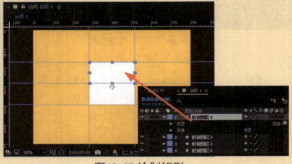

图12-66 拖出参考线　　　　　　　　　图12-67 绘制矩形

STEP 19 使用"向后平移（锚点）工具"，调整该矩形的锚点使其位于矩形下边缘中心位置，如图12-68所示。在"时间轴"面板中调整"形状图层4"的入点位置至4秒，如图12-69所示。

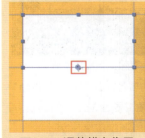

图12-68 调整锚点位置　　　　　　　　图12-69 调整图层入点位置

第12章 UI交互动画制作

STEP 20 按【Ctrl+D】组合键，复制"形状图层4"得到"形状图层5"。将复制得到的矩形向下移至合适的位置，并调整锚点使其位于矩形上边缘中心位置，如图12-70所示，此时的"时间轴"面板如图12-71所示。

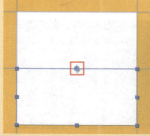

图12-70 复制矩形并调整位置　　　　　　　　　图12-71 "时间轴"面板

STEP 21 将"时间指示器"移至4秒01帧位置，选择"形状图层4"，为该图层的"位置"、"缩放"和"旋转"属性插入关键帧，如图12-72所示。将"时间指示器"移至4秒15帧位置，对该图层的相关属性进行设置，效果如图12-73所示。

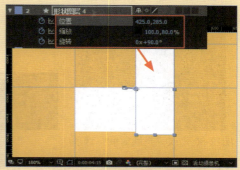

图12-72 插入多个属性关键帧　　　　　　　　　图12-73 设置属性值效果

STEP 22 在"时间轴"面板中拖动鼠标同时选中"形状图层4"的所有关键帧，如图12-74所示。按【F9】键，为选中的多个关键帧应用"缓动"效果，如图12-75所示。

图12-74 选中多个关键帧　　　　　　　　　图12-75 应用"缓动"效果

STEP 23 将"时间指示器"移至4秒01帧位置，选择"形状图层5"，为该图层的"位置"、"缩放"和"旋转"属性插入关键帧，如图12-76所示。将"时间指示器"移至4秒15帧位置，对该图层的相关属性进行设置，如图12-77所示。

图12-76 插入多个属性关键帧　　　　　　　　　图12-77 设置属性值

429

STEP 24 可以在"合成"窗口中看到该图层中的矩形效果,如图12-78所示。同时选中"形状图层5"的所有关键帧,按【F9】键,为选中的多个关键帧应用"缓动"效果,如图12-79所示。

图12-78 "合成"窗口效果

图12-79 应用"缓动"效果

STEP 25 在"项目"面板中的合成上单击鼠标右键,在弹出的快捷菜单中选择"合成设置"命令,弹出"合成设置"对话框,修改"持续时间"为5秒,如图12-80所示。单击"确定"按钮,完成"合成设置"对话框的设置,"时间轴"面板如图12-81所示。

图12-80 修改"持续时间"选项

图12-81 "时间轴"面板

STEP 26 至此,完成图标变形切换动画的制作,单击"预览"面板中的"播放/停止"按钮 ▶,可以在"合成"窗口中预览动画效果。也可以根据前面介绍的渲染输出方法,将该动画渲染输出为视频文件,再使用Photoshop将其输出为GIF格式的动画,动画效果如图12-82所示。

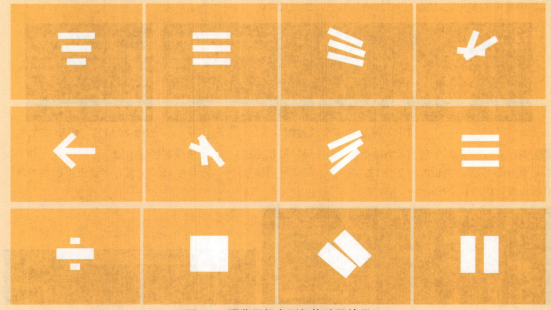
图12-82 预览图标变形切换动画效果

12.3 加载进度动画

在浏览移动应用等场景时,因为网速慢或者硬件差的缘故,难免会遇上等待加载的情况。没有人愿意等待,耐心较差的用户可能因为操作得不到及时反馈,直接选择放弃。所以,在移动端应用程序中还有一种常见的交互动画——进度条动画,通过它,可以使用户了解当前的加载进度,给用户以心理暗示,使用户能够耐心等待,从而提升用户体验。

12.3.1 了解加载进度动画

根据抽样调查,浏览者倾向于认为打开速度较快的移动应用质量更高、更可信,也更有趣。相应地,移动应用打开速度越慢,访问者的心理挫折感越强,进而会对移动应用的可信性和质量产生怀疑。在这种情况下,用户会觉得移动应用的后台可能出现了某种故障,因为在很长一段时间内,他没有看到任何提示。而且,缓慢的打开速度会让用户忘记下一步要做什么,不得不重新回忆,这会进一步恶化用户的使用体验。

Tips

移动应用的打开速度对于电子商务类应用来说尤其重要,页面载入的速度越快,越容易吸引访问者变成你的客户,进而降低客户选择商品后最后却放弃结账的比例。

如果在等待移动应用加载期间,能够向用户显示反馈信息,比如一个加载进度动画,那么用户的等待时间就会相应延长。

如图12-83所示的加载动画,通过咖啡杯图形的动画设计,形象地表现出了动态的加载效果,非常适合应用在与咖啡相关的应用上。

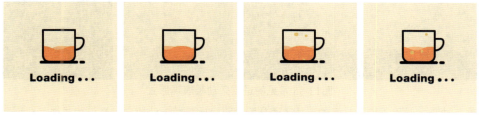

图12-83 咖啡杯图形加载等待动画效果

虽然目前很多移动应用产品将加载动画作为强化用户第一印象的组件,但是它的实际使用范畴远不止于这一部分。在许多设计项目中,加载动画几乎做到了无处不在。界面切换时可以使用,组件加载时可以使用,甚至幻灯片切换时也同样可以使用。不仅如此,它还可以用于承载数据加载的过程,呈现状态改变的过程,填补崩溃或者出错的界面,它们承前启后,将错误和等待转化为令用户愉悦的细节。

图12-84所示为一个卡通形象的加载动画,通过一个奔跑的拟人卡通形象来告诉用户:我在很努力地加载,请耐心等待。这样的加载动画效果让人感觉可爱且有趣。

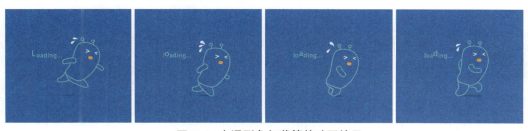

图12-84 卡通形象加载等待动画效果

图12-84 卡通形象加载等待动画效果（续）

12.3.2 加载进度动画的常见表现形式

进度条与滚动条非常相似，进度条在外观上只是比滚动条缺少了可拖动的滑块。进度条元素是移动端应用程序在处理任务时，实时地以图形方式显示的处理当前任务的进度或者完成度、剩余未完成任务量的大小和可能需要完成的时间，如下载进度、视频播放进度等。大多数移动端界面中的进度条都以长条矩形的方式显示，进度条的设计方法相对比较简单，重点是色彩的应用和质感的体现，如图12-85所示。

图12-85 常见的进度条动画表现形式

进度条动画一般用于较长时间的加载，通常配合百分比指数，让用户对当前加载进度和剩余等待时间有一个明确的心理预期。

12.3.3 制作加载进度条动画

进度条能够表现出当前的加载进度，为用户带来最直观的体验，避免用户盲目等待，能够有效提升App应用的用户体验。在本节中将带领读者完成一个矩形进度条动画的制作，在该矩形进度条动画的制作过程中，主要通过蒙版路径的变形来实现进度条的显示动画，并且通过修改"颜色"属性，制作出进度条变化过程中进度条色彩也一起变化的效果。

制作加载进度条动画

源文件：源文件\第12章\12-3-3.aep　　　　视频：光盘\视频\第12章\12-3-3.mp4

 在After Effects中新建一个空白的项目，执行"文件>导入>文件"命令，在弹出的"导入文件"对话框中选择"源文件\第12章\素材\123301.psd"，如图12-86所示。弹出导入设置对话框，参数设置如图12-87所示。

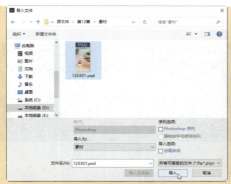
图12-86 选择需要导入的素材

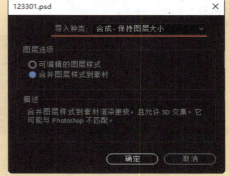
图12-87 导入设置对话框

STEP 02 单击"确定"按钮,导入PSD素材并自动生成合成,如图12-88所示。双击"项目"面板中自动生成的合成,在"合成"窗口中打开该合成,在"时间轴"面板中可以看到该合成中相应的图层,如图12-89所示。

图12-88 导入PSD素材

图12-89 打开合成

STEP 03 在"时间轴"面板中将当前的两个图层锁定。使用"钢笔工具",在工具栏中设置"填充"为无,"描边"为#FED800,"描边宽度"为22像素,在画布中绘制直线,如图12-90所示。将得到的"形状图层1"重命名为"进度条",展开"内容"→"形状1"→"描边1"选项,设置"线段端点"属性为"圆头端点",如图12-91所示。

图12-90 绘制直线

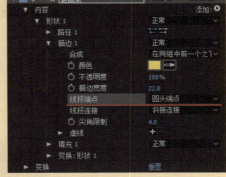
图12-91 设置"线段端点"属性

STEP 04 在"合成"窗口中可以看到所绘制直线段端点的效果,如图12-92所示。将"时间指示器"移至0秒01帧位置,调整"进度条"图层的入点至该位置,如图12-93所示。

图12-92 线端圆头端点效果

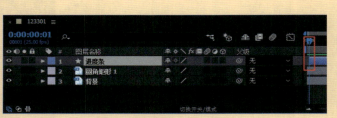
图12-93 调整图层入点位置

STEP 05 展开"进度条"图层,单击"内容"选项右侧的"添加"按钮,在打开的下拉列表框中选择"修剪路径"选项,添加"修剪路径"选项,如图12-94所示。将"时间指示器"移至0秒01帧位置,为"修剪路径1"选项中的"结束"属性插入关键帧,并设置该属性值为0%,如图12-95所示。

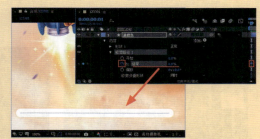

图12-94 添加"修剪路径"选项　　　图12-95 插入"结束"属性关键帧并设置属性值

STEP 06 将"时间指示器"移至1秒位置,设置"结束"属性值为15%,如图12-96所示。将"时间指示器"移至3秒位置,设置"结束"属性值为80%,如图12-97所示。

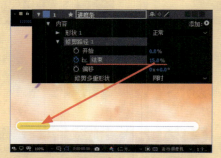
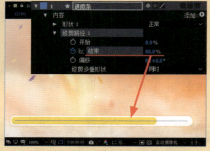

图12-96 设置"结束"属性值效果　　　图12-97 设置"结束"属性值效果

STEP 07 将"时间指示器"移至3秒24帧位置,设置"结束"属性值为100%,如图12-98所示。同时选中该属性的4个关键帧,按【F9】键,为其应用"缓动"效果,如图12-99所示。

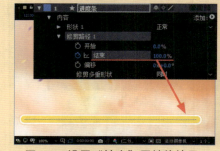

图12-98 设置"结束"属性值效果　　　图12-99 为关键帧应用"缓动"效果

STEP 08 将"时间指示器"移至0秒01帧位置,为"形状1"选项下"描边1"选项中的"颜色"选项插入关键帧,按【U】键,只显示插入了关键帧的属性,如图12-100所示。将"时间指示器"移至3秒24帧位置,修改"描边颜色"为#99BD2F,如图12-101所示。

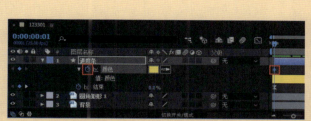
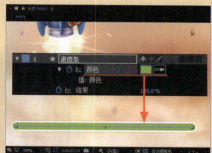

图12-100 插入"颜色"属性关键帧　　　图12-101 修改"颜色"属性值效果

STEP 09 同时选中这两个"描边颜色"属性的关键帧,按【F9】键,为其应用"缓动"效果,如图12-102所示。

图12-102 为关键帧应用"缓动"效果

STEP 10 将"时间指示器"移至起始位置,执行"图层>新建>文本"命令,新建一个空文本图层,如图12-103所示。选中该图层,执行"效果>文本>编号"命令,弹出"编号"对话框,参数设置如图12-104所示。

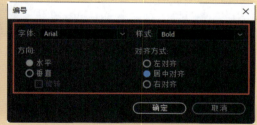

图12-103 新建文本图层　　　图12-104 设置"编号"对话框

STEP 11 单击"确定"按钮,为该图层应用"编号"效果,在"效果控件"面板中对相关选项进行设置,如图12-105所示。在"合成"窗口中将编号数字调整至合适的位置,如图12-106所示。

图12-105 设置"编号"效果选项　　　图12-106 调整编号数字至合适位置

| STEP 12 | 不要选择任何对象，使用"横排文字工具"在"合成"窗口中单击并输入文字，如图12-107所示。将"时间指示器"移至0秒01帧位置，调整两个文本图层的入点至该位置，如图12-108所示。|

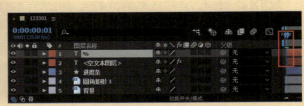

图12-107 输入文字　　　　　　　　图12-108 调整图层入点位置

| STEP 13 | 选择"空文本图层"，展开"效果"→"编号"→"格式"选项，为"数值/位移/随机最大"属性插入关键帧，如图12-109所示。将"时间指示器"移至1秒位置，修改"数值/位移/随机最大"属性值为15，如图12-110所示。|

图12-109 插入属性关键帧　　　　　　图12-110 修改属性值

| STEP 14 | 将"时间指示器"移至3秒位置，修改"数值/位移/随机最大"属性值为80，如图12-111所示。将"时间指示器"移至3秒24帧位置，修改"数值/位移/随机最大"属性值为100，如图12-112所示。|

图12-111 修改属性值　　　　　　　　图12-112 修改属性值

| STEP 15 | 在"项目"面板的合成上单击鼠标右键，在弹出的快捷菜单中选择"合成设置"命令，弹出"合成设置"对话框，修改"持续时间"为5秒，如图12-113所示。单击"确定"按钮，完成"合成设置"对话框的设置，展开各图层所设置的关键帧，"时间轴"面板如图12-114所示。|

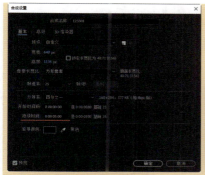
图12-113 修改"持续时间"选项

图12-114 "时间轴"面板

STEP 16 至此，完成加载进度条动画的制作，单击"预览"面板中的"播放/停止"按钮▶，可以在"合成"窗口中预览动画效果。也可以根据前面介绍的渲染输出方法，将该动画渲染输出为视频文件，再使用Photoshop将其输出为GIF格式的动画，动画效果如图12-115所示。

图12-115 预览加载进度条动画效果

12.4 导航菜单动画

移动UI中导航菜单的表现形式多种多样，除了目前广泛使用的交互式侧边导航菜单，还有其他一些表现形式。合理地设计移动端导航菜单动画，不仅可以提高用户体验，还可以增强移动端应用的设计感。

12.4.1 交互导航菜单的优势

随着移动网络的发展和普及，移动端的导航菜单与传统PC端的导航形式存在一定的区别，主要表现为移动端为了节省屏幕的显示空间，通常采用交互式动态导航菜单。默认情况下，在移动端界面中隐藏导航菜单，在有限的屏幕空间中充分展示界面内容。在需要使用导航菜单时，再通过单击相应的按钮动态滑出导航菜单。常见的导航菜单有侧边滑出菜单、顶部滑出菜单等形式，如图12-116所示。

 Tips

侧边式导航又称为抽屉式导航，在移动端界面中通常与顶部或者底部标签导航结合使用。侧边式导航将部分信息内容进行隐藏，突出了界面中的核心内容。

图12-116 侧边滑出和顶部滑出导航菜单效果

交互式动态导航菜单能够给用户带来新鲜感和愉悦感，并且能够有效增强用户的交互体验。但是交互式动态导航菜单不能忽略其本身最主要的性质，即使用性。在设计交互式导航菜单时，需要尽可能地使用用户熟悉和了解的操作方法来表现导航菜单动画，从而使用户快速适应界面的操作。

12.4.2 交互导航菜单的设计要点

在设计移动端界面导航菜单时，最好能够按照移动操作系统所设定的规范进行，不仅要使所设计出的导航菜单界面更加美观、丰富，而且能够与操作系统协调一致，使用户能够根据平时对系统的操作经验，触类旁通地知晓该移动端应用的各个功能和简捷的操作方法，增强移动端应用的灵活性和可操作性。图12-117所示为常见的移动端导航菜单设计。

图12-117 常见的移动端导航菜单设计

- **1．不可操作的菜单项一般需要屏蔽变灰**

导航菜单中有一些菜单项是以变灰的形式出现的，并使用虚线字符显示，这类命令表示当前不可用，也就是说，执行此命令的条件当前还不具备。

- **2．对当前使用的菜单命令进行标记**

对于当前正在使用的菜单命令，可以使用改变背景色或者在菜单命令旁边添加对号（√），以区别显示当前选择和使用的命令，使菜单的应用更具有识别性。

- **3．对相关的命令使用分隔条进行分组**

为了使用户在菜单中迅速找到需要执行的命令，对菜单中相关的一组命令用分隔条进行分组非常有必要，这样可以使菜单界面更清晰、更易于操作。

4. 应用动态和弹出式菜单

动态菜单是指在移动端应用运行过程中能够伸缩的菜单，弹出式菜单则可以有效地节约界面空间，通过动态菜单和弹出式菜单的设计和应用，可以更好地提高应用界面的灵活性和可操作性。

图12-118所示为一个移动应用的侧边导航菜单动画，当用户单击界面左上角的导航菜单图标时，隐藏的导航菜单会以交互动画的形式从左侧滑入到界面中，并且在导入菜单滑入界面的同时，该界面整体将会等比例缩小一些，从而使界面内容形成层次感，有效突出导航菜单的表现。动态的表现方式使得UI界面的交互性更加突出，能够有效提高用户的交互体验。

图12-118 侧边导航菜单动画

12.4.3 制作侧滑交互导航菜单动画

侧滑交互导航菜单是移动端App应用最常见的导航菜单表现方式，这种方式能够有效节省界面空间。当需要使用导航菜单时，可以单击界面中的某个按钮，从而使隐藏的导航菜单从侧面滑出；不需要使用时可以将其隐藏，从而使界面具有一定的交互动效。在本节中将带领读者完成一个侧滑交互导航菜单动画的制作，在该动画的制作过程中重点通过"蒙版路径"、"位置"和"不透明度"等基础属性来实现该动效的表现。

应用案例 制作侧滑交互导航菜单动画

源文件：源文件\第12章\12-4-3.aep　　　视频：光盘\视频\第12章\12-4-3.mp4

STEP 01 在Photoshop中打开一个设计好的PSD素材文件"源文件\第12章\素材\124301.psd"，打开"图层"面板，可以看到该PSD文件中的相关图层，如图12-119所示。启动After Effects，执行"文件>导入>文件"命令，在弹出的"导入文件"对话框中选择该PSD素材文件，如图12-120所示。

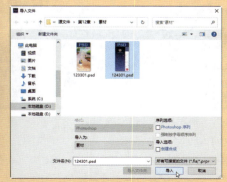

图12-119 PSD素材效果及图层　　　　　图12-120 选择需要导入的PSD素材

STEP 02 单击"导入"按钮,弹出导入设置对话框,参数设置如图12-121所示。单击"确定"按钮,导入PSD素材并自动生成合成,如图12-122所示。

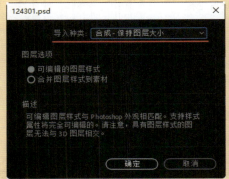

图12-121 导入设置对话框

图12-122 导入PSD素材

STEP 03 在"项目"面板中的124301合成上单击鼠标右键,在弹出的快捷菜单中选择"合成设置"命令,弹出"合成设置"窗口,设置"持续时间"为4秒,如图12-123所示。单击"确定"按钮,完成"合成设置"对话框的设置。双击124301合成,在"合成"窗口中打开该合成,在"时间轴"面板中可以看到该合成中相应的图层,如图12-124所示。

图12-123 修改"持续时间"选项

图12-124 打开合成

STEP 04 首先制作"菜单背景"图层中的动画效果,在"时间轴"面板中将"背景"图层锁定,将"菜单选项"图层隐藏,如图12-125所示。选择"菜单背景"图层,将"时间指示器"移至1秒16帧位置,为该图层下方"蒙版1"选项中的"蒙版路径"选项插入关键帧,如图12-126所示。

图12-125 锁定和隐藏相应的图层

图12-126 插入属性关键帧

STEP 05 按【U】键,在"菜单背景"图层下方只显示添加了关键帧的属性,如图12-127所示。使用"添加'顶点'工具",在蒙版路径右侧边缘的中间位置单击添加锚点,并使用"转换'顶点'工具"单击所添加的锚点,在垂直方向上拖动鼠标,显示该锚点方向线,如图12-128所示。

第12章 UI交互动画制作

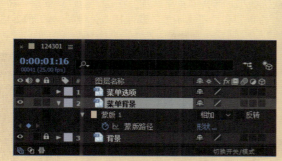

图12-127 只显示添加了关键帧的属性

图12-128 添加锚点并调出锚点方向线

STEP 06 将"时间指示器"移至起始位置，选择"蒙版1"选项，在"合成"窗口中使用"选取工具"调整该蒙版路径到合适的大小和位置，如图12-129所示。将"时间指示器"移至1秒位置，在"合成"窗口中使用"选取工具"调整该蒙版路径到合适的大小和位置，如图12-130所示。

图12-129 调整蒙版路径的大小和位置

图12-130 调整蒙版路径的大小和位置

STEP 07 同时选中该图层中的3个关键帧，按【F9】键，为所选中的关键帧应用"缓动"效果，如图12-131所示。

图12-131 为关键帧应用"缓动"效果

STEP 08 单击"时间轴"面板中的"图表编辑器"按钮，进入图表编辑器状态，如图12-132所示。选中右侧运动曲线锚点，拖动方向线调整运动速度曲线，如图12-133所示。

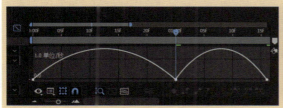

图12-132 进入图表编辑器状态

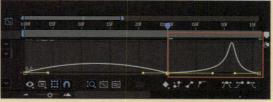

图12-133 调整运动速度曲线

STEP 09 再次单击"图表编辑器"按钮，返回到默认状态。选择"菜单选项"图层，显示该图层，将"时间指示器"移至1秒18帧位置，为该图层的"位置"和"不透明度"属性插入关键帧，如图12-134所示，"合成"窗口中的效果如图12-135所示。

图12-134 插入属性关键帧　　　　　图12-135 "合成"窗口效果

STEP 10 按【U】键，在"菜单选项"图层下方只显示添加了关键帧的属性。将"时间指示器"移至1秒位置，在"合成"窗口中将该图层内容向左移至合适的位置，并设置其"不透明度"属性为0%，如图12-136所示。同时选中该图层中的4个关键帧，按【F9】键，为所选中的关键帧应用"缓动"效果，如图12-137所示。

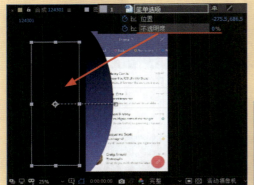

图12-136 移动对象位置并设置属性　　　　　图12-137 为关键帧应用"缓动"效果

STEP 11 执行"图层>新建>纯色"命令，新建一个黑色的纯色图层，将该图层移至"背景"图层上方，如图12-138所示。将"时间指示器"移至1秒位置，为该图层插入"不透明度"属性关键帧，并设置该属性值为0%，如图12-139所示。

图12-138 新建纯色图层　　　　　图12-139 插入属性关键帧并设置属性值

STEP 12 将"时间指示器"移至1秒16帧位置，设置该图层的"不透明度"属性值为50%，如图12-140所示。同时选中该图层中的两个关键帧，按【F9】键，为所选中的关键帧应用"缓动"效果，如图12-141所示。

第12章
UI交互动画制作

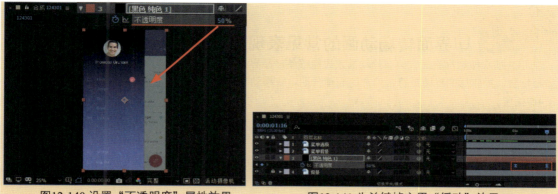

图12-140 设置"不透明度"属性效果　　图12-141 为关键帧应用"缓动"效果

STEP 13 至此，完成侧滑交互导航入菜单动画的制作，展开各图层所设置的关键帧，"时间轴"面板如图12-142所示。

图12-142 "时间轴"面板

STEP 14 单击"预览"面板中的"播放/停止"按钮▶，可以在"合成"窗口中预览动画效果。也可以根据前面介绍的渲染输出方法，将该动画渲染输出为视频文件，再使用Photoshop将其输出为GIF格式的动画，动画效果如图12-143所示。

图12-143 预览侧滑交互导航菜单动画效果

12.5 界面转场动画

　　界面切换转场动画是移动端应用最多的动态效果，用于连接两个不同的界面。虽然界面切换转场动画通常只有零点几秒的时间，却能够在一定程度上影响用户对界面间逻辑的认知。通过合理的动画效果能够让用户更清楚"我从哪里来"、"现在在哪"及"怎么回去"等一系列问题。

443

12.5.1 UI界面转场动画的常见表现形式

用户初次接触产品时，恰当的动画效果能够使产品界面间的逻辑关系与用户自身建立起来的认知模型相吻合，操作后的反馈更符合用户的心理预期。在移动端应用中常见的界面切换动画形式主要分为以下4种类型。

● **1．弹出**

弹出形式的动画多用于移动端的信息内容界面，用户将绝大部分注意力集中在内容信息本身上。当信息不足或者展现形式上不符合自身要求时，临时调用工具对该界面内容进行添加、编辑等操作。用户在临时界面上停留的时间往往比较短暂，只想快速操作后重新回到信息内容本身上面。图12-144所示为弹出形式的动画演示。

用户在该信息内容界面中进行操作时，需要临时调用相应的工具或者内容，通过单击该界面右上角的加号按钮，相应的界面会以从底部弹出的形式出现。

图12-144 弹出形式的动画演示

图12-145所示为一个电影购票App界面，当用户单击界面底部的橙色购买按钮时，该按钮会变形为矩形块，并以向上弹出的形式在界面的下半部分显示该电影的相关场次信息。用户可以单击选择相应的场次，同样会以弹出形式过渡到选择座位的界面中，整个界面的切换过渡流畅而自然。

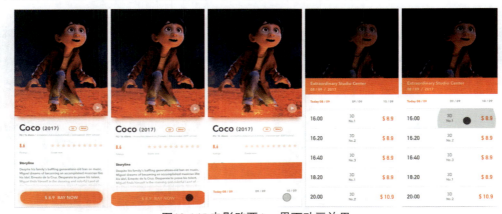

图12-145 电影购票App界面动画效果

还有一种情况类似于侧边导航菜单，这种动画效果并不完全属于页面间的转场切换，但是其使用场景很相似。

当界面中的功能比较多时，需要在界面中设计多个功能操作选项或者按钮，但是由于界面空间有限，不可能将这些选项和按钮全部显示在界面中，这时通常的做法就是通过界面中的某个按钮来触发一系列的功能或者一系列的次要内容导航，同时主要的信息内容页面并不离开用户视线，始终提醒用户返回该界面的初衷。图12-146所示为侧边弹出形式的动画演示。

第12章
UI交互动画制作

App的主要功能仍然都集中在一个页面上，从侧面弹出调出其他页面的导航入口，但这些次要页面也都属于临时调出。

图12-146 侧边弹出形式的动画演示

图12-147所示为一个电影App界面设计，通过大幅的电影海报和少量的文字来突出其视觉表现效果。通常会将相应的功能操作选项放在侧边隐藏的导航菜单中，需要使用时，通过单击界面中相应的按钮，从侧边弹出导航菜单选项。

图12-147 电影App界面动画效果

● 2．侧滑

当界面之间存在父子关系或者从属关系时，通常会在这两个界面之间使用侧滑转场动画效果。通常用户看到侧滑的界面切换效果时，就会在头脑中形成不同层级间的关系。图12-148所示为侧滑形式的界面切换动画演示。

每条信息的详情界面都属于信息列表界面的子页面，所以它们之间的转场切换通常采用侧滑的转场动画方式。

图12-148 侧滑形式的界面切换动画演示

图12-149所示为一个社交类App界面，在好友列表界面中，不仅可以上下滑动界面来查看好友，当单击某个好友时，界面会运用向左侧滑的转场方式切换到该好友的日志信息界面中；在该界面中单击左上角的返回图标，同样会以界面向右侧滑的转场方式返回到好友列表界面中，使得转场的动画表现更加真实。

445

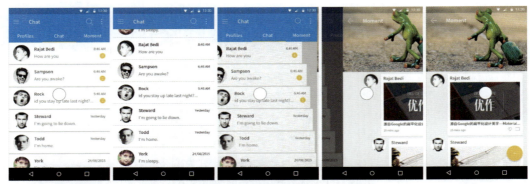

图12-149 社交App中的侧滑切换动画效果

● 3．渐变放大

如果界面中排列了很多同等级信息，就如同贴满了信息、照片的墙面，用户有时需要近距离查看上面的内容信息，在快速浏览和具体查看之间轻松切换。渐变放大的界面切换动画与左右滑动切换的动画最大的区别是，前者大多用在张贴显示信息的界面中，后者主要用于罗列信息的列表界面中。在张贴信息的界面中左右切换进入详情界面会给人一种不符合心理预期的感觉，违背了人们在物理世界中所形成的习惯认知。图12-150所示为渐变放大的界面切换动画演示。

图12-150 渐变放大形式的界面切换动画演示

图12-151所示为一个电影列表界面，当用户单击某个电影图片后，将通过渐变放大的转场动画切换到该信息的详情界面中。在详情界面中单击左上角的返回按钮，同样会以渐变放大的转场动画切换到电影列表界面。

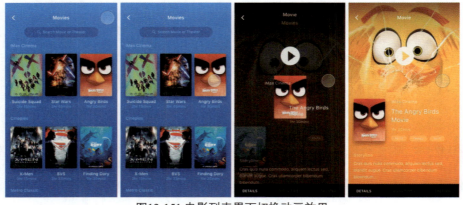

图12-151 电影列表界面切换动画效果

第12章
UI交互动画制作

● 4．其他

除了以上介绍的几种常见的界面切换动画形式，还有许多其他形式的界面切换动画效果，它们大多数都是高度模仿物理现实世界的样式。例如，常见的电子书翻页动画效果就是模仿现实世界中的翻书效果。

图12-152所示为一个音乐App界面动画设计，将所有音乐专辑的封面图片模拟现实生活中图片卡的翻转切换动画效果，在动画中通过图片在三维空间中的翻转来实现图片的切换，与实际生活中的表现方式相统一，使用户更容易理解。

图12-152 音乐App界面动画效果

12.5.2 制作图片翻页切换动画

界面中图片的滑动切换和翻页切换效果都是比较常见的动画表现效果，特别是图片的翻页切换动画，能够完全模拟表现出现实生活中的翻页效果，从而能够有效增强界面的交互体验。本案例将带领读者完成一个图片翻页切换动画的制作，其重点在于为元素添加CC Page Turn效果，通过对该效果中相关属性的设置，能够很好地表现出元素的翻页效果。

制作图片翻页切换动画

源文件：源文件\第12章\12-5-2.aep　　　　视频：光盘\视频\第12章\12-5-2.mp4

在Photoshop中打开一个设计好的PSD素材文件"源文件\第12章\素材\125201.psd"，打开"图层"面板，可以看到该PSD文件中的相关图层，如图12-153所示。启动After Effects，执行"文件>导入>文件"命令，在弹出的"导入文件"对话框中选择该PSD素材文件，如图12-154所示。

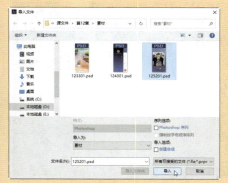

图12-153 PSD素材效果及相关图层　　　　图12-154 选择需要导入的PSD素材

447

STEP 02 单击"导入"按钮，弹出导入设置对话框，参数设置如图12-155所示。单击"确定"按钮，导入PSD素材并自动生成合成，如图12-156所示。

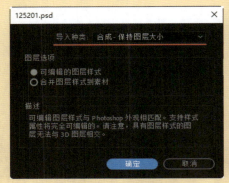

图12-155 导入设置对话框

图12-156 导入PDS素材

STEP 03 在"项目"面板中的125201合成上单击鼠标右键，在弹出的快捷菜单中选择"合成设置"命令，弹出"合成设置"窗口，设置"持续时间"为5秒，如图12-157所示。单击"确定"按钮，完成"合成设置"对话框的设置。双击125201合成，在"合成"窗口中打开该合成，在"时间轴"面板中可以看到该合成中相应的图层，如图12-158所示。

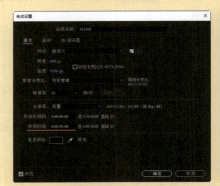

图12-157 修改"持续时间"选项

图12-158 打开合成

STEP 04 使用"椭圆工具"，设置"填充"为白色，"描边"为白色，"描边宽度"为20像素，在"合成"窗口中按住【Shift】键绘制一个正圆形，如图12-159所示。在"时间轴"面板中将该图层重命名为"光标"，展开该图层下方"椭圆1"选项中的相关属性，分别设置描边的"不透明度"为20%，填充的"不透明度"为50%，效果如图12-160所示。

图12-159 绘制正圆形

图12-160 设置"不透明度"属性

STEP 05 在"合成"窗口中选中刚绘制的正圆形,使用"向后平移(锚点)工具",调整锚点使其位于圆心位置,如图12-161所示。选择"光标"图层,按【S】键,显示该图层的"缩放"属性,为该属性插入关键帧,并设置其属性值为50%,如图12-162所示。

图12-161 调整锚点位置

图12-162 插入属性关键帧并设置属性值

STEP 06 将"时间指示器"移至0秒14帧位置,设置"缩放"属性值为130%,效果如图12-163所示。将"时间指示器"移至起始位置,按【P】键,显示"位置"属性,插入该属性关键帧,如图12-164所示。

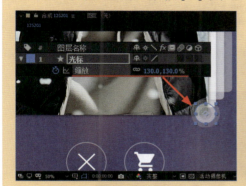
图12-163 设置"缩放"属性值

图12-164 插入"位置"属性关键帧

STEP 07 将"时间指示器"移至0秒14帧位置,在"合成"窗口中将其向左下方位置移动,如图12-165所示。将"时间指示器"移至起始位置,按【T】键,显示"不透明度"属性,插入该属性关键帧,设置属性值为0%,按【U】键,在该图层下方只显示插入了关键帧的属性,如图12-166所示。

图12-165 移动图形位置

图12-166 插入属性关键帧并设置属性值

STEP 08 将"时间指示器"移至0秒03帧位置,设置"不透明度"属性值为100%,如图12-167所示。将"时间指示器"移至0秒14帧位置,设置"不透明度"属性值为40%,如图12-168所示。

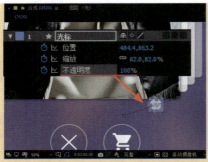

图12-167 设置属性值效果　　　　图12-168 设置属性值效果

STEP 09 在"时间轴"面板中拖动鼠标同时选中该图层中的所有属性关键帧，如图12-169所示。按【F9】键，为所选中的关键帧应用"缓动"效果，如图12-170所示。

图12-169 同时选中多个属性关键帧　　　图4-170 为关键帧应用"缓动"效果

STEP 10 选择"图片3"图层，执行"效果>扭曲>CC Page Turn"命令，为该图层应用CC Page Turn效果，如图12-171所示。将"时间指示器"移至起始位置，拖动图片翻页的控制点至起始位置，如图12-172所示。

图12-171 应用CC Page Turn效果　　　图12-172 调整翻页控制点位置

STEP 11 在"效果控件"面板中单击Fold Position属性前的"秒表"按钮，为该属性插入关键帧，如图12-173所示。选择"图片3"图层，按【U】键，在其下方显示Fold Position属性，如图12-174所示。

图12-173 插入属性关键帧　　　图12-174 只显示添加了关键帧的属性

STEP 12 将"时间指示器"移至0秒14帧位置，在"合成"窗口中拖动图片翻页的控制点至合适的翻页效果位置，如图12-175所示。同时选中该图层的两个属性关键帧，按【F9】键，为所选中的关键帧应用"缓动"效果，如图12-176所示。

图12-175 调整翻页效果　　　　　图12-176 为关键帧应用"缓动"效果

STEP 13 将"时间指示器"移至0秒20帧位置,为"光标"图层和"图片3"图层中的所有属性插入关键帧,如图12-177所示。将"时间指示器"移至1秒10帧位置,在"时间轴"面板中同时选中多个属性关键帧,按【Ctrl+C】组合键,复制关键帧,如图12-178所示。

图12-177 为多个属性添加关键帧　　　　　图12-178 同时选中多个关键帧并复制

STEP 14 按【Ctrl+V】组合键,粘贴关键帧,可以分别对每个图层中的关键帧进行复制与粘贴操作,如图12-179所示。同时选中"光标"图层的"不透明度"属性的最后两个关键帧,将其向左拖动调整关键帧位置,如图12-180所示。

图12-179 粘贴多个关键帧　　　　　图12-180 移动关键帧位置

 Tips

此处通过复制"光标"图层和"图片3"图层初始位置的属性关键帧,将其粘贴到当前位置,并调整了"光标"图层的"不透明度"属性关键帧位置,从而快速制作出该翻页动画的返回效果。

STEP 15 根据前面所制作的光标移动的动画效果,可以在1秒15帧至2秒04帧位置之间制作出相似的光标向左移动的动画效果,如图12-181所示。将"时间指示器"移至1秒18帧位置,单击"图片3"图层的Fold Position属性前的"在当前时间添加关键帧"按钮,在当前位置添加该属性关键帧,如图12-182所示。

图12-181 复制并粘贴属性关键帧

图12-182 添加属性关键帧

STEP 16 将"时间指示器"移至2秒04帧位置,在"合成"窗口中拖动图片翻页的控制点,将其翻到画面之外,如图12-183所示。将"时间指示器"移至1秒18帧位置,选择"图片2"图层,分别为该图层的"缩放"和"不透明度"属性插入关键帧,按【U】键,显示这两个属性,设置"缩放"属性值为50%,"不透明度"属性值为0%,如图12-184所示。

图12-183 调整翻页控制点位置　　　　图12-184 插入属性关键帧并设置属性值

STEP 17 将"时间指示器"移至2秒04帧位置,设置"缩放"属性值为100%,"不透明度"属性值为100%,如图12-185所示。同时选中该图层中的所有属性关键帧,按【F9】键,为所选中的关键帧应用"缓动"效果,如图12-186所示。

图12-185 设置属性值效果　　　　图12-186 为关键帧应用"缓动"效果

STEP 18 接下来需要制作第2张图片的翻页动画,与第1张图片的翻页动画制作方法相同。将"时间指示器"移至2秒14帧位置,同时选中"光标"图层中与光标移动动画相关的关键帧,如图12-187所示。按【Ctrl+C】组合键,复制关键帧,按【Ctrl+V】组合键,粘贴关键帧,如图12-188所示。快速制作出第2张图片翻页的光标动画效果。

图12-187 选择多个属性关键帧　　　　图12-188 复制并粘贴关键帧

STEP 19 将"时间指示器"移至2秒17帧位置,选中"图片3"图层中翻页动画的两个关键帧,按【Ctrl+C】组合键,复制关键帧,如图12-189所示。选择"图片2"图层,按【Ctrl+V】组合键,粘贴关键帧,如图12-190所示,快速制作出第2张图片的翻页动画效果。

图12-189 选择两个关键帧并复制　　　　　图12-190 粘贴两个关键帧

STEP 20 同时选中"图片2"图层中的"缩放"和"不透明度"属性关键帧,按【Ctrl+C】组合键,复制关键帧,如图12-191所示。选择"图片1"图层,确认"时间指示器"位于2秒17帧位置,按【Ctrl+V】组合键,粘贴关键帧,如图12-192所示,快速制作出第1张图片的缩放动画效果。

图12-191 选择多个关键帧复制　　　　　图12-192 粘贴多个关键帧

STEP 21 使用相同的复制关键帧的方法,可以制作出"图片1"图层翻页的动画效果,"时间轴"面板如图12-193所示。

图12-193 "时间轴"面板

 Tips

因为其他两张图片的翻页动画效果与第1张图片的翻页动画效果完全相同,所以在这里采用了复制关键帧的方法,这样可以快速地制作出其他两张图片的翻页动画效果。需要注意的是,其他两张图片的翻页动画并不需要像第1张图片开始时的效果那样翻一下再回来,而是直接进行翻页,所以在复制关键帧时,只需要复制直接翻页的关键帧动画即可。

STEP 22 至此,完成该图片翻页切换动画的制作,单击"预览"面板中的"播放/停止"按钮▶,可以在"合成"窗口中预览动画效果。也可以根据前面介绍的渲染输出方法,将该动画渲染输出为视频文件,再使用Photoshop将其输出为GIF格式的动画,动画效果如图12-194所示。

图12-194 预览图片翻页切换动画效果

12.6 UI交互动画设计规范

随着大家对UI交互动画的关注越来越大，可以发现UI动画设计同其他的UI设计分支一样，同样具备完整性和明确的目的性。伴随着拟物化设计风潮的逐渐走低，UI设计更加自由随心，如今，UI交互动画设计已经具备丰富的特性，炫酷、灵活的特效表现已经是UI界面设计中不可分割的一部分。

12.6.1 UI交互动画的作用

为了能够充分理解UI界面中的交互动画设计，首先要了解交互动画在APP中的定位和职责。

● 1．视觉反馈

对于任何用户界面来讲，视觉反馈都是至关重要的。在物理世界中，人们与物体的交互是伴随着视觉反馈的，同样，人们期待从界面中得到一个类似的效果。UI需要为用户的操作提供视觉、听觉及触觉反馈，使用户感受到自己正在操控该界面，同时视觉反馈有一个更简单的用途：它暗示着当前的应用程序运行正常。当一个按钮在放大或者一个被滑动图片在朝着正确方向移动时，那么很明显，当前的应用程正在运行着，正在回应着用户的操作。

在如图12-195所示的信息界面中，当用户单击某条信息右上角的单选按钮，选择该条信息内容时，该条信息内容的背景颜色将逐渐从单击位置扩展为整个信息的背景颜色，然后收缩为一个绿色背景的信息条，在视觉上给用户以很好的反馈，使用户专注于当前操作。

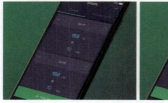

图12-195 视觉反馈动画效果

图12-195 视觉反馈动画效果（续）

● 2．功能改变

功能改变交互动画效果展示出：当用户在界面中与某个元素交互时，这个元素是变化的。当需要在界面中表现一个元素功能是如何变化时，这种动画效果是最好的选择。它经常与按钮、图标等其他小设计元素一起使用。

图12-196所示为界面中的图标功能改变动画，当用户在界面中单击某条信息内容后，将切换至该信息内容的界面中。与此同时，界面左上角的功能操作图标也会相应地发生变化，界面右下角的悬浮图标同样也发生功能变化。单击界面右上角的悬浮图标，可以展开相应的功能操作按钮，而所单击的图标此时也发生了功能变化。

图12-196 界面中的图标功能改变动画效果

● 3．扩展界面空间

大部分移动应用程序都具有非常复杂的结构，所以设计师需要尽可能多地简化移动应用程序的导航。要完成这项任务，交互动画的应用非常有帮助。如果所设计的交互动画展示出了元素被藏在哪里，那么用户下次找起来就会比较容易。

图12-197所示为常见的交互菜单动画效果，默认情况下，为了节省界面空间，导航菜单被隐藏在界面以外，当用户单击相应的功能操作按钮时，才会以动画的形式在界面中展示导航菜单。

图12-197 交互菜单动画效果

● 4．元素的层次结构及其交互

交互动画完美地表现了界面的某些部分，并阐明了是怎样与它们进行交互的。交互动画中的每个元素都有其目的和定位，例如，一个按钮可以激活弹出菜单，那么该菜单最好从按钮弹出而不是从屏幕侧面滑出来，这样就会展示用户单击该按钮的回应，帮助用户理解这两个元素（按钮和弹出菜单）是有联系的。

图12-198所示为界面中的交互菜单动画效果，当单击界面左上角的功能图标后，菜单选项会从该图标的位置逐渐向下弹出，在用户看来，导航菜单与功能图标本质上是同样的元素，只是变大了。

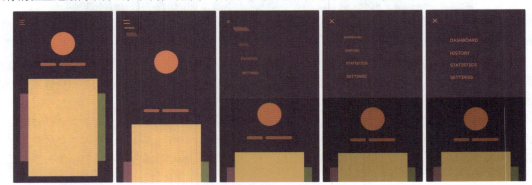

图12-198 交互菜单动画效果

界面中所添加的动画效果都应该能够表现出元素之间是如何联系的，这种层次结构和元素的交互对于一个直观的界面来说非常重要。

- 5．视觉提示

如果某一款移动应用程序中的元素间有不可预估的交互模式，此时通过加入合适的动画效果为用户提供视觉线索就显得非常必要了。在界面中加入动画效果，可以起到暗示用户如何与界面元素进行交互的作用。

- 6．系统状态

在应用程序的运行过程中，总会有几个进程在后台运行，如从服务器下载、进行后台计算等，在界面的设计中需要让用户知道应用程序并没有停止运行或者崩溃，使用户明白应用程序正在良好运行。此时，通常会在界面中通过动画的形式来表现当前应用程序的运行状态，通过视觉符号的进度给用户一种控制感。

图12-199所示为一个应用程序的录音界面动画设计，当音频录制正在进行时，屏幕中会显示一条波动的音频轨道，实时声波动画效果可以表现出声音的大小，从而给用户一种直观的视觉感受。

图12-199 录音界面动画效果

- 7．富有趣味性的动画效果

富有趣味性的动画效果可以对界面起到画龙点睛的作用，独特的动画效果能够有效吸引用户的关注，与其他同类型的应用程序相区别，从而使该应用程序脱颖而出。独特而富有趣味性的动画效果能够有效提高应用程序的识别度。

图12-200所示为一个界面下拉刷新的动画效果，运用正在煮菜的锅的动画来表现界面刷新的过程，给人以耳目一新的感觉，该下拉刷新动画效果非常合适应用在餐饮类的应用程序中。

图12-200 下拉刷新动画效果

 UI交互动画的设计要点

UI界面交互动画是新兴设计领域的一个分支，如同其他的设计一样，它也是有规律可循的。在开始动手设计制作各种交互动画之前，首先了解一下UI界面交互动画的设计要求。

● 1．富有个性

这是UI界面动画设计最基本的要求，动画设计就是要摆脱传统应用的静态设定，设计独特的动画效果，创造引人入胜的效果。

在确保UI界面风格一致的前提下，表达出App的鲜明个性，这就是UI动画设计"个性化"所要做的事情。同时，还应使动画效果的细节符合约定俗成的交互规则，这样动画就具备了"可预期性"，如此一来，UI动画设计便有助于强化用户的交互经验，保持移动应用的用户黏度。

图12-201所示为一个手表产品介绍界面，在内容的排版设计上比较富有个性，打破了传统的排版方式，而是采用了菱形的设计布局方式。界面中各个产品信息的切换则使用了位置和不透明度变化的方式来呈现，不仅可以单击产品图片实现产品信息的切换，还可以单击界面左右两侧的箭头图标实现切换，界面表现富有个性，给人留下深刻印象。

图12-201 产品介绍界面交互动画

● 2．为用户提供操作导向

UI界面中的动画应该使用户轻松愉悦，设计师需要将屏幕视为一个物理空间，将UI元素看作物理实体，它们能在这个物理空间中打开、关闭、任意移动、完全展开或者聚焦为一点。动画应该随着动作移动而自然变化，为用户做出应有的引导，不论是在动作发生前、过程中还是动作完成以后，UI动画就应该如同导游一样，为用户指引方向，防止用户感到无聊，减少额外的图形化说明。

图12-202所示为一个工具图标弹出动画，使用了界面背景变暗和图标元素惯性弹出相结合的动画效果，从而有效地创造出界面的视觉焦点，使用户的注意力被吸引到弹出的3个彩色功能操作图标上，引导用户操作。

图12-202 工具图标弹出动画

● 3．为内容赋予动态背景

动画应该为内容赋予背景，通过背景来表现内容的物理状态和所处环境。摆脱模拟物品细节和纹理的设计束缚之后，UI设计甚至可以自由地表现与环境设定矛盾的动态效果。为对象添加拉伸或者变形效果，或者为列表添加俏皮的惯性滚动，都是增加UI界面用户体验的有效手段。

图12-203所示为一个日历App界面设计，使用不同的背景颜色表现当前日期和未来的日期，当用户在界面中向下拖动时，以拉伸的圆点表现拖动效果，并且在界面上方使用不同的背景颜色来表现以前的日期信息，从而有效地区分界面中不同的信息内容。

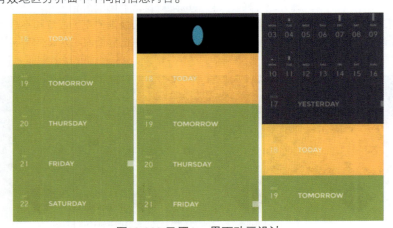

图12-203 日历App界面动画设计

● 4．引起用户共鸣

UI界面中所设计的动画应该具有直觉性和共鸣性。UI动画的目的是与用户互动并产生共鸣，而非令用户困惑甚至感到意外。UI动画和用户操作之间的关系应该是互补的，两者共同促成，交互完成。

图12-204所示为一个电商App界面，可以通过左右滑动的方式来切换不同商品的显示。当用户选中某款商品时，可以单击该商品图片上方的加号按钮，这时该产品图片会缩小并通过位置的移动飞入到界面右上角的购物车中，表现效果非常直观，能够有效提升用户的操作体验。

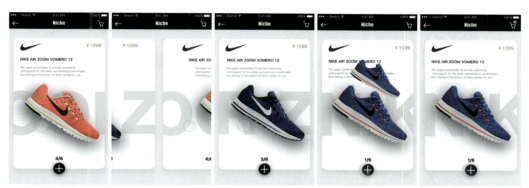

图12-204 电商App界面动画设计

● 5．提升用户情感体验

出色的UI界面动画能够唤起用户积极的情绪反应，平滑、流畅的滚动能带来舒适感，而有效的动作执行往往能带来令人兴奋的愉悦和快感。

图12-205所示为一个音乐App界面的动画设计，当用户单击专辑介绍界面中间的播放按钮时，该按钮会向下移动并变形为暂停按钮，而界面上方的专辑图片则向上移动，显示出完成的唱片图形。与此同时，在界面中出现相关的其他功能操作按钮和播放进度条，并自动开始播放音乐，平滑的切换过渡给用户带来流畅感，有效提升了用户体验。

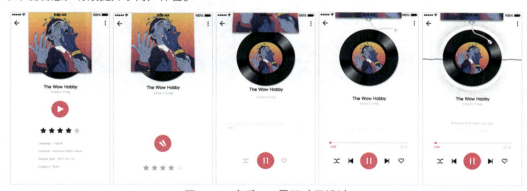

图12-205 音乐App界面动画设计

12.6.3 制作下雪天气界面动画

在天气应用App界面中，通常会根据当前的天气情况在界面中加入该种天气的表现动效，从而使界面的信息表现更加直观，也能够更直接地渲染出当前天气的效果，非常实用。本节将制作一个下雪天气动画，除了制作天气信息内容的入场动画，还将通过CC Snowfall效果制作出下雪的动画，从而使整个天气界面的动画表现更加真实。

制作下雪天气界面动画

源文件：源文件\第12章\12-6-3.aep　　　　视频：光盘\视频\第12章\12-6-3.mp4

STEP 01 在Photoshop中打开一个设计好的PSD素材文件"源文件\第12章\素材\126301.psd"，打开"图层"面板，可以看到该PSD文件中的相关图层，如图12-206所示。启动After Effects，执行"文件>导入>文件"命令，在弹出的"导入文件"对话框中选择该PSD素材文件，如图12-207所示。

图12-206 PSD素材效果及相关图层　　　　图12-207 选择需要导入的PSD素材

STEP 02 单击"导入"按钮,弹出导入设置对话框,参数设置如图12-208所示。单击"确定"按钮,导入PSD素材并自动生成合成,如图12-209所示。

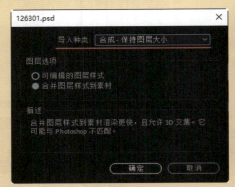

图12-208 导入设置对话框　　　　　　　图12-209 导入PSD素材

STEP 03 在"项目"面板中的126301合成上单击鼠标右键,在弹出的快捷菜单中选择"合成设置"命令,弹出"合成设置"窗口,设置"持续时间"为10秒,如图12-210所示。单击"确定"按钮,完成"合成设置"对话框的设置。双击"天气界面"合成,在"合成"窗口中打开该合成,在"时间轴"面板中可以看到该合成中相应的图层,如图12-211所示。

图12-210 修改"持续时间"选项　　　　　　图12-211 打开合成

 Tips

在"时间轴"面板中可以发现,所导入的PSD素材中的图层文件夹同样会自动创建为相应的合成,在合成中包含相应的图层内容。这里不仅需要设置"天气界面"合成的"持续时间"为10秒,还需要将"当前天气"和"未来天气"这两个合成的"持续时间"也设置为10秒,并且将所有图层的持续时间都调整为10秒。

STEP 04 在"时间轴"面板中双击"当前天气"合成,进入该合成的编辑界面中,如图12-212所示。选择"天气图标"图层,将"时间指示器"移至0秒12帧位置,按【P】键,显示该图层的"位置"属性,为该属性插入关键帧,如图12-213所示。

图12-212 "当前天气"合成编辑状态

图12-213 插入"位置"属性关键帧

STEP 05 将"时间指示器"移至起始位置,在"合成"窗口中将该图层内容垂直向上移至合适的位置,如图12-214所示。在"时间轴"面板中同时选中该图层的两个关键帧,按【F9】键,为所选中的关键帧应用"缓动"效果,如图12-215所示。

图12-214 向上移动元素位置

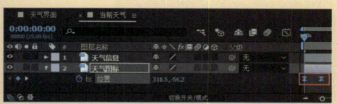

图12-215 为关键帧应用"缓动"效果

 Tips

此处制作的是该图层中的内容从场景外垂直向下移动进入到场景中的动画效果,之所以要采用倒着做的方法,是因为在设计稿中已经确定好了元素最终的位置,所以首先在移动结束的位置插入关键帧,再在开始的位置将内容向上移出场景,这样可以确保内容最终移动结束的位置与设计稿相同。

STEP 06 选择"天气信息"图层,按【S】键,显示该图层的"缩放"属性,将"时间指示器"移至0秒06帧位置,为"缩放"属性插入关键帧,并设置该属性值为0%,如图12-216所示,"合成"窗口中的效果如图12-217所示。

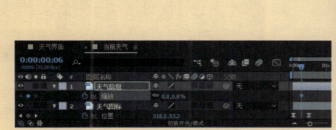

图12-216 插入"缩放"属性关键帧并设置属性值

图12-217 "合成"窗口效果

STEP 07 将"时间指示器"移至0秒20帧位置,设置"缩放"属性值为100%,如图12-218所示。在"时间轴"面板中同时选中该图层的两个关键帧,按【F9】键,为所选中的关键帧应用"缓动"效果,如图12-219所示。

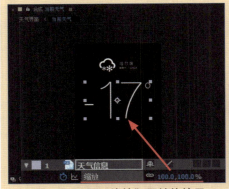

图12-218 设置"缩放"属性值效果　　　　图12-219 为关键帧应用"缓动"效果

STEP 08 完成"当前天气"合成中动画效果的制作,返回到"天气界面"合成中。双击"未来天气"合成,进入该合成的编辑界面中,如图12-220所示。选择"信息背景"图层,按【T】键,显示该图层的"不透明度"属性,将"时间指示器"移至0秒20帧位置,设置"不透明度"属性值为0%,并插入该属性关键帧,如图12-221所示。

图12-220 "未来天气"合成编辑状态　　　图12-221 插入"不透明度"属性关键帧并设置属性值

STEP 09 将"时间指示器"移至1秒08帧位置,设置该图层的"不透明度"属性值为100%,如图12-222所示。选择"信息1"图层,按【P】键,显示该图层的"位置"属性,将"时间指示器"移至1秒20帧位置,为"位置"属性插入关键帧,如图12-223所示。

图12-222 设置"不透明度"属性值　　　　图12-223 插入"位置"属性关键帧

STEP 10 将"时间指示器"移至1秒08帧位置,在"合成"窗口中将该图层内容向下移至合适的位置,如图12-224所示。选择"信息2"图层,按【P】键,显示该图层的"位置"属性,将"时间指示器"移至2秒03帧位置,为"位置"属性插入关键帧,如图12-225所示。

第12章 UI交互动画制作

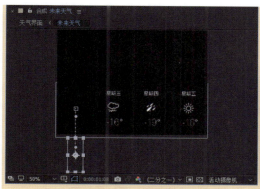

图12-224 向下移动元素位置

图12-225 插入"位置"属性关键帧

STEP 11 将"时间指示器"移至1秒16帧位置,在"合成"窗口中将该图层内容向下移至合适的位置,如图12-226所示。选择"信息3"图层,按【P】键,显示该图层的"位置"属性,将"时间指示器"移至2秒11帧位置,为"位置"属性插入关键帧,如图12-227所示。

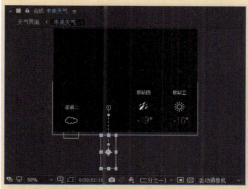

图12-226 向下移动元素位置

图12-227 插入"位置"属性关键帧

STEP 12 将"时间指示器"移至1秒24帧位置,在"合成"窗口中将该图层内容向下移至合适的位置,如图12-228所示。选择"信息4"图层,按【P】键,显示该图层的"位置"属性,将"时间指示器"移至2秒19帧位置,为"位置"属性插入关键帧,如图12-229所示。

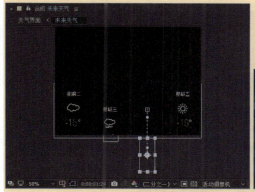

图12-228 向下移动元素位置

图12-229 插入"位置"属性关键帧

STEP 13 将"时间指示器"移至2秒07帧位置,在"合成"窗口中将该图层内容向下移至合适的位置,如图12-230所示。为每个图层中的关键帧都应用"缓动"效果,如图12-231所示。

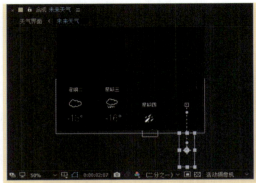

图12-230 向下移动元素位置

图12-231 为关键帧应用"缓动"效果

STEP 14 完成"未来天气"合成中动画效果的制作,返回到"天气界面"合成中。执行"图层>新建>纯色"命令,弹出"纯色设置"对话框,设置颜色为白色,如图12-232所示。单击"确定"按钮,新建纯色图层,将该图层调整至"背景"图层上方,如图12-233所示。

图12-232 "纯色设置"对话框

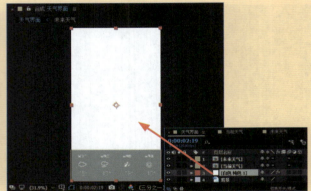

图12-233 调整图层叠放顺序

STEP 15 选择刚才新建的纯色图层,执行"效果>模拟>CC Snowfall"命令,为该图层应用CC Snowfall效果,在"效果控件"面板中取消选择Composite With Origina复选框,如图12-234所示,在"合成"窗口中可以看到CC Snowfall所模拟的下雪效果,如图12-235所示。

图12-234 取消选择复选框

图12-235 CC Snowfall实现的下雪效果

STEP 16 在"效果控件"面板中对CC Snowfall效果的相关属性进行设置,调整下雪的动画效果,如图12-236所示。在"合成"窗口中可以看到设置后的下雪效果,如图12-237所示。

图12-236 设置CC Snowfall效果选项　　图12-237 "合成"窗口中的下雪效果

> **Tips**
> 在 CC Snowfall 效果的"效果控件"面板中，可以通过各个属性控制雪量的大小、雪花的尺寸、下雪的偏移方向等多种效果，用户在设置过程中完全可以根据自己的需要对参数进行调整。

STEP 17 至此，完成该下雪天气界面动画的制作，单击"预览"面板中的"播放/停止"按钮▶，可以在"合成"窗口中预览动画效果。也可以根据前面介绍的渲染输出方法，将该动画渲染输出为视频文件，再使用Photoshop将其输出为GIF格式的动画，动画效果如图12-238所示。

图12-238 预览下雪天气界面动画效果

12.6.4 制作通话界面动画

通话界面中的动效通常都是展示性动效，用于表现通话过程，也可以为相应的功能操作按钮加入动效，从而引导用户操作。在本实例所制作的通话界面动画中，主要为"挂断"功能操作按钮添加动画，引导用户进行操作，并且在界面中制作了声音波形的动画，使通话界面的表现效果更加形象。

应用案例：制作通话界面动画

源文件：源文件\第12章\12-6-4.aep　　　视频：光盘\视频\第12章\12-6-4.mp4

STEP 01 启动After Effects，执行"文件>导入>文件"命令，在弹出的对话框中选择素材文件"源文件\第12章\素材\126401.psd"，单击"导入"按钮，弹出导入设置对话框，参数设置如图12-239所示。单击"确定"按钮，导入该素材，自动创建相应的合成，如图12-240所示。

图12-239 导入设置对话框

图12-240 导入素材文件

STEP 02 在自动创建的合成上单击鼠标右键，在弹出的快捷菜单中选择"合成设置"命令，弹出"合成设置"窗口，设置"持续时间"为3秒，如图12-241所示。单击"确定"按钮，完成"合成设置"对话框的设置。双击126401合成，在"合成"窗口中打开该合成，在"时间轴"面板中可以看到该合成中相应的图层，如图12-242所示。

图12-241 修改"持续时间"选项

图12-242 "合成"窗口效果

STEP 03 使用"椭圆工具"，在工具栏中设置"填充"为白色，"描边"为无，在"合成"窗口中按住【Shift】键拖动鼠标，绘制正圆形，如图12-243所示。使用"向后平移（锚点）工具"，将所绘制的正圆形的锚点移至该图形中心位置，如图12-244所示。

图12-243 绘制正圆形

图12-244 调整锚点位置

STEP 04 将"形状图层1"移至"接听按钮"图层的下方,按【Ctrl+D】组合键,复制该图层得到"形状图层2",将"形状图层2"暂时隐藏,如图12-245所示。选择"形状图层1",将"时间指示器"移至0秒位置,为该图层插入"缩放"和"不透明度"属性关键帧,如图12-246所示。

图12-245 复制图层并隐藏

图12-246 插入属性关键帧

STEP 05 设置"缩放"属性值为130%,"不透明度"属性值为15%,效果如图12-247所示。将"时间指示器"移至0秒12帧位置,设置"缩放"属性值为150%,"不透明度"属性值为0%,效果如图12-248所示。

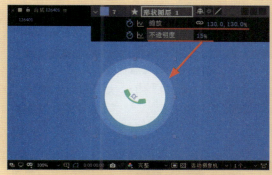

图12-247 设置属性值效果

图12-248 设置属性值效果

STEP 06 按住【Alt】键的同时单击"形状图层1"下方的"缩放"属性前的"秒表"图标,显示表达式输入窗口,输入表达式loopOut(type="cycle",numkeyframes=0),如图12-249所示。用相同的制作方法,为"不透明度"属性添加相同的表达式,如图12-250所示。

图12-249 为"缩放"属性添加表达式

图12-250 为"不透明度"属性添加表达式

Tips

此处所添加的表达式 loopOut(type="cycle",numkeyframes=0),主要用于实现指定的属性关键帧动画循环播放,忽略当前图层的持续时间。

STEP 07 选择并显示"形状图层2",将"时间指示器"移至0秒位置,为该图层插入"缩放"和"不透明度"属性关键帧,设置"缩放"属性值为110%,"不透明度"属性值为10%,如图12-251所示。将"时间指示器"移至0秒11帧位置,设置"缩放"属性值为125%,"不透明度"属性值为20%,效果如图12-252所示。

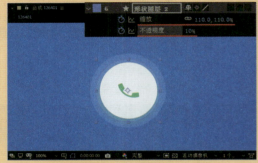
图12-251 插入关键帧设置属性值

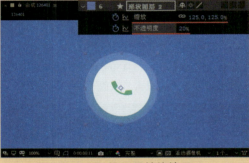
图12-252 设置属性值效果

STEP 08 将"时间指示器"移至1秒02帧位置,设置"缩放"属性值为150%,"不透明度"属性值为0%,效果如图12-253所示。使用相同的制作方法,分别为该图层下方的"缩放"和"不透明度"属性添加表达式 loopOut(type="cycle",numkeyframes=0),如图12-254所示。

图12-253 设置属性值效果

图12-254 为属性添加表达式

STEP 09 接下来在界面中制作声音波形动画。使用"钢笔工具",在工具栏中设置"填充"为无,"描边"为白色,"描边宽度"为4像素,在"合成"窗口中绘制一条直线,如图12-255所示。将该图层重命名为"声音波形",执行"效果>扭曲>波形变形"命令,为其应用"波形变形"效果,如图12-256所示。

图12-255 绘制直线

图12-256 应用"波形变形"效果

STEP 10 将"时间指示器"移至0秒15帧位置,在"效果控件"面板中对"波形变形"的相关属性进行设置,并为相关属性插入关键帧,如图12-257所示。在"合成"窗口中可以看到波形的效果,如图12-258所示。

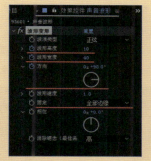

图12-257 设置"波形变形"效果选项　　　图12-258 "合成"窗口效果

STEP 11 选择"声音波形"图层,按【U】键,在该图层下方只显示添加了关键帧的属性,如图12-259所示。将"时间指示器"移至1秒位置,修改"波形高度"属性值为83,"波形宽度"属性值为58,"方向"属性值为100°,效果如图12-260所示。

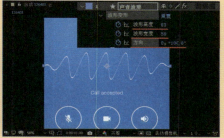

图12-259 只显示添加了关键帧的属性　　　图12-260 修改属性值

STEP 12 拖动鼠标同时选中0秒15帧位置的3个属性关键帧,按【Ctrl+C】组合键进行复制,将"时间指示器"移至2秒位置,按【Ctrl+V】组合键,进行粘贴,如图12-261所示。

图12-261 复制并粘贴属性关键帧

STEP 13 同时选中该图层中的所有属性关键帧,按【F9】键,为其应用"缓动"效果,如图12-262所示。按住【Alt】键并单击"波形变形"选项下方的"波形速度"属性前的秒表图标,显示表达式输入窗口,输入表达式linear(time, 0.5, 1.5, 1, 3),如图12-263所示。

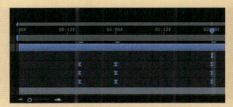

图12-262 为关键帧应用"缓动"效果　　　图12-263 为"波形速度"属性添加表达式

> **Tips**
> 此处所添加的表达式 linear(time, 0.5, 1.5, 1, 3)，linear 是一个线性映射函数，这句表达式的意思是，当时间从 0.5 秒运动到 1.5 秒时，其属性值从 1 变化到 3。

STEP 14 选择"声音波形"图层，按【Ctrl+D】组合键，得到"声音波形2"图层。将"时间指示器"移至0秒位置，将"声音波形2"图层的属性关键帧清除，展开该图层的属性，修改其"不透明度"属性为40%，如图12-264所示。在"合成"窗口中可以看到复制得到的声音波形效果，如图12-265所示。

图12-264 设置"不透明度"属性值

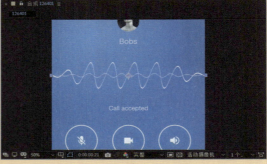
图12-265 "合成"窗口效果

STEP 15 将"时间指示器"移至0秒18帧位置，展开"声音波形2"图层的"效果"选项下方的"波形变形"选项，设置"波形高度"属性值为29，"波形宽度"属性值为55，并为这两个属性插入关键帧，如图12-266所示。在"合成"窗口中可以看到波形的效果，如图12-267所示。

图12-266 设置属性值并插入属性关键帧

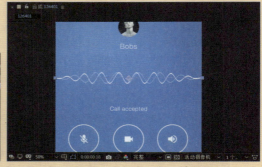
图12-267 "合成"窗口效果

STEP 16 将"时间指示器"移至1秒03帧位置，设置"波形高度"属性值为24，"波形宽度"属性值为67，效果如图12-268所示。拖动鼠标同时选中0秒18帧位置的2个属性关键帧，按【Ctrl+C】组合键进行复制，将"时间指示器"移至2秒位置，按【Ctrl+V】组合键，进行粘贴，如图12-269所示。

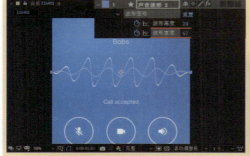
图12-268 "合成"窗口效果

图12-269 复制并粘贴属性关键帧

第12章 UI交互动画制作

STEP 17 同时选中该图层中的所有属性关键帧，按【F9】键，为其应用"缓动"效果，如图12-270所示。

图12-270 为关键帧应用"缓动"效果

> **Tips**
> 此处通过复制"声音波形"图层的方式来制作第2条声音波形的动效。在复制得到的"声音波形2"图层中，只是删除了该图层中的属性关键帧，并没有删除为该图层所添加的"波形变形"效果，因此，复制得到的图层中保留了为"波形变形"效果中为"波形速度"属性所添加的表达式。

STEP 18 选择"声音波形2"图层，按【Ctrl+D】组合键，得到"声音波形3"图层。使用于"声音波形2"图层相同的制作方法，完成该图层中波形动效的制作，重点是通过为"波形变形"效果设置不同的参数来得到不同的波形效果，"合成"窗口如图12-271所示，"时间轴"面板如图12-272所示。

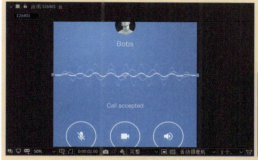

图12-271 "合成"窗口效果

图12-272 "时间轴"面板

STEP 19 至此，完成通话界面动画的制作，单击"预览"面板中的"播放/停止"按钮▶，可以在"合成"窗口中预览动画，效果如图12-273所示。

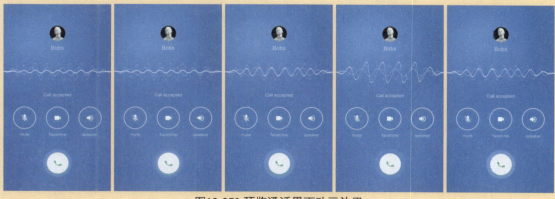

图12-273 预览通话界面动画效果

12.7 知识拓展：了解UI交互动画

近些年，人们对产品的要求越来越高，不再仅仅喜欢那些功能好、实用、耐用的产品，而是转向了产品给人的心理感觉，这就要求在设计产品时能够提高产品的用户体验。提高体验的目的在于给用户一些舒适的、与众不同的或者意料之外的感觉。用户体验的提高可以使整个操作过程更符合用户的基本逻辑，使交互操作过程顺理成章，而良好的用户体验则是用户在这个流程操作过程中所获得的便利和收获。

交互动画作为一种提高交互操作可用性的方法，越来越受到人们的重视，国内外各大企业都已经在自己的产品中加入了交互动画设计。

图12-274所示为一个社交类App界面设计，当用户在界面中滑动切换所显示的人物时，会采用动画的方式表现交互效果，模拟现实世界中卡片翻转切换的动画效果，给用户带来较强的视觉动感，也为用户在App应用中的操作增添了很多乐趣。

图12-274 社交类App界面交互动画效果

为什么现在的产品越来越注重动效的设计？从人们对于产品元素的感知顺序，不难看出，人们对于产品的动态信息感知是最强的，其次才是产品的颜色，最后才是产品的形状，如图12-275所示，也就是说动态效果的感知明显高于产品的界面设计。

图12-275 产品元素的感知顺序

动画是物体空间关系与功能有意识的流动之美，适当的动画设计能够使用户进一步了解交互。在产品的交互操作过程中，恰当地加入精心设计的动画，能够向用户有效地传达当前的操作状态，增强用户对于直接操作的感知，通过视觉化的方式向用户呈现操作结果。

12.8 本章小结

UI设计中各种各样的交互动画非常多，但很多动画效果无非是多种基础动画的组合。本章详细向读者介绍了UI交互动画设计制作的相关知识，并带领读者完成了几个界面交互动画的制作。完成本章内容的学习后，希望读者能够掌握UI交互动画的制作方法和技巧，并能够举一反三，制作出更多精美的交互动画。